高职高专国家示范性院校课改教材

传感器与自动检测技术

（第二版）

主　编　程月平
副主编　方　波　廖新曜　徐群丽
参　编　蔡　丽　周　棣

西安电子科技大学出版社

内容简介

本书根据高职高专教育的特点，以职业岗位核心能力为目标，精选教学内容，力求新颖、简练、学用结合。

本书按照传统传感器的类型划分内容，从效应原理、电路处理、应用实例入手讲解各种传感器在实际工作中的应用。书中通过实验和工程实例，讲解了检测技术的基础知识和测量信号的基本处理技术；联系现实生活，讲解了传感器的综合应用；并讲述了工业传感器的相关知识，安排了工业传感器的综合实训。

本书可以作为高职高专和成人高校的电气自动化技术、生产过程自动化技术、应用电子技术、机电一体化技术、楼宇智能化技术以及相关专业的教材，也可供自动化技术相关领域的从业人员参考。

图书在版编目(CIP)数据

传感器与自动检测技术/程月平主编. 2版. —西安：
西安电子科技大学出版社，2020.8(2020.11重印)
ISBN 978-7-5606-5805-6

Ⅰ.①传… Ⅱ.①程… Ⅲ.①传感器—高等职业教育—教材 ②自动检测—高等职业教育—教材 Ⅳ.①TP212 ②TP274

中国版本图书馆CIP数据核字(2020)第136713号

策划编辑 秦志峰
责任编辑 秦志峰
出版发行 西安电子科技大学出版社(西安市太白南路2号)
电　　话 (029)88242885 88201467　　邮　　编 710071
网　　址 www.xduph.com　　电子邮箱 xdupfxb001@163.com
经　　销 新华书店
印刷单位 陕西天意印务有限责任公司
版　　次 2020年8月第2版 2020年11月第6次印刷
开　　本 787毫米×1092毫米 1/16 印张 18.5
字　　数 435千字
印　　数 5601～8600册
定　　价 44.00元
ISBN 978-7-5606-5805-6/TP

XDUP 6107002-6

前　言

本书是根据高职高专教学改革——“淡化理论，够用为度，培养技能，重在运用，能力本位”的指导思想编写而成的。本书针对高等职业教育的特点，以岗位核心能力为目标，精选教学内容，力图使高职高专自动化类专业的学生在学完“传感器与自动检测技术”课程后，能掌握生产一线技术人员和运行人员必须具备的传感器和检测技术的基本知识和基本应用技能。

本书在传感器技术的讲解中，着重提炼出各种传感器的规律性内容，按照传感器的物理或化学效应讲解其工作原理，并将它作为理解其他内容的基础；通过对测量电路的讲解，使学生熟悉传感器的使用方式和方法；通过应用实例为学生打开运用传感器的思路；通过做实验使学生加深对传感器知识的理解。本书在检测技术的讲解中，主要介绍了检测技术的基本知识和检测装置的信号处理技术，以期学生在应用中遇到类似问题时能够找到解决方法。本书还密切联系生活实际，介绍了传感器的综合应用，以开阔学生的视野和思路。工业传感器的综合实训是为了帮助学生进一步了解工业传感器的应用场景，与PLC联合起来进行控制，应用手机APP实现远程控制，突出锻炼学生对所学知识进行综合运用的能力，体验“云、物、大、智”的科技魅力，感受智能时代的发展与传感器的紧密结合和应用，培养学生的创新性思维，也是一种职业能力的锻炼。

本书压缩了大量的理论推导，通过实验、实训增强学生的动手能力和综合应用能力，充分突出了高职高专教材的实用性。在取材方面，既考虑了传感器和检测技术日新月异的发展趋势，又考虑了目前高职高专学生的学习基础和特点，使得本书既有深度又有广度。为了进一步帮助学生学习、掌握和理解传感器与检测技术的相关知识，本书还配套了大量教学资源，包括微课、实验视频、动画、课程标准及习题库等，在书中相应知识点处有对应的二维码标识，读者可以通过手机等通信设备扫码观听，也可以登录“智慧职教”平台进行学习；部分资源也可以联系作者获取。

本书配套实验设备不但能进行教材中所列传感器的基础实验，还可以进行物联网实验、触摸屏与组态实验、工业传感器的综合实训、与云存储的数据交换等实训，是功能多样化且独特的智能传感器学习机。该学习机由本书主编自主开发，武汉米特思科技有限公司生产。

本书各章具有一定的独立性，因此在教学中，教师可以根据专业方向和特点选用不同的章节。其他相关专业，可根据需要选用不同的章节，安排课时。

本书由武汉职业技术学院程月平编写第 9 章和书中所有的实验及附录，并全书统稿，武汉职业技术学院方波编写第 2、3、4 章，武汉职业技术学院蔡丽编写第 7 章，湖北城市建设职业技术学院徐群丽编写第 1、8、12 章，武汉米特思科技有限公司高级工程师周棣编写第 11 章，廖新曜编写第 5、6、10 章。

本书在编写过程中，得到了武汉职业技术学院其他老师的帮助与支持，还参考和应用了许多专家、学者的著作，在此一并表示衷心的感谢！

由于作者的水平有限，本书在内容选择和安排上，难免会存在遗漏和不妥之处，诚请读者批评指正。

编　者

2020 年 5 月

课程标准

目　录

第 1 章　传感器与检测技术基础知识 …… 1
1.1　传感器的基础知识 …… 1
1.1.1　传感器的组成与分类 …… 1
1.1.2　传感器的基本特性 …… 1
1.2　检测技术基础知识 …… 5
1.2.1　检测系统的组成与功能 …… 5
1.2.2　测量的方法 …… 5
1.2.3　测量误差的分类 …… 6
1.2.4　测量误差的表示方法 …… 7
1.2.5　测量误差的处理 …… 8
1.3　检测系统中的弹性敏感元件 …… 10
1.3.1　弹性敏感元件的基本特性 …… 10
1.3.2　弹性敏感元件的形式及应用范围 …… 10
1.4　传感器的标定与选择 …… 14
1.4.1　传感器的标定与标准 …… 14
1.4.2　传感器的选择 …… 14
本章小结 …… 15
思考题与习题 …… 16
第 2 章　电阻式传感器 …… 17
2.1　应变式传感器 …… 17
2.1.1　应变式传感器的工作原理 …… 17
2.1.2　应变片的结构类型及特性 …… 18
2.1.3　应变式传感器的测量转换电路 …… 19
2.1.4　应变式传感器的使用注意事项 …… 20
2.1.5　应变式传感器的应用 …… 21
2.1.6　应变式传感器的应用实例 …… 22
2.1.7　电阻应变式工业传感器 …… 24
2.1.8　电阻应变片——单臂电桥性能实验 …… 24
2.2　压阻式传感器 …… 27
2.2.1　压阻式传感器的工作原理 …… 27
2.2.2　压阻式传感器的结构与特性 …… 27
2.2.3　压阻式传感器的测量转换电路 …… 28
2.2.4　压阻式传感器的温度补偿 …… 29
2.2.5　压阻式传感器的应用 …… 30
2.2.6　压阻式传感器的应用实例 …… 31
2.2.7　压阻式工业传感器 …… 32
2.2.8　压阻式压力传感器的特性测试实验 …… 33
本章小结 …… 35
思考题与习题 …… 35
第 3 章　变阻抗式传感器 …… 37
3.1　差动变压器 …… 37
3.1.1　差动变压器的工作原理 …… 37
3.1.2　差动变压器的基本特性 …… 38
3.1.3　差动变压器的测量转换电路 …… 39
3.1.4　差动变压器的应用 …… 40
3.1.5　差动变压器的应用实例 …… 41
3.1.6　差动变压器式工业传感器 …… 42
3.1.7　差动变压器的性能实验 …… 43
3.2　电涡流式传感器 …… 47
3.2.1　电涡流式传感器的工作原理 …… 47
3.2.2　电涡流式传感器的结构类型及特性 …… 48
3.2.3　电涡流式传感器的测量转换电路 …… 51
3.2.4　电涡流式传感器的应用 …… 51
3.2.5　电涡流式传感器的应用实例 …… 53
3.2.6　电涡流工业传感器 …… 53
3.2.7　电涡流式传感器材料分拣的应用实验 …… 54
3.3　电容式传感器 …… 56
3.3.1　电容式传感器的工作原理 …… 56
3.3.2　电容式传感器的结构类型及特性 …… 56
3.3.3　电容式传感器的测量转换电路 …… 58
3.3.4　电容式传感器的应用 …… 61
3.3.5　电容式传感器的应用实例 …… 62
3.3.6　电容式工业传感器 …… 63

3.3.7 电容式传感器的位移特性实验…… 63
本章小结 …………………………………… 66
思考题与习题 …………………………… 66
第4章 光电式传感器 ………………… 68
4.1 光电效应与光电元件……………………… 68
4.1.1 光电效应……………………………… 68
4.1.2 光电元件……………………………… 68
4.2 光电式传感器……………………………… 73
4.2.1 光电式传感器的类型……………… 74
4.2.2 光电式传感器的应用……………… 75
4.2.3 光电式传感器的应用实例………… 77
4.2.4 光电式工业传感器………………… 78
4.2.5 光电式转速传感器测速实验……… 79
4.3 光纤传感器………………………………… 80
4.3.1 光纤及其传光原理………………… 81
4.3.2 光纤传感器的组成及分类………… 82
4.3.3 光纤式传感器应用技术…………… 83
4.3.4 光纤位移传感器——位移测量…… 87
4.4 红外传感器………………………………… 88
4.4.1 红外辐射源…………………………… 88
4.4.2 红外探测器…………………………… 89
4.4.3 红外传感器的应用………………… 91
4.4.4 红外传感器的应用实例…………… 93
本章小结 …………………………………… 94
思考题与习题 …………………………… 95
第5章 热电式传感器 ………………… 96
5.1 热电阻式传感器…………………………… 96
5.1.1 常用热电阻…………………………… 96
5.1.2 热电阻传感器的测量电路和应用……………………………… 98
5.1.3 热电阻传感器的应用实例………… 98
5.1.4 热敏电阻……………………………… 99
5.1.5 热敏电阻传感器的应用 ………… 100
5.1.6 热敏电阻传感器的应用实例 …… 101
5.1.7 Pt 100 铂电阻工业传感器 ……… 101
5.1.8 Pt 100 铂电阻测温特性实验 …… 102
5.2 热电偶传感器 …………………………… 104
5.2.1 热电偶传感器的工作原理 ……… 104
5.2.2 热电偶的结构形式与材料 ……… 106
5.2.3 热电偶的冷端补偿 ……………… 108
5.2.4 热电偶测温电路 ………………… 110
5.2.5 热电偶传感器的应用实例 ……… 110
5.2.6 热电偶工业传感器 ……………… 111
5.2.7 K型热电偶测温性能实验 ……… 112
本章小结……………………………………… 114
思考题与习题……………………………… 114
第6章 电动势式传感器 ……………… 115
6.1 压电式传感器 …………………………… 115
6.1.1 压电式传感器的工作原理 ……… 115
6.1.2 压电式传感器及其等效电路 …… 118
6.1.3 压电式传感器的测量电路 ……… 120
6.1.4 压电式传感器的应用 …………… 122
6.1.5 压电式工业传感器 ……………… 125
6.1.6 压电式传感器振动测量实验 …… 125
6.2 霍尔式传感器 …………………………… 128
6.2.1 霍尔元件的基本工作原理 ……… 128
6.2.2 霍尔元件的测量电路和误差分析 ……………………………… 130
6.2.3 霍尔元件的使用 ………………… 132
6.2.4 霍尔元件的应用 ………………… 135
6.2.5 霍尔式工业传感器 ……………… 137
6.2.6 直流激励线性霍尔传感器的位移特性实验 ………………………… 137
本章小结……………………………………… 140
思考题与习题……………………………… 140
第7章 数字式传感器 ………………… 142
7.1 光栅传感器 ……………………………… 142
7.1.1 光栅传感器的类型与特性 ……… 142
7.1.2 光栅的结构与测量原理 ………… 142
7.1.3 光栅传感器应用技术 …………… 144
7.1.4 光栅传感器的选择 ……………… 147
7.1.5 光栅传感器的应用实例 ………… 147
7.1.6 光栅工业传感器——光栅测微传感器 ……………………………… 148
7.1.7 光栅传感器——莫尔条纹原理实验 ………………………………… 149
7.2 磁栅传感器 ……………………………… 150
7.2.1 磁栅传感器及其特性 …………… 150
7.2.2 磁栅的结构与工作原理 ………… 150
7.2.3 磁栅传感器应用技术 …………… 153
7.2.4 磁栅传感器的应用实例 ………… 154
7.3 光电编码器 ……………………………… 154

7.3.1　光电编码器的分类及其特性 …… 154
7.3.2　光电编码器的工作原理 ………… 155
7.3.3　光电编码器的应用技术 ………… 157
7.3.4　光电编码器的选择 ……………… 159
7.3.5　光电编码器的应用实例 ………… 159
7.3.6　光电式工业编码器 ……………… 161
7.4　感应同步器 ………………………… 161
7.4.1　感应同步器及其特性 …………… 161
7.4.2　感应同步器的结构与工作原理 … 162
7.4.3　感应同步器的应用技术 ………… 166
7.4.4　感应同步器的应用实例 ………… 169
本章小结……………………………………… 170
思考题与习题………………………………… 170
第 8 章　环境检测与生物检测传感器 … 171
8.1　气敏传感器 ………………………… 171
8.1.1　气敏传感器的类型与特性 ……… 171
8.1.2　气敏传感器的工作原理 ………… 172
8.1.3　气敏传感器的应用技术 ………… 174
8.1.4　气敏传感器的选择 ……………… 176
8.1.5　气敏传感器的应用实例 ………… 177
8.1.6　气敏工业传感器 ………………… 178
8.1.7　气敏传感器的实验 ……………… 178
8.2　湿度传感器 ………………………… 179
8.2.1　湿度的定义及湿度传感器的特性 ……………………………… 179
8.2.2　湿度传感器的工作原理 ………… 180
8.2.3　湿度传感器的应用技术 ………… 182
8.2.4　湿度传感器的选择 ……………… 183
8.2.5　湿度传感器的应用实例 ………… 183
8.2.6　湿度工业传感器 ………………… 185
8.2.7　湿度传感器的实验 ……………… 186
8.3　生物传感器 ………………………… 186
8.3.1　生物传感器的分类 ……………… 187
8.3.2　常用的生物传感器 ……………… 187
8.3.3　生物传感器的应用 ……………… 189
本章小结……………………………………… 191
思考题与习题………………………………… 192
第 9 章　检测系统的信号处理技术 …… 193
9.1　信号处理技术 ……………………… 193
9.1.1　传感器信号的预处理 …………… 193
9.1.2　信号放大技术 …………………… 195
9.2　干扰抑制技术 ……………………… 198
9.2.1　干扰的来源 ……………………… 198
9.2.2　信噪比和电磁兼容性 …………… 199
9.2.3　电磁干扰的途径 ………………… 200
9.2.4　抑制电磁干扰的基本措施 ……… 201
9.2.5　抗电磁干扰技术（电磁兼容控制技术） ……………… 202
9.3　信号的调制与解调 ………………… 206
9.3.1　信号调制的概念 ………………… 206
9.3.2　电桥调幅的原理 ………………… 207
9.3.3　电桥调幅波的解调 ……………… 208
9.3.4　应用举例 ………………………… 209
9.4　传感器的非线性补偿 ……………… 209
9.4.1　非线性补偿环节特性的获取方法 ……………………………… 210
9.4.2　非线性补偿环节的实现方法 …… 210
本章小结……………………………………… 213
思考题与习题………………………………… 214
第 10 章　传感器的综合应用 ………… 215
10.1　传感器在家用电器中的应用………… 215
10.1.1　洗衣机中所用的传感器………… 215
10.1.2　控制燃烧过程的传感器………… 220
10.1.3　小型家电中的传感器…………… 221
10.2　传感器在汽车工业中的应用………… 221
10.2.1　曲轴转角及转速传感器………… 222
10.2.2　车速传感器……………………… 223
10.2.3　液位传感器……………………… 224
10.2.4　空气流量传感器………………… 225
10.2.5　温度传感器……………………… 226
10.2.6　汽车用压力传感器……………… 227
10.2.7　爆燃传感器……………………… 228
10.3　传感器在机器人中的应用…………… 229
10.3.1　机器人传感器的分类…………… 229
10.3.2　常用的机器人传感器…………… 230
10.3.3　机器人传感器的应用…………… 236
本章小结……………………………………… 237
思考题与习题………………………………… 238
第 11 章　工业传感器的综合实训 ……… 239
11.1　小车模型运动控制实训……………… 239
11.2　温湿度监控报警系统………………… 251
11.3　水塔水位模型控制系统……………… 259

本章小结 …………………………………… 266

第 12 章 单元实训指导 ………………… 267

12.1 液体点滴速度监控装置 ……………… 267

12.2 自动抽水系统 ………………………… 270

12.3 电风扇温控开关电路 ………………… 272

12.4 简易数字式血压计 …………………… 273

本章小结 …………………………………… 274

思考题与习题 ……………………………… 274

附录 ……………………………………… 275

附录 1 几种常用传感器性能比较 ………… 275

附录 2 工业热电阻分度表 ………………… 276

附录 3 镍铬-镍硅(镍铝)K 型热电偶分度表 ……………………………… 278

附录 4 铂铑$_{10}$-铂热电偶分度表 ……………… 280

参考文献 ………………………………… 286

第 1 章　传感器与检测技术基础知识

本章首先介绍了传感器与检测技术的基础知识，然后阐述了检测系统中的非电量与非电量转换元件（弹性敏感元件）以及传感器的选择原则，通过这些内容使读者对传感器与自动检测技术中涉及的一些基本概念有一定的了解。

1.1　传感器基础知识

传感器基础知识

1.1.1　传感器的组成与分类

传感器的组成框图如图 1－1 所示。传感器由敏感元件、转换元件和信号调理转换电路组成。其中，敏感元件是指传感器中能直接感受或响应被测量的部分；转换元件是指传感器中将敏感元件感受或响应的被测量转换成适于传输或测量的电信号的部分。由于传感器的输出信号一般都很微弱，通常需要信号调理转换电路对输出信号进行放大、运算调制等。随着半导体器件与集成技术在传感器中的应用，传感器的信号调理转换电路可能安装在传感器的壳体里，或与敏感元件一起集成在同一芯片上。此外，信号调理转换电路以及传感器工作必须有辅助的电源，因此，信号调理转换电路以及所需的电源都应作为传感器组成的一部分。

图 1－1　传感器的组成框图

传感器的种类繁多，分类方法也很多，目前一般采用两种分类方法：一是按传感器的工作原理进行分类，如应变式、电容式、压变式、磁电式传感器等；二是按被测参数进行分类，如温度、压力、位移、速度传感器等。

1.1.2　传感器的基本特性

在生产过程和科学实验中，要对各种参数进行检测和控制，就要求传感器能感受被测非电量的变化并将其不失真地变换成相应的电量，这取决于传感器的基本特性，即输出－输入特性。

如果把传感器看作二端口网络，即有两个输入端和两个输出端，那么传感器的输出－

输入特性就是与其内部结构参数有关的外部特性。传感器的基本特性可用静态特性和动态特性来分别描述。

1. 传感器的静态特性

传感器的静态特性是指被测量的值处于稳定状态时的输出-输入关系。只考虑传感器的静态特性时，输入量与输出量之间的关系式中不含有时间变量。

1）线性度

传感器的线性度是指传感器的输出与输入之间数量关系的线性程度。

输出与输入的关系可分为线性特性和非线性特性。从传感器的性能看，希望具有线性关系，即具有理想的输出-输入关系。但实际遇到的传感器大多为非线性的，如果不考虑迟滞和蠕变等因素，传感器的输出与输入关系可用一个多项式表示：

$$y=a_0+a_1x_1+a_2x_2+\cdots+a_nx_n \tag{1-1}$$

式中：a_0为输入量 x 为零时的输出量；a_1，a_2，…，a_n为非线性项系数。

可见，各项系数不同，决定了特性曲线的具体形式各不相同。

静态特性曲线可通过实际测试获得。在实际使用中，为了标定和数据处理的方便，希望得到线性关系，因此引入各种非线性补偿环节。例如，采用非线性补偿电路或计算机软件进行线性化处理，从而使传感器的输出与输入关系为线性的或接近线性的。

如果传感器非线性的方次不高，输入量变化范围较小，则可用一条直线(切线或割线)近似地代表实际曲线的一段，如图 1－2 所示，使传感器的输出-输入特性线性化，所采用的直线称为拟合直线。

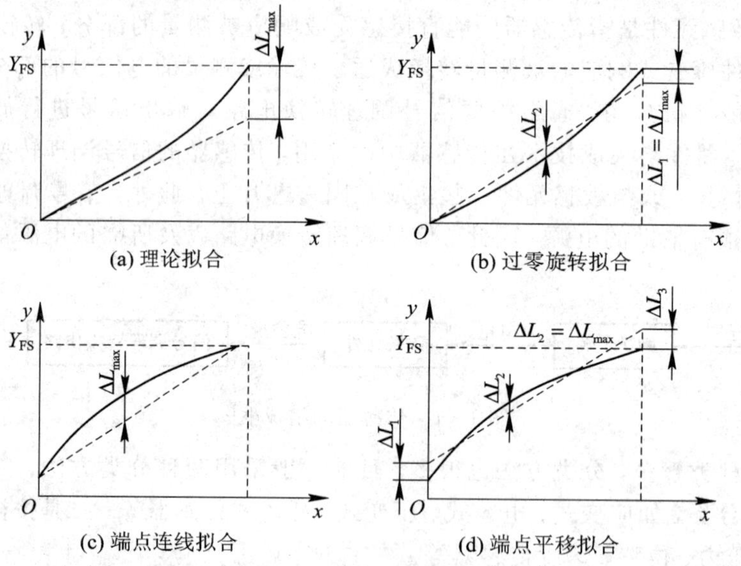

图 1－2　几种直线拟合方法

实际特性曲线与拟合直线之间的偏差称为传感器的非线性误差(或线性度)，通常用相对误差 γ_L 表示，即

$$\gamma_L=\pm\frac{\Delta L_{max}}{Y_{FS}}\times 100\% \tag{1-2}$$

式中：ΔL_{max}为最大非线性绝对误差；Y_{FS}为满量程输出。

由图 1－2 可见，即使是同类传感器，拟合直线不同，其线性度也是不同的。选取拟合直线的方法很多，用最小二乘法求取的拟合直线其拟合精度最高。

2）灵敏度

灵敏度 S 是指传感器的输出量增量 Δy 与引起输出量增量的输入量增量 Δx 的比值，即

$$S=\frac{\Delta y}{\Delta x} \tag{1-3}$$

式中：S 为灵敏度；Δy 为传感器的输出量增量；Δx 为传感器的输入量增量。

对于线性传感器，它的灵敏度就是其静态特性的斜率，即 S 为常数。对于非线性传感器，它的灵敏度 S 为一个变量，可用下式表示：

$$S=\frac{\mathrm{d}y}{\mathrm{d}x} \tag{1-4}$$

传感器的灵敏度如图 1－3 所示。

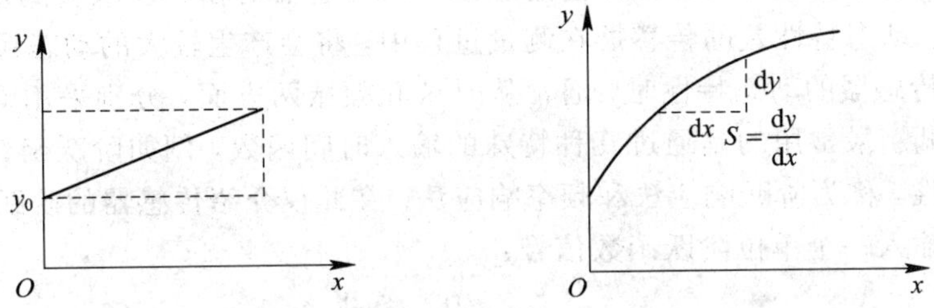

(a) 线性传感器　(b) 非线性传感器

图 1－3　传感器的灵敏度

3）迟滞现象

传感器在正行程（输入量增大）和反行程（输入量减小）期间，将其输出-输入特性曲线不重合的现象称为迟滞现象，如图 1－4 所示。也就是说，对于同一大小的输入信号，传感器的正反行程输出信号大小不相等。

产生这种现象的主要原因是由传感器敏感元件材料的物理性质和机械零部件的缺陷所造成的，如弹性敏感元件的弹性滞后、运动部件摩擦、传动机构的间隙、紧固件松动等。

迟滞大小通常由实验确定。迟滞误差可由下式计算：

$$\gamma_{\mathrm{H}}=\pm\frac{1}{2}\frac{\Delta H_{\max}}{Y_{\mathrm{FS}}}\times 100\% \tag{1-5}$$

式中：γ_{H} 为迟滞误差；$\Delta H_{\max}$ 为正反行程输出值间的最大差值；Y_{FS} 为全量程的输出值。

4）重复性

重复性是指传感器在输入量按同一方向作全量程连续多次变化时，所得特性曲线不一致的程度，如图 1－5 所示。

重复性误差 γ_{R} 属于随机误差，常用标准偏差表示，也可用正反行程中的最大偏差表示，即

$$\gamma_{\mathrm{R}}=\pm\frac{1}{2}\frac{\Delta R_{\max}}{Y_{\mathrm{FS}}}\times 100\% \tag{1-6}$$

式中：γ_{R} 为重复性误差；$\Delta R_{\max}$ 为正反行程中的最大偏差；Y_{FS} 为全量程的输出值。

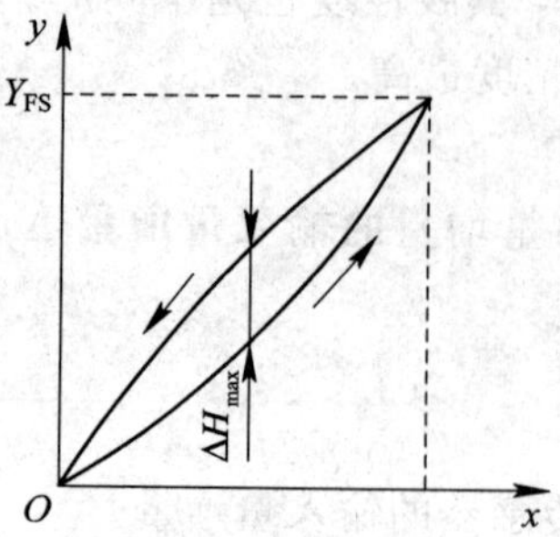

图 1-4　迟滞现象

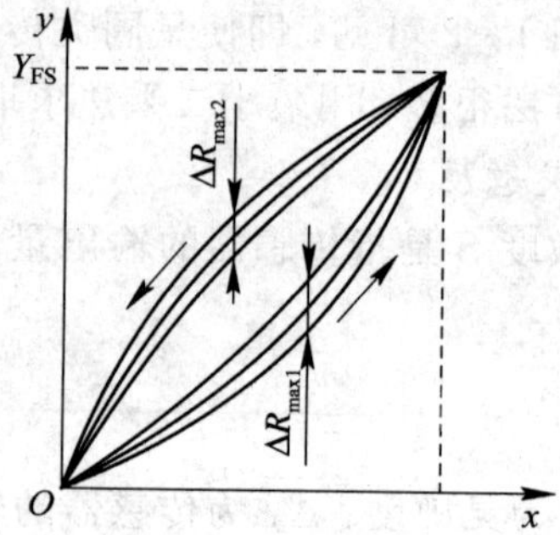

图 1-5　重复性特性图

2. 传感器的动态特性

在动态(快速变化)输入信号的情况下，要求传感器不仅能精确地测量信号的幅值大小，而且能测量出信号变化的过程。这就要求传感器能迅速准确地响应和再现被测信号的变化。传感器的动态特性，是指在测量动态信号时传感器的输出反映被测量的大小和随时间变化的能力。动态特性差的传感器在测量过程中，将会产生较大的动态误差。

具体研究传感器的动态特性时，通常从时域和频域两方面，分别采用瞬态响应法和频率响应法来分析。最常用的是通过几种特殊的输入时间函数，例如阶跃函数和正弦函数来研究其响应特性，称为阶跃响应法和频率响应法。在此仅介绍传感器的阶跃响应特性。

给传感器输入一个单位阶跃函数信号：

$$u(t)=\begin{cases}0 & t\leqslant 0\\ 1 & t>0\end{cases} \tag{1-7}$$

其输出特性称为阶跃响应特性，如图 1-6 所示。由图 1-6 可看出衡量阶跃响应的几项指标的含义。

(1) 时间常数 τ：传感器输出值上升到稳态值 γ_c 的 63.2%所需的时间。

(2) 上升时间 t_r：传感器输出值由稳态值的 10%上升到 90%所需要的时间。

(3) 响应时间 t_s：输出值达到允许误差范围±Δ%所经历的时间。

(4) 超调量 α：输出第一次超过稳值的峰高，即 $\alpha=\gamma_{max}-\gamma_c$，常用$(\alpha/\gamma_c)\times 100\%$表示。

(5) 延迟时间 t_d：响应曲线第一次达到稳定值的一半所需的时间。

(6) 衰减度 ψ：指相邻两个波峰(或波谷)高度下降的百分数，即$(\alpha-\alpha_1)/\alpha\times 100\%$。

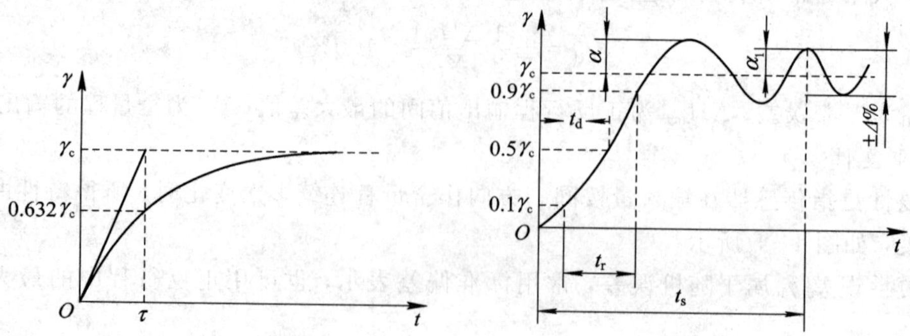

(a) 一阶系统　　　　(b) 二阶系统

图 1-6　传感器阶跃响应特性

其中，时间常数 τ、上升时间 t_r、响应时间 t_s 表征系统的响应速度性能；超调量 α、衰减度 ψ 则表征传感器的稳定性能。通过响应速度和稳定性能两个方面即可完整地描述传感器的动态特性。

1.2　检测技术基础知识

1.2.1　检测系统的组成与功能

以计算机技术广泛应用为标志的现代检测系统已经比较普及，其主要组成部分如图 1－7所示。

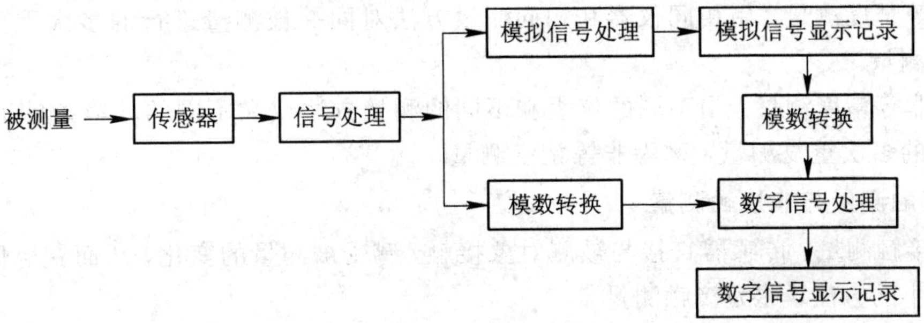

图 1－7　现代检测系统的组成

1.2.2　测量的方法

测量是人们借助于仪器、设备，通过一定的方法，对被测对象进行定性认识或者定量认识的过程。所谓定性认识，就像用验电笔测试电源插孔是否有电，是指大致判断被测量存在还是不存在。所谓定量认识，就像用万用表去测量电源插孔间的电压值，能够得到一个比较准确的数值。

测量过程实际上是一个比较过程，即将被测量与同一性质的标准量进行比较，从而确定被测量与标准量比值的过程。例如，用直尺与直立人体进行比较，可以确定人体的身高。在一般情况下，测量过程中需要将被测量与标准量同时转换为另一种性质的中间量才能进行比较。转换将静态测量变成了动态测量。例如，万用表是将被测电流、被测电压或被测电阻转换为指针的角位移，与刻度盘上的标定值进行比较后，确定出被测量的数据。由此可见，测量的概念是与被测量转换的概念密不可分的，检测技术正是从这一重要现象出发而逐步发展与完善起来的。

实现被测量与标准量比较，并得出比值的方法，称为测量方法。针对不同测量任务进行具体分析以找出切实可行的测量方法，对测量工作十分重要。测量方法从不同角度有不同的分类方法。测量方法根据测量过程的特点，可分为直接测量、间接测量与组合测量；根据测量的精度因素，可分为等精度测量与非等精度测量；根据测量仪器的特点，可分为接触测量与非接触测量；根据测量对象的特点，可分为静态测量与动态测量。

1. 直接测量、间接测量与组合测量

(1) 直接测量。在使用传感器或仪表对被测量进行测量时，仪表读数不需要经过任何运算就能直接表示测量所需结果的测量方法称为直接测量。如用磁电式电流表测量电路的某一支路电流、用弹簧管压力表测量压力等，都属于直接测量。直接测量的优点是测量过程既简单又快捷，缺点是测量精度不高。

(2) 间接测量。在使用传感器或仪表对被测量进行测量时，首先对与测量有确定关系的几个量进行测量，将被测量代入关系式，经过计算得到所需要的结果，这种测量方法称为间接测量。间接测量过程较多，时间较长，常用于不方便进行直接测量的场合。

(3) 组合测量。被测量要经过解联立方程组，才能得到最后的结果，这样的测量方法称为组合测量。组合测量是一种特殊的精度测量方法，由于操作步骤复杂、时间长，多用于科学实验中和一些特殊的场合。

2. 等精度测量与非等精度测量

(1) 等精度测量。用相同仪器和相同测量方法对同一被测量进行的多次重复测量，称为等精度测量。

(2) 非等精度测量。用不同的仪表和不同的测量方法或在不同的环境条件下对同一被测量进行的多次重复测量，称为非等精度测量。

3. 接触测量与非接触测量

(1) 接触测量。传感器直接与被测对象接触，感受被测量的变化，从而获取信号，并测量出其大小的方法，称为接触测量。

(2) 非接触测量。传感器不直接与被测对象接触，而是间接感受被测量的变化，从而获取信号，并测量出其大小的方法，称为非接触测量。

4. 静态测量与动态测量

(1) 静态测量。被测对象的大小不随时间的变化而变化，处于稳定状态下进行的测量方法，称为静态测量。

(2) 动态测量。被测对象的大小跟随时间的变化而变化，处于非稳定状态下进行的测量方法，称为动态测量。

1.2.3 测量误差的分类

测量的目的是为了求取被测量的真值，即在一定条件下，被测量客观存在的实际值。在测量过程中由于受到各种主客观条件的制约，如用于测量的仪器设备不够精确、测量方法不够完善、操作者缺乏经验等，测量结果与被测量的实际值之间总是存在有一定的偏差，此偏差称为测量误差。通过对测量误差的研究，可以分析测量误差产生的原因，并采取相应的措施克服误差，或将误差控制在允许的范围之内。测量误差若按误差的性质进行分类，通常分为系统误差、随机误差与粗大误差。

1. 系统误差

系统误差是指在同一条件下，对同一被测量重复多次测量时，保持不变或具有确定变化规律的误差。引起系统误差的原因主要在检测系统的内部，一是仪器的精度不够；二是使用的测量方法不当；三是测量原理不完善；四是检测系统所处的环境不理想。由于系统误差是恒定的或是有规律可循的，因此在认真分析产生系统误差原因的基础上通过实验方法或引入修正值加以消除，可使测量结果尽量接近真值，以提高测量结果的精度。

2. 随机误差

随机误差是指在同一条件下，对同一被测量重复多次测量时，大小和符号都发生变化而且没有规律可循的误差。随机误差往往是由于偶然因素的影响而随机产生的，因而不能用实验方法或引入修正值加以消除，也不可避免，但可以通过数理统计的方法来减少其产生的影响。随机误差能够反映测量结果的分散程度，通常称为精密度。随机误差越小，说明多次测量时的分散性越小，精密度越高。应当指出，一个精密的测量结果却有可能是不准确的，因为它包括了系统误差。一个既精密又准确的测量结果，才能比较全面地反映检测的质量。检测技术中，用精准度（简称精度，它从精密度和准确度中各取一字）反映精密度和准确度的综合结果。图 1-8 所示的射击例子有助于加深对准确度、精密度和精准度三个概念的理解。

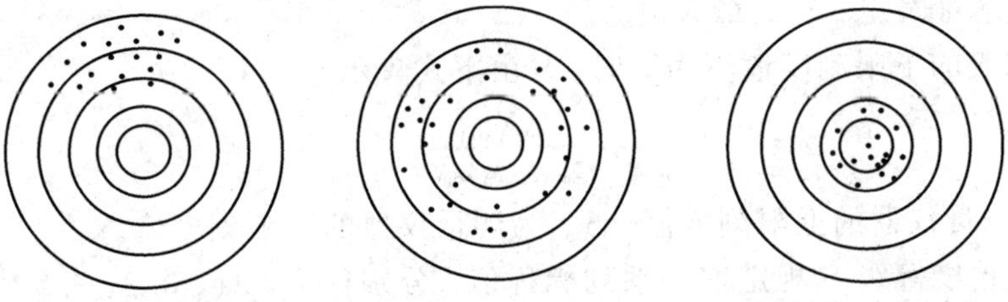

(a) 精密度高、准确度低　(b) 精密度低　(c) 精准度高

图 1-8　准确度、精密度和精准度示意图

3. 粗大误差

粗大误差是指明显偏离测量结果的误差，又称过失误差。引起粗大误差的根本原因主要是测量人员操作失误、读错数值或记错数值，完全没有规律。另外，当测量方法失当，测量条件突然发生变化时，也可能引起粗大误差。在分析测量结果时，应首先分析是否存在粗大误差，当发现有粗大误差的测量值时应及时将其去除，然后再对随机误差和系统误差进行分析。

1.2.4　测量误差的表示方法

测量误差有绝对误差与相对误差两种表示方法。

1. 绝对误差

绝对误差 ΔX 是指测量值 A_X 与约定真值 A_0 之间的差值，可用下式表示：

$$\Delta X = A_X - A_0 \tag{1-8}$$

绝对误差可以直接反映测量结果与真值之间的偏差值，但不可作为测量精度的指标。例如，在两次测量电压时，绝对误差都是 $\Delta X = 0.2$ mV，当测量值 A_X 为 1 V 时，可以认为误差是很小的，精度是很高的；当测量值 A_X 为 1 mV 时，就不能认为误差还是很小，精度还是很高，而是误差很大，精度很低。

2. 相对误差

绝对误差不能作为完全反映测量值精度的指标，相对误差则完全可以。相对误差有以下三种表示方法：

（1）实际相对误差 γ_A。实际相对误差用绝对误差对约定真值 A_0 的百分比表示，即

$$\gamma_A = \pm \frac{\Delta X}{A_0} \times 100\% \tag{1-9}$$

(2) 示值相对误差 γ_X。示值相对误差用绝对误差 ΔX 对测量值 A_X 的百分比表示，即

$$\gamma_X = \pm \frac{\Delta X}{A_X} \times 100\% \tag{1-10}$$

(3) 满度相对误差 γ_m。满度相对误差用绝对误差 ΔX 对测量仪器满度值 A_m 的百分比表示，即

$$\gamma_m = \pm \frac{\Delta X}{A_m} \times 100\% \tag{1-11}$$

满度相对误差是最常用的一种相对误差的表示方式。我国的电工仪表精度分为 7 级，而其精度等级 S 的确定是利用最大满度相对误差得到的，即

$$S = \frac{|\Delta X_m|}{A_m} \times 100 \tag{1-12}$$

式中：ΔX_m 为绝对误差 ΔX 的最大值。

当测量仪表的下限刻度值不为 0 时，S 由下式表示：

$$S = \frac{|\Delta X_m|}{A_{\max} - A_{\min}} \times 100 \tag{1-13}$$

式中：$A_{\max}$ 为测量仪器的上限刻度值；$A_{\min}$ 为测量仪器的下限刻度值。

电工仪表精度等级 S 规定取一系列标称值，分别称为 0.1、0.2、0.5、1.0、1.5、2.5 和 5.0 级。0.5 级指该等级的电工仪器的满度相对误差的最大值不得超过 0.5%，而 5.0 级即意味该等级的电工仪器的满度相对误差的最大值不得超过 5.0%。

例 1.1　有两只电压表的精度及量程范围分别是 0.5 级 0～500 V、1.0 级 0～100 V，现要测量 80 V 的电压，试问选用哪只电压表较好。

解　用最大示值相对误差来比较，则

$$\gamma_{X1} = \pm \frac{\Delta X_{m1}}{A_X} \times 100\% = \pm \frac{500 \times 0.5\%}{80} \times 100\% = \pm 3.125\%$$

$$\gamma_{X2} = \pm \frac{\Delta X_{m2}}{A_X} \times 100\% = \pm \frac{100 \times 1.0\%}{80} \times 100\% = \pm 1.25\%$$

计算结果表明，用 1.0 级电压表比用 0.5 级电压表更合适。这说明在选用电工仪表时应兼顾精度等级与量程两个方面，而不是片面追求仪表的精度等级。同时，在测量中要合理选择量程，尽量让指示值接近满量程值，以减小测量误差。

1.2.5　测量误差的处理

在测量过程中，测量误差总是不可避免地存在着。为了评价测量数据的质量，往往要对它们进行必要的处理，这就是数据处理。如前所述，系统误差是可以修正或在测量中设法消除的，因而数据处理主要是指剔除粗大误差和估算随机误差。

1. 剔除粗大误差

理论和实践证明，绝大多数测量数据的随机误差服从正态分布规律，标准误差 σ 是对正态分布曲线产生影响的唯一参数。正态分布理论中的分布范围虽为无穷大，但其实际分布范围通常取为 $\pm 3\sigma$，这是由于测量数据超出 3σ 的概率仅为 0.27%，因而一般将 $\pm 3\sigma$ 称为测量结果的极限误差。当有测量数据的剩余误差较极限误差大时，则认为该数据有粗大误差存在，必须要剔除。这里所谓的剩余误差，是指每一个测量数据 A_i 与算术平均值 A 的

差值，用 U_i 表示，表明该次测量数据对平均值的偏离程度。算术平均值是指相同的测量条件下，对同一被测量进行 n 次测量所得的数据之和与测量次数 n 的比值。

2. 估算随机误差

在实际测量中，对于某一被测值，重复测量的次数 n 是有限的。由于 n 次测量的数据带有随机性，在算术平均值中仍然不可避免地存在着误差，因此在数据处理中，采用算术平均值的标准误差 $\bar{\sigma}$ 来评价算术平均值的精度。根据误差的有关理论，$\bar{\sigma}$ 与 σ 存在下列关系：

$$\bar{\sigma}=\frac{\sigma}{\sqrt{n}}$$

这样就使随机误差减小为原来的 $\frac{1}{\sqrt{n}}$。

3. 数据处理的一般步骤

(1) 计算 n 次测量数据的算术平均值 $\overline{A}$：

$$\overline{A}=\frac{\sum_{i=1}^{n}A_i}{n}$$

(2) 计算标准误差：

$$\sigma=\sqrt{\frac{\sum_{i=1}^{n}U_i{}^2}{n-1}}=\sqrt{\frac{\sum_{i=1}^{n}(A_i-\overline{A})^2}{n-1}}$$

(3) 检查有无粗大误差数据。若有剩余误差，且超过 $\pm 3\sigma$，则须予以剔除，然后重复以上步骤，直到无粗大误差数据存在。

(4) 计算算术平均值的标准误差：

$$\bar{\sigma}=\frac{\sigma}{\sqrt{n}}$$

(5) 写出测量结果的表达式：

$$A_0=\overline{A}\pm 3\bar{\sigma}$$

例 1.2　现对某液体测量温度 11 次，测量序号与测量数据如表 1－1 所示。

表 1－1　某液体测量温度数据

测量序号 i	1	2	3	4	5	6	7	8	9	10	11
测量数据/℃	20.72	20.75	20.65	20.71	20.62	20.45	20.62	20.70	20.67	20.73	20.74

解　(1) 计算算术平均值：

$$\overline{A}=\frac{\sum_{i=1}^{n}A_i}{n}=20.67\ (℃)$$

(2) 计算标准误差：

$$\sigma=\sqrt{\frac{\sum_{i=1}^{n}(A_i-\overline{A})^2}{n-1}}=0.086\ (℃)$$

(3) 检查有无粗大误差数据。通过计算发现，A_6 的剩余误差最大，$U_6=0.22$℃，而极限误差为 0.258℃，大于 U_6，因而可以认为 11 个测量数据中无粗大误差数据存在。

(4) 计算算术平均值的标准误差：

$$\overline{\sigma}=\frac{\sigma}{\sqrt{n}}=0.026\ (℃)$$

(5) 写出测量结果表达式：

$$A_0=\overline{A}\pm 3\overline{\sigma}=20.67\pm 0.078\ (℃)$$

弹性敏感元件

1.3 检测系统中的弹性敏感元件

弹性敏感元件是许多传感器及检测系统中的基本元件，它往往直接感受被测物理量(如力、压力等)的变化，并将其转化为弹性元件本身的应变或位移，然后由各种形式的传感元件把它转变为电量。

1.3.1 弹性敏感元件的基本特性

弹性敏感元件的输入量与输出量之间的关系，称为弹性敏感元件的基本特性。弹性敏感元件的基本特性包括刚度、灵敏度、弹性滞后和弹性后效等，其中刚度和灵敏度是表征弹性敏感元件的重要指标。

1. 刚度

刚度是使弹性敏感元件产生单位形变所需要的外部作用力(或压力)，其表达式为

$$k=\lim_{\Delta x\to 0}\frac{\Delta F}{\Delta x}=\frac{dF}{dx} \tag{1-14}$$

式中：k 为刚度；F 为作用于弹性元件上的外力；x 为弹性元件产生的形变。

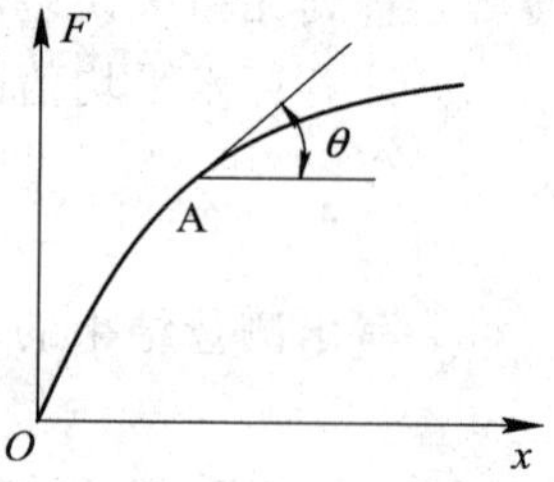

图 1-9 弹性特性

图 1-9 所示弹性特性曲线上某点 A 的刚度可通过 A 点作曲线的切线求得，此切线与水平线夹角的正切就代表该弹性元件在 A 点处的刚度。如果弹性特性曲线是线性的，显然它的刚度是一个常数。

2. 灵敏度

灵敏度是刚度的倒数，它表示弹性敏感元件在承受单位输入(力、压力等)时所产生的变形大小，一般用 K 表示，即

$$K=\frac{dx}{dF} \tag{1-15}$$

在非电量检测中往往希望弹性灵敏度为常数，此时弹性敏感元件的弹性特性是线性的，即 $K=x/F$。

对于不同的弹性敏感元件，由于其输入量的形式不同，所以灵敏度的具体含义也不同。

1.3.2 弹性敏感元件的形式及应用范围

根据弹性敏感元件在传感器中的作用，对它提出了一些要求，如具有较好的弹性特性、足够的精度、长期使用和温度变化时的稳定性等。因而对制作弹性敏感元件的材料提

出了多方面的要求，如弹性模量的温度系数要小、线膨胀系数小且恒定、有良好的机械加工和热处理性能等。我国通常使用合金钢、碳钢、铜合金和铝合金等。

1. 弹性敏感元件的形式

传感器中弹性敏感元件的输入量通常是力(力矩)或流体压力(统称压力)，即使其他非电被测量输入弹性敏感元件，也是先将它们变换成力或压力再输入弹性敏感元件。弹性敏感元件输出的是应变或位移(线位移或角位移)，即弹性敏感元件将力或压力变换成应变或位移。因此，弹性敏感元件形式上基本分成两大类，即力变换成应变或位移的变换力的弹性敏感元件和压力变换成应变或位移的变换压力的弹性敏感元件。

变换力的弹性敏感元件通常有等截面轴、环状弹性敏感元件、悬臂梁和扭转轴等。变换压力的弹性敏感元件通常有弹簧管、波纹管、等截面薄板、波纹膜片和膜盒、薄壁圆筒和薄壁半球等。

2. 变换力的弹性敏感元件

(1) 等截面轴弹性敏感元件。等截面轴弹性敏感元件又称柱式弹性敏感元件，可以是实心柱体或空心圆柱体，如图 1-10 所示。实心等截面轴在力作用下的位移很小，因此常用它的应变作输出量。其主要优点是结构简单、加工方便、测量范围宽，可承受数万牛的载荷；但其灵敏度较小。空心圆柱体弹性敏感元件的灵敏度较高，在同样的截面积下，轴的直径可加大，可提高轴的抗弯能力；但其过载能力较弱，载荷较大时会产生比较明显的桶形变形，使工作段应变复杂而影响精度。

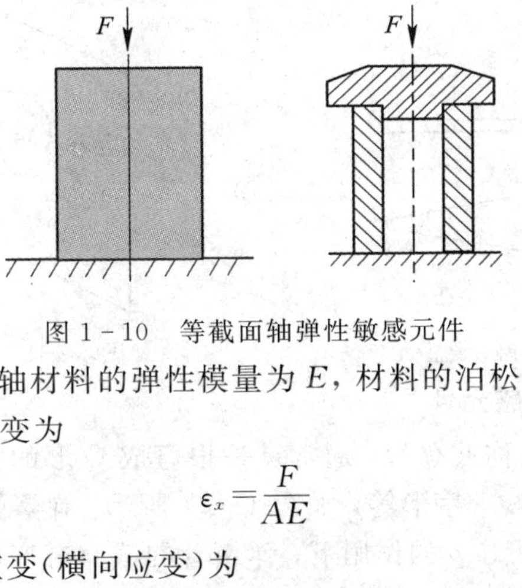

图 1-10　等截面轴弹性敏感元件

设轴的横截面积为 A，轴材料的弹性模量为 E，材料的泊松比为 μ，当等截面轴承受轴向拉力或压力时，轴向的应变为

$$\varepsilon_x=\frac{F}{AE} \tag{1-16}$$

与轴线垂直方向上的应变(横向应变)为

$$\varepsilon_y=-\frac{\mu F}{AE}=-\mu\varepsilon_x \tag{1-17}$$

(2) 环状弹性敏感元件。环状弹性敏感元件多做成等截面圆环，如图 1-11(a)、(b)所示，圆环有较高的灵敏度，因而它多用于测量较小的力。圆环的缺点是加工困难，环的各个部位的应变及应力不相等。当外力 F 作用在圆环上时，环上的 A、B 点处可产生较大的应变。当环的半径比环的厚度大得多时，A 点或 B 点内外表面的应变大小相等、符号相反。图 1-11(c)所示为变截面圆环，与上述圆环不同之处是增加了中间过载保护缝隙。其线性较好、加工方便、抗过载能力强，目前应用较多。在该环的 AB 段可得到较大的应变，且内外表面的应变大小相等、符号相反。

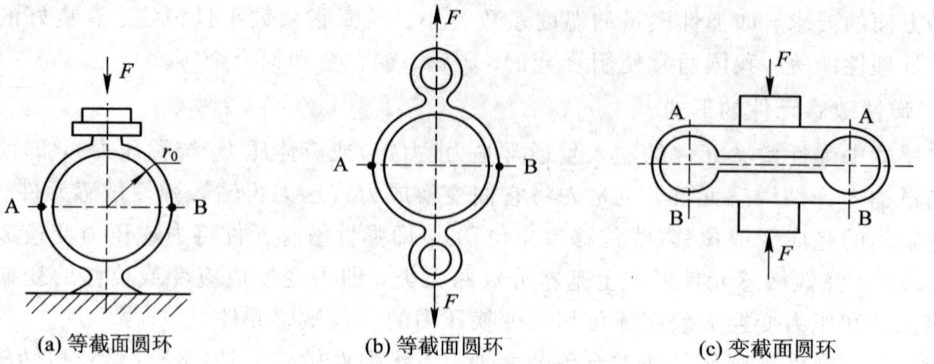

图 1-11 环状弹性敏感元件

(3) 悬臂梁式弹性敏感元件。悬臂梁式弹性敏感元件是一端固定、另一端自由的弹性敏感元件，按截面形状又可分为等截面矩形悬臂梁和变截面等强度悬臂梁，如图 1-12 所示。悬臂梁式弹性敏感元件的特点是结构简单、易于加工、输出位移(或应变)大、灵敏度高，常用于较小力的测量。

(4) 扭转轴式弹性敏感元件。图 1-13 所示为扭转轴式弹性敏感元件，当自由端受到转矩 T 的作用时，扭转轴的表面会产生拉伸或压缩应变，在轴表面上与轴线成 45°角的方向上(图 1-13 所示的 AB 方向)的应变为 $+\varepsilon$。而图 1-13 中 AC 方向上所产生的应变与 AB 方向上的应变大小相等、符号相反。

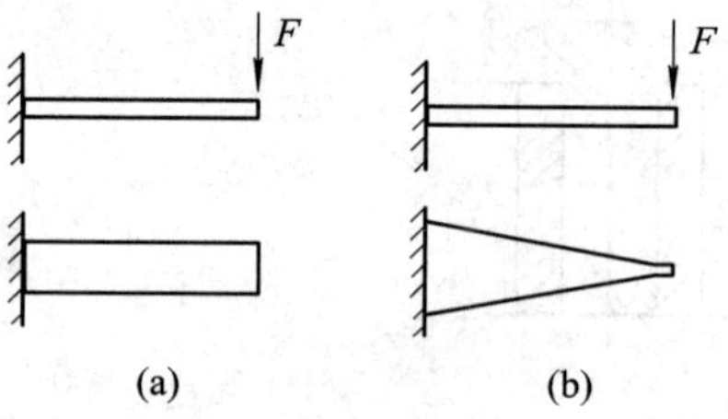

图 1-12 悬梁臂式弹性敏感元件

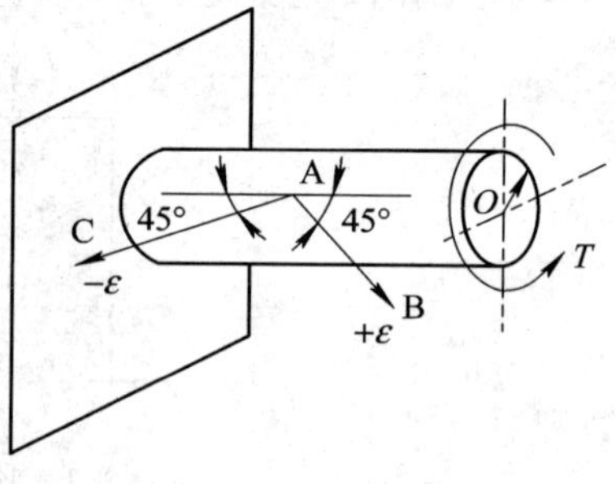

图 1-13 扭转轴式弹性敏感元件

3. 变换压力的弹性敏感元件

(1) 弹簧管。弹簧管又称波登管，通常是一根弯成 C 形的空心扁管，管子的截面形状有椭圆形、平椭圆形、D 形、8 字形等，如图 1-14 所示。弹簧管的一端(自由端)密封并与传感器其他部分相连。在压力 p 的作用下，弹簧管的截面有变成圆形截面的趋势，截面的短轴 $2b$ 力图伸长，而长轴 $2a$ 力图缩短，以期增加横截面的面积。截面形状的改变导致弹簧管的弯曲半径变大，直至与压力的作用相平衡(如图 1-14(a)中的虚线所示)，结果使弹簧管的自由端产生位移，弹簧管的中心角 γ 也产生一定的变化量 $\Delta\gamma$，中心角的变化量 $\Delta\gamma$ 与压力 p 成正比。

(2) 波纹管。波纹管是一种圆柱管状的弹性敏感元件，其表面上有许多与圆柱同心的环状级纹(如图 1-15 所示)，管的一端封闭，另一端开口并与被测压力相通，当被测压力通入波纹管内时能产生伸缩变形，因此可利用它把压力转换成位移。波纹管自由端的位移与压力 p 成正比，亦即具有线性的弹性特性。但应指出，在很大的压力作用下，波纹管的刚度会增加，从而使其线性特性遭到破坏。

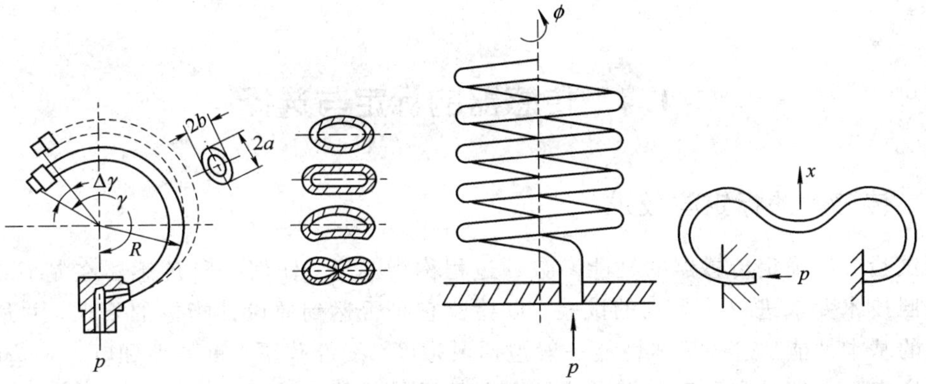

(a) C形弹簧管　(b) 螺旋形弹簧管　(c) C形组合弹簧管

图1-14　弹簧管

（3）等截面薄板。等截面薄板又称平膜片，是一种抗弯度可以忽略的周边固定的圆形薄膜，能将输入信号(压力或压差)转换为位移信号。当膜片的两侧面受到不同的压力时，膜片的中心将向压力低的一侧产生一定的位移，如图1-16所示。将应变片粘贴在薄板表面可以组成电阻应变式压力传感器，利用薄板的位移可以组成电容式、霍尔式压力传感器。

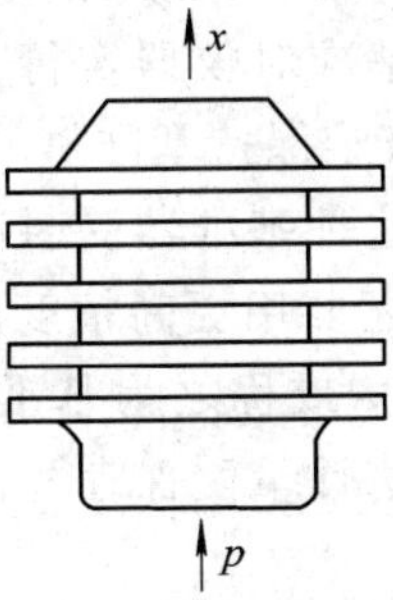

图1-15　波纹管

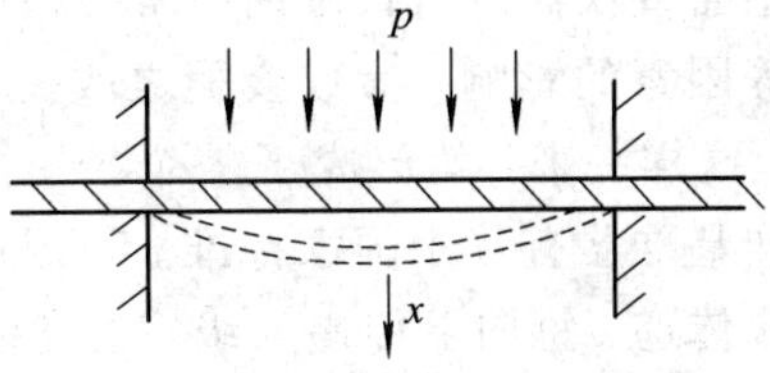

图1-16　等截面薄板

（4）波纹膜片和膜盒。波纹膜片是一种压有环形同心波纹的圆形薄膜，为了便于与传感器相连接，在膜片的中央留有一个光滑的部分，有时还在中心焊接一块圆形金属片为膜片的硬心，如图1-17所示。其波纹的形状有正弦形、梯形、锯齿形等多种形式。当膜的四周固定，两侧存在压力差时，膜片将弯向压力低的一侧，也就把压力转变成位移量。波纹膜片的形状对其输出特性有影响，在一定的压力作用下，正弦波纹膜片给出的位移最大，但线性较差；锯齿波纹膜片给出的位移最小，但线性较好；梯形波纹膜片的特性介于上述两者之间。

为了进一步提高灵敏度，可将两个波纹膜片焊在一起，制成膜盒，如图1-18所示。在同样大小的压力(或压差)作用下，它的中心位移量是单个位移的两倍。由于膜盒本身是一个封闭的整体，所以周边不需要固定，给安装带来了方便，它的应用比波纹膜片广泛得多。

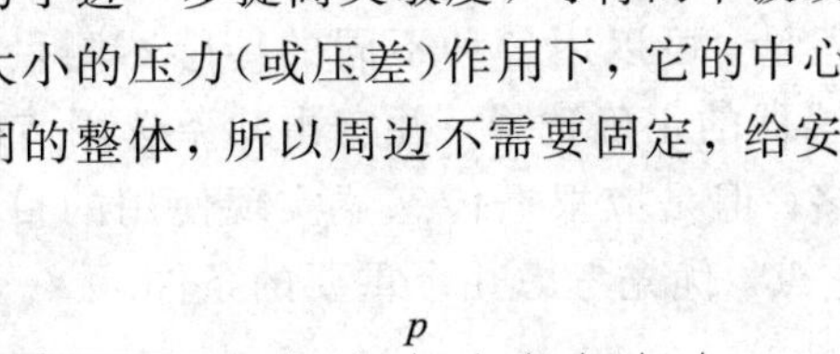

图1-17　波纹膜片

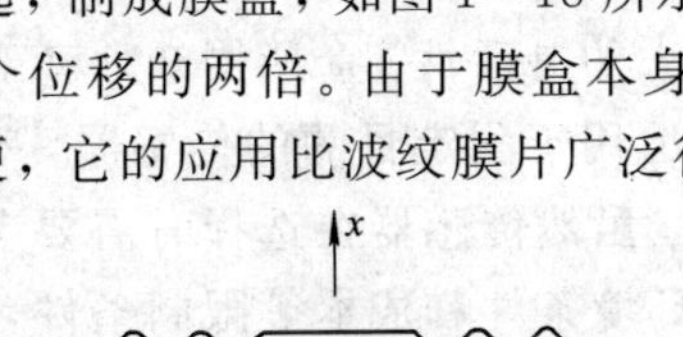

图1-18　膜盒

1.4 传感器的标定与选择

1.4.1 传感器的标定与校准

用试验方法确定传感器的性能参数的过程称为标定。任何一种传感器在制成以后，都必须按照技术要求进行一系列的试验，以检验它是否达到原设计指标的要求，并最后确定传感器的基本性能。这些基本性能一般包括灵敏度、线性范围、重复性和频率响应等。

标定实际上就是利用某种标准或标准器具对传感器进行刻度。一般来说，传感器的性能指标通常随时间和环境的变化而改变，而且这种变化常常是不可逆的，预测也是极其困难的。因此，标定工作不仅在传感器出厂时或安装时要进行，而且在传感器的使用过程中还需定期检验。

为了对传感器进行标定和校准，必须有一个长期的、稳定的和高精度的基准。在一些测量仪器中，特别是内部装有微处理器的测量仪器中，很容易实现自动校准。这种自动校准是由稳定的恒压源或标准电阻对传感器输出的前级放大器及后续处理电路实现的，如果被测量是长度、角度或质量，那么用标准的长度、角度或质量基准对仪器实行自动的定期或实时校准是可行的；但如果被测量是温度、流速或湿度，则极难保持基准量的准确性。

对传感器或仪器进行校准时，需要精度比它高的基准器，这种基准器受时间推移和使用时磨损等因素的影响，参数会随之改变，因此对这种基准器还要用更高精度的基准器来定期校准。这样一来，就形成了一个校准标准的分级管理系统，或称之为基准传递系统，最终的标准基准器有赖于国家标准。我国最高级的基准是由国家计量院保存并向下属单位一级一级地传递，每向下传递一级，精度便下降一个等级。

与传感器标定、校准相关联的技术之一，便是传感器的互换性。传感器在使用一段时间后，由于性能变坏或完全损坏，就需用新的传感器进行替换，能进行替换的前提不仅是安装时外形尺寸不冲突，而且要求传感器的性能与被替换的传感器有很好的一致性，否则需重新标定。尤其对具有非线性自动校准功能的测量仪器来说，保持这一点显得更为重要。

1.4.2 传感器的选择

由于传感器技术的发展非常迅速，各种各样的传感器应运而生，这对选用传感器带来了很大的灵活性。众所周知，对于同种被测物理量，可以用各种不同的传感器测量，为了选择适用于测定目的的传感器，有必要讨论传感器的正确选择，并定出几条选用传感器的准则。虽然传感器在选择时需要考虑的条件很多，但是应根据传感器实现使用的目的、指标、环境条件和成本等限制条件，从不同的侧重点，优先考虑几个重要的条件。

1. 选择传感器时应考虑的条件

(1) 与测量条件有关的因素。与测量条件有关的因素有：测量的目的，被测量的选择，测量范围，输入信号的幅值、频带宽度，精度要求，测量所需要的时间。

(2) 与传感器有关的技术指标。与传感器有关的技术指标有：精度、稳定度、响应特性、模拟量与数字量、输出幅值、对被测物体产生的负载效应、校正周期、超标准过大的输入信号保护。

(3) 与使用环境条件有关的因素。与使用环境条件有关的因素有：安装现场条件及情况、环境条件(湿度、温度、振动等)、信号传输距离、所需现场提供的功率容量。

(4) 与购买和维修有关的因素。与购买和维修有关的因素有：价格、零配件的储备、服务与维修制度、保修时间、交货日期。

以上是有关选择传感器时应主要考虑的因素。总之，选择传感器时，应根据几项基本标准，具体情况具体分析，选择性能价格比高的传感器。为了提高测量精度，应注意使用时的显示值在满量程的50%以上来选择测量范围或刻度范围。选择传感器的响应速度，目的是适应输入信号的频带宽度，从而得到较高的信噪比。还要合理选择使用现场条件，注意安装方法，了解传感器的安装尺寸和重量等，要注意从传感器的工作原理出发，联系被测对象中可能会产生的负载效应问题，从而选择最合适的传感器。

2. 选择传感器的一般原则

一个自动检测系统的质量优劣关键在于传感器的选择。选择传感器总的原则是：在满足对传感器所有技术要求的情况下，要使成本低廉、工作可靠和容易维修，即所谓性能价格比要高。

选择传感器的一般原则可按下列步骤进行：

(1) 借助于传感器分类表按被测量的性质，从典型应用中可以初步确定几种可供选用的传感器类别。

(2) 借助于几种常用传感器的比较(见附录)，按被检测量的检测范围、精度要求、环境要求等确定传感器的结构形式和传感器的最后类别。

(3) 借助于传感器的产品目录选型样本，最后查出传感器的规格型号、性能和尺寸。

以上三个步骤不是绝对的，可供经验较少的工程技术人员对一般常用传感器的选择。对于经验丰富的工程技术人员，可以直接从传感器的产品目录选型样本中确定选用的传感器类型、规格、型号、性能和尺寸。

本章小结

传感器是一种能够感受被测量信息，同时又能够将感受到的被测量信息按照一定的规律转换成电信号或其他所需形式信号的输出，以达到便于传输、处理、显示和控制等目的的检测装置。它通常由敏感元件、转换元件和信号调理转换电路组成。

评价传感器的性能指标是多方面的，其基本特性为输出-输入特性。输出-输入特性分为静态特性和动态特性。静态特性主要有线性度、灵敏度、迟滞和重复性等；动态特性是输入信号随时间变化时的输出与输入之间的关系，表现为时间常数、幅频特性及相频特性等指标。

测量有多种分类方法。根据测量过程的特点，可分为直接测量、间接测量与组合测量；根据测量的精度因素，可分为等精度测量与非等精度测量；根据测量仪器的特点，可分为接触测量与非接触测量；根据测量对象的特点，可分为静态测量与动态测量。测量误差按其性质分类，可分为系统误差、随机误差与粗大误差。误差的处理主要是指剔除粗大误差和估算随机误差。

弹性敏感元件是在传感器中用于测量的具有弹性形变的元件，它是许多传感器及检测系统中的基本元件，往往直接感受被测物理量(如力、压力等)的变化，并将其转换为弹性元件本身的应变或位移，然后由各种形式的传感元件将它转变为电参量或电量。变换力的弹性敏感元件通常有等截面轴、环状、悬臂梁和扭转轴弹性敏感元件等。变换压力的弹性敏感元件通常有弹簧管、波纹管、等截面薄板、波纹膜片和膜盒等。

用试验方法确定传感器的性能参数的过程称为标定，标定实际上就是利用某种标准或标准器对传感器进行刻度。选择传感器总的原则：在满足对传感器所有技术要求的情况下，要使成本低廉、工作可靠和容易维修，即所谓性价比要高。

思考题与习题

1. 欲测 250 V 电压，要求测量示值相对误差不大于±0.5%，若选用量程为 250 V 的电压表，其精度为哪一级？若选用量程为 300 V 和 500 V 的电压表，其精度又为哪一级？

2. 已知待测电压为 400 V 左右。现有两只电压表，一只为 1.5 级，测量范围为 0～500 V；另一只为 1.0 级，测量范围为 0～1000 V。选用哪一只电压表测量较好？为什么？

3. 有一台测量压力的仪表，测量范围为 0～10^6 Pa，压力 p 与仪表输出电压之间的关系为

$$U_o = a_0 + a_1 p + a_2 p^2$$

式中：a_0 = 2 mV；a_1 = 10 mV/(10^5 Pa)；a_2 = −0.5 mV/(10^5 Pa)^2。

(1) 求该仪表的输出特性方程；

(2) 画出输出特性曲线示意图(x 轴、y 轴均要标出单位)；

(3) 求该仪表的灵敏度表达式；

(4) 画出灵敏度曲线图；

(5) 求该仪表的线性度。

4. 弹性敏感元件在传感器中起什么作用？

5. 变换力的弹性敏感元件有哪些？各有什么用途？

6. 变换压力的弹性敏感元件有哪些？各有什么用途？

7. 选择传感器时应注意哪些问题？一般原则是什么？

第 2 章　电阻式传感器

电阻式传感器是将被测非电量(如力、压力、位移、应变、速度、加速度、温度和气体的成分及浓度等)的变化转换成与之有一定关系的电阻值的变化，再通过相应的转换电路变成一定的电量输出。

构成电阻的材料种类很多，引起电阻变化的物理原因也很多，这就构成了各种各样的电阻式传感元件以及由这些传感元件构成的电阻式传感器，本章按构成电阻的材料的不同，分别介绍(金属)应变式传感器和(半导体)压阻式传感器。

2.1　应变式传感器

2.1.1　应变式传感器的工作原理

导体或半导体材料在外力作用下产生机械形变，其电阻值亦随之发生变化的现象称为应变效应。电阻应变片就是利用这一现象制成的。使用电阻应变片测试时，将应变片粘贴在试件表面，试件受力变形后应变片上的电阻丝也随之变形，从而使应变片电阻值发生变化，再通过测量转换电路转换成电压或电流的变化。

图 2-1 所示为电阻丝应变片的结构示意图。它是用直径约为 0.025 mm 的具有高电阻率的电阻丝制成的。为了获得较高的电阻值，可将电阻丝排成栅网状，并粘贴在绝缘基片上，线栅上面粘贴有覆盖层(保护用)，电阻丝两端焊有引出线。图 2-1 中，l 称为应变片的标距或工作基长，b 称为应变片基宽，$b\times l$ 为应变片的使用面积。应变片规格一般以使用面积或电阻值来表示，如 3 mm×10 mm 或 120 Ω。

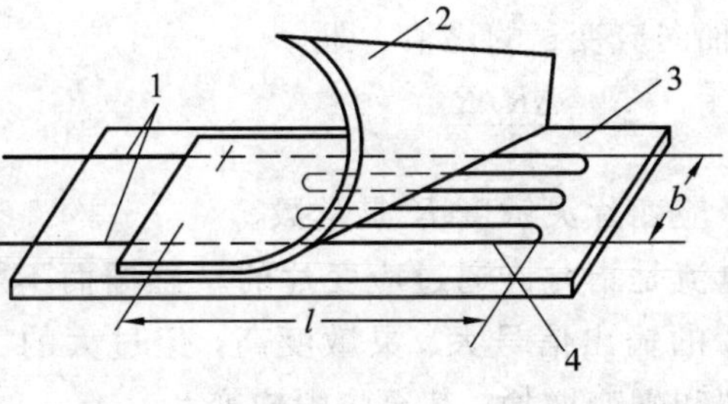

1—引出线；
2—覆盖层；
3—基底；
4—电阻丝

图 2-1　电阻丝应变片结构示意图

电阻应变片原理

由电工学知识可知，金属丝电阻 R 可表示为

$$R=\rho\frac{l}{A}=\rho\frac{l}{\pi r^2} \tag{2-1}$$

式中：ρ 为电阻率(单位为 $\Omega\cdot m$)；l 为电阻丝长度(单位为 m)；A 为电阻丝截面积(单位为 m^2)。

当沿金属丝的长度方向施加均匀力时，式(2-1)中的 ρ、r、l 都将发生变化，导致电阻值发生变化。实验证明，应变片电阻的相对变化量为

$$\frac{\Delta R}{R}=K\varepsilon \tag{2-2}$$

式中：K 为应变片的灵敏度；ε 为被测件在应变片处的应变。

电阻丝应变片的灵敏度约为 2.0～3.6。

2.1.2 应变片的结构类型及特性

1. 应变片的结构类型

根据制作方法的不同，可以将应变片分为丝式、箔式和薄膜式三类。

(1) 丝式应变片由金属丝绕制而成，使用最早，有纸基和胶基之分。

(2) 箔式应变片是通过光刻、腐蚀等工艺制成的一种金属箔栅，箔的厚度一般为 0.003 mm～0.01 mm。为适应不同场合的应变测量要求，箔式应变片的敏感栅可以制成不同的形状，如图 2-2 所示。

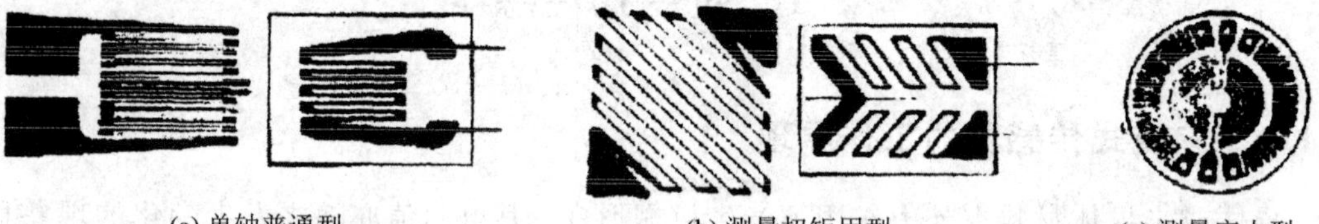

(a) 单轴普通型　(b) 测量扭矩用型　(c) 测量应力型

图 2-2　箔式应变片的不同形状

箔式应变片由于散热好、允许通过较大电流、横向效应小、疲劳寿命长、柔性好、可做成基长很短或任意形状、在工艺上适于大批量生产，因此得到了广泛的应用，已逐渐代替了丝式应变片。

(3) 薄膜式应变片主要是采用真空蒸镀技术，在薄的绝缘基片上蒸镀金属材料薄膜，最后加保护层形成的，它是近年来薄膜技术发展的产物。

2. 应变片的主要特性

(1) 灵敏度。应变片的灵敏度 K 是指在应变片灵敏轴线方向的单一应力作用下，其电阻相对变化量 $\Delta R/R$ 与试件表面上轴向应变 ε 的比值，即

$$K=\frac{\Delta R/R}{\varepsilon} \tag{2-3}$$

实验证明，在相当大的应变范围内，应变片灵敏度 K 是常数。

(2) 最大工作电流。最大工作电流是指允许通过应变片的敏感栅而不影响其工作特性的最大电流值。工作电流大，应变片的输出信号大、灵敏度高，但过大的工作电流会使应变片本身过热，使灵敏度变化，零漂和蠕变增加，甚至烧毁应变片。

通常允许电流值在静态测量时取 25 mA 左右，动态测量时可高一些；箔式应变片的工

作电流可比丝式大一些。对导热性能差的试件（如塑料），工作电流要取小一些。

（3）标称电阻值。标称电阻值指未经安装的应变片在不受外力的情况下，于室温下测得的电阻值。

目前常用的标称电阻值有 60 Ω、120 Ω、200 Ω、320 Ω、350 Ω、500 Ω、600 Ω、650 Ω、750 Ω、1000 Ω、1100 Ω、2000 Ω 等一个系列，其中以 120 Ω 和 350 Ω 最常用。实际的初始电阻值与标称电阻值都会有一定的偏差，因此要进行实际测量。

2.1.3　应变式传感器的测量转换电路

常规应变片的电阻变化范围很小，因而测量转换电路应当能精确地测量出这些小的电阻变化，并转换为电压或电流后由仪表读出。在应变式传感器中最常用的是桥式电路，按电源性质不同，可分为交流电桥和直流电桥两类。下面以直流电桥为例分析其工作原理及特性。

图 2-3(a)是直流电桥的基本电路示意图。在未施加作用力时，应变为 0，此时桥路输出电压 U_o也为 0，即桥路平衡。由桥路平衡的条件可知，应使 4 个桥臂的初始电阻满足 $R_1R_3 = R_2R_4$ 或 $R_1/R_2 = R_4/R_3$，通常取 $R_1 = R_2 = R_3 = R_4$，即全等臂形式。

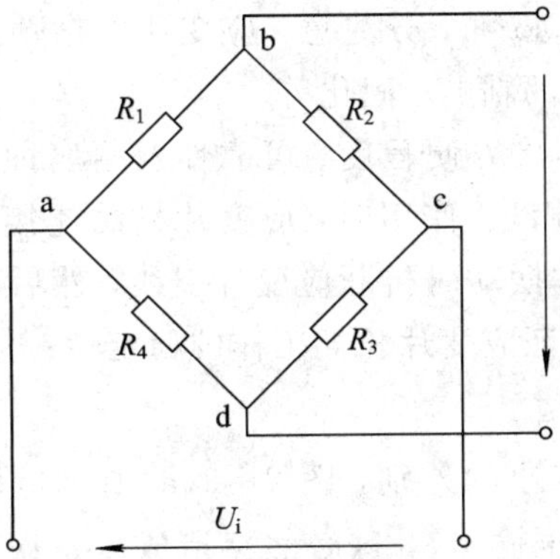

(a) 基本应变桥路

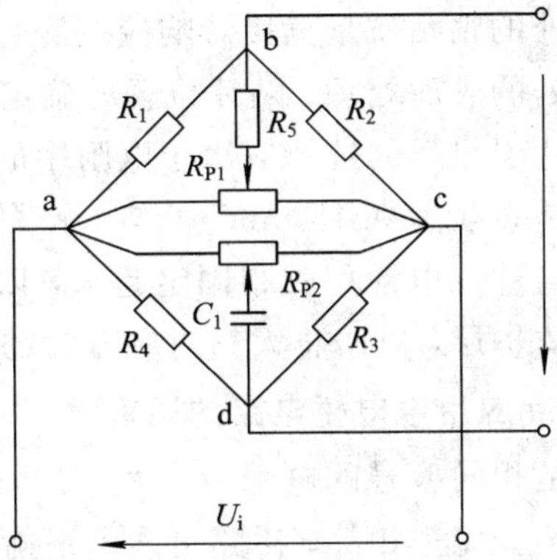

(b) 桥路的调零原理图

图 2-3　直流电桥的电路示意图

桥路工作时输入电压 U_i保持不变。当 4 个桥臂电阻的变化值 ΔR 远小于初始电阻且电桥负载电阻为无穷大时，电桥的输出电压 U_o可近似用下式表示：

$$U_o=\frac{R_1R_2}{(R_1+R_2)^2}\left(\frac{\Delta R_1}{R_1}-\frac{\Delta R_2}{R_2}+\frac{\Delta R_3}{R_3}-\frac{\Delta R_4}{R_4}\right)U_i \tag{2-4}$$

由于 $R_1 = R_2 = R_3 = R_4$，故式(2-4)可变为

$$U_o=\frac{U_i}{4}\left(\frac{\Delta R_1}{R_1}-\frac{\Delta R_2}{R_2}+\frac{\Delta R_3}{R_3}-\frac{\Delta R_4}{R_4}\right) \tag{2-5}$$

由式(2-2)可知，$\Delta R/R=K\varepsilon$，则式(2-5)可写成

$$U_o=\frac{U_i}{4}K(\varepsilon_1-\varepsilon_2+\varepsilon_3-\varepsilon_4) \tag{2-6}$$

根据应用要求的不同，可接入不同数目的应变片，一般分为下面几种形式：

（1）双臂工作形式。R_1、R_2 为应变片，R_3、R_4 为普通电阻（其阻值不变化，即 $\Delta R_3=\Delta R_4=0$），则式(2-6)变为

$$U_o=\frac{U_i}{4}\left(\frac{\Delta R_1}{R_1}-\frac{\Delta R_2}{R_2}\right)=\frac{U_i}{4}K(\varepsilon_1-\varepsilon_2) \tag{2-7}$$

(2) 单臂工作形式。R_1为应变片，其余各桥臂为普通电阻，则式(2-6)变为

$$U_o=\frac{U_i}{4}\left(\frac{\Delta R_1}{R_1}\right)=\frac{U_i}{4}K\varepsilon_1 \tag{2-8}$$

由于单臂电桥受温度影响较大，在实际应用中，为消除温度的变化对桥路输出的影响，往往把固定电阻 R_2换成应变片，因此实际上就成了双臂半桥形式。

(3) 全桥形式。电桥的 4 个桥臂都为应变片，则其输出电压公式就是式(2-6)。

实际应用中，往往使相邻两应变片处于差动工作状态，即一片感受拉应变，另一片感受压应变，这样一方面可以提高灵敏度，同时也可以减小非线性误差。

以上三种电桥形式中，全桥形式的灵敏度最高，也是最常用的一种形式。

2.1.4 应变式传感器的使用注意事项

1. 应变片的粘贴

应变片是通过黏合剂粘贴到试件上的，黏合剂的种类很多，要根据基片材料、工作温度、潮湿程度、稳定性、是否加温加压和粘贴时间等多种因素合理选择。

应变处的粘贴质量直接影响应变测量的精度，必须十分注意。应变片的粘贴工艺包括试件贴片处的表面处理、贴片位置的确定、应变片的粘贴、固化等。

应变片引出线的选择取决于电阻率的大小、焊接方便程度、可靠性及耐腐蚀性。引出线一般多是直径为 0.15 mm～0.3 mm 的镀锡软铜线。使用时，应变片粘贴连接好后，常把引出线与连线电缆用胶布固定起来，以防止导体摆动时折断应变片引线，然后在应变片上涂一层防护层，以防止大气对应变片的侵蚀，保证应变片长期工作的稳定性。

2. 实际应用中电桥电路的调零

即使是相同型号的电阻应变片，其阻值也有细小的差别，图 2-3(a)所示电桥的 4 个桥臂电阻不会完全相等，桥路可能不平衡(即有电压输出)，这必然会造成测量误差。实际应用中，采用在原基本电路基础上增加图 2-3(b)所示的调零电路。调节电位器 R_{P1}，最终可以使电桥趋于平衡，U_o被预调到 0，这个过程称为电阻平衡调节或直流平衡调节。R_5是用于减小调节范围的限流电阻。

当采用交流电桥时，由于应变片引线电缆分布电容的不一致性将导致电桥容抗及相位的不平衡。这时即使已做到电阻平衡，U_o仍然会有输出，所以增设 R_{P2}及 C_1用来平衡电容的容抗，这称为电容平衡调节或交流平衡调节。

3. 传感器的温度补偿

在实际应用中，温度的变化对应变式传感器输出值的影响是比较大的，这必将产生较大的测量误差。下面介绍常采用的桥路自补偿法。

在双臂半桥电路中，设温度变化前应变片由应变引起的电阻变化量为 $\Delta R_{1\varepsilon}$、$\Delta R_{2\varepsilon}$，则电桥输出为

$$U_o=\frac{U_i}{4}\left(\frac{\Delta R_{1\varepsilon}}{R_1}-\frac{\Delta R_{2\varepsilon}}{R_2}\right) \tag{2-9}$$

假设温度变化后，应变片所受应变不变，由温度引起的电阻变化量为 ΔR_{1t}、ΔR_{2t}，则此时桥路输出电压 U'_o为

$$U'_{\mathrm{o}}=\frac{U_{\mathrm{i}}}{4}\left(\frac{\Delta R_{1\varepsilon}+\Delta R_{1\mathrm{t}}}{R_1}-\frac{\Delta R_{2\varepsilon}+\Delta R_{2\mathrm{t}}}{R_2}\right) \tag{2-10}$$

由于两应变片的规格完全相同，又处于同一个温度场，因此 $R_1=R_2$，$\Delta R_{1\mathrm{t}}=\Delta R_{2\mathrm{t}}$。代入式(2－10)，$\Delta R_{1\mathrm{t}}$、$\Delta R_{2\mathrm{t}}$项相互抵消，因此，$U'_{\mathrm{o}}=U_{\mathrm{o}}$，即表示温度变化对电桥输出没有影响，达到了桥路温度自补偿的目的。

同理，温度变化时，全桥电路上各电阻变化值也相互抵消，不会造成影响。

2.1.5　应变式传感器的应用

应变式传感器具有体积小、价格便宜、精度高、线性好、测量范围大、数据便于记录处理和远距离传输等优点，因而被广泛应用于工程测量及科学实验中。

1. 力和扭矩传感器

图 2－4 列出了几种力和扭矩传感器的弹性敏感元件。拉伸应力作用下的细长杆和压缩应力作用下的短粗圆柱体分别如图 2－4(a)和(b)所示，都可以在轴向布置一个或几个应变片，在圆周方向上布置同样数目的应变片，前者拾取纵向应变，后者拾取大小不等、符号相反的横向应变。悬臂梁和扭转轴上的应变片贴在相应位置可拾取大小相等、符号相反的应变，如图 2－4(c)和(d)所示。用环状弹性敏感元件测拉(压)力也是比较普遍的，如图 2－4(e)所示。

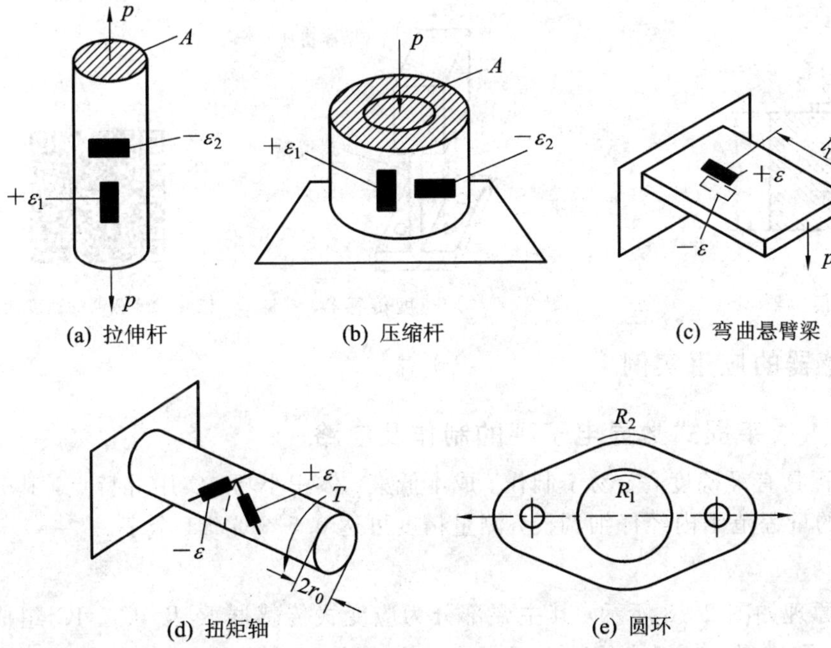

悬梁臂称重

应变片测力

组合式压力传感器

图 2－4　粘贴式应变片力和扭矩传感器简图

2. 压力传感器

应变式压力传感器主要用于液体、气体压力的测量，测量压力范围是 10^4 Pa～10^7 Pa。图 2－5 中给出了组合式压力传感器示意图。图中应变片 R 粘贴在悬臂梁上，悬臂梁的刚度应比压力敏感元件更高，这样可降低这些元件所固有的不稳定性和迟滞性。

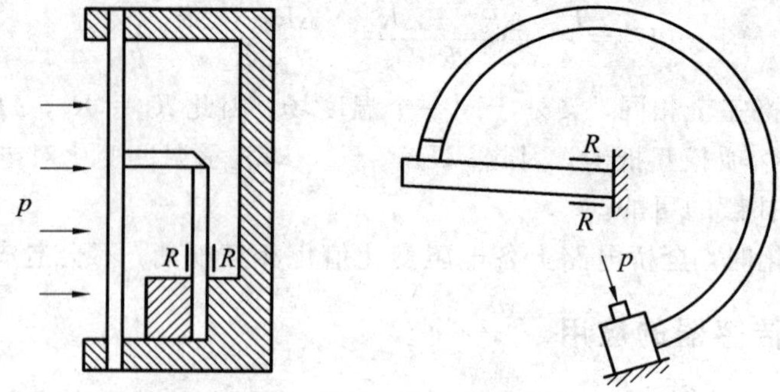

(a) 膜片式　　(b) 包端管式

图 2-5　组合式压力传感器示意图

图 2-6 所示为筒式压力传感器。被测压力 p 作用于筒内腔，使筒发生形变，工作应变片 1 贴在空心的筒壁外感受应变，补偿应变片 2 贴在不发生形变的实心端作为温度补偿用。筒式压力传感器一般可用来测量机床液压系统压力和枪、炮筒腔内压力等。

3. 加速度传感器

加速度传感器实质上是一种测量力的装置，如图 2-7 所示。测量时，将基座固定在被测对象上，当被测物体以加速度 a 运动时，质量块受到一个与加速度方向相反的惯性力而使悬臂梁形变。通过应变片可检测出悬臂梁的应变量，而应变量是与加速度成正比的。

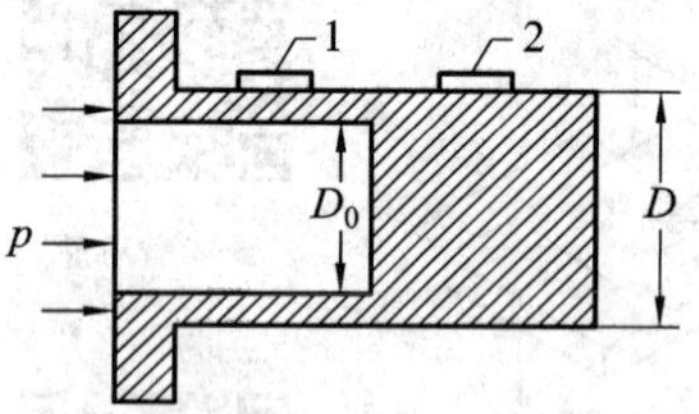

图 2-6　筒式压力传感器

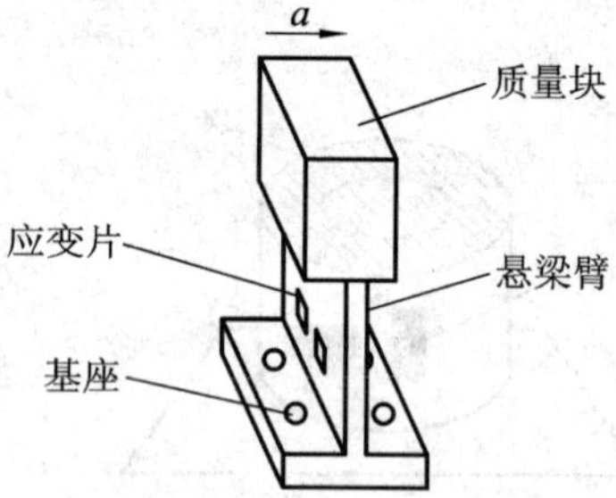

图 2-7　加速度传感器

应变式传感器加速度测量

2.1.6　应变式传感器的应用实例

手提式数显电子秤的制作及电路

手提式数显电子秤具有准确度高、易于制作、成本低廉、体积小巧、实用等特点，其分辨力为 1 g，在 2 kg 的量程范围内经仔细调校，测量精度可达 0.5%R_D±1 个字。

1. 工作原理

数显电子秤电路原理如图 2-8 所示，其主要部分为应变式传感器 R_1 及 IC_2、IC_3 组成的测量放大电路和 IC_1 及外围元件组成的数显面板表。传感器 R_1 采用 E350—2AA 箔式应变片，其常态阻值为 350 Ω。测量电路将 R_1 产生的电阻应变量转换成电压信号输出。IC_3 将经转换后的弱电压信号进行放大，作为 A/D 转换器的模拟电压输入。IC_4 提供 1.22 V 基准电压，它同时经 R_5、R_6 及 R_{P2} 分压后作为 A/D 转换器的参考电压。$3\frac{1}{2}$ 位 A/D 转换器 ICL7126 的参考电压输入正端由 R_{P2} 中间触头引入，负端则由 R_{P3} 的中间触头引入。两端参考电压可对传感器非线性误差进行适量补偿。

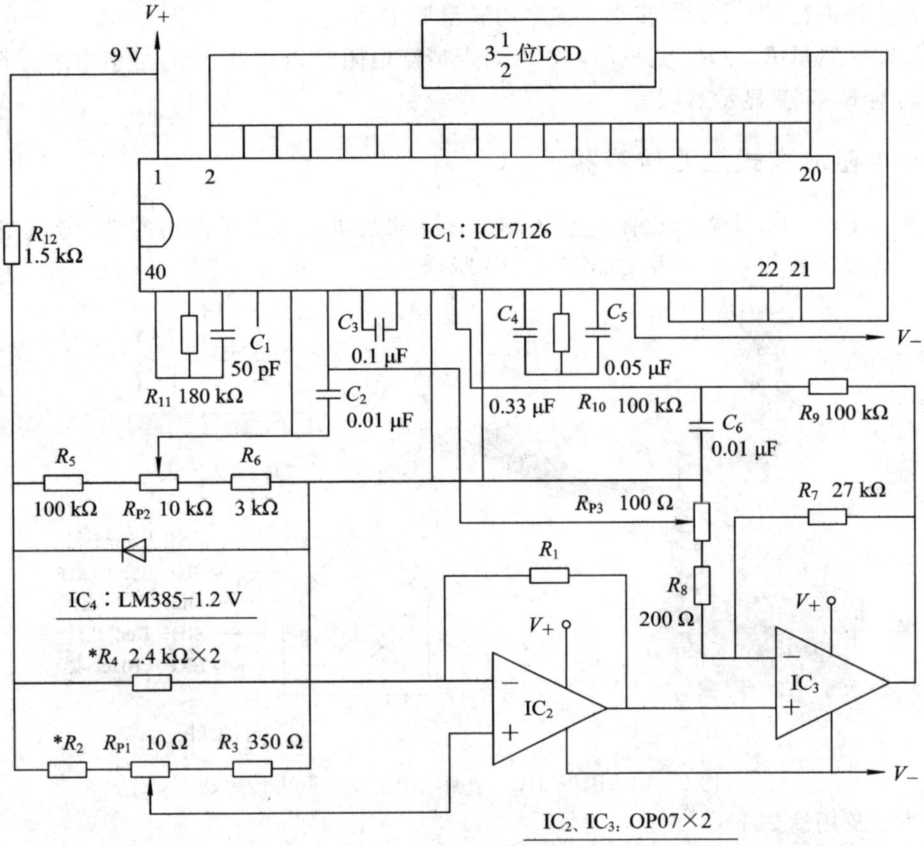

图 2-8　数显电子称电路原理图

2. 制作与调试

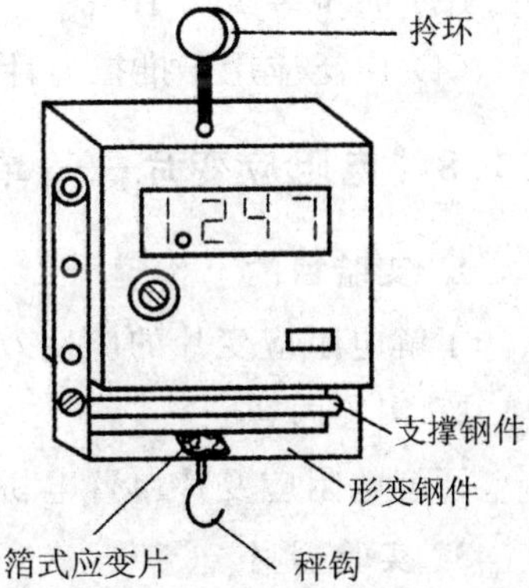

图 2-9　数显电子秤外形

该数显电子秤外形可参考图 2-9 所示的形式。其中，形变钢件可用普通钢锯条制作，其方法是：首先将锯齿打磨平整，再将锯条加热至微红，趁热加工成"U"形，并在对应位置钻孔，以便于安装。然后再将其加热至呈橙红色(七八百摄氏度)，迅速放入冷水中淬火，以提高硬度和强度，最后进行表面处理工艺。秤钩可用强力胶粘接于钢件底部，应变片则用专用应变胶粘剂粘接于钢件变形最大的部位(内侧正中)，这时其受力变化与阻值变化刚好相反。拎环用活动链条与秤体连接，以便使用时秤体能自由下垂，同时拎环还应与秤钩在同一垂线上。

在调试时，应准备 1 kg 及 2 kg 标准砝码各一个，其过程如下：

(1) 在秤体自然下垂且无负载时调整 R_{P1}，使显示器准确显示零。

(2) 调整 R_{P2}，使秤体承担满量程重量(本电路选满量程为 2 kg)时显示满量程值。

(3) 在秤钩下悬挂 1 kg 的标准砝码，观察显示器是否显示 1.000，如有偏差，可调整 R_{P3} 值，使之准确显示 1.000。

(4) 重新进行(2)、(3) 步骤，使之均满足要求为止。

(5) 准确测量 R_{P2}、R_{P3} 电阻值，并用固定精密电阻予以代替。R_{P1} 可引出表外调整，测量前先调整 R_{P1}，使显示器回零。

2.1.7　电阻应变式工业传感器

博兰森 B106 1KN 微型电阻应变式测力传感器是机器人上的测力配件。该传感器所使用材料为高级不锈钢，受力方式如图 2-10 所示。

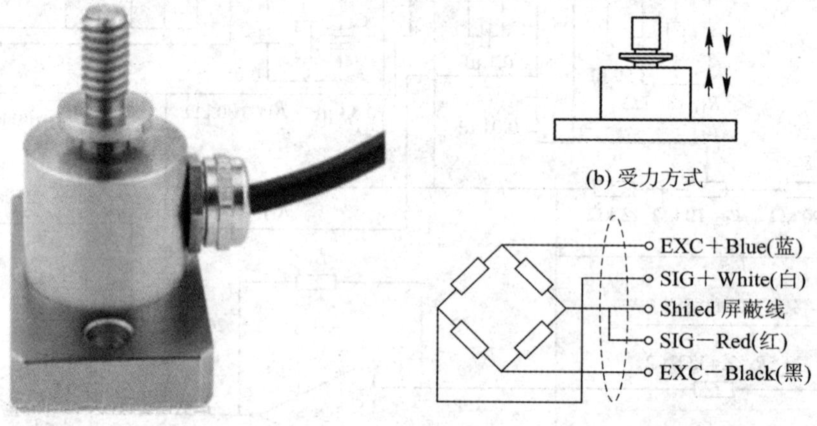

(a) 实物图　(b) 受力方式　(c) 配线图

图 2-10　B106 1KN 微型电阻应变式测力传感器

其特点及用途如下：

(1) 高度低，变形量小，安装方便。

(2) 不锈钢材料稳定性较强，可提供定制服务。

(3) 防护等级为 IP66。

(4) 广泛应用于推拉力计、料斗秤和各种工业称重系统。

2.1.8　电阻应变片——单臂电桥性能实验

电阻应变片——单臂电桥性能实验

1. 实验目的

了解电阻应变片的应变效应，单臂电桥的工作原理和性能。

2. 实验内容

了解电阻应变片单臂电桥的工作原理和工作情况。

3. 实验器材

传感器检测技术综合实验台、±15 V 电源底板、电阻应变片模块、比例运算模块、托盘及砝码、导线。

4. 实验原理

电阻丝在外力作用下发生机械形变时，其电阻值发生变化，这就是电阻应变效应。描述电阻应变效应的关系式为：$\Delta R/R=K\varepsilon$。式中：$\Delta R/R$ 为应变片电阻相对变化；K 为应变灵敏系数；ε 为应变片的应变，即尺寸的相对变化值。电阻应变片是通过光刻、腐蚀等工艺制成的应变敏感元件，通过它将被测部位的受力状态转换为电阻变化。电桥的作用是完成电阻到电压的比例变化，电桥的输出电压反映了相应的受力状态。对于单臂电桥的输出电压为 $U_{o1}=EK\varepsilon/4$。

5. 实验注意事项

(1) 勿在带电情况下进行实验连线操作。

(2) 勿用手压电阻应变传感器的托盘，以免造成永久性损坏。

6. 实验步骤

实验接线图如图 2-11 所示。

(1) 断开实验台总电源及实验底板电源开关，用导线将实验台上的±15 V 电源引入到实验底板左侧对应的+15 Vin、-15 Vin 以及 GNDin 端子，将"电阻应变片模块"和"比例运算模块"按照正确方向对应插入实验底板。注意：合理的位置摆放有利于实验连线以及分析实验原理。

(2) 实验台上可将正负电源调到"±4 V"挡，正负电源输出接入模块上的+V 和-V 之间，模块上的输出 Vout+和 Vout-对应接入比例运算模块的 Vin1+与 Vin1-之间，将比例运算模块的 Vout3 接至电压表。

(3) 检查上述实验操作无误后，打开实验台总电源及实验底板上的电源开关。

(4) 将比例运算电路调零。JP1～JP6 依次短接为"接通""100K""100K""接通""RW3""C3"。将 RW1 和 RW3 顺时针旋到底(比例放大倍数约为 41×10×10)，短接 Vin1+与 Vin1-到 GND，电压表选择 2 V 挡，调节 RW2，使电压表读数 $|U_o|<|0.1\ V|$。调零完毕，恢复比例运算模块与电阻应变模块的连接。

注意：比例运算模块调零完毕，若非实验要求，一级、二级及调零电路不允许再次调整。

(5) 电桥输出调零。将空托盘放到悬臂梁自由端，电阻应变片模块的 JP1～JP5 依次短接为"RA""R2""R3""R4""RW1"，调节 RW1，使电压表读数 $|U_o|<|0.1\ V|$。

注意：电压表读数变化与 RW1 调整方向相反。

(6) 量程校正。将 10 个 20 g 的砝码放入托盘，观察实验台电压表的读数，调节比例运算模块三级放大单元的电位器 RW3，使电压表读数为 2.5 V±0.1 V。

(7) 清空托盘，依次放入 0～10 个砝码，记录 0～10 个砝码时电压表的读数，并填入下表：

重量/g	0	20	40	60	80	100	120	140	160	180	200
电压/V											

(8) 根据上表数据画出实验曲线，并计算灵敏度 $S=\Delta U/\Delta m$ (ΔU 输出电压变化量，Δm 质量变化量)和非线性误差 γ_L(用最小二乘法)，$\gamma_L=\Delta U_m/Y_{FS}\times 100\%$。式中，$\Delta U_m$ 为输出值(多次测量时为平均值)与拟合直线的最大偏差；Y_{FS} 为满量程输出，此处为 200 g。

实验完毕，先关闭所有电源，然后再拆除导线，并整理好实验器材。

7. 实验报告要求

在实验报告中详细记录实验过程中的原始记录(数据、图表、波形等)，并结合原始记录进一步理解实验原理。

8. 思考题

ΔR 转换成 ΔU 输出用什么方法？

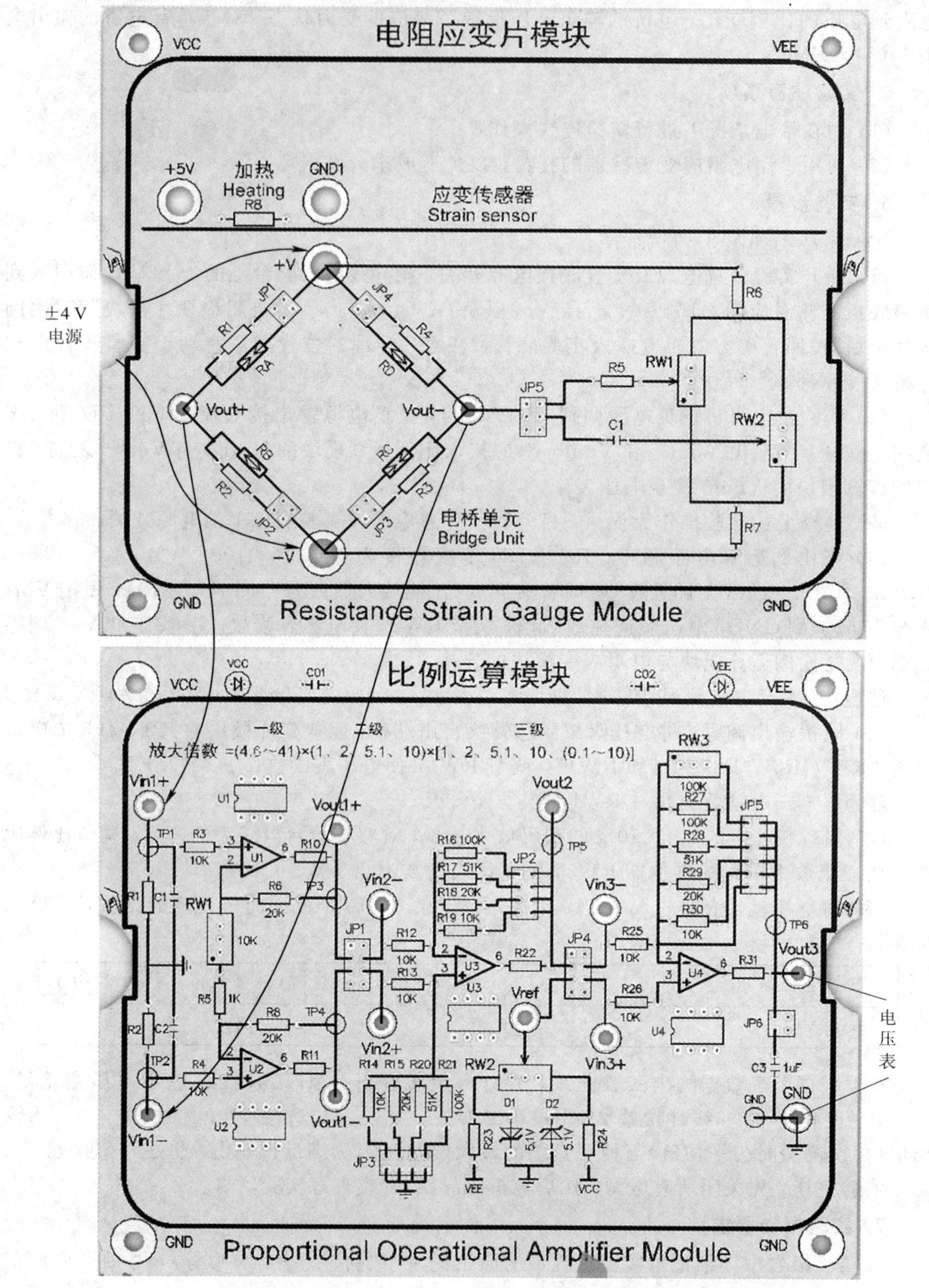

电阻应变片模块
VCC
VEE
+5V
加热
Heating
R8
GND1
应变传感器
Strain sensor
+V
−V
Vout+
Vout−
JP1
JP2
JP3
JP4
JP5
R1
R2
R3
R4
R5
R6
R7
RA
RB
RC
RD
RW1
RW2
C1
电桥单元
Bridge Unit
GND
Resistance Strain Gauge Module
±4 V
电源
比例运算模块
C01
C02
一级
二级
三级
放大倍数 =(4.6~41)×(1、2、5.1、10)×[1、2、5.1、10、(0.1~10)]
Vin1+
Vin1−
Vout1+
Vout1−
Vin2−
Vin2+
Vout2
Vin3−
Vin3+
Vout3
Vref
RW3
TP1
TP2
TP3
TP4
TP5
TP6
U1
U2
U3
U4
电
压
表
Proportional Operational Amplifier Module

图 2-11　实验接线图

2.2　压阻式传感器

压阻式传感器

2.2.1　压阻式传感器的工作原理

半导体材料受力时，其电阻率会发生变化的现象称为压阻效应。压阻式传感器的工作原理就是基于半导体的压阻效应。

对于半导体应变片，电阻的相对变化量为

$$\frac{\Delta R}{R}=\pi E\varepsilon=K_{\mathrm{B}}\varepsilon \tag{2-11}$$

式中：π 为半导体的压阻系数；E 为弹性模量；ε 为应变；K_{B}为半导体应变片的灵敏度。

由于半导体的压阻系数 $\pi=(40\sim80)\times10^{-11}\,\mathrm{m^2/N}$，$E=1.67\times10^{11}\,\mathrm{N/m^2}$，所以半导体应变片的灵敏度 K_{B}为 50～100，比金属应变片的灵敏度（K 为 2.0～3.6）约高几十倍。

可用于制作半导体应变片的材料主要有硅、锗、锑化铟、砷化镓等，以硅和锗最为常用。若在硅和锗中掺进硼、铝、镓、铟等杂质元素，可形成 P 型半导体；若掺入磷、锑、砷等杂质，则形成 N 型半导体。掺入杂质的浓度越大，半导体材料的电阻率就越低。

利用半导体材料制成的压阻式传感器有两种类型：一种是利用半导体材料的体电阻做成粘贴式半导体应变片；另一种是在半导体材料的基片上用集成电路工艺制成扩散电阻，称为扩散型压阻传感器。

2.2.2　压阻式传感器的结构与特性

1. 半导体应变片的结构

半导体应变片的典型结构如图 2-12 所示。它是单晶锭（见图 2-12(a)）按一定的晶轴方向（如 111）切成薄片（见图 2-12(b)），对它进行研磨加工（见图 2-12(c)），再经过光刻腐蚀后切成细条（见图 2-12(d)），然后安装内引线（见图 2-12(e)），并粘接在贴有接头的基底上，最后安装外引线（见图 2-12(f)）而成。敏感栅可制成直条形，也可制成 U 形或 W 形（见图 2-12(g)）。敏感栅的长度一般为 1 mm～9 mm。基底的作用是使应变片容易安装并增大粘贴面积，同时使栅体与试件绝缘。要求用小面积的应变片时，可用无基底的应变片直接粘贴。

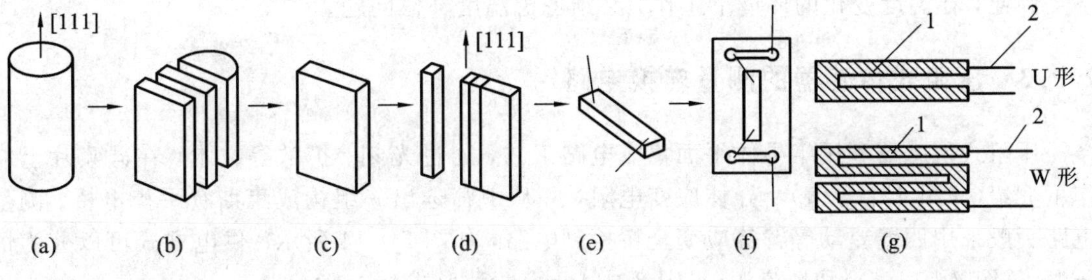

图 2-12　半导体应变片的结构及制作过程

2. 扩散型压阻传感器的结构和工作原理

图 2 - 13 为扩散型压阻传感器的结构示意图。它由外壳、硅杯和引线等组成，其核心部分是一块圆形的硅膜片即硅杯(图 2 - 13(b))。通常将膜片制作在硅杯上，形成一体结构，以减小膜片与基座连接所带来的性能变化。在膜片上利用集成电路工艺扩散了四个阻值相等的电阻，并构成电桥，这就是硅压阻式力敏元件的压阻芯片。膜片的两边有两个压力腔，一个是和被测系统相连接的高压腔，另一个是低压腔，通常和大气相通。当膜片两边存在压力差时，膜片上各点就有应力，四个扩散电阻的阻值会发生变化，使电桥失去平衡，输出相应的电压。输出电压和膜片两边的压力差成正比。

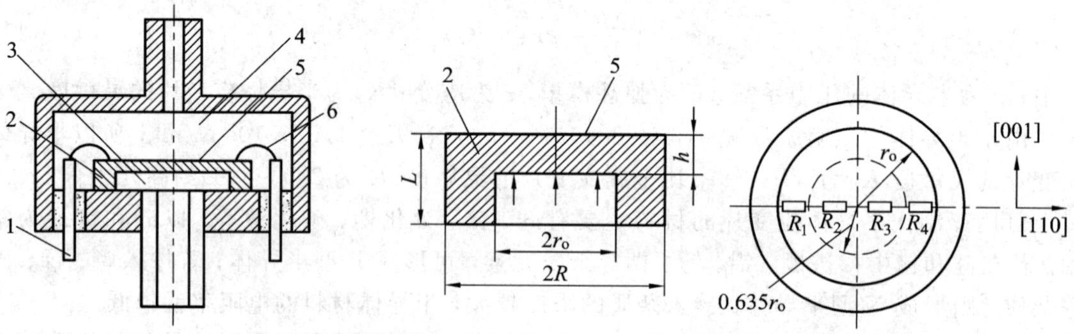

(a) 传感器结构 (b) 硅杯结构

1—引线；2—硅杯；3—高压腔；4—低压腔；5—硅膜片；6—金丝

图 2 - 13 无隔离膜片的扩散型压阻传感器的结构示意图

3. 压阻式传感器的主要特性

1) 应变—电阻特性

半导体应变片的应变—电阻特性，在数百微应变($\mu\varepsilon$)内呈线性，但在较大的应变范围内则出现非线性。为了提高传感器应变—电阻的线性度，通常对于粘贴应变片的膜片预先加压缩应变。掺杂浓度增加，灵敏度系数减小。

2) 电阻—温度特性

半导体应变片也和金属应变片一样，温度的变化会引起电阻变化。硅和锗的电阻温度系数大于 700×10^{-6}/℃，比康铜、卡玛等金属大得多，而半导体的线膨胀系数大约为 3.2×10^{-6}/℃，比被测试件小得多，同时，灵敏度系数也较大。输出电压也远比金属应变片较大。当杂质浓度增加时，$\Delta R/R$ 随温度的变化而减小。

因此，在温度变化的环境下工作，必须考虑温度补偿问题。

2.2.3 压阻式传感器的测量转换电路

压阻式传感器利用半导体平面集成电路工艺，通过光刻、扩散等技术，在硅膜片上制作了 n 组(一组 4 个等值)半导体应变电阻，并从中筛选出一组构成惠斯登平衡电桥。测量电路一般采用四臂差动等臂等应变全桥检测电路，如图 2 - 14 所示。供电方式可以分为恒压源(见图 2 - 14(a))和恒流源(见图 2 - 14(b))两种形式。

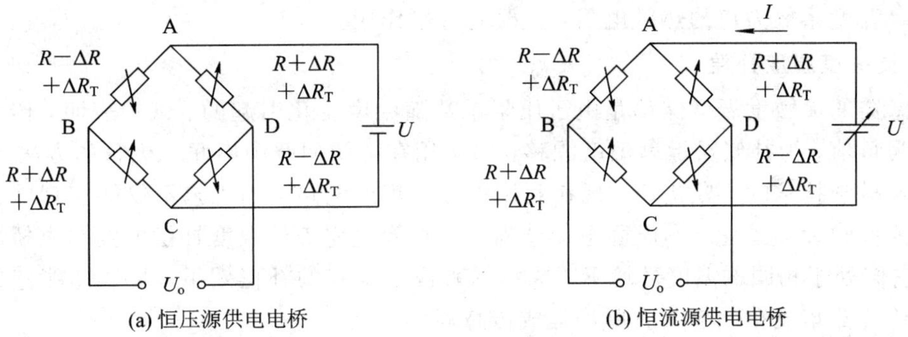

图 2-14　压阻传感器的测量电路

1. 恒压源供电方式

假设四个扩散电阻的起始电阻都为 R，当受到应力作用时，有两个电阻受拉，电阻增加，增加量为 ΔR；另一对角边的两个电阻受压，电阻减小，减小量为 $-\Delta R$。另外，由于受温度的影响，使每个电阻有 ΔR_T 的变化量。由图 2-14(a)可得电桥的输出为

$$U_o=U_{BD}=\frac{U(R+\Delta R+\Delta R_T)}{R-\Delta R+\Delta R_T+R+\Delta R+\Delta R_T}-\frac{U(R-\Delta R+\Delta R_T)}{R+\Delta R+\Delta R_T+R-\Delta R+\Delta R_T}$$

整理得

$$U_o=U\frac{\Delta R}{R+\Delta R_T} \tag{2-12}$$

由式(2-12)可见，电桥输出与供电电压成正比，且与温度对电阻的影响 ΔR_T 有关，而且是非线性的，即用恒压源供电时，不能消除温度的影响。

2. 恒流源供电方式

当用恒流源供电时，假设电桥两个支路的电阻相等，即 $R_{ABC}=R_{ADC}=2(R+\Delta R_T)$，所以流过两支路的电流相等，$I_{ABC}=I_{ADC}=I/2$。所以电桥的输出为

$$U_o=U_{BD}=\frac{I}{2}(R+\Delta R+\Delta R_T)-\frac{I}{2}(R-\Delta R+\Delta R_T)=I\Delta R \tag{2-13}$$

由式(2-13)可见，电桥的输出与电阻的变化量成正比，即与被测量成正比；也与供电电源的电流成正比，即电桥电压输出与恒流源供给的电流大小、精度有关。但是，电桥的输出与温度的变化无关。这是恒流源供电的优点。用恒流源供电时，一个传感器最好独立配备电源。

2.2.4　压阻式传感器的温度补偿

由于制造、温度等原因，传感器存在零点漂移、灵敏度温度漂移等问题，这会影响传感器的测量精度。因此，必须采用相应的补偿措施。

1. 零点温度补偿

零点温度漂移是由于四个扩散电阻值及它们的温度系数不一致造成的。一般用串、并联电阻的方法进行补偿，如图 2-15 所示。图中的 R_S 是串联电阻，R_P 是并联电阻。串联电阻主要起调零作用；并联电阻一般采用阻

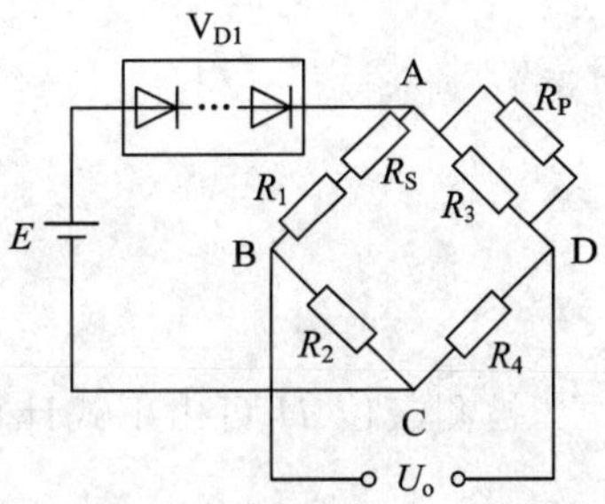

图 2-15　零点温度漂移补偿电路

值较大且温度系数为负的热敏电阻，主要起补偿作用。

2. 灵敏度温度补偿

传感器的灵敏度温度漂移是由于压阻系数随温度变化引起的。试验表明，传感器的温度系数为负值。为补偿灵敏度温度漂移，可采用在电源回路中串联二极管的方法。

随着科学技术的不断进步，现在利用半导体集成电路平面工艺不仅能实现将全桥压敏电阻与弹性膜片一体化，形成固态传感器，而且能将完美的温度补偿电路与电桥集成在一起，使它们处于相同的温度环境下。这不仅取得了良好的补偿效果，甚至还能把信号放大电路与传感器集成在一起制成单片集成传感器。

2.2.5 压阻式传感器的应用

压阻式传感器具有下列优点:体积小，结构比较简单，灵敏度高，能测量十几微帕的微压，动态响应好，长期稳定性好，滞后和蠕变小，频率响应高，便于生产，成本低。因此，它在测量压力、压差、液位、物位、加速度和流量等方面得到了广泛应用，应用领域涉及电力、化工、石油、机械、钢铁、城市供热、供水等行业。

1. 压力的测量

图 2-13 是压阻式传感器在压力测量应用中的例子。当硅膜片两边存在压力差时，膜片上各点就有应力。四个扩散电阻的阻值就发生变化，使电桥失去平衡，输出相应的电压。这样，由测得不平衡电桥的输出电压就可得到膜片所受的压力差。

2. 液位的测量

图 2-16 为 B0506 型投入式液位计。这种液位计是将扩散硅压力传感器倒置安装在不锈钢壳体内，使用时投入到被测液体中。传感器的高压侧进气口(由不锈钢隔离膜片及硅油隔离)与液体相通，低压侧进气口通过一根橡胶“背压管”与大气相通。传感器的信号线、电源线也通过该“背压管”与外界的仪器接口连接。

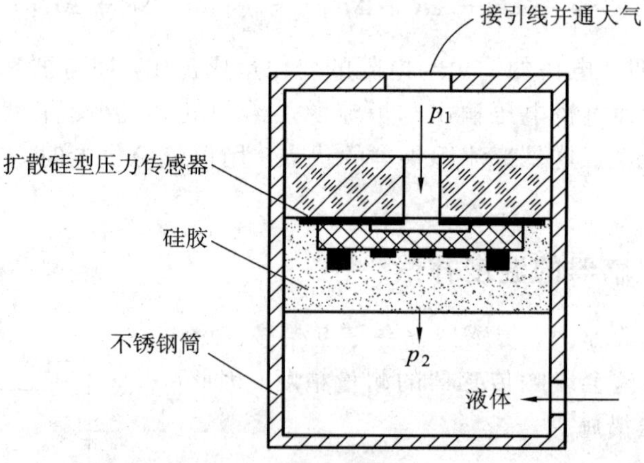

图 2-16 B0506 型投入式液位计

被测液位 H 可由下式计算得到:

$$H=\frac{p_2-p_1}{\rho g} \tag{2-14}$$

式中：ρ 为被测液体密度；g 为重力加速度。

3. 加速度的测量

图 2-17 所示为传感器在加速度测量中的应用示意图。在加速度计中大多为悬臂梁式加速度计。压阻式加速度传感器中的悬臂梁直接用单晶硅制成。图 2-17(a)为它的结构示意图。在悬臂梁的根部上、下两面各扩散两个等值电阻，并构成惠斯登电桥。当梁的自由端的质量块受到加速度作用时，悬臂梁因惯性力的作用产生弯矩而发生变形，同时产生应变，使扩散电阻的阻值变化，电桥便有与加速度成比例的电压输出。

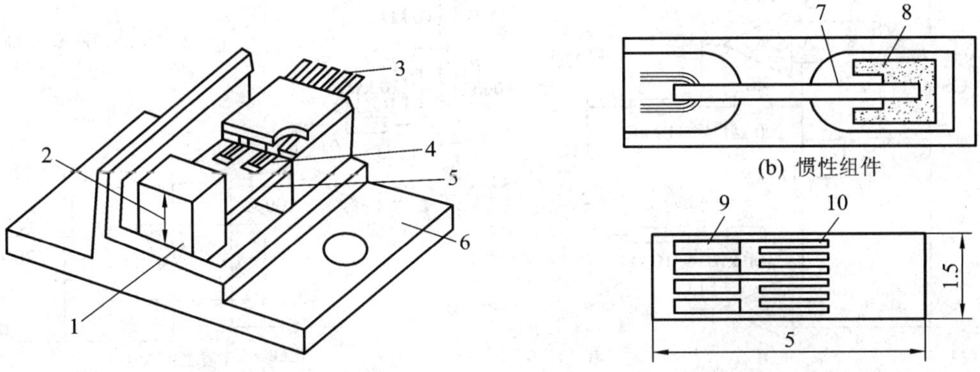

(a) 结构示意图　(b) 惯性组件　(c) 扩散有应变片的硅梁

1、8—惯性质量；2—振动方向；3—电极；4—敏感元件；
5、7—悬臂梁；6—基座；9—金属化电路；10—扩散应变片

图 2-17　传感器在加速度测量中的应用

这种压阻式加速度计具有微型化固态整体结构，性能稳定可靠；灵敏度高，可达 0.2 mV/g；准确度高，可达 2%；频带宽，为 0～500 Hz；固有频率为 2 kHz；量程大，可测最大加速度为 100 g 等优点。它的质量只有 0.5 g，适合用于对小构件的精密测试；也可用于冲击测量，多用于宇航等场合。

2.2.6 压阻式传感器的应用实例

采用压力传感器的水位控制系统

如图 2-18 所示电路是采用压力传感器的水位控制系统。该电路可以方便地设置水位的上限(水满)、下限(水干)控制点，检测、控制过程为无级、连续过程。

电路由压力传感器、放大电路、驱动控制电路构成。压力传感器采用 MPXM2010GS 型，把 MPXM2010GS 压力传感器的压力检测气孔与导气管连接，导气管浸没于水中(如图 2-18 右上方所示)，水面高度不同时，在导气管内产生的水压压力大小就不同，即作用于压力传感器上的压力随水位的高低变化而变化，这一变化使得压力传感器输出电压信号，该信号送至 A_1～A_4 构成的仪器放大器进行放大。R_{P1} 调节放大器的增益，即调节输出电压的“满刻度”值，这里用于调节最高水位；R_{P2} 调节放大器的偏置，这里可以用来调节“低水位”的电平值。当 A_1、A_2 的输出信号幅度低于该电平值时，A_3 输出的电压低于 A_4 的 10 脚电位，A_4 输出高电平，固态继电器 MOC2A60 导通，抽水电动机 M 通电工作，向水池内

送水。当水池内水面达到预设的高度时，压力传感器输出电压增大到预设值时，A_4 输出低电平，固态继电器截止，电动机停转，抽水停止。

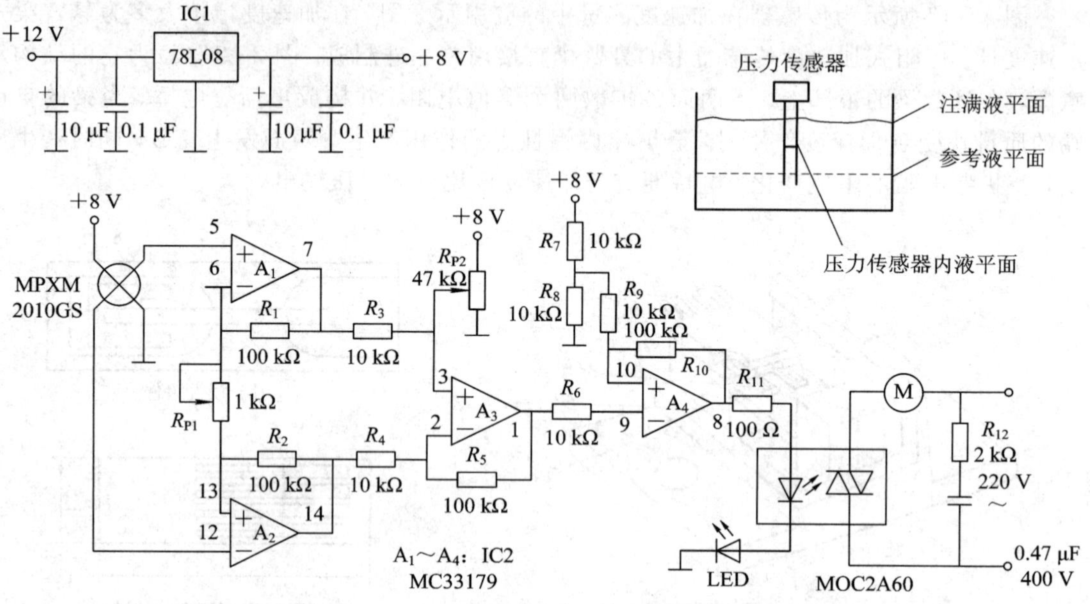

图 2－18　采用压力传感器的水位控制系统

该电路不仅可以控制水位，也可以控制其他液体的液位。

2.2.7　压阻式工业传感器

1. 压阻式传感器的特点

陶瓷压阻式压力传感器如图 2－19 所示，其优点是：

(1) 频率响应高(例如,有的产品固有频率达 1.5 MHz 以上)，适于动态测量。

(2) 体积小(例如，有的产品外径达 0.25 mm)，适于微型化。

(3) 精度较高，可达 0.1%～0.01%。

(4) 灵敏度较高，比金属应变计高出很多倍，有些应用场合可不加放大器。

(5) 无活动部件，可靠性高，能工作于振动、冲击、腐蚀、强干扰等恶劣环境。

其缺点是受温度影响较大(有时需进行温度补偿)，工艺较复杂且造价较高等。

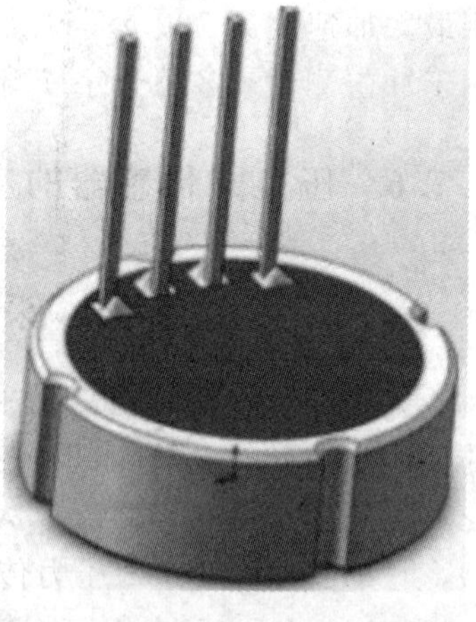

图 2－19　陶瓷压阻式压力传感器

2. 压阻式传感器的应用

压阻式传感器广泛应用于航天、航空、航海、石油化工、动力机械、生物医学工程、气象、地质、地震测量等各个领域。在航天和航空工业中，压力是一个关键参数，因此，对静态和动态压力，局部压力和整个压力场的测量，都要求有很高的精度。压阻式传感器是较理想的传感器，它可用于测量直升飞机机翼的气流压力分布，测试发动机进气口的动态畸变、叶栅的脉动压力和机翼的抖动等。在飞机喷气发动机中心压力的测量中，使用专门设计的硅压力传感器，其工作温度达500℃以上；在波音客机的大气数据测量系统中采用了精度高达0.05%的配套硅压力传感器；在尺寸缩小的风洞模型试验中，压阻式传感器能密集安装在风洞进口处和发动机进气管道模型中，单个传感器直径仅2.36 mm，固有频率高达300 kHz，非线性和滞后均为全量程的±0.22%。在生物医学方面，压阻式传感器也是理想的检测工具，例如已制成的扩散硅膜薄到10 μm，外径仅0.5 mm的注射针型压阻式压力传感器和能测量心血管、颅内、尿道、子宫和眼球内压力的传感器。

2.2.8 压阻式压力传感器的特性测试实验

压阻式压力传感器的特性测试实验

1. 实验目的

了解扩散硅压阻式压力传感器测量压力的原理和标定方法。

2. 实验内容

掌握压力传感器的压力计设计。

3. 实验器材

传感器检测技术综合实验台、±15 V电源底板、气压源、压力传感器、比例运算模块、导线。

4. 实验原理

扩散硅压阻式压力传感器的工作机理是半导体材料的压阻效应。在半导体受到力的作用发生变形时，会暂时改变晶体结构的对称性，其电阻率也会发生一定的变化，这种物理现象称为压阻效应。一般采用N型单晶硅做成传感器的弹性敏感元件，在它上面直接蒸镀扩散出多个半导体电阻应变薄膜(扩散出敏感栅)并组成电桥，加上外壳封装，引出管脚，做成压阻芯片。在压力(压强)作用下弹性敏感元件发生变形，半导体电阻应变薄膜的电阻率会产生很大变化，从而引起电阻的变化，经电桥转换成电压输出，其输出电压的变化反映了所受到的压力变化。图2-20所示为压阻式压力传感器压力测量实验原理图。

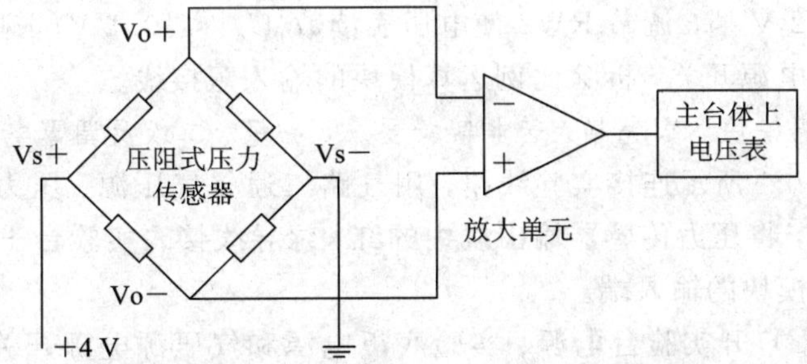

图2-20 压阻式压力传感器压力测量实验原理图

5. 注意事项

(1) 严禁将信号源输出对地短接。

(2) 实验过程中不要带电拔插导线。

(3) 严禁电源对地短路。

6. 实验步骤

实验接线图如图 2-21 所示。

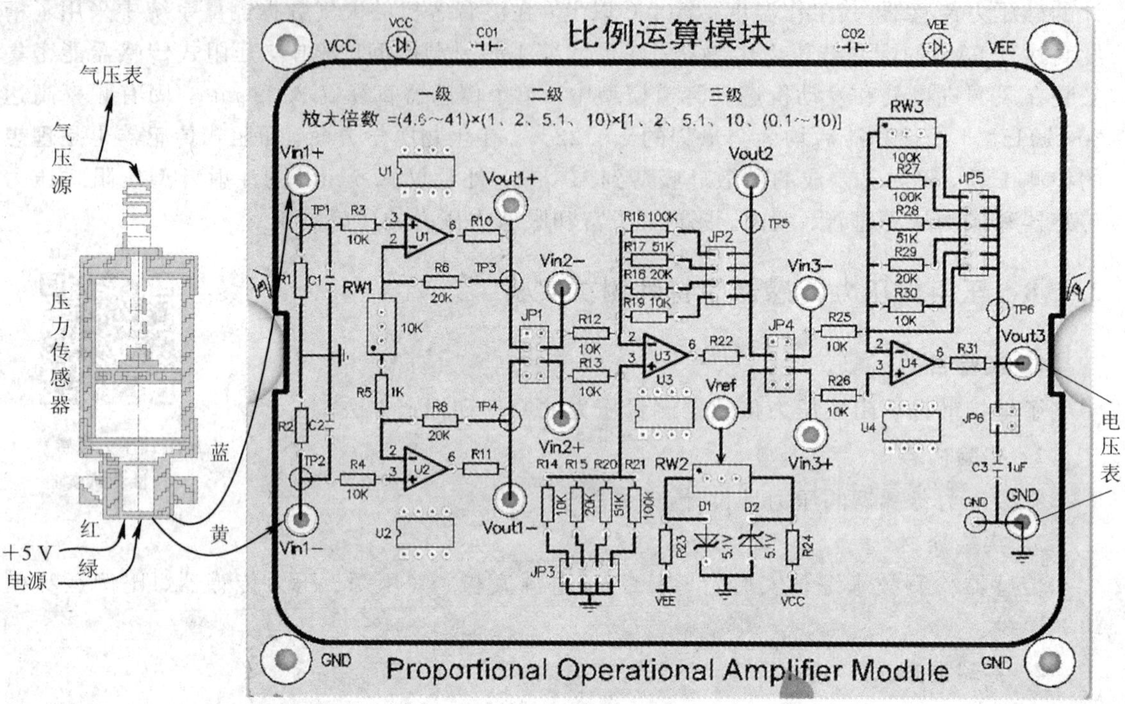

图 2-21　实验接线图

(1) 断开实验台总电源及实验底板电源开关，用导线将实验台上的±15 V 电源引入到实验底板左侧对应的+15 Vin、-15 Vin 以及 GNDin 端子，将“比例运算模块”按照正确方向对应插入实验底板，将比例运算模块的 Vout3 接至电压表。

(2) 比例运算电路调零。JP1～JP6 依次短接为“接通”“20K”“20K”“接通”“RW3”“C3”，将 RW1 逆时针旋到底，将 RW3 顺时针旋到底(比例放大倍数约为 4×2×10)，短接 Vin1+ 与 Vin1- 到 GND。检查上述实验操作无误后，打开实验台总电源及实验底板电源开关，电压表选择 2 V 挡，调节 RW2 使电压表读数 $|U_o|<|0.1\ \text{V}|$，调零完毕；关闭实验台电源和实验底板电源开关，拆除比例运算模块的输入短接线。

注意：比例运算模块调零完毕，若非实验要求，一级、二级及调零电路不允许再次调整。

(3) 按照图 2-21 所示连接实验线路，用气路三通将气压源、压力传感器压力接口和实验台气压表相连，将压力传感器输出线中的红、绿导线接入实验台+5V 电源，将蓝、黄导线接入比例运算模块的输入端。

(4) 量程校正。打开实验台电源、实验底板电源和气压源电源开关，调节流量计的流量并观察压力表，当压力上升到 18 kPa 时，调节比例运算模块的电位器 RW3，使电压表的测量值为 1.8 V。

(5) 调节流量计使压力为 4 kPa，读取电压表读数，填入下表，然后每上升 1 kPa 气压分别读取一次，直到气压值为 18 kPa(调节时慢一点，不要回调，压力稳定后再记，调到多少记多少)。

气压 P/kPa										
电压 U_O/V										

(6) 根据实验测得的结果，绘制出压力测量系统的 $P-U_o$，即压力与输出电压幅值的特性曲线；根据特性曲线进行数据分析，计算压力测量系统的灵敏度 $S=\Delta U/\Delta P$ 和非线性误差 γ_L。

实验完毕，关闭所有电源，拆除并整理好实验器材。

7. 实验报告要求

(1) 当压力为 4 kPa 时，差分放大单元的电压输出为 0.4 V。

(2) 当压力为 18 kPa 时，差分放大单元的输出电压为 1.8 V。

8. 思考题

分析先调整 4 kPa 和先调整 18 kPa 时的对应电压，哪种方式的结果更精确？

本章小结

电阻式传感器将被测量变化转换成电阻变化。(金属)应变式传感器利用应变效应来工作，导体受力变形时，电阻的变化主要由材料几何尺寸的变化引起；(半导体)压阻式传感器利用压阻效应来工作，半导体受力变形时，电阻的变化主要由材料电阻率的变化引起。压阻式传感器的灵敏度比应变式传感器大得多。

应变式传感器主要由弹性敏感元件、应变片和测量转换电路组成，主要用于测量荷重和力。随着半导体工业和集成电路的迅速发展，出现扩散型压阻传感器并得到广泛应用，用于压力、拉力、压力差和可以转变为力的其他物理量(如液位、加速度、重量、应变、流量和真空度等)的测量和控制，较之传统的膜盒电位计式、力平衡式、变电感式、变电容式、金属应变片式及半导体应变片式传感器，技术上要先进得多，目前是压力测量领域最新一代传感器。

思考题与习题

1. 什么叫应变效应？应变片有哪几种结构类型？

2. 某电阻应变片的阻值为 120 Ω，灵敏度 $K=2.0$，沿轴向粘贴于直径为 0.05 m 的圆形钢柱表面，钢材的 $E=2\times10^{11}\ \mathrm{N/m^2}$，$\mu=0.3$，钢柱承受的拉力为 9.8×10^4 N。

(1) 该钢柱的纵向应变 ε_x 和横向应变 ε_y 各为多少？

(2) 应变片电阻的相对变化量 $\Delta R/R$ 是多少？

(3) 应变片的电阻值变化了多少？是增大还是减小？

(4) 若应变片沿钢柱的圆周方向(径向)粘贴，当受同样拉力作用时，应变片的电阻值变为多少？

3. 图 2-22 所示为一直流电桥，供电电源的电动势 $E=3$ V，$R_3=R_4=100\ \Omega$，R_1 和 R_2 为相同型号的电阻应变片，其电阻均为 100 Ω，灵敏度 $K=2.0$。两只应变片分别粘贴于等强度梁同一截面的正反两面。设等强度梁在受力后产生的应变为 5000 $\mu\varepsilon$(1 $\mu\varepsilon$=1 μm/m)，试求此时电桥输出端电压 U_o。

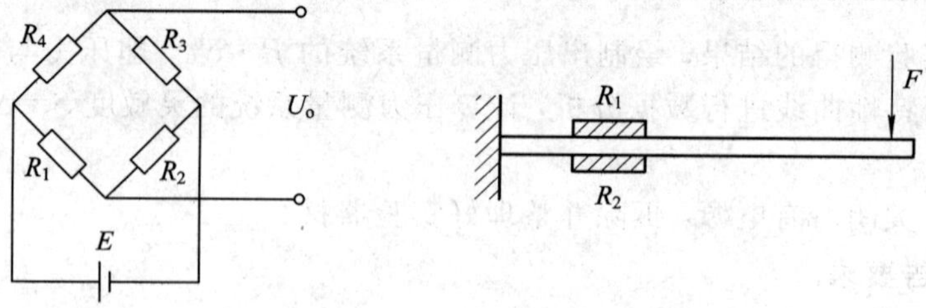

图 2-22　等强度梁测试示意图

4. 什么是压阻效应？压阻式传感器有哪几种类型？
5. 试述扩散型压阻传感器的结构和工作原理。
6. 如何对压阻式传感器进行温度补偿？

第 3 章　变阻抗式传感器

变阻抗式传感器是利用被测量改变线圈电感量或互感量，或者利用被测量改变线圈的等效阻抗，或者利用被测量改变传感器的电容量等，来实现对非电量的检测。变阻抗式传感器种类较多，本章介绍差动变压器、电涡流式传感器和电容式传感器的工作原理和应用。

3.1　差动变压器

差动变压器

差动变压器是把被测量的变化转换成线圈互感量变化的传感器。其工作原理类似于变压器，但接线方式是差动的，故常称之为差动变压器式传感器，简称差动变压器。

3.1.1　差动变压器的工作原理

差动变压器原理

1. 工作原理

目前应用最广泛的差动变压器是螺管式差动变压器，其结构示意图如图 3－1 所示。在线框上绕有一组一次线圈作输入线圈（或称初级线圈），在同一线框上另绕两组完全对称的二次线圈作输出线圈（或称次级线圈），它们反向串联组成差动输出形式。理想差动变压器的工作原理如图 3－2 所示。

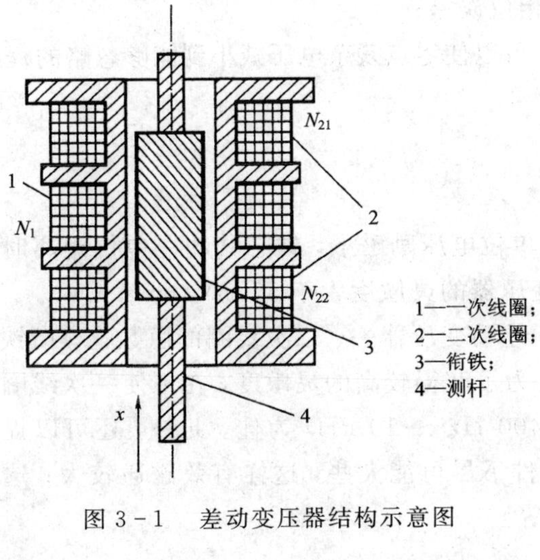

图 3－1　差动变压器结构示意图

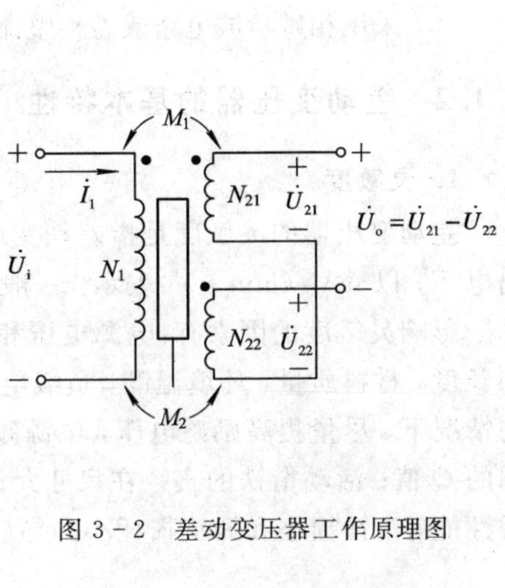

图 3－2　差动变压器工作原理图

当一次线圈加入励磁电源后，其二次线圈 N_{21}、N_{22} 产生感应电动势 $\dot{E}_{21}$、$\dot{E}_{22}$，输出电压分别为 $\dot{U}_{21}$、$\dot{U}_{22}$，经推导，输出电压 $\dot{U}_o$ 为

$$\dot{U}_o = \pm 2j\omega \Delta M \dot{I}_1 \tag{3-1}$$

式中：ω 为励磁电源角频率；ΔM 为线圈互感的增量；$\dot{I}_1$ 为励磁电流。

理论和实践证明，线圈互感的增量 ΔM 与衔铁位移量 x 基本成正比关系，所以输出电压的有效值为

$$U_o = K|x| \tag{3-2}$$

式中：K 为差动变压器的灵敏度，是与差动变压器的结构及材料有关的量，在线性范围内可近似看作常量。

2. 零点残余电压

差动变压器的输出特性如图 3-3 所示。图中，E_0 称为零点残余电压，其数值约为零点几毫伏，有时甚至可达几十毫伏，并且无论怎样调节衔铁的位置均无法消除。

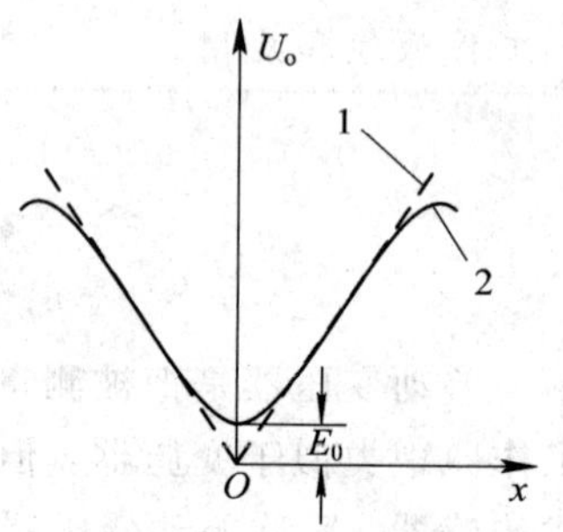

1—理想特性；2—实际特性

图 3-3　差动变压器输出特性

产生零点残余电压的主要原因是：

(1) 差动变压器两个二次线圈的电气参数、几何尺寸或磁路参数不完全对称；

(2) 存在寄生参数，如线圈间的寄生电容、引线与外壳间的分布电容；

(3) 电源电压含有高次谐波；

(4) 磁路的磁化曲线存在非线性。

减小零点残余电压的方法通常有：

(1) 提高框架和线圈的对称性；

(2) 减少电源中的谐波成分；

(3) 正确选择磁路材料，同时适当减少线圈的励磁电流，使衔铁工作在磁化曲线的线性区；

(4) 在线圈上并联阻容移相网络，补偿相位误差；

(5) 采用相敏检波电路或差动整流电路，可以使零点残余电压减小到能够忽略的程度。

3.1.2　差动变压器的基本特性

1. 灵敏度

差动变压器的灵敏度是指差动变压器在单位电压励磁下，铁芯移动一单位距离时的输出电压，以 mV/(mm·V)表示。一般差动变压器的灵敏度大于 50 mV/(mm·V)。

影响灵敏度的因素有：电源电压和频率，差动变压器一、二次线圈的匝数比，衔铁直径与长度，材料质量，环境温度，负载电阻等。为了获得较高的灵敏度，在不使一次线圈过热的情况下，尽量提高励磁电压，电源频率以 400 Hz ～ 10 kHz 为佳。此外，还可以提高线圈的 Q 值；活动衔铁的直径在尺寸允许的条件下尽可能大些，这样有效磁通较大；选用导磁性能好、铁损小和涡流损耗小的导磁材料等。

2. 线性范围

理想的差动变压器输出电压应与衔铁位移成线性关系，实际上由于衔铁的直径、长度、材质和线圈骨架的形状、大小的不同等均对线性有直接影响。差动变压器一般线性范围为线圈骨架长度的 1/10 ～1/4。由于差动变压器中间部分磁场是均匀的且较强，所以只有中间部分线性较好。

3.1.3　差动变压器的测量转换电路

差动变压器输出交流电压，它与衔铁位移成正比，若用交流电压表测量，只能反映铁芯位移的大小，不能反映移动方向。另外，测量值必定含有零点残余电压。为此，需要采用相关的测量电路，以解决判断衔铁位移方向和消除零点残余电压的问题。差动变压器最常用的测量转换电路是比较简单的差动整流电路，几种典型电路如图 3－4 所示。

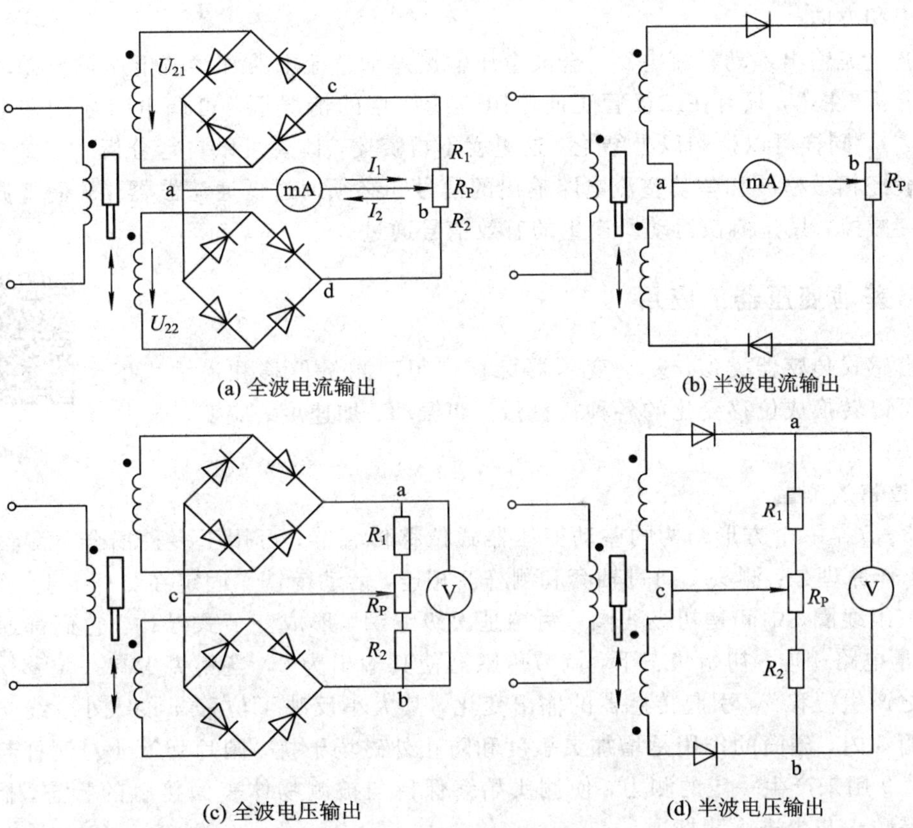

图 3－4　差动整流电路

差动整流电路可分为全波电流输出、半波电流输出、全波电压输出和半波电压输出四种。其中，图 3－4(a)和(b)用于连接低阻抗负载的场合，是电流输出型；图 3－4(c)和(d)用于连接高阻抗负载的场合，是电压输出型。由于整流部分在差动变压器输出一侧，所以只需两根直流输送线即可，而且可以远距离输送，因而得到广泛应用。下面以全波电流输出差动整流电路为例来分析其工作原理。

(1) 当铁芯在中心位置时($U_{21}\approx U_{22}$),若 $U_{ac}=U_{da}$,可调节 R_P,使 $R_1=R_2$,则

$$I_{mA}=\frac{U_{ac}}{R_1+R_D}-\frac{U_{da}}{R_2+R_D}=I_1-I_2=0$$

式中:R_D为桥式整流的正向电阻。

若 $U_{21}\neq U_{22}$(存在零点残余电压),则 $U_{ac}\neq U_{da}$,可调节 R_P,使 $R_1\neq R_2$,可调整到 $I_{mA}=I_1-I_2=0$,从而消除零点残余电压。

(2) 铁芯上移($U_{21}>U_{22}$)时,$U_{ac}>U_{da}$,则

$$I_{mA}=I_1-I_2>0$$

(3) 铁芯下移($U_{21}<U_{22}$)时,$U_{ac}<U_{da}$,则

$$I_{mA}=I_1-I_2<0$$

从而判别了位移的大小和方向。

通过以上分析可知,全波电流输出型差动整流电路可消除零点残余电压,也可判别位移的大小和方向。

半波电流输出差动整流电路、全波电压输出差动整流电路和半波电压输出差动整流电路经过分析(注意,只有在二极管正向电阻不能忽略的情况下,可调电阻才能在电压输出型中调零),同样可以得到以上结论,这里就不再赘述,读者可以自行分析。

一般经相敏检波和差动整流电路输出的信号还必须通过低通滤波器,从而把调制的高频信号衰减掉,只让衔铁运动所产生的有效信号通过。

3.1.4 差动变压器的应用

钢板厚度测量

与自感式传感器类似,差动变压器可直接用于测量位移和尺寸,并能测量可以转换成位移变化的各种机械量,如振动、加速度、应变、张力和厚度等。

1. 位移的测量

图 3-5 是一个方形结构的差动变压器式位移传感器,可用于多种场合下测量微小位移。其工作原理是:测头 1 通过轴套和测杆 5 相连,活动衔铁 7 固定在测杆 5 上。线圈架 8 上绕有三组线圈,中间是初级线圈,两端是次级线圈,形成三节式结构,它们都通过导线 10 与测量电路相连。初始状态下,调节传感器使其输出为 0,当测头 1 有一位移 x 时,衔铁也随之产生位移 x,引起传感器的输出变化,其大小反映了位移 x 的大小。线圈和骨架放在磁筒 6 内,磁筒的作用是增加灵敏度和防止外磁场干扰,圆片弹簧 4 对测杆起导向作用,弹簧 9 用来产生一定的测力,使测头始终保持与被测物体表面接触的状态,防尘罩 2 的作用是防止灰尘进入测杆。

2. 力和力矩的测量

将差动变压器位移传感器与弹性元件组合,可用来测量力和力矩,图 3-6 为差动变压器式力传感器。其工作原理是:当力作用于传感器上时,弹性元件 3 变形,固定在弹性元件上的衔铁 2 相对线圈 1 移动,因而产生输出电压,输出电压的大小反映了力的大小。

这种传感器的优点是承受轴向力时应力分布均匀,且在长径比较小时,受横向偏心分力的影响较小。

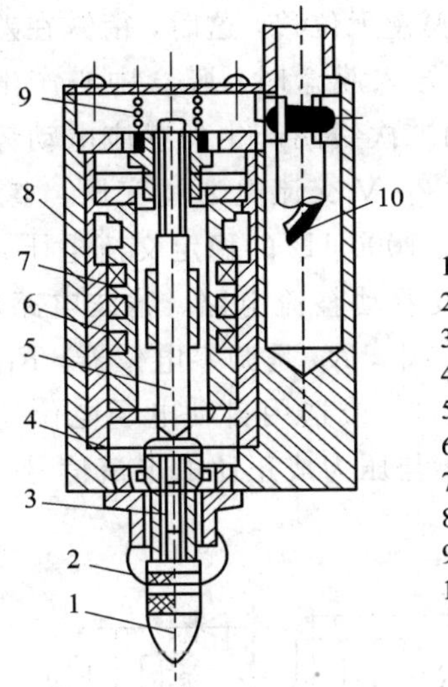

图3-5　方形结构的差动变压器式位移传感器

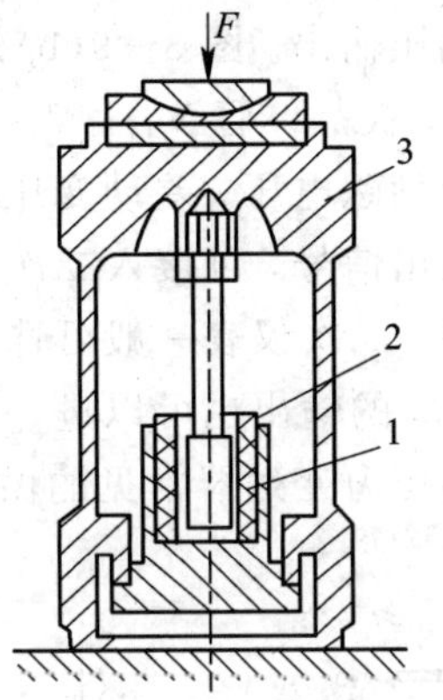

图3-6　差动变压器式力传感器

3. 加速度的测量

图3-7所示为一个用于加速度计的差动变压器式传感器。图中，质量块2由两片片簧1支承。测量时，质量块的位移与被测加速度成正比，因此，将加速度的测量转变为位移的测量。质量块的材料是导磁的，所以它既是加速度计中的惯性元件，又是磁路中的磁性元件。

图3-8为差动变压器式加速度传感器的又一形式。它由悬臂梁1和差动变压器2构成。测量时，将悬臂梁的底座及差动变压器的线圈骨架固定，而将差动变压器中衔铁3的A端与被测振动体相连。当被测振动体带动衔铁以$\Delta x(t)$振动时，导致差动变压器的输出电压也按相同的规律变化。因此，可从差动变压器的输出电压得知被测振动体的振动参数。

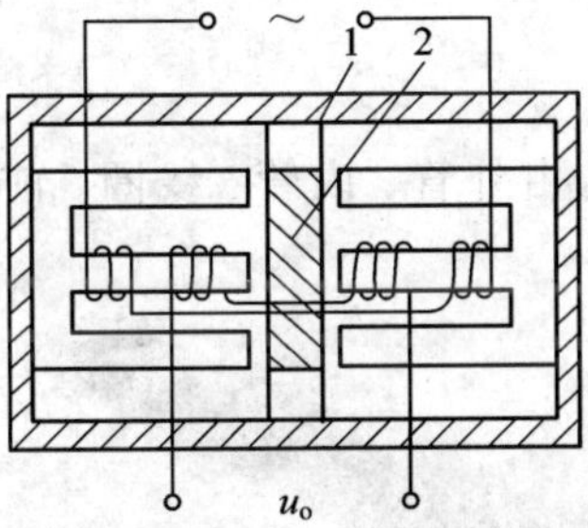

图3-7　加速度计用传感器

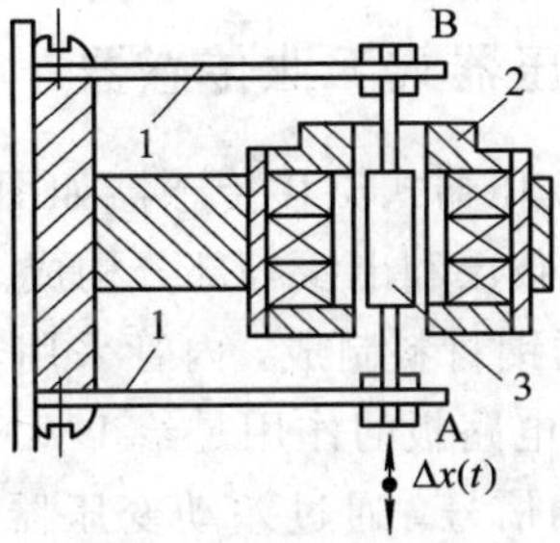

图3-8　差动变压器式加速度传感器

为满足测量精度的要求，加速度计的固有频率($\omega_0=\sqrt{k/m}$)应比被测频率的上限大3～4倍。由于运动系统的质量m不可能太小，而增加弹簧片的刚度k又使加速度计的灵敏度受到影响，因此，系统的固有频率不可能很高，它能测量的振动频率的上限就受到限制，一般在150 Hz左右。

3.1.5　差动变压器的应用实例

差动压力变送器

图3-9(a)是YST-1型差动压力变送器的结构示意图。它适用于测量各种生产流程

中液体、水蒸汽及气体的压力。当被测压力未导入膜盒时，膜盒无位移，这时，衔铁在差动线圈的中间位置，因而输出电压为0。当被测压力从输入口导入膜盒时，膜盒中心产生的位移作用在测杆上，并带动衔铁向上移动，使差动变压器的二次线圈产生的感应电动势发生变化而有电压输出。图3-9(b)是该传感器的测量电路，220 V交流电通过变压、整流、滤波、稳压后，被晶体管V_{T1}、V_{T2}组成的振荡器转变为6 V、1000 Hz的稳定交流电压，作为该传感器的励磁电压。差动变压器二次输出电压通过半波差动整流电路、滤波电路后，作为变送器输出信号，可接入二次仪表加以显示。图3-9(b)中，R_{P1}是调零电位器，R_{P2}是调量程电位器。二次仪表一般可选XCZ-103型动圈式毫伏计，或选用自动电子电位差计(如XWD)。R_{P2}的输出也可以进一步作电压/电流转换，输出与压力成正比的电流信号。这是目前生产的压力变送器常见的做法。

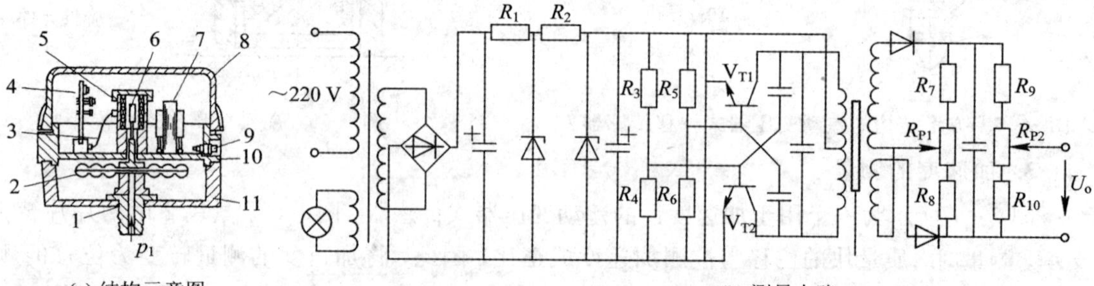

(a) 结构示意图　　　　(b) 测量电路

1—压力接入接头；2—膜盒；3—导线；4—印制板；5—差动线圈；6—衔铁；7—变压器；8—罩壳；9—指示灯；10—安装座；11—底座

图3-9　YST-1型差动压力变送器

3.1.6　差动变压器式工业传感器

LVDT差动变压器式位移传感器如图3-10所示，其结构由外管、内管、线圈、前后端盖、电路板、屏蔽层和出线等部分构成。

外管采用不锈钢材料制成，内管采用不锈钢或塑料等材料制成。电路板的作用是给LVDT的初级线圈提供一个激励信号，通过差动变压器原理，在次级线圈产生的输出信号可进入电路板进行信号处理，使输出信号变成标准的可被计算机或PLC使用的电压0～5 V或电流4 mA～20 mA输出。

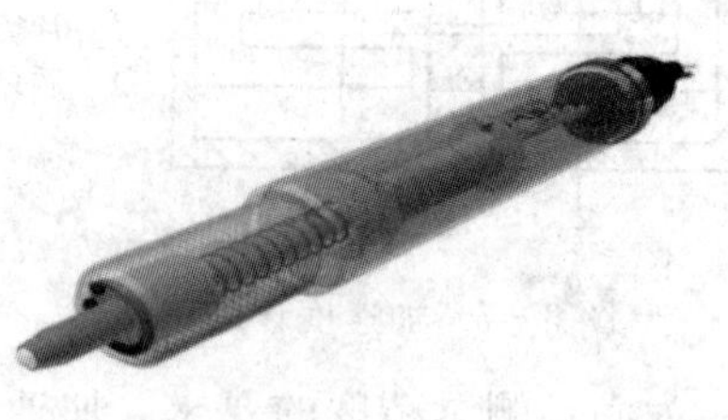

图3-10　LVDT差动变压器式位移传感器

1. LVDT差动变压器式位移传感器的特点

(1) 无摩擦测量。LVDT的可动铁芯和线圈之间通常没有实体接触，即LVDT是没有摩擦的部件。它被用于可以承受轻质铁芯负荷，但无法承受摩擦负荷的重要测量。例如，可用于精密材料的冲击挠度或振动测试，纤维或其他高弹材料的拉伸或蠕变测试。

(2) 无限的机械寿命。由于LVDT的线圈及其铁芯之间没有摩擦和接触，因此不会产生任何磨损。这使得LVDT的机械寿命在理论上是无限长的。在对材料和结构进行疲劳测试等应用中，这是极为重要的技术要求。此外，无限的机械寿命对于飞机、导弹、宇宙飞船以及重要工业设备中的高可靠性机械装置也同样是重要的。

(3) 无限的分辨率。LVDT 无摩擦测量时具有真正的无限分辨率，这意味着 LVDT 可以对铁芯最微小的运动作出响应并生成输出。

(4) 零位可重复性。LVDT 构造对称，零位可回复。LVDT 的电气零位可重复性高，且极其稳定。在闭环控制系统中，LVDT 是非常出色的电气零位指示器。

(5) 径向不敏感。LVDT 对于铁芯的轴向运动非常敏感，径向运动相对迟钝。因此 LVDT 可以用于测量不是按照精准直线运动的物体，例如，可将 LVDT 耦合至波登管的末端测量压力。

(6) 输入/输出隔离。LVDT 被认为是变压器的一种，因为其励磁输入(初级)和输出(次级)是完全隔离的。LVDT 无需缓冲放大器，可以认为它是一种有效的模拟信号元件。在要求信号线与电源地线隔离的测量和控制回路中，它的使用非常方便。

2. LVDT 与光栅、磁栅等高精度测长仪器比较

LVDT 与光栅、磁栅等高精度测长仪器相比有以下几个优缺点：

(1) 动态特性好，可用于高速在线检测，进行自动测量、自动控制。光栅、磁栅等测量速度一般在 1.5 m/s 以内，只能用于静态测量。

(2) LVDT 可在强磁场、大电流、潮湿、粉尘等恶劣环境下使用。

(3) 可以做成在特殊条件下工作的传感器，如耐高压、耐高温、耐辐射，全密封在水下工作。

(4) 可靠性非常好，能承受冲击达 150 g/11 ms，振动频率 2 kHz，加速度 20 g。体积小，价格低，性价比高。

(5) 由于 LVDT 传感器的工作原理是差动变压器，通过线圈绕线，对于超大行程来说(超过 1 m)，生产难度大，传感器和拉杆长度之和达 2 m 以上，使用不方便，且线性度也不高。

3.1.7　差动变压器的性能实验

差动变压器的性能实验

1. 实验目的

了解差动变压器的工作原理和特性。

2. 实验内容

掌握差动变压器的测试方法。

3. 实验器材

传感器检测技术综合实验台、±15 V 电源底板、差动变压器、差动及霍尔实验模块、比例运算模块、直线位移源模块、示波器、导线。

4. 实验原理

差动变压器的工作原理类似于变压器的工作原理。差动变压器的结构如图 3-11 所示，由一个一次绕组 1 和两个二次绕组 2、3 及一个衔铁 4 组成。差动变压器一、二次绕组间的耦合能随衔铁的移动而变化，即绕组间的互感随被测位移的改变而变化。由于两个二次绕组反向串接(同名端相接)，以差动电势输出，所以将这种传感器称为差动变压器式电感传感器，通常简称为差动变压器。差动变压器的等效电路图如图 3-12 所示。

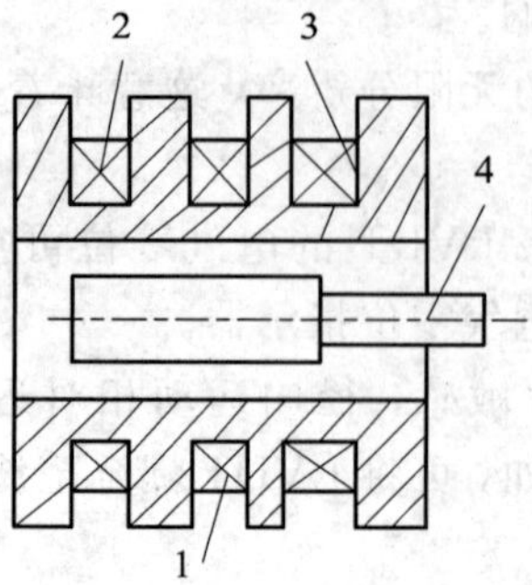

1—次绕组；2、3—二次绕组；4—衔铁

图 3-11 差动变压器的结构示意图

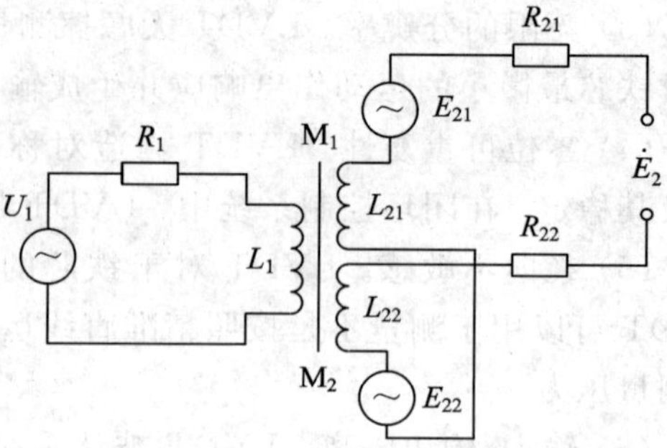

图 3-12　差动变压器的等效电路图

差动变压器的输出特性曲线如图 3-13 所示。图中，E_{21}、E_{22}分别为两个二次绕组的输出感应电动势；E_2 为差动输出电动势；x 表示衔铁偏离中心位置的距离。其中，E_2 的实线表示理想的输出特性，虚线部分表示实际的输出特性；E_o 为零点残余电动势的存在，使得传感器的输出特性在零点附近不灵敏，给测量带来误差，此值的大小是衡量差动变压器性能好坏的重要指标。

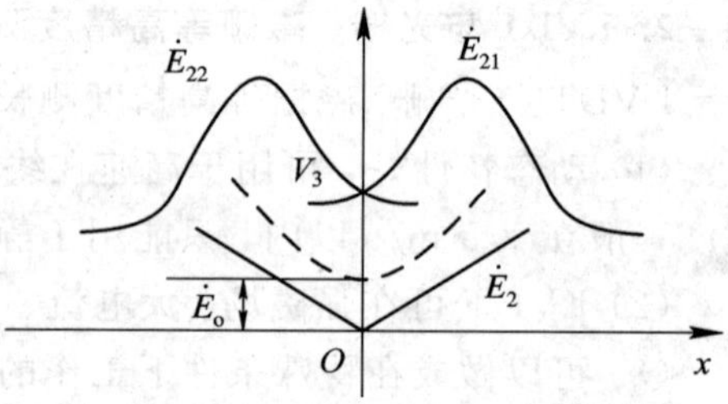

图 3-13　差动变压器输出特性

为了减小零点残余电动势可采取以下方法：

(1) 尽可能保证传感器几何尺寸、线圈电气参数及磁路的对称。磁性材料要经过处理，消除内部的残余应力，使其性能均匀稳定。

(2) 选用合适的测量电路，如采用相敏整流电路，既可判断衔铁的移动方向，又可改善其输出特性，减小零点残余电动势。

(3) 采用补偿线路减小零点残余电动势。图 3-14 是典型的几种减小零点残余电动势的补偿电路。在差动变压器的线圈中串联或者并联适当的电阻、电容元器件，当调整 W_1、W_2 时，可使零点残余电动势减小。

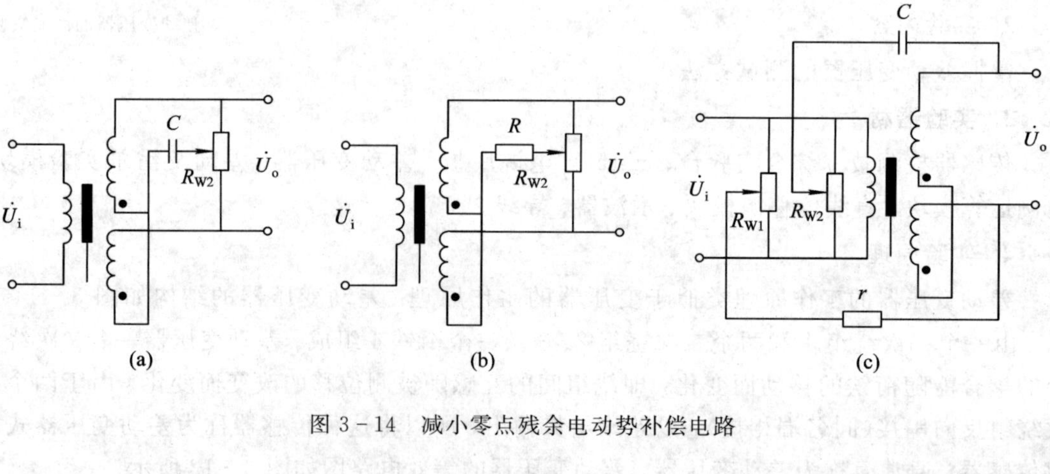

图 3-14　减小零点残余电动势补偿电路

5. 注意事项

(1) 严禁将信号源输出对地短接。

(2) 实验过程中不要带电拔插导线。

(3) 严禁电源对地短路。

6. 实验步骤

实验接线图如图3-15所示。

(1) 断开实验台总电源及实验底板电源开关，用导线将实验台上的±15 V电源引入到实验底板左侧对应的+15 Vin、-15Vin以及GNDin端子，将“差动及霍尔接口传感器模块”“比例运算模块”按照正确方向对应插入实验底板。

注意：合理的位置摆放有利于实验连线以及分析实验原理。

(2) 将差动变压器固定于直线位移源上，调整直线位移源，使直线位移源的“0”刻度线对准10 mm刻度线(0.01 mm/小格)，将实验台1 kHz～10 kHz音频信号源的幅值和频率逆时针调到最小值，将差动变压器模块初级线圈接入音频信号源LV与GND，按照图3-15连接实验线路，将比例运算模块的Vout3接至电压表。

注意：差动变压器输出有5根线。其中，红色和黑色为原边(红色和黑色之间有一定的电阻，可用万用表检测)；绿色、蓝色、黄色为副边，其中蓝色和黄色、绿色和黄色之间的电阻相等，可用万用表检测，黄色为公共边。

特别说明：差动变压器的输入绝对不能用直流电压激励。

(3) 检查上述实验操作无误后，打开实验台总电源及实验底板电源开关，正确选择示波器的“触发”方式及其他设置，监测音频信号源Lv的频率和幅值，调节音频信号源的频率和幅度，使信号源输出频率f=3 kHz～5 kHz，幅度V_{p-p}(峰-峰值)=2 V的供电电压。

(4) 比例运算电路调零：JP1～JP6依次短接为：“接通”“10K”“10K”“接通”“10K”“C3断开”，将RW1逆时针旋到底，(比例放大倍数约为：4×1×1)，短接V_{in1+}与V_{in1-}到GND，电压表选择2 V档，调节RW2使电压表读数$|U_o|<|0.1\ V|$，调零完毕，恢复比例运算模块与差动传感器的连接，用示波器第二通道观察比例运算模块的输出。

(5) 断开差动及霍尔接口传感器模块的JP1的连接，不采用任何补偿。

(6) 差动变压器的性能实验：

① 差动变压器输出调零：将差动变压器的测杆拉出，与直线位移源的中心杆吸住，用示波器观察并读取比例运算模块输出信号V_{p-p}，松开安装测微头活动底座的紧固螺钉，移动活动底座，使差动变压器衔铁大约处于中间位置，使示波器读取到的信号V_{p-p}为最小值。

② 关于机械回差：使用测微头时，当来回调节微分筒使测杆产生位移的过程中时，存在机械回程误差。消除机械回程误差可采用两种方法：一种是分别从零点正向位移、负向位移，测量两次操作时的输出信号V_{p-p}；另外一种是实验前先将差动变压器的衔铁移动到需要测试的负向点，然后以此点为测试零点，依次记录正向移动时的输出信号V_{p-p}，需要注意的是，移动过程中不可负向移动。很显然，采用第二种单行程方法可有效消除机械回程误差，因此我们选择第二种方法。

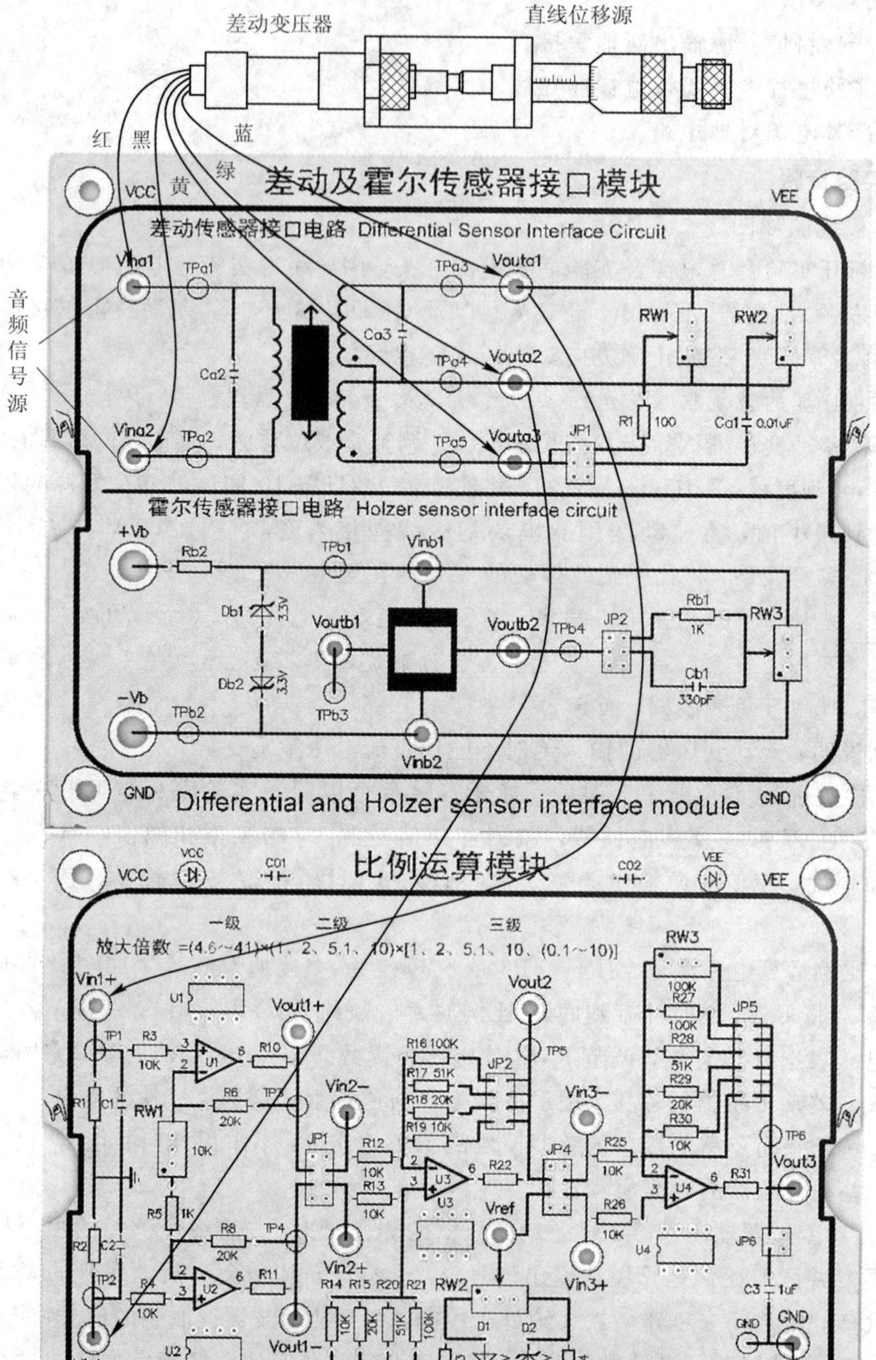
差动变压器
直线位移源
红
黑
黄
绿
蓝
音频信号源
差动及霍尔传感器接口模块
VCC
VEE
差动传感器接口电路 Differential Sensor Interface Circuit
Vina1
TPa1
Vina2
TPa2
Ca2
Ca3
TPa3
Vouta1
TPa4
Vouta2
TPa5
Vouta3
JP1
RW1
RW2
R1 100
Ca1 0.01uF
霍尔传感器接口电路 Holzer sensor interface circuit
+Vb
Rb2
TPb1
Vinb1
Db1 3.3V
Db2 3.3V
Voutb1
TPb3
Voutb2
TPb4
JP2
Rb1 1K
RW3
Cb1 330pF
-Vb
TPb2
Vinb2
GND
Differential and Holzer sensor interface module
比例运算模块
VCC
C01
C02
VEE
一级
二级
三级
放大倍数 =(4.6~41)×(1、2、5.1、10)×[1、2、5.1、10、(0.1~10)]
Vin1+
U1
Vout1+
TP1
R3 10K
R10
RW1
R6 20K
TP3
Vin2−
JP1
R12 10K
R13 10K
R5 1K
R8 20K
TP4
Vin2+
R4 10K
U2
R11
TP2
Vout1−
Vin1−
R14 R15 R20 R21
JP3
Vout2
TP5
R16 100K
R17 51K
R18 20K
R19 10K
JP2
U3
R22
Vref
RW2
D1
D2
R23
R24
VEE
VCC
Vin3−
JP4
R25 10K
R26 10K
Vin3+
RW3
100K
R27
100K
R28
51K
R29
20K
R30
10K
JP5
TP6
R31
U4
Vout3
JP6
C3 1uF
GND
Proportional Operational Amplifier Module

图 3 - 15　实验接线图

③ 顺时针旋转直线位移源调节头约 12 圈，使直线位移源零刻度线对应读数小于 5 mm，用示波器读取信号波形 V_{p-p}，然后每隔 0.5 mm 记录一次输出信号 V_{p-p}，并填入下表。

X/mm												
V_{p-p}/V												

实验完毕，关闭所有电源，拆除导线并整理好实验器材。

7. 实验报告要求

根据表中的数据画出 $X \sim V_{p-p}$ 曲线，并计算差动变压器的零点残余电压大小。

3.2　电涡流式传感器

电涡流式传感器

根据法拉第电磁感应定律，当块状金属导体置于交变磁场或在固定磁场中作切割磁力线运动时，导体内将产生呈旋涡状的感应电流，称之为电涡流或涡流。这种现象即为电涡流效应，简称涡流效应。

电涡流式传感器是利用电涡流效应，将位移、厚度、材料损伤等非电量转换为阻抗的变化(或电感、Q 值的变化)，从而进行非电量测量的。

电涡流式传感器结构简单，其最大特点是可以实现非接触测量，具有灵敏度高、抗干扰能力强、频率响应宽和体积小等优点，因此在工业测量中得到了越来越广泛的应用。

3.2.1　电涡流式传感器的工作原理

电涡流式传感器在金属导体内产生涡流，其渗透深度与传感器线圈的励磁电流的频率有关。所以，电涡流式传感器主要分为高频反射式和低频透射式两大类，其中以高频反射式应用较广。这两类传感器的基本工作原理是相似的。图 3－16 是高频反射式电涡流传感器的基本原理图。

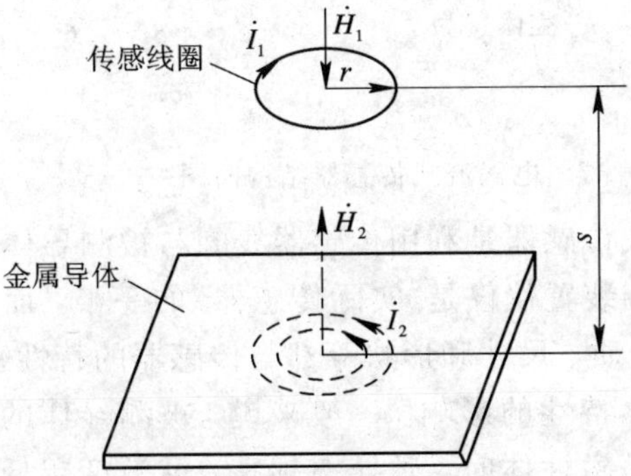

电涡流效应

图 3－16　高频反射式电涡流传感器原理图

当一个传感器线圈通有交变电流 $\dot{I}_1$ 时，在线圈的周围就产生一个交变磁场 $\dot{H}_1$。当被测导体置于该磁场内时，被测导体中将产生电涡流 $\dot{I}_2$。根据电磁感应理论，电涡流 $\dot{I}_2$ 也将形成一个方向相反的交变磁场 $\dot{H}_2$。由于磁场 $\dot{H}_2$ 的反作用，涡流要消耗一部分能量，抵消部分原磁场，从而导致线圈的电感量、阻抗和品质因数发生变化。

根据电磁场理论，涡流的大小与导体的电阻率 ρ、磁导率 μ、导体厚度 t、线圈与导体之间的距离 s、线圈的激磁角频率 ω、线圈的几何参数和导体的几何形状等参数有关。这些参数都将通过涡流效应和磁效应与线圈阻抗发生联系。或者说，线圈阻抗 Z 是这些参数的函数，可表示为

$$Z = f(\rho, \mu, t, s, \omega)$$

如果能控制上述参数中的大部分，而只改变其中的一个参数，阻抗就能成为这个参数的单一函数(这种函数都是非线性函数，但在某一范围内，可近似为线性函数)。例如，若被测材料性能不变，只是改变线圈和材料间的距离 s，可制成涡流式位移、厚度或振动传感器；如果改变导体的电阻率 ρ，可以制成测量表面温度、材质的传感器；改变导体的磁导率 μ，可以制成测量应力、硬度的传感器；同时改变 s、ρ 和 μ，可以制成探伤装置。

3.2.2　电涡流式传感器的结构类型及特性

1. 高频反射式电涡流传感器

高频反射式电涡流传感器的结构比较简单，如图 3-17(a)所示，由一个扁平线圈固定在框架上构成。线圈用高强度漆包线或银线绕制而成，用胶黏剂(粘应变计用的即可)粘在框架端部，也可以在框架的端部开一条槽，将导线绕在槽内形成一个线圈。

图 3-17(b)为常用的一种变间隙型涡流传感器——CZF1 型涡流传感器。它采用把导线 1 绕在框架 2 的槽内的方法形成线圈。框架采用聚四氟乙烯。使用时通过框架衬套 3 将整个传感器安装在支架 4 上。

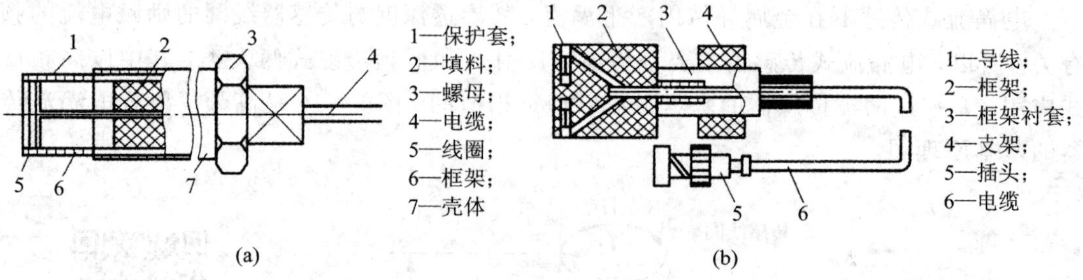

图 3-17　电涡流式传感器结构简图

需要指出的是，由于电涡流式传感器是利用传感器线圈与被测导体之间的电磁耦合进行工作的，因而作为传感器的线圈装置仅仅是“实际传感器”的一半，而另一半则是被测导体。所以，被测导体材料的物理性质、尺寸和形状等都与传感器的特性密切相关。

(1) 被测导体的材料对传感器特性的影响。一般来说，被测导体的导电率越高，传感器的灵敏度也越高；但被测导体是磁性体时，磁导率越高，灵敏度越低，如被测导体有剩磁，将影响测量结果，所以应该进行消磁处理。

(2) 被测导体的尺寸和形状对测量的影响。研究结果表明，涡流区和线圈几何尺寸关系如下：

$$\begin{cases} 2R = 1.390D \\ 2r = 0.525D \end{cases} \tag{3-3}$$

式中：$2R$ 为电涡流区的外径；$2r$ 为电涡流区的内径；D 为线圈的外径。

图 3-18 为电涡流密度的分布曲线。由图 3-18 可见，在直径和线圈的外直径相等处涡流区的涡流密度最大。在直径为线圈外直径的 1.8 倍处和 0.4 倍处，相对密度 j_r/j_0 已衰减到 5%以下。

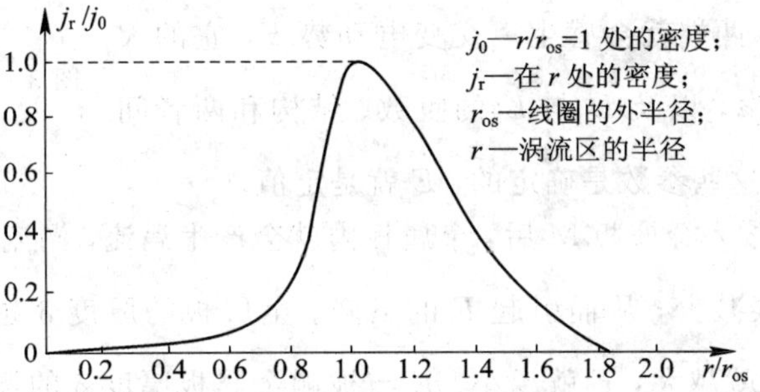

图 3-18　电涡流密度的分布曲线

根据分布曲线，可由线圈的大小确定被测区域的大小。

同样，被测物体的厚度也不能太薄，一般应大于 0.2 mm(铜、铝箔等为 0.07 mm)，才不影响测量结果。当然，对厚度的要求还与激励频率有关。

(3) 被测导体表面镀层对测量精度的影响。若被测导体表面有镀层，则由于镀层的性质和厚度不均匀，在测量转动或移动时，将出现周期性干扰信号，影响测量精度，并且随着激励频率的升高，电涡流的贯穿深度减小，这种干扰影响更大。

(4) 传感器的安装对测量的影响。不适当的安装也将带来附加误差，降低灵敏度和线性范围。安装时，如传感器线圈本身未加屏蔽，那么不属于被测对象的金属物与线圈之间至少要相距一个线圈直径 d 的大小。

涡流传感器除了变间隙型(图 3-17(b))外，还有变面积型和螺管型结构形式，如图 3-19 所示。

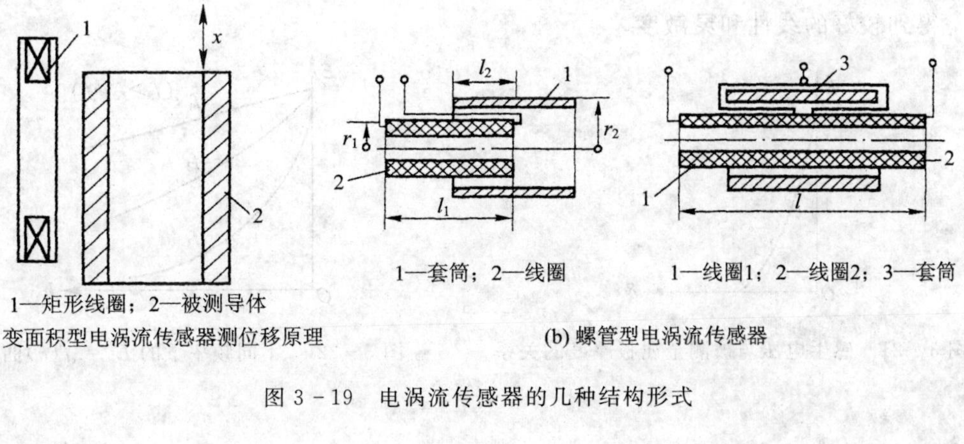

图 3-19　电涡流传感器的几种结构形式

2. 低频透射式电涡流传感器

低频透射式电涡流传感器的基本结构如图 3-20 所示。传感器由两个绕在胶木棒上的线圈组成，一个为发射线圈，另一个为接收线圈，它们分别位于被测金属材料的两侧。由振荡器产生的低频电压 $\dot{U}_1$ 加到发射线圈 L_1 的两端后，线圈中流过一个同频电流，并在其周围产生一个交变磁场。如果两线圈间不存在被测物体，那么 L_1 的磁力线就能直接贯穿 L_2，于是接收线圈 L_2 两端就会感生一交变电动势 $\dot{E}$，它的大小与 $\dot{U}_1$ 的幅值、频率，以及 L_1 与 L_2 的匝数、结构和两者间相对位置有关。如果这些参数是确定的，$\dot{E}$ 就是定值。

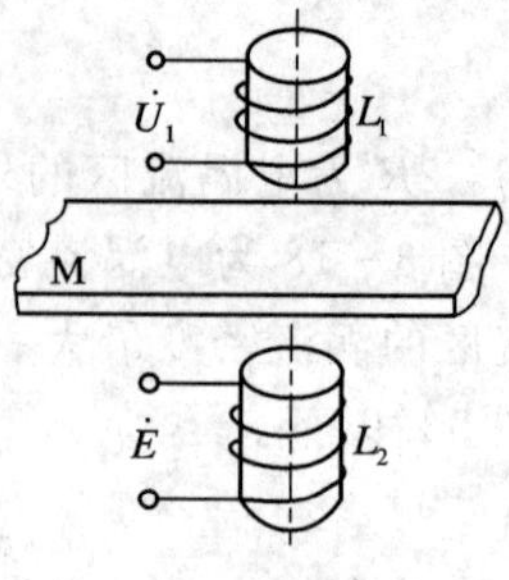

图 3-20　低频透射式电涡流传感器工作原理

当 L_1 和 L_2 之间放入金属板 M 后，金属板内就会产生涡流，涡流损耗了部分磁场能量，使到达 L_2 上的磁力线减少，从而引起 $\dot{E}$ 的下降。金属板的厚度 δ 越大，产生的涡流就越大，损耗磁场的能量就越大，$\dot{E}$ 就越小。$\dot{E}$ 与被测金属板厚度 δ 的增加按负指数幂的规律下降，两者的关系曲线如图 3-21 所示。

电涡流的贯穿深度 h 为

$$h = 5000\sqrt{\frac{\rho}{\mu_r f}} \tag{3-4}$$

式中：ρ 为导体的电阻率(单位为 Ω·cm)；f 为交变磁场的频率；μ_r 为相对磁导率。

由式(3-4)可知，贯穿深度 h 与 $\sqrt{\rho/(\mu_r f)}$ 成比例。当被测材料确定时，μ_r 和 ρ 为定值。对于不同的激励频率 f，其穿透深度 h 不同，产生的涡流强度也不同，所以在线圈 L_2 中的感应电动势就不同，如图 3-22 所示。

由图 3-21 可见，当激励频率较高时，曲线的线性度不好，但当 h 较小时，灵敏度较高；而当激励频率较低时，线性好，测量范围宽，但灵敏度较低。因此，为了较好地测量金属板厚度，激励频率要选得较低，一般在 500 Hz。一般情况下，测薄导体时，频率略高些；测厚导体时，频率应低些。测电阻率较小的材料(如铜材)时，应选较低的频率(500 Hz)；而测电阻率较大的材料(如黄铜、铝)时，则选用较高的频率(2 kHz)，从而保证在测不同材料时，得到较好的线性和灵敏度。

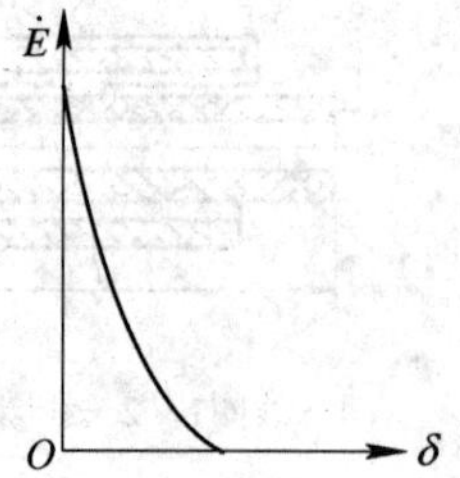

图 3-21　感生电压与被测金属板厚度的关系

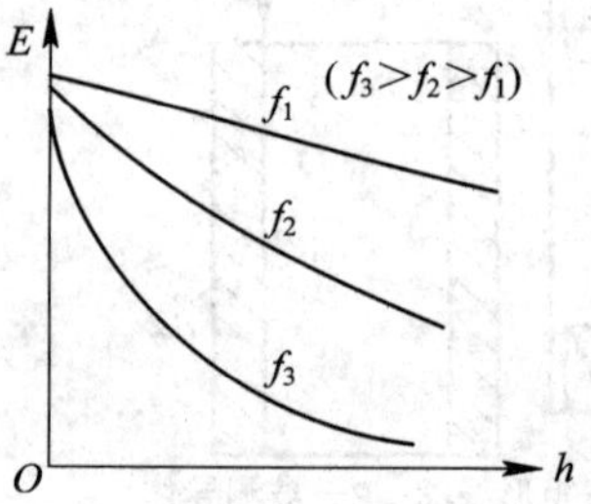

图 3-22　不同频率下的 $E = f(h)$ 曲线

3.2.3　电涡流式传感器的测量转换电路

由电涡流式传感器的工作原理可知，当被测对象的参数变化时，可由传感器将参数的变化转换为传感器线圈的阻抗Z、电感L和品质因数Q的变化。转换电路的作用就是将Z、L或Q转换为电压或电流的变化。目前，品质因数Q的转换电路很少用，阻抗Z的转换电路一般用电桥，电感L的转换电路一般用谐振电路，它又可分为调幅法和调频法两种。

1. 电桥电路

图3-23为电涡流式传感器的电桥电路。L_1、L_2为两个涡流线圈的电感值，组成差动电路，也可以一个是涡流传感器线圈，另一个是固定线圈，起平衡桥路的作用。由L_1C_1并联、L_2C_2并联及R_1、R_2组成电桥的四个桥臂，振荡器提供电源$\dot{U}$及涡流传感器工作所需频率。

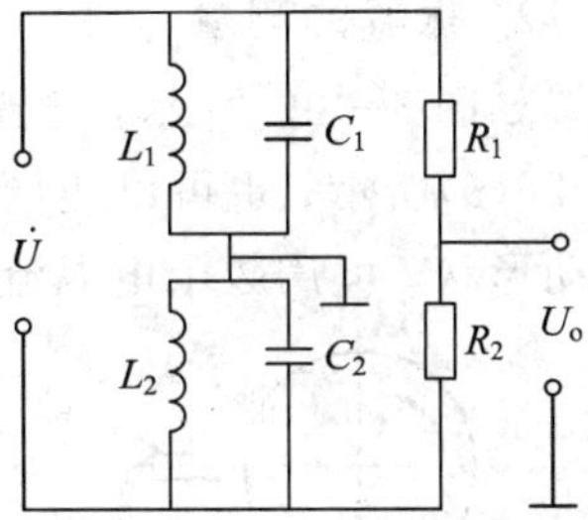

图3-23　电涡流式传感器电桥电路

四个桥臂的阻抗分别为$Z_1=L_1 /\!/ C_1$，$Z_2=L_2 /\!/ C_2$，R_1和R_2。初始状态下电桥平衡，即$Z_1R_2=Z_2R_1$，$\dot{U}_0=0$。当被测物体与线圈耦合时，Z_1、Z_2发生变化，$\dot{U}_0\neq0$。由$\dot{U}_0$的值可求出被测参数的变化量。

2. 调频法

下面简要介绍一下调频法的工作原理，其转换电路原理框图如图3-24所示。

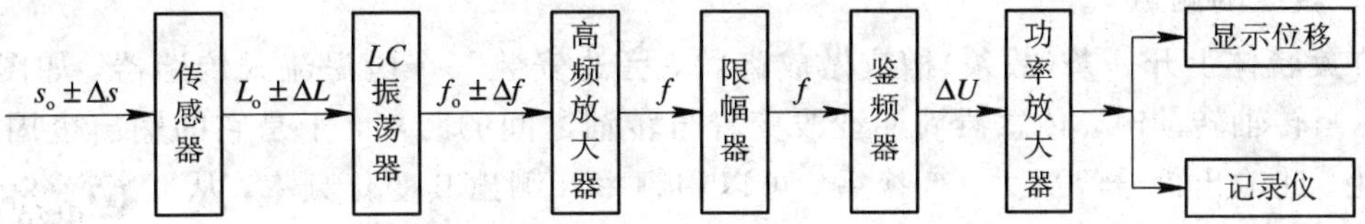

图3-24　调频法转换电路原理框图

并联谐振回路的谐振频率为

$$f=\frac{1}{2\pi\sqrt{LC}} \tag{3-5}$$

当电涡流线圈与被测体的距离s改变时，电涡流线圈的电感量L也随之改变，引起LC振荡器的输出频率改变，此频率可直接用频率计测量，但多数情况下是通过鉴频器将频率的变化转换为输出电压的变化。调频法的特点是受温度、电源电压等外界因素的影响较小。

3.2.4　电涡流式传感器的应用

电涡流式传感器由于结构简单，又可实现非接触测量，因此得到了广泛应用，下面列举其主要的应用范围。

电涡流厚度测量

1. 位移的测量

如图3-25所示，电涡流式传感器可用来测量各种形状金属导体试件的位移量，如汽轮机主轴的轴向振动、磨床换向阀及先导阀的轴位移和金属试件的热膨胀系数等。测量位移范围为1 mm～30 mm，分辨率为满量程的0.1%。

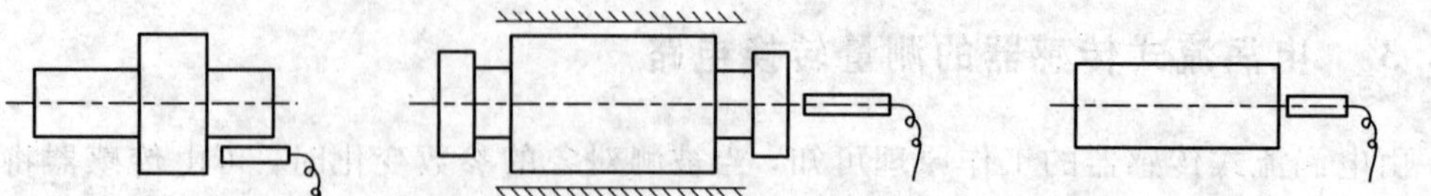

(a) 测量汽轮机主轴的轴向振动　(b) 测量磨床换向阀及先导阀的轴位移　(c) 测量金属试件的热膨胀系数

图 3-25　位移计的几种实例

2. 振幅的测量

如图 3-26 所示，电涡流式传感器可以无接触地测量旋转轴的径向振动，如图 3-26(a)所示；也可以测量汽轮机涡轮叶片的振幅，如图 3-26(b)所示；有时为了解轴的振动形状，可用数个电涡流式传感器并排地安置在附近测量，如图 3-26(c)所示。

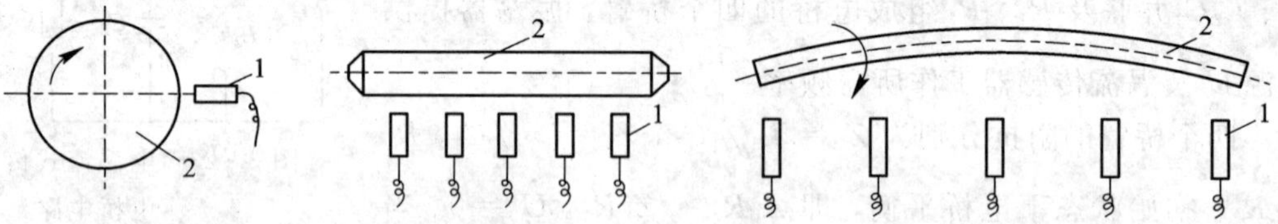

(a) 测量旋转轴的径向振动　(b) 测量汽轮机涡轮叶片的振幅　(c) 测量轴的振动形状

1—电涡流式传感器；2—被测物

图 3-26　振幅测量

3. 转速的测量

在旋转体上开一条(数条)槽或做成齿状，旁边安装一个电涡流式传感器，如图 3-27 所示，当转轴转动时，传感器周期性改变着与转轴之间的距离，于是它的输出也周期性发生变化。此输出信号经放大、变换后，可以用频率计测出其变化频率，从而测出转轴的转速。若转轴上开 Z 个槽，频率计读数为 f(单位为 Hz)，则转轴的转速 n(单位为 r/min)的数值为

$$n=\frac{60f}{Z} \tag{3-6}$$

电涡流转速测量

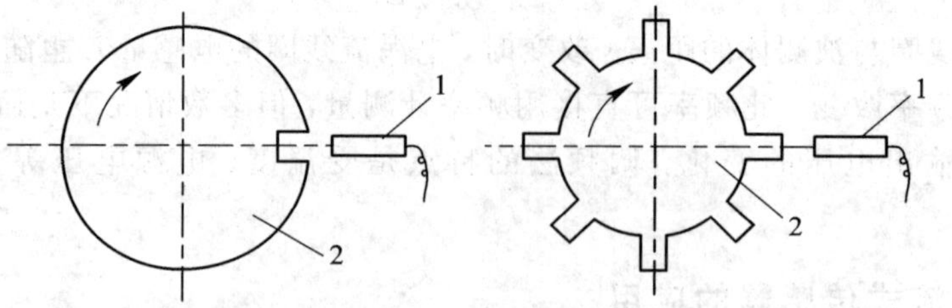

(a) 带有凹槽的转轴　(b) 带有凸齿的转轴

1—电涡流式传感器；2—被测物

图 3-27　转速测量

4. 涡流探伤

利用电涡流式传感器可以检查金属表面裂纹、热处理裂纹以及焊接处的缺陷等。注意，在探伤时，传感器应与被测导体保持距离不变。检测时，由于裂纹等缺陷出现，将引起导体电导率、磁导率的变化，即涡流损

电涡流探伤检测

耗改变，从而引起输出电压的突变，来达到探伤的目的。

此外，电涡流式传感器还可以探测金属表面温度、表面粗糙度、硬度，进行尺寸检测等，同时也可以制成开关量输出的检测元件，如接近开关及用于金属零件计数的传感器等。

3.2.5　电涡流式传感器的应用实例

液位监控系统

图 3－28 为由电涡流式传感器构成的液位监控系统。当液位变化时，浮子与杠杆带动涡流板上、下移动，使涡流板与传感器之间的距离发生变化，系统根据传感器的信号来控制电动泵的开启而使液位保持一定。

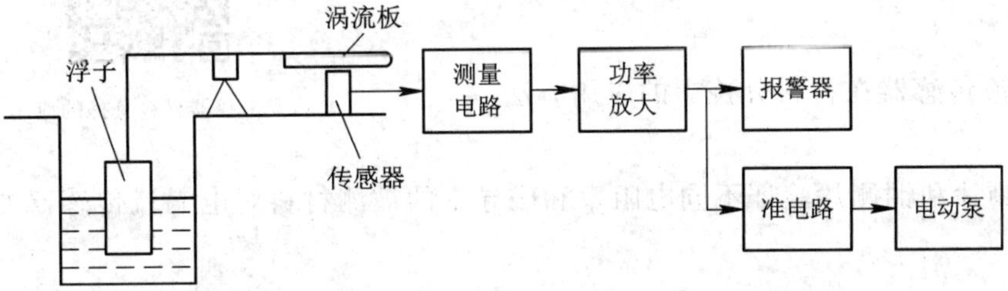

电涡流计数

轴心轨迹测量

图 3－28　液位监控系统

3.2.6　电涡流工业传感器

基于电涡流原理的非接触位移测量，德国米铱公司最新推出电涡流位移传感器 eddyNCDT3060 系列，如图 3－29 所示。不同于传统电感式传感器，它可被用于高精度测量位置、位移和距离值，并提供高精度带宽和温度稳定性，用于测量铁磁性和非铁磁性材料。电涡流工业传感器可在有油、灰尘、压力和高温的工业环境使用。德国米铱 eddyNCDT 3060 系列传感器集成了紧凑型控制器、传感器探头和集成电缆。

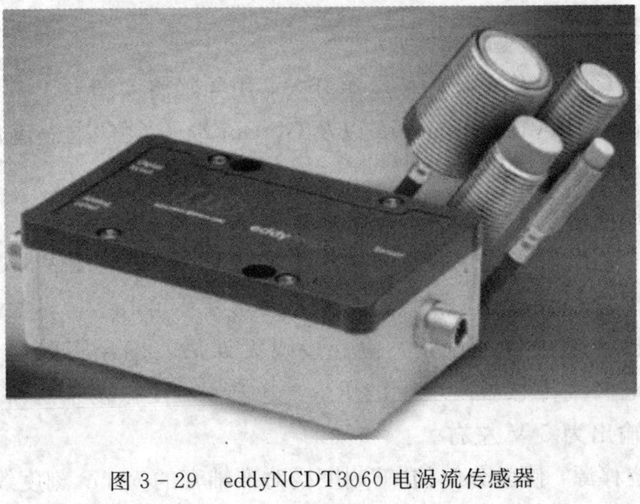

图 3－29　eddyNCDT3060 电涡流传感器

预计兼容超过 400 种电涡流传感器探头，简单的操作和智能信号处理都使 eddyNCDT3060 系列电涡流传感器成为电感式位移测量领域的新标杆，其特别适合集成到现有的设备和系统中。该系列电涡流传感器和控制器可以进行温度补偿，即使在温度变化的环境内，仍然可以获得极高的测量精度。该系列电涡流传感器可用于温度高达+200℃、压力达到 20 bar 的恶劣环境。紧凑型控制器集成了现场总线通信模块，可以将测量系统快速集成到整体设备中。

适合工业环境的 M12 以太网端口可以实现现代化现场总线连接，可调式输出端口可以将测量值以电压或电流的形式输出。当通过以太网连接到个人电脑时，用户可以通过网络界面调试电涡流传感器，而无需安装额外的控制软件。

3.2.7　电涡流传感器材料分拣的应用实验

电涡流传感器材料分拣的应用实验

1. 实验目的

掌握使用电涡流传感器在材料分拣中的应用方法。

2. 实验内容

用铝测片、铁测片和铜测片验证不同电阻率和磁导率的被测材料对电涡流传感器的特性影响。

3. 实验仪器

传感器检测技术综合实验台、±15 V 电源底板、电涡流传感器、电涡流传感器模块、铝测片、铁测片、铜测片、直线位移源模块、示波器、导线。

4. 实验原理

电涡流传感器在被测体上产生的涡流效应与被测导体本身的电阻率和磁导率有关，因此不同的材料会有不同的性能。

5. 注意事项

传感器在实验初始时可能会出现一段死区，实验时需注意。

6. 实验步骤

电涡流传感器接线图如图 3-30 所示。

(1) 断开实验台总电源及实验底板电源开关，用导线将实验台上的±15 V 电源引入到实验底板左侧对应的+15 Vin、-15 Vin 以及 GNDin 端子，将“电涡流传感器模块”按照正确方向对应插入实验底板。

注意：合理的位置摆放可有利于实验连线以及分析实验原理。

(2) 按照图 3-30 连接实验线路，将实验模块的 V_{out} 接至电压表。

注意：电涡流传感器输出有 2 根线，两根黄色线为可调电感输出端。

(3) 电涡流传感器模块量程校正：检查接线无误后，打开实验电源，用示波器观察 TP2 的波形，调节电涡流传感器模块上的 RW1 电位器，使振荡器可靠振荡，调节电位器 RW2，使实验模块输出为 5 V 左右。

(4) 调节直线位移源，使微分筒的“0”刻度线对准轴套的 5 mm 刻度线(0.01 mm/小格)。

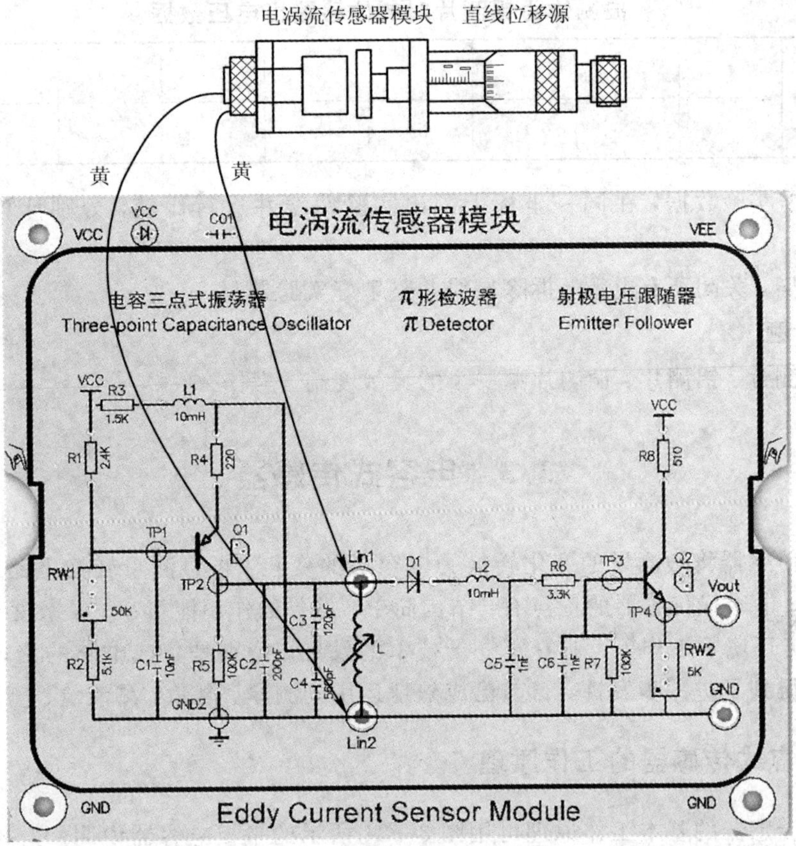

图 3-30　电涡流传感器接线图

将铝测片固定于直线位移源的活动轴上，将电涡流传感器固定到直线位移源的传感器固定支架上，注意传感器的中心与铝测片中心同轴，松开测微头活动底座的紧固螺钉，移动活动底座，使铝测片与电涡流传感器靠得最近。

(5) 逆时针旋转直线位移源的手柄，直至 V_o 略大于 0（之前为死区），此时位移 X 记为 0，并填写电压表读数于下表中，然后每隔 0.1 mm 记下位移 X 与输出电压值，直到读数近似不变。

若试验效果不明显或者测量距离过短，可减少位移 X 的变化量，比如每隔 0.05 mm 或者 0.02 mm 记录一次数据，表格自拟。

被测体为铁测片时的位移输出电压数据

X/mm									
U/V									

被测体为铜测片时的位移输出电压数据

X/mm									
U/V									

被测体为铝测片时的位移输出电压数据

X/mm									
U/V									

(6) 根据实验数据，在同一坐标上画出实验曲线并进行比较，分别计算灵敏度和线性度。

实验完毕，关闭所有电源，拆除导线并整理好实验器材。

7. 思考题

分析铁测片、铝测片、铜测片哪一个的灵敏度高，为什么？

3.3 电容式传感器

电容式传感器将被测量的变化转换为电容量的变化，再经测量转换电路转换为电压、电流或频率。电容式传感器的优点有：结构简单、需要的作用能量小、灵敏度高、动态特性好，能在恶劣环境下工作等。随着微电子技术的发展，特别是集成电路的出现，电容式传感器的优点得到了进一步发挥，目前已成熟地运用到测厚、测角、测液位、测压力等方面。

3.3.1 电容式传感器的工作原理

电容式传感器的基本工作原理可用图 3-31 所示的平板电容器说明。当忽略边缘效应时，平板电容器的电容 C 为

$$C=\frac{\varepsilon S}{\delta}=\frac{\varepsilon_r\varepsilon_0 S}{\delta} \tag{3-7}$$

式中：S 为极板相对覆盖面积；δ 为极板间距离；ε_r 为相对介电常数；ε_0 为真空介电常数，$\varepsilon_0=8.85\times10^{-12}$ F/m；ε 为电容极板间介质的介电常数。

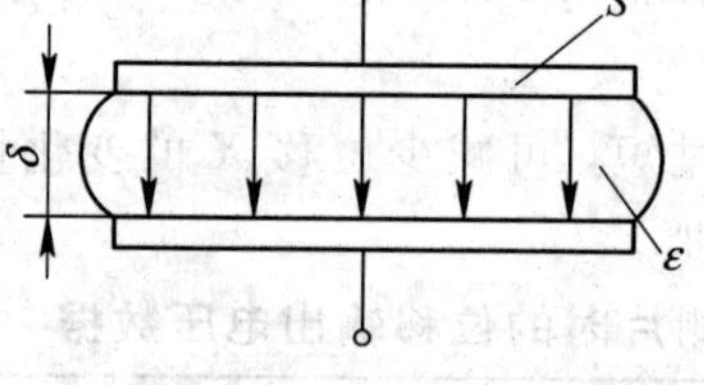

图 3-31 平板电容器

电容式传感器

当被测量的变化使式(3-7)中 δ、S 和 ε_r 的任一项或几项变化时，电容量 C 就随之发生变化，在交流工作时就改变了容抗 X_C，从而使输出电压或电流变化。δ 和 S 的变化可以反映线位移或角位移的变化，也可间接反映压力、加速度等变化；ε_r 的变化则可反映液面的高度、材料厚度等变化。

3.3.2 电容式传感器的结构类型及特性

实际应用时，常常仅改变 δ、S 和 ε_r 三个参数之一以使 C 变化，所以电容式传感器可分

为三种基本类型：变极距(变间隙)型、变面积型和变介电常数型。

图 3－32 所示为一些电容式传感器的原理结构形式。其中，图(a)、(b)为变极距型；图(c)、(d)、(e)、(f)为变面积型；图(g)和(h)为变介电常数型。图 3－32 中，(a)、(b)为线位移传感器；(f)为角位移传感器；(b)、(d)和(f)为差动式电容传感器。

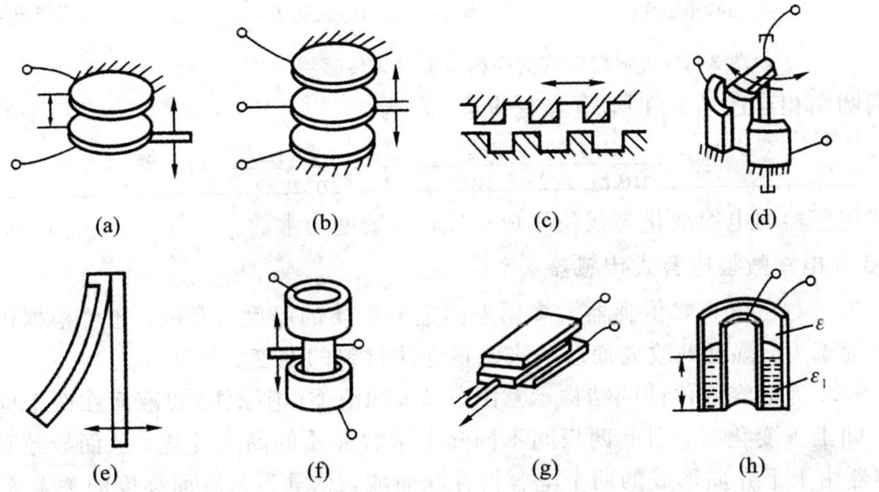

图 3－32　几种不同的电容式传感器的原理结构

1. 变极距型电容式传感器

当极板间距 δ 因被测量变化而变化 $\Delta\delta$ 时，电容变化量 ΔC 为

$$\Delta C=\frac{\varepsilon S}{\delta-\Delta\delta}-\frac{\varepsilon S}{\delta}=\frac{\varepsilon S}{\delta}\cdot\frac{\Delta\delta}{\delta-\Delta\delta}=C_0\frac{\Delta\delta}{\delta-\Delta\delta} \tag{3-8}$$

式中，C_0 为极距是 δ 时的初始电容量。

由式(3－8)可知，ΔC 与极板间距的变化 $\Delta\delta$ 不是线性关系(见图 3－33)，其灵敏度不为常数。但当 $\Delta\delta \ll \delta$(即量程远小于两极板间的初始距离)时，可认为 ΔC 与 $\Delta\delta$ 是线性关系，且当初始极距较小时，对于同样的位移，灵敏度较高。一般电容式传感器的起始电容约为 20 pF～30 pF，极板间距为 25 μm～200 μm，最大位移应为两极板间距的 1/10～1/4。

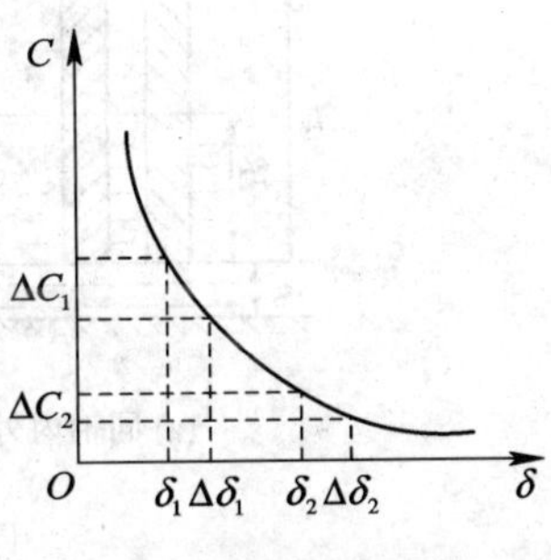

图 3－33　电容量与极板间距的关系

实际使用中，常采用差动结构，经过测量转换电路后其灵敏度可提高近一倍，线性也得到改善。

2. 变面积型电容式传感器

变面积型电容式传感器中，平行板结构对极距变化特别敏感，测量精度容易受到影响，而圆柱形结构受极板径向变化的影响很小，成为实际应用中最常采用的结构，如图 3－34 所示，其中单组式电容量 C 在忽略边缘效应时为

$$C=\frac{2\pi\varepsilon l}{\ln(r_2/r_1)} \tag{3-9}$$

式中：l 为外圆筒与内圆柱覆盖部分的长度；r_2、r_1 分别为外圆筒内半径和内圆柱外半径。

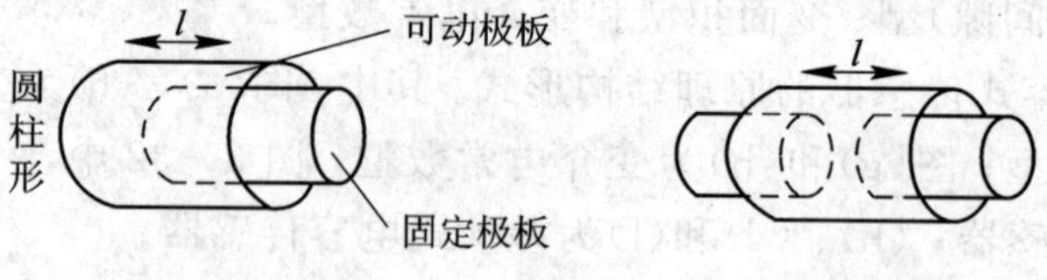

(a) 单组式　　(b) 差动式

电容角位移测量

图 3－34　圆柱形的变面积型电容式传感器

当两圆筒相对运动 Δl 时，电容变化量 ΔC 为

$$\Delta C=\frac{2\pi\varepsilon l}{\ln(r_2/r_1)}-\frac{2\pi\varepsilon(l-\Delta l)}{\ln(r_2/r_1)}=\frac{2\pi\varepsilon\Delta l}{\ln(r_2/r_1)}=C_0\frac{\Delta l}{l} \tag{3-10}$$

即电容式传感器的电容变化与线位移成正比，灵敏度为常数。

3. 变介电常数型电容式传感器

变介电常数型电容式传感器大多用来测量电介质的厚度、液位，还可根据极间介质的介电常数随温度、湿度的改变而改变来测量介质材料的温度、湿度等。

图 3－35 为电容液位计的结构示意图。当被测液体(绝缘体)的液面在两个同心圆金属管状电极间上下变化时，引起两极间不同介电常数介质的高度变化，从而导致总电容的变化。电容器由上下介质形成的两个电容器并联而成，总电容与液面高度的关系为

$$C=C_{空}+C_{液}=\frac{2\pi(h_1-H)\varepsilon_0}{\ln(R/r)}+\frac{2\pi H\varepsilon_1}{\ln(R/r)} \tag{3-11}$$

式中：h_1 为电容器极板高度；r 为内电极的外半径；R 为外电极的内半径；H 为液面高度；ε_1 为液体介电常数。

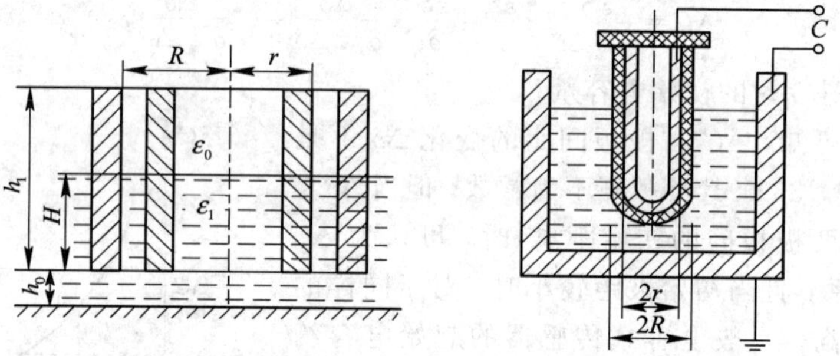

(a) 同轴内外金属管式　　(b) 金属管外套聚四氟乙烯套管式

图 3－35　电容液位计的结构示意图

从式(3－11)可以看出，电容 C 与液面高度 H 成线性关系。当液罐外壁是导电金属时，可以将其接地，并作为液位计的外电极，如图 3－35(b)所示。当被测介质是导电液体时，内电极应采用金属管外套聚四氟乙烯套管式电极，而且外电极也不是液罐外壁，而是该导电介质本身，这时内外电极的极距只是聚四氟乙烯套管的壁厚。

3.3.3　电容式传感器的测量转换电路

电容式传感器将被测物理量转换为电容变化后，必须采用转换电路将其转换为电压、电流或频率信号。下面介绍一些常用的转换电路。

1. 桥式电路

图 3-36 为桥式转换电路。其中，图 3-36(a)为单臂接法，当交流电桥平衡时，有

$$\frac{C_1}{C_2}=\frac{C_x}{C_3},\ \dot{U}_o=0 \tag{3-12}$$

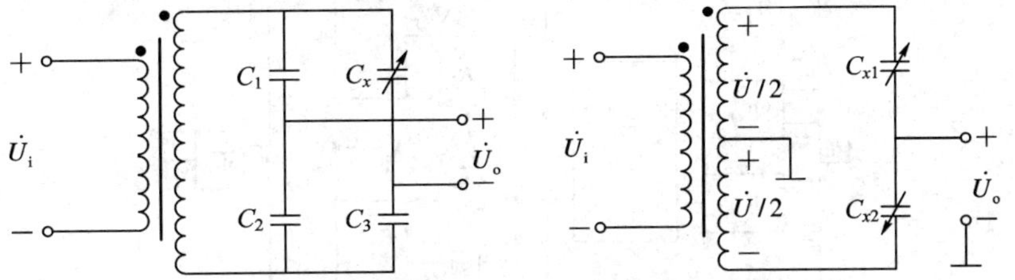

(a) 单臂接法　　(b) 差动接法

图 3-36　电容式传感器的桥式转换电路

当 C_x 改变时，$\dot{U}_o \neq 0$，有电压信号输出。

图 3-36(b)为差动接法，其空载输出电压为

$$\dot{U}_o=\frac{C_{x1}-C_{x2}}{C_{x1}+C_{x2}}\frac{\dot{U}}{2}=\pm\frac{\Delta C}{C_0}\frac{\dot{U}}{2} \tag{3-13}$$

式中：C_0 为传感器初始电容值；ΔC 为传感器电容的变化值。

该电路的输出还应经过相敏检波才能分辨 $\dot{U}_o$ 的相位，即判别电容传感器的位移方向。

2. 调频电路

电容式传感器作为振荡器谐振回路的一部分，当输入量使电容量发生变化后，就使振荡器的振荡频率发生变化，频率的变化在鉴频器中变换为振幅的变化，经过放大后就可以用仪表指示或用记录仪记录下来。

调频接收系统可分为直放式调频和外差式调频两种类型，调频电路方框图分别如图 3-37(a)和(b)所示。外差式调频线路比较复杂，但选择性好，特性稳定，抗干扰性能优于直放式调频。

用调频系统作为电容式传感器的测量电路主要具有抗外来干扰能力强、特性稳定、能取得高电平的直流信号(伏特数量级)等特点。

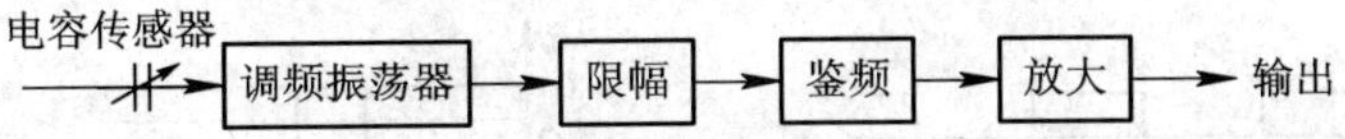

(a) 直放式调频

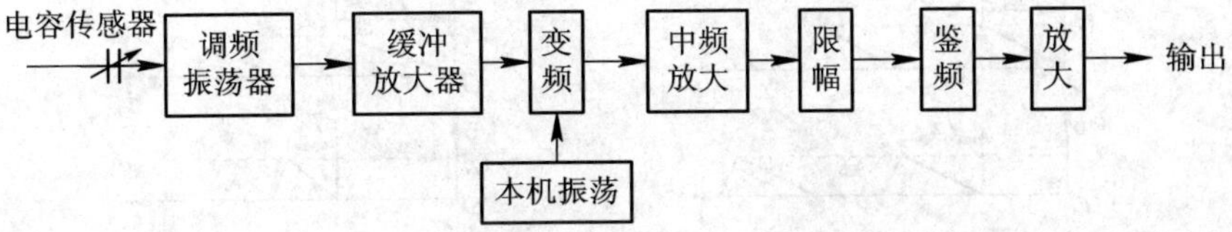

(b) 外差式调频

图 3-37　调频电路方框图

3. 脉冲宽度调制电路

脉冲宽度调制电路是利用对传感器电容的充放电使电路输出脉冲的宽度随传感器电容

量变化而变化，通过低通滤波器得到对应于被测量变化的直流信号。

脉冲宽度调制电路如图 3-38 所示。它由比较器 IC_1、IC_2，双稳态触发器及电容充放电回路组成。

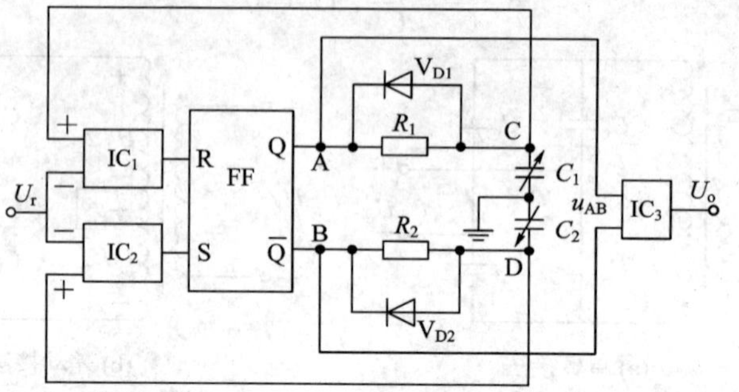

图 3-38　脉冲宽度调制电路

C_1、C_2为差动电容式传感器，当双稳态触发器的 Q 端输出高电平、$\overline{Q}$端输出低电平时，A 点通过 R_1 对 C_1 充电，使 C 点电位上升；同时电容 C_2 通过二极管 V_{D2} 迅速放电，D 点电位为低电平，直到 C 点电位高于参考电压 U_r 时，比较器 IC_1 输出脉冲，双稳态触发器翻转，A 点成为低电平，B 点成为高电平。这时 C 点电位经二极管 V_{D1} 迅速放电至零，同时 B 点通过 R_2 对 C_2 充电，使 D 点电位上升，到高于参考电压 U_r 时，比较器 IC_2 输出脉冲，使双稳态触发器再次翻转。这样周而复始，在 A、B 两点分别输出一个宽度受电容 C_1、C_2 调制的矩形脉冲。若 $C_1=C_2$，各点的电压波形如图 3-39(a)所示，则输出电压 u_{AB} 的平均值为 0；若$C_1>C_2$，各点的电压波形如图 3-39(b)所示，则 C_1 的充电时间大于 C_2 的充电时间，即$T_1>T_2$，u_{AB} 经 IC_3 放大低通滤波后，获得的直流电压 U_o 为

$$U_o=\frac{C_1-C_2}{C_1+C_2}U_1=\frac{\Delta C}{C_0}U_1 \tag{3-14}$$

式中：U_1 为双稳态触发器输出的高电平。

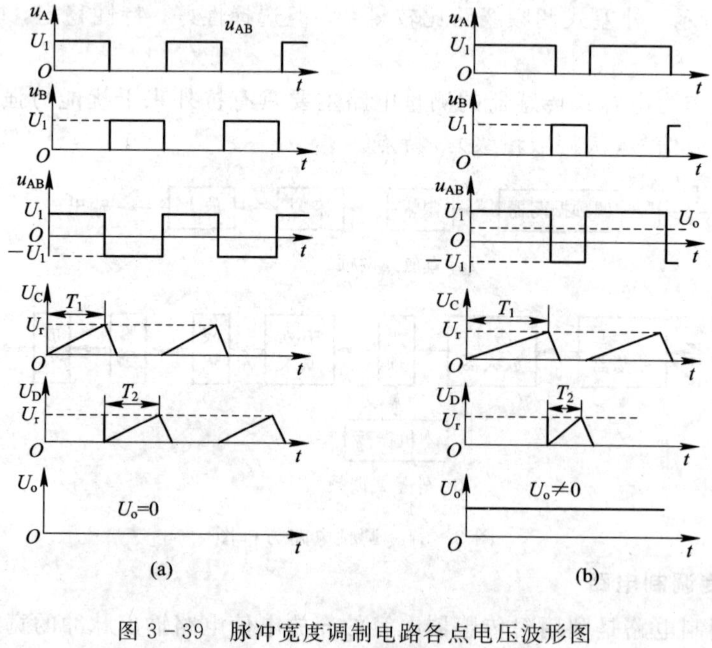

图 3-39　脉冲宽度调制电路各点电压波形图

由此可见，输出的直流电压 U_o 与 ΔC 呈线性关系。脉冲宽度调制电路对于差动式电容传感器均能获得线性输出；不需要相敏检波即能获得直流输出；采用直流电源，虽要求其电压稳定度较高，但比其他转换电路中要求高稳定度的稳频、稳幅的交流电易于做到；对输出矩形波的纯度要求不高。

3.3.4　电容式传感器的应用

电容式传感器不仅应用于位移、角度、振动、加速度和荷重等机械量的精密测量，还广泛应用于压力、差压、料位、成分含量及热工参数的测量。

1. 压力测量

电容式压力传感器的结构示意图如图 3-40 所示。其中，膜片电极 1 为电容器的动极板，固定电极 2 为电容器的固定极板。当被测压力或差压作用于膜片电极上，并使它产生位移时，两极板间距离将发生改变，从而导致电容器的电容也改变。当两极板间距离 d 很小时，压力和电容之间为线性关系。

电容角指纹识别

差压变送器原理

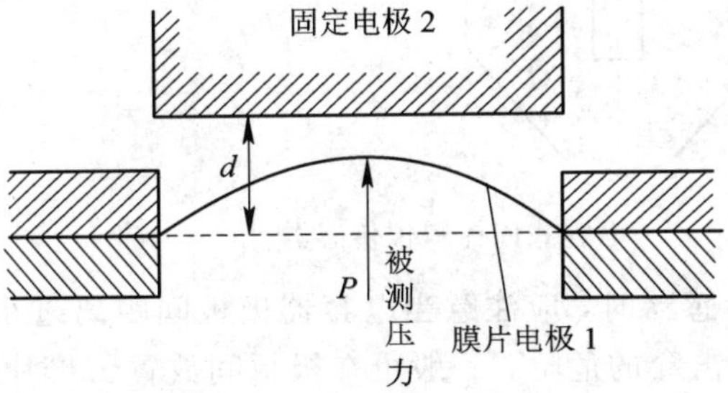

图 3-40　电容式压力传感器结构示意图

电容地应力传感器安装

电容传感器地应力测量

2. 加速度测量

图 3-41 所示为一种空气阻尼电容式加速度传感器。该传感器采用差动式结构，有两个固定电极 2，两极板间有一用弹簧支撑的质量块 3。此质量块的两个端平面经磨平抛光后作为可动极板。当传感器测量垂直方向的振动时，由于质量块的惯性作用，使两固定极板相对质量块产生位移，此时上、下两个固定电极与质量块端面之间的电容量产生变化而使传感器有一个差动的电容变化量输出。

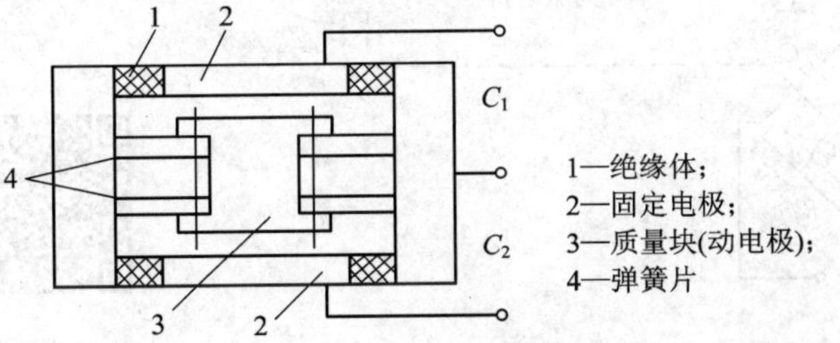

图 3-41　电容式加速度传感器

电容传感器加速度测量

3. 固体料位测量

测量固体块状、颗粒体及粉料的料位时，由于固体摩擦较大，容易产生滞留现象，所以一般可用极棒和容器壁组成电容器的两个电极来测量非导电固体物料的料位，如图 3-42 所示。当固体物料的料位发生变化时，会引起极间不同介电常数介质的高度发生变化，因而导致电容变化。如果要测量导电固体料位，可以在电极外套上绝缘套管。

4. 转速测量

电容式转速传感器的结构原理如图 3-43 所示。当电容极板与齿顶相对时电容最大，而电容极板与齿隙相对时电容最小。当齿轮旋转时，电容发生周期性变化，通过转换电路即可得到脉冲信号。频率计显示的频率代表转速的大小。设齿数为 Z，由计数器得到的频率为 f，则转速 n(单位为 r/min)为

$$n=\frac{60f}{Z} \tag{3-15}$$

电容物位测量

电容传感器测转速

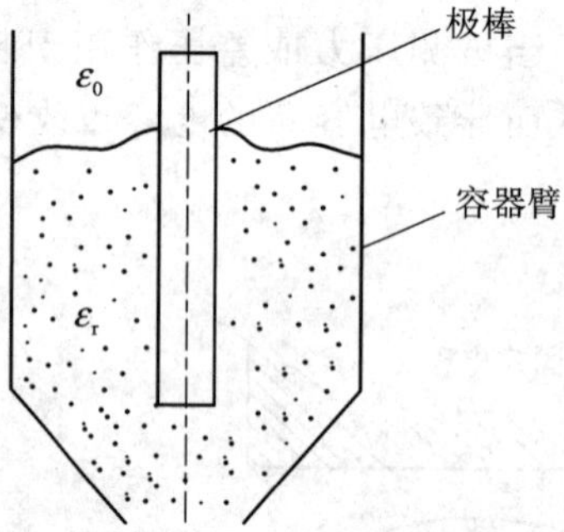

图 3-42 电容式固体料位传感器

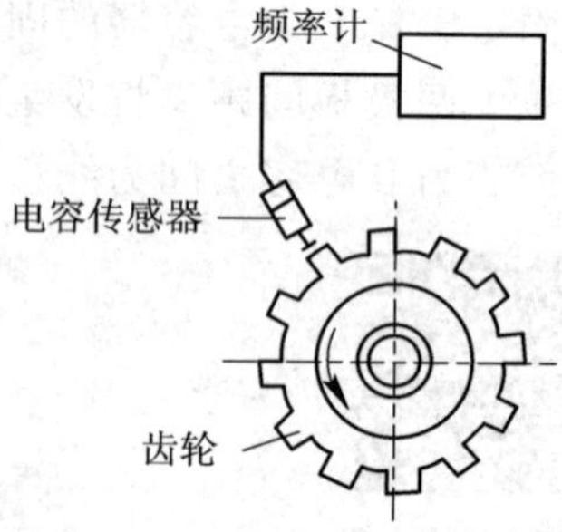

图 3-43 电容式转速传感器

在应用或制造电容式传感器时，应注意当电容器极板间距离过小时，虽能使灵敏度提高，但这样两极板间就有被击穿的危险，一般可在极板间放置云母片来改善。

3.3.5 电容式传感器的应用实例

油箱液位检测

图 3-44 所示为飞机上使用的一种油量表。

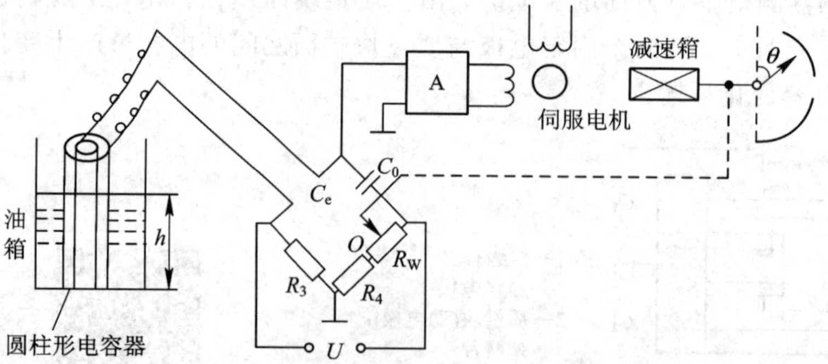

图 3-44 用于油箱液位检测的电容式传感器

电容油量测量

(1) 当油箱无油时，电容式传感器有一起始电容 $C_x=C_{x0}$，令 $C_0=C_{x0}$，且 R_W 的滑动臂位于零点，即 $R_W=0$，相应指针也指在零位上，令 $C_{x0}/C_x=R_4/R_3$，使电桥处于平衡状态，输出为零，伺服电机不转动。

(2) 当油箱中油量增加，液位上升至 h 处时，$C_x = C_{x0} + \Delta C_x$，可知 ΔC_x 与 h 成正比，此时电桥失去平衡，电桥输出电压经放大后驱动伺服电机，经减速后一面带动指针偏转 θ 角，以指示油量的多少；另一方面移动 R_W，使电桥重新恢复平衡。因为指针与电位计滑动臂同轴连接，R_W 和 θ 角之间存在确定的对应关系，则 θ 与 h 呈线性关系，因而可以从刻度盘上读出油位的高度 h。

3.3.6　电容式工业传感器

电容式加速度传感器如图 3-45 所示，它是基于电容原理的极距变化型的电容传感器，其中一个电极是固定的，另一变化电极是弹性膜片。弹性膜片在外力(气压、液压等)作用下发生位移，使电容量发生变化。

图 3-45　电容式加速度传感器

1. 产品性能

电容式加速度传感器具有 LCC 封装、测量范围可定制、优异的偏差稳定性、低模拟电压输出、高抗冲击性能、集成温度传感器、过电保护等性能。

2. 应用领域

(1) 惯性测量：航天、航空与制导。

(2) 倾斜测量：运输、仪器仪表、钻探。

(3) 振动测量：地震测量、数据记录仪。

3.3.7　电容式传感器的位移特性实验

电容传感器的位移特性实验

1. 实验目的

了解电容式传感器的结构及特点。

2. 实验内容

掌握电容式传感器的基本应用。

3. 实验仪器

传感器检测技术综合实验台、±15 V 电源底板、数字万用表、电容式传感器、电容式传感器模块、比例运算模块、直线位移源模块、示波器、导线。

4. 实验原理

电容式传感器是以各种类型的电容为传感元件，将被测物理量转换成电量的变化来实现测量的。电容式传感器的输出是电容的变化量。利用电容 $C=\varepsilon A/d$ 的关系式通过相应的结构和测量电路可以选择 ε、A、d。三个参数中，保持两个参数不变，只改变其中的一个参数，则可以有测干燥度(ε 变)、测位移(d 变)和测液位(A 变)等多种电容式传感器。电容式传感器极板形状分成平板、圆板形和圆柱形。本实验采用的传感器为圆筒式变面积差动结构的电容式位移传感器。差动式一般优于单组(单边)式的传感器，其灵敏度高、线性范围宽、稳定性高。如图 3-46 所示，它是由两个圆筒和一个圆柱组成的。设圆筒的半径为 R，圆柱的半径为 r，圆柱的长为 x，则电容量为 $C=\varepsilon 2\pi x/\ln(R/r)$。图中 C_1、C_2 是差动连接，

当图中的圆柱产生 Δx 位移时，电容量的变化量为 $\Delta C = C_1 - C_2 = \dfrac{\varepsilon 2\pi 2\Delta x}{\ln(R/r)}$，式中 $\varepsilon 2\pi$、$\ln(R/r)$ 为常数，说明 Δc 与 Δx 位移成正比，再加上配套的测量电路就能测量位移。

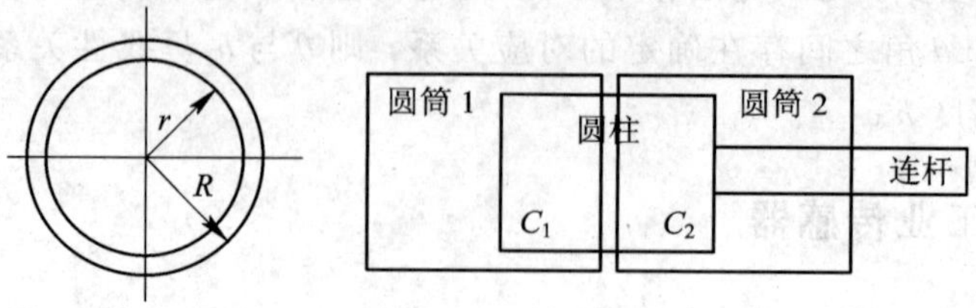

图 3 - 46　实验电容传感器结构

5. 实验注意事项

(1) 严禁将信号源输出对地短接。

(2) 实验过程中不要带电拔插导线。

(3) 严禁电源对地短路。

6. 实验步骤

实验接线图如图 3 - 47 所示。

(1) 断开实验台总电源及实验底板电源开关，用导线将实验台上的±15 V 电源引入到实验底板左侧对应的＋15Vin、－15Vin 以及 GNDin 端子，将“电容传感器模块”“比例运算模块”按照正确的方向对应插入实验底板。

注意：合理的位置摆放可有利于实验连线以及分析实验原理。

(2) 将电容式传感器固定于直线位移源上，按照图 3 - 46 连接实验线路，将比例运算模块的 Vout3 接至电压表。

注意：电容传感器输出有 3 根线。其中，黑色线为可调端，两根黄色线为固定端。

(3) 检查上述实验操作无误后，打开实验台总电源及实验底板电源开关。

(4) 比例运算电路调零。将 JP1～JP6 依次短接为“接通”“10K”“10K”“接通”“RW3”“C3”，将 RW1 逆时针旋到底，RW3 顺时针旋到底(比例放大倍数约为 4×1×10)，短接 Vin1＋与 Vin1－到 GND，电压表选择 2 V 挡，调节 RW2 使电压表读数 $|U_o| < |0.1\ \text{V}|$。调零完毕，恢复比例运算模块与电容传感器模块的连接。

注意：比例运算模块调零完毕，若非实验要求，一级、二级及调零电路不允许再次进行调整。

(5) 用示波器观察 Fout1 的波形，调节脉冲调制单元的电位器 RW1，使其输出为占空比 50% 的方波。调节直线位移源：使微分筒的“0”刻度线对准轴套的“10 mm”刻度线(0.01 mm/小格)，松开安装测微头底座的紧固螺钉，移动测微头底座，推进电容传感器移动至极板中间位置，拧紧紧固螺钉，调节比例运算模块的 RW2，使数字万用表显示＜0.1 V。

(6) 测微头向内旋 10 圈，作为位移起点，记为 $X=0$，记录输出电压值，然后向外旋动测微头，每间隔 0.5 mm 记下位移 X 与输出电压值，填入下表。

X/mm											
U/V											

(7) 根据上表数据计算电容传感器的系统灵敏度 S 和非线性误差 γ_L。

实验完毕，先关闭所有电源，然后拆除导线并放置好。

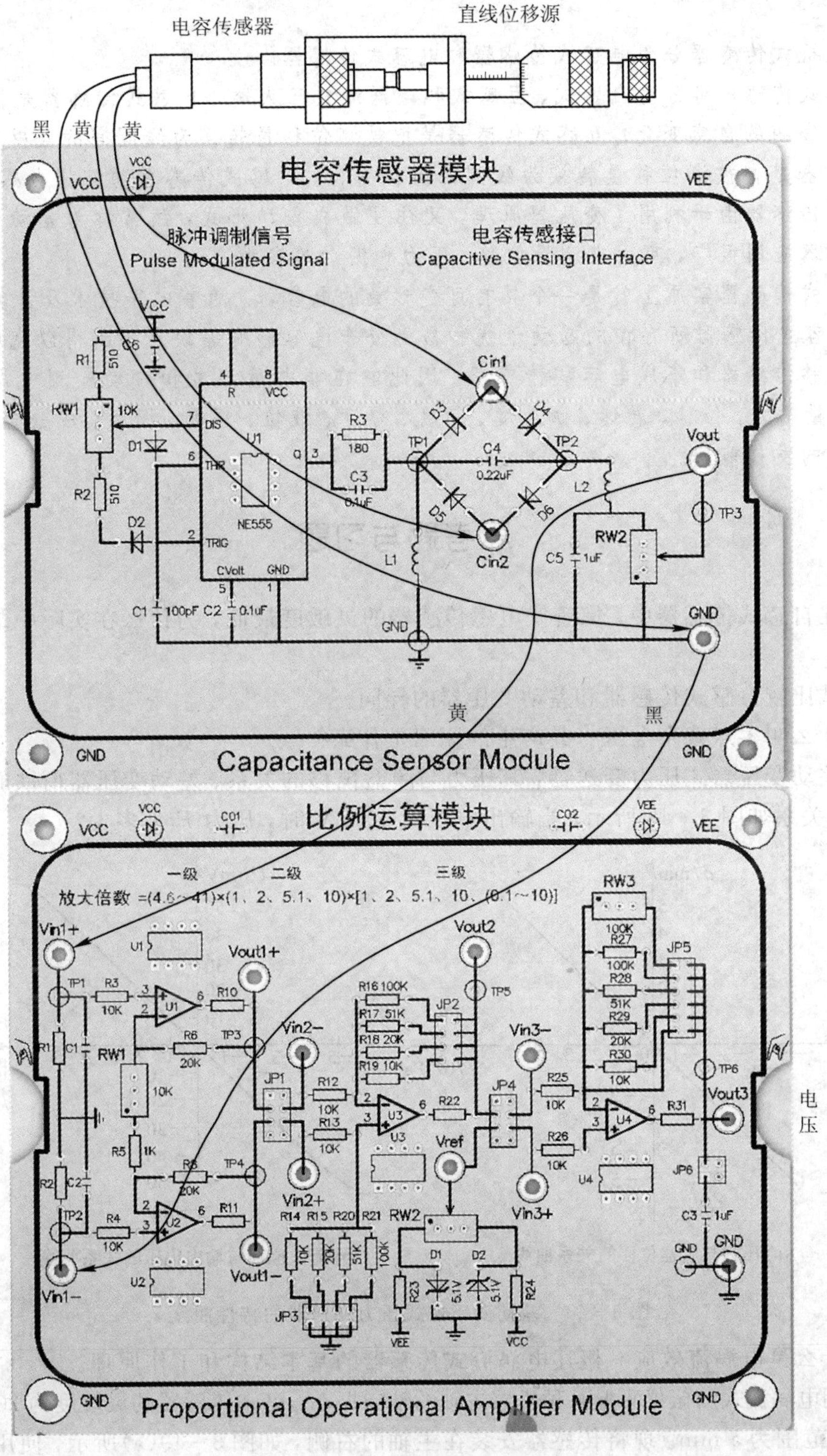

图 3-47　实验接线图

本章小结

变阻抗式传感器分为电感式传感器和电容式传感器。

电感式传感器可分为自感式、互感式和电涡流式三大类。自感式传感器是把被测位移量转换为线圈的自感变化；互感式传感器是把被测位移量转换为线圈间的互感变化；电涡流式传感器是把被测位移量转换为线圈的阻抗变化。电感式传感器通常指自感式传感器，而互感式传感器由于利用了变压器原理，又往往做成差动形式，故常称为差动变压器。电感式传感器应用很广，可用来测量位移、压力和振动等参数。

电容式传感器实质上就是一个具有可变参数的电容器。随着电子技术及计算机技术的发展，电容式传感器所存在的易受干扰和易受分布电容影响等缺点不断得以克服，还开发出容栅位移传感器和集成电容式传感器。因此它在非电量测量和自动检测中得到广泛应用，可测量压力、位移、转速、加速度、角度、厚度、液位、湿度、振动、成分含量等参数，有着很好的发展前景。

思考题与习题

1. 在自感式传感器中，螺管式电感传感器的灵敏度最低，为什么在实际中却应用得最广泛？

2. 试比较自感式传感器和差动变压器的异同。

3. 什么叫零点残余电压？其产生的原因是什么？

4. 差动变压器式压力变送器，其压力与膜盒位移的关系、差动变压器衔铁的位移与输出电压的关系如图 3-48 所示。当输出电压为 50 mV 时，压力 P 为多少？

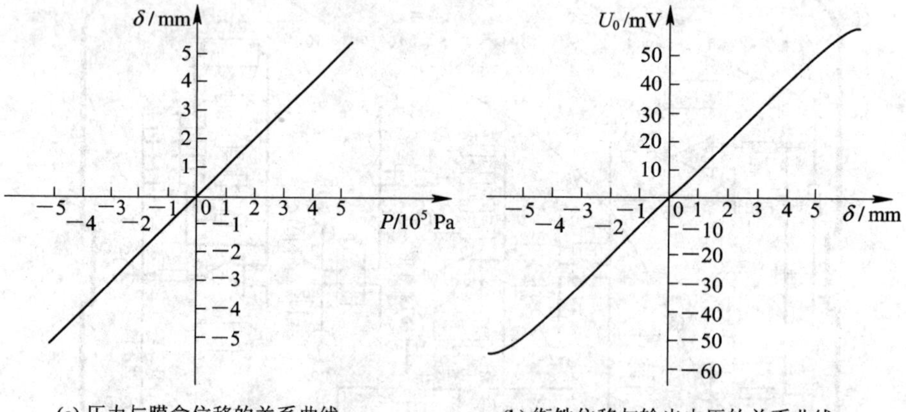

(a) 压力与膜盒位移的关系曲线　　(b) 衔铁位移与输出电压的关系曲线

图 3-48 差动变压器式压力变送器的特性曲线

5. 什么是电涡流效应？概述电涡流式传感器的基本结构和工作原理。

6. 用电涡流式测振仪测量某种机器主轴的轴向振动，已知传感器的灵敏度为 20 mV/mm，最大线性范围为 5 mm。现将传感器安装在主轴的右侧，如图 3-49(a)所示，使用高速记录仪记录下来的振动波形如图 3-49(b)所示。

(1) 传感器与被测金属的安装距离 l 为多少毫米时可得到较好的测量效果？为什么？

(2) 轴向振幅的最大值 A 为多少？

(3) 主轴振动的基频 f 是多少？

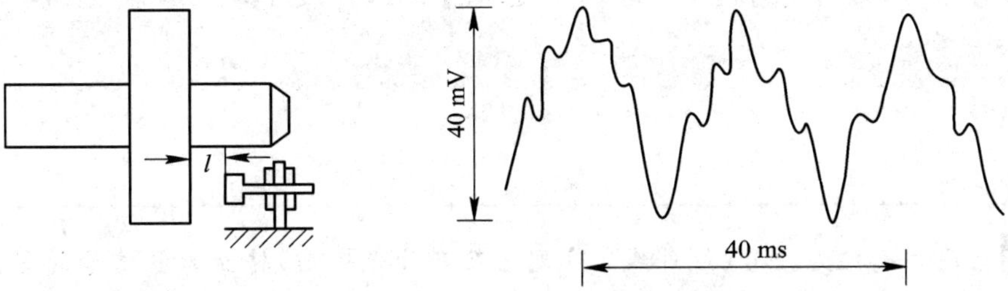

(a) 测量轴向振动的示意图　　(b) 高速记录仪记录下来的振动波形

图 3-49　电涡流式测振仪测量示意图

7. 电容式传感器有什么主要特点？一般可做成哪几种类型的电容传感器？

8. 简述脉冲宽度调制电路的工作原理。

9. 试解释为什么电容式传感器不能测量黏度较大的导电液体的液位。

10. 试绘出运用电容式传感器测量小位移的可能方案及原理图。

第4章　光电式传感器

光电元件是把光信号(红外线、可见光及紫外光辐射)转变为电信号的器件。光电式传感器是以光电元件作为转换器件的传感器。它可用于检测直接引起光量变化的非电量,如光强、光照度、辐射测温、气体成分分析等;也可用来检测能转换成光量变化的其他非电量,如零件直径、表面粗糙度、应变、位移、振动、速度、加速度,以及物体的形状、工作状态的识别等。光电式传感器具有非接触、响应快、性能可靠等特点,因此在工业自动化装置和机器人中获得了广泛应用。

4.1　光电效应与光电元件

外光电效应

4.1.1　光电效应

光电效应是指物体吸收了光能后转换为该物体中某些电子的能量,从而产生的电效应,包括外光电效应和内光电效应。内光电效应又分为光电导效应和光生伏特效应。

1. 外光电效应

在光线的作用下能使电子逸出物体表面的现象称为外光电效应。基于外光电效应的光电元件有光电管。

2. 内光电效应

根据工作原理的不同,内光电效应分为光电导效应和光生伏特效应两类,它多发生于半导体内。

内光电效应

(1) 在光线作用下,电子吸收光子能量从键合状态过渡到自由状态,而引起材料电导率的变化,这种现象被称为光电导效应。基于这种效应的光电元件有光敏电阻。

(2) 在光线作用下,能够使物体产生一定方向的电动势的现象叫做光生伏特效应。基于该效应的光电元件有光敏晶体管和光电池。

4.1.2　光电元件

1. 光电管

光电管由真空管、光电阴极K和光电阳极A组成,其符号和基本工作电路如图4-1

所示。当一定频率的光照射到光电阴极时，阴极发射的电子在电场作用下被阳极所吸引，光电管电路中形成电流，称为光电流。不同材料的光电阴极对不同频率的入射光有不同的灵敏度，人们可以根据检测对象是红外光、可见光或紫外光去选择不同阴极材料的光电管。光电管的光电特性如图 4－2 所示，从图中可知，在光通量较小时，光电特性基本是一条直线。

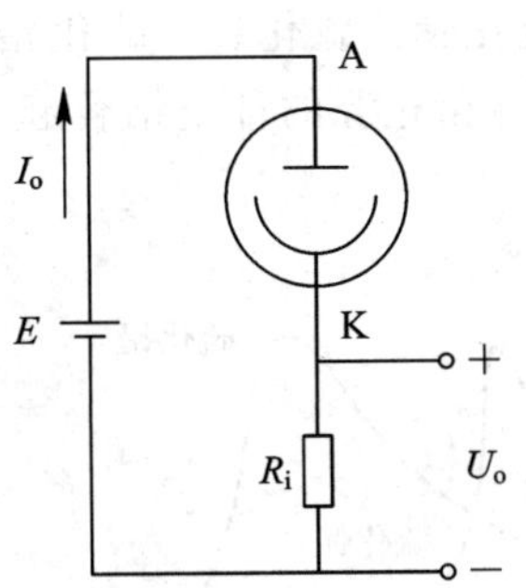

图 4－1　光电管符号及工作电路

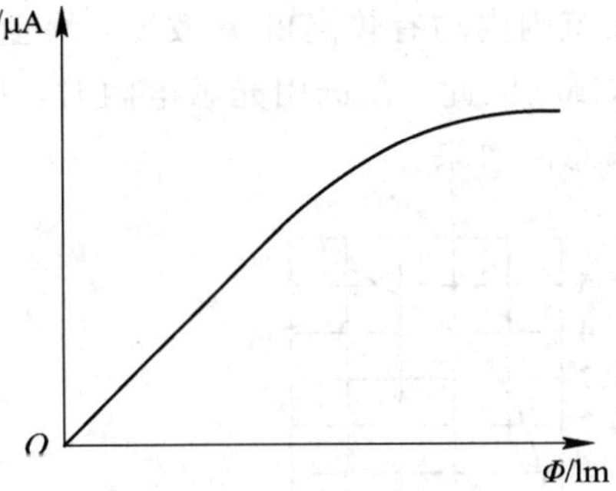

图 4－2　光电管的光电特性

2. 光敏电阻

光敏电阻具有很高的灵敏度及很好的光谱特性，光谱响应可从紫外区到红外区范围内，而且体积小、重量轻、性能稳定、价格便宜，因此应用比较广泛。

1）光敏电阻的结构

光敏电阻的符号和结构如图 4－3 所示。管芯是一块安装在绝缘衬底上带有两个欧姆接触电极的光电导体。光电导体吸收光子而产生的光电效应只限于光照的表面薄层，因此光电导体一般都做成薄层。为了获得高的灵敏度，光敏电阻的电极一般采用梳状图案。

2）光敏电阻的主要参数和基本特性

(1) 暗电阻、亮电阻、光电流。光敏电阻在室温条件下，全暗(无光照射)后经过一定时间测量的电阻值，称为暗电阻。此时在给定电压下流过的电流称为暗电流。光敏电阻在某一光照下的阻值，称为该光照下的亮电阻。光电流是亮电流与暗电流之差。

光敏电阻的暗电阻越大而亮电阻越小，则性能越好。也就是说，暗电流越小，光电流越大，这样的光敏电阻的灵敏度越高。实用光敏电阻的暗电阻往往超过 1 MΩ，甚至高达 100 MΩ，而亮电阻则在几千欧以下，暗电阻与亮电阻之比在 102～106 之间，可见光敏电阻的灵敏度很高，如图 4－4 所示。

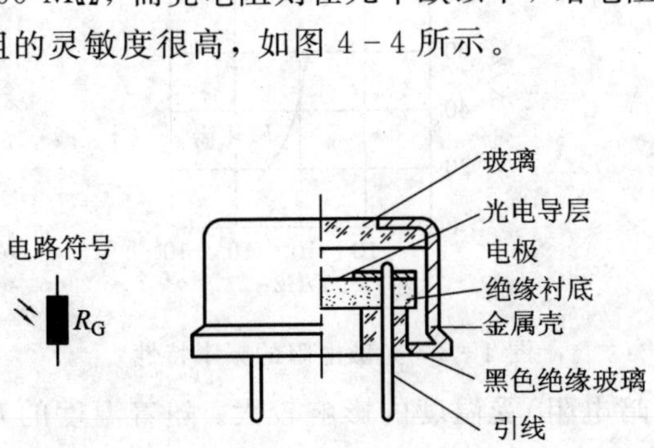

图 4－3　光敏电阻的符号和结构

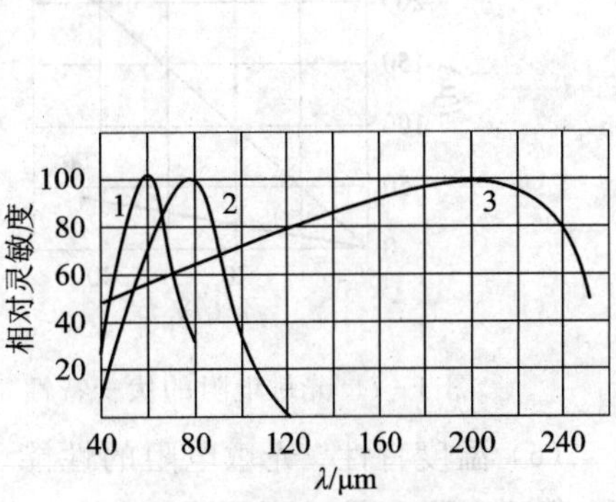

图 4－4　光敏电阻的灵敏度

(2) 光照特性。图 4-5 所示为光敏电阻的光照特性，表示了在一定外加电压下，光敏电阻的光电流和光通量之间的关系。不同类型光敏电阻的光照特性不同，但光照特性曲线均呈非线性。因此它不宜作定量检测元件，这是光敏电阻的不足之处。一般在自动控制系统中用作光电开关。

(3) 光谱特性。光谱特性与光敏电阻的材料有关。从图 4-6 可知，硫化铅光敏电阻在较宽的光谱范围内均有较高的灵敏度，峰值在红外区域；硫化镉、硫化铊、硫化铅的峰值在可见光区域。因此，在选用光敏电阻时，把光敏电阻的材料和光源的种类结合起来考虑，才能获得满意的效果。

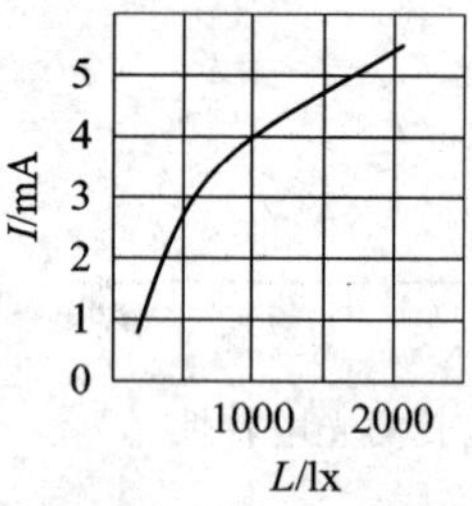

图 4-5　光敏电阻的光照特性构

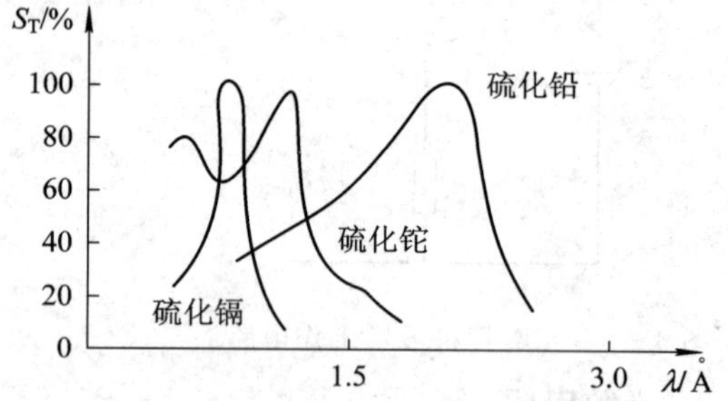

图 4-6　光敏电阻的光谱特性

(4) 伏安特性。在一定照度下，加在光敏电阻两端的电压与电流之间的关系称为伏安特性。图 4-7 中，曲线 1、2 分别表示光照度为零及为某值时的伏安特性。由曲线可知，在给定偏压下，光照度越大，光电流也越大。在一定的光照度下，所加的电压越大，光电流越大，而且无饱和现象。但是电压不能无限地增大，因为任何光敏电阻都受额定功率、最高工作电压和额定电流的限制。超过最高工作电压和最大额定电流，可能导致光敏电阻永久性损坏。

(5) 频率特性。当光敏电阻受到脉冲光照射时，光电流要经过一段时间才能达到稳定值，而在停止光照后，光电流也不立刻为零，这就是光敏电阻的时延特性。由于不同材料的光敏电阻时延特性不同，所以它们的频率特性也不同(见图 4-8)，它为相对灵敏度 K_f 与光强变化频率 f 之间的关系曲线。硫化铅的使用频率比硫化镉高得多，但多数光敏电阻的时延都比较大，所以，它不能用在要求快速响应的场合。

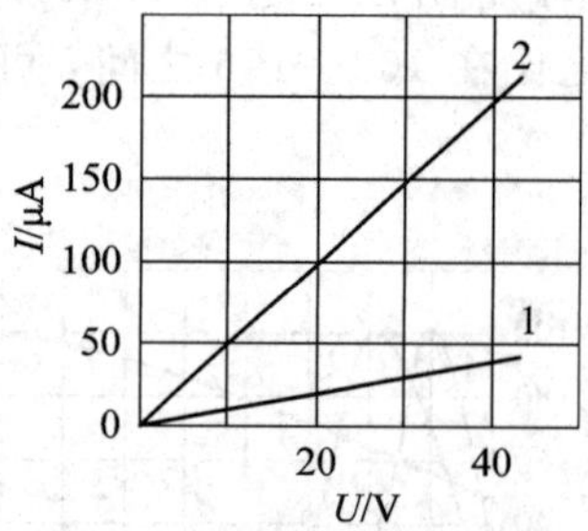

图 4-7　光敏电阻的伏安特性

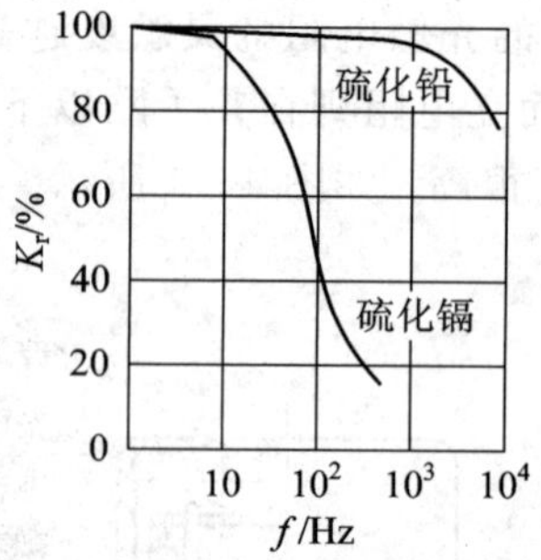

图 4-8　光敏电阻的频率特性

(6) 温度特性。光敏电阻的性能(灵敏度、暗电阻)受温度的影响较大。随着温度的升高，其暗电阻和灵敏度下降，光谱特性曲线的峰值向波长短的方向移动。硫化镉的光电流 I 和温度 T 的关系如图 4-9 所示。有时为了提高灵敏度，或为了能够接收较长波段的辐射，可将元件降温使用。例如，可利用制冷器使光敏电阻的温度降低。

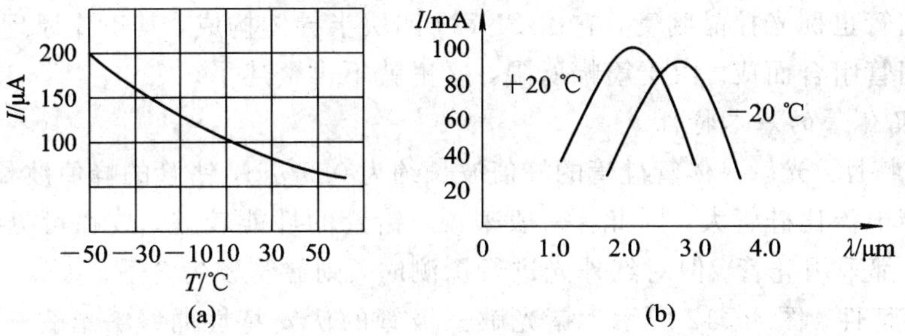

图 4-9　光敏电阻的温度特性

3. 光敏晶体管

光敏晶体管是光敏二极管、光敏三极管和光敏晶闸管的总称。

1）光敏晶体管的结构和工作原理

（1）光敏二极管的结构与一般二极管相似，它的 PN 结装在管的顶部，可以直接受到光照射。图 4-10(a)中给出光敏二极管的结构示意图及符号，图 4-10(b)中给出光敏二极管的接线图，光敏二极管在电路中一般加反偏电压，不受光照射时处于截止状态，受光照射时处于导通状态。

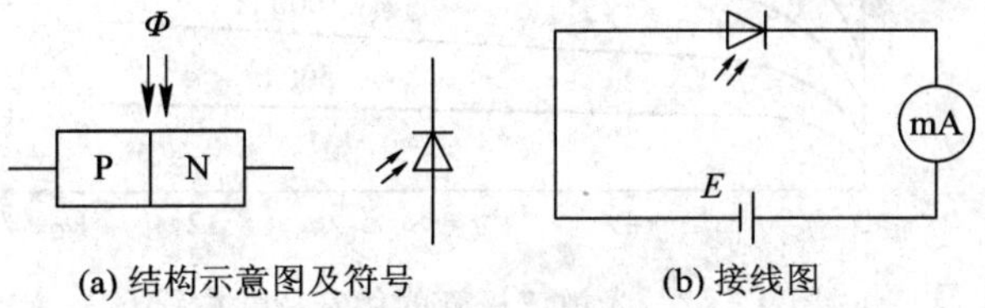

图 4-10　光敏二极管

（2）光敏三极管有 PNP 型和 NPN 型两种，它的结构、等效电路、图形符号及应用电路如图 4-11 所示。光敏三极管的工作原理是由光敏二极管与普通三极管的工作原理组合而成的。如图 4-11(b)所示，光敏三极管在光照作用下，产生基极电流，即光电流，与普通三极管的放大作用相似，在集电极上则产生是光电流 β 倍的集电极电流，所以光敏三极管比光敏二极管具有更高的灵敏度。

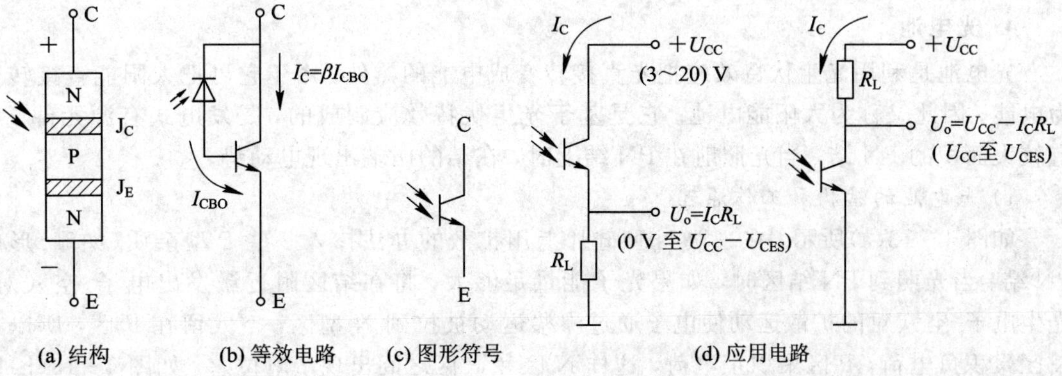

图 4-11　光敏三极管

光敏晶闸管也称光控晶闸管，它由 PNPN 四层半导体构成，其工作原理是由光敏二极管与普通晶闸管组合而成。由于篇幅所限，这里就不再赘述了。

2）光敏晶体管的基本特性

(1) 光谱特性。光敏晶体管硅管的峰值波长约为 0.9 μm，锗管的峰值波长约为 1.5 μm。由于锗管的暗电流比硅管大，因此，一般来说，锗管的性能较差，故在可见光或探测赤热状态物体时，都采用硅管。但对红外光进行探测时，则锗管较为合适。

(2) 伏安特性。图 4-12 所示为锗光敏三极管的伏安特性曲线。光敏三极管在不同照度 E_e 下的伏安特性，就像一般三极管在不同的基极电流时的输出特性一样，只要将入射光在发射极与基极之间的 PN 结附近所产生的光电流看作基极电流，就可将光敏三极管看成一般的三极管。

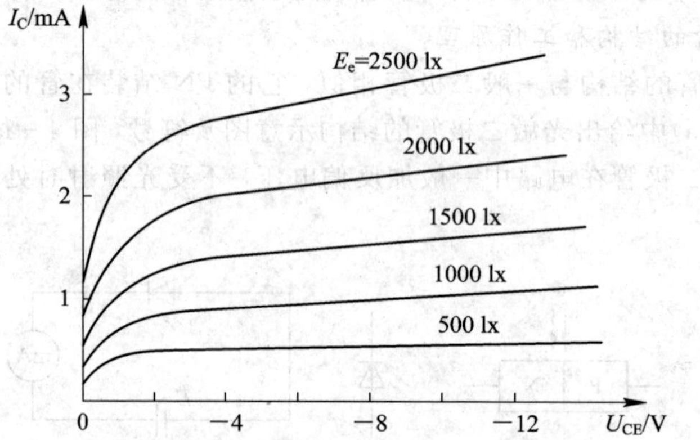

图 4-12　光敏三极管的伏安特性曲线

(3) 光电特性。光敏晶体管的输出电流 I_e 和光照度 E_e 之间关系可近似地看作是线性关系。

(4) 温度特性。锗光敏晶体管的温度变化对输出电流的影响较小，主要由光照度所决定，而暗电流随温度变化很大，所以在应用时，应在线路上采取措施进行温度补偿。

(5) 响应时间。硅和锗光敏二极管的响应时间分别约为 10^{-6} s 和 10^{-4} s，光敏三极管的响应时间比相应的二极管约慢一个数量级，因此，在要求快速响应或入射光调制频率较高时，选用硅光敏二极管较合适。

4. 光电池

光电池是利用光生伏特效应把光直接转变成电能的器件。由于它可把太阳能直接转变为电能，因此又称为太阳能电池。它是基于光生伏特效应制成的，是发电式有源元件。它有较大面积的 PN 结，当光照射在 PN 结上时，在结的两端出现电动势。

1）光电池的结构和工作原理

如图 4-13(a)所示，在一块 N 型硅片上用扩散的办法掺入一些 P 型杂质(如硼)形成 PN 结。当光照到 PN 结区时，如果光子能量足够大，将在结区附近激发出电子-空穴对，光生电子-空穴对的扩散运动使电子通过漂移运动被拉到 N 型区，空穴留在 P 区，所以在 N 区聚积负电荷，P 区聚积正电荷，这样 N 区和 P 区之间出现了电位差，如图 4-13(b)所示。若将 PN 结两端用导线连起来，电路中有电流流过，电流的方向由 P 区流经外电路至 N 区。若将外电路断开，就可测出光生电动势。

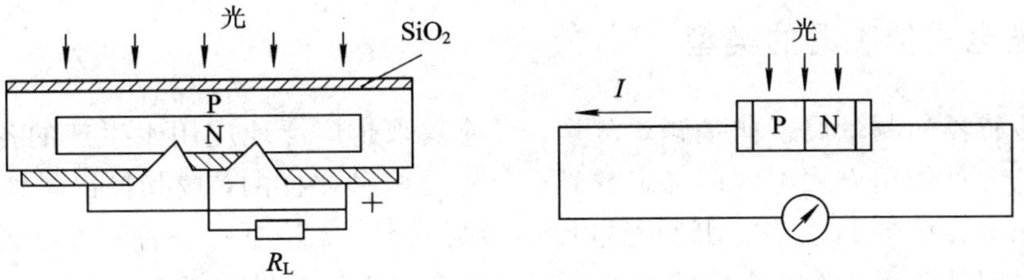

(a) 光电池的结构图　　(b) 光电池的工作原理示意图

图 4-13　光电池的结构和工作原理

2）光电池基本特性

(1) 光照特性。光电池在不同光照度下，其光电流和光生电动势是不同的，它们之间的关系就是光照特性，如图 4-14 所示。

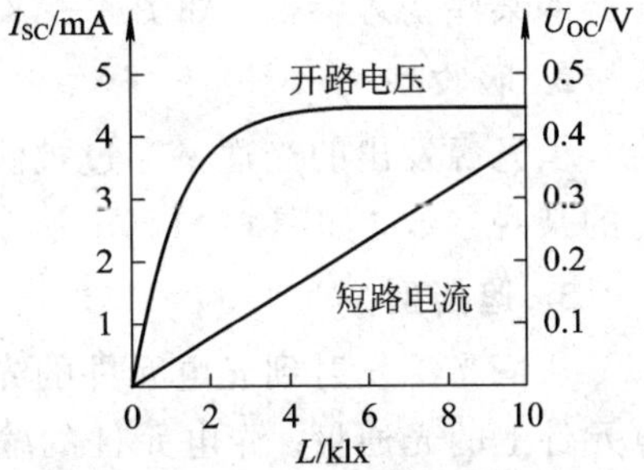

图 4-14　光电池的光照特性

(2) 负载特性(输出特性)。光电池作为电池使用如图 4-15 所示。在内电场作用下，入射光子由于内光电效应把处于介带中的束缚电子激发到导带，而产生光伏电压，在光电池两端加一个负载就会有电流流过，当负载很小时，电流较小而电压较大；当负载很大时，电流较大而电压较小。我们可改变负载电阻的值来测定硅光电池的负载特性。

(3) 光谱特性。一般光电池的光谱响应特性表示在入射光能量保持一定的条件下，光电池所产生短路电流与入射光波长之间的关系。图 4-16 所示为硅光电池的频率特性曲线。曲线 1 为硒光电池，曲线 2 为硅光电池。

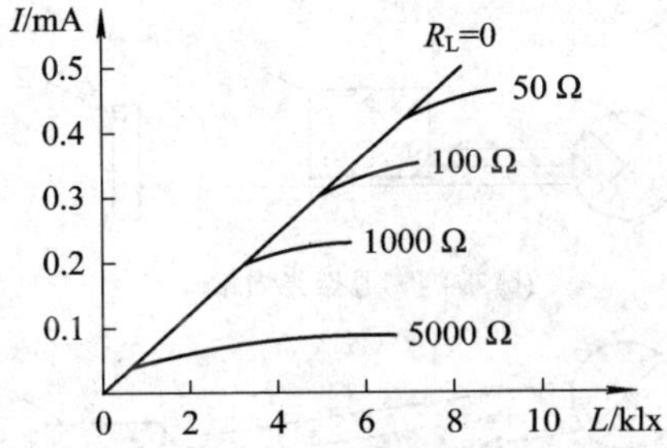

图 4-15　光电池的负载特性

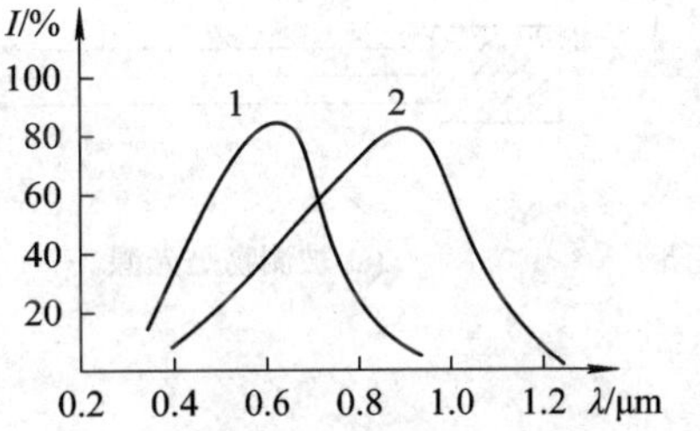

图 4-16　光电池的光谱特性

4.2　光电式传感器

光电式传感器

光电式传感器实际上是由光电元件、光源和光学元件组成一定的光路系统，并结合相应的测量转换电路而构成的。常用光源有各种白炽灯和发光二极管，常用光学元件有多种反射镜、透镜和半透半反镜等。关于光源、光学元件的参数及光学原理，读者可参阅有关书籍。但要特别指出的是，光源与光电元件在光谱特性上应基本一致，即光源发出的光应该在光电元件接收灵敏度最高的频率范围内。

4.2.1　光电式传感器的类型

光电传感器的测量属于非接触式测量，目前越来越广泛地应用于生产的各个领域。因光源对光电元件作用方式不同而确定的光学装置是多种多样的，按其输出量性质可分为模拟输出型光电传感器和数字输出型光电传感器两大类。无论是哪一种，依被测物与光电元件和光源之间的关系，光电式传感器的应用可分为以下四种基本类型。

1. 辐射型

光源本身是被测物，由被测物发出的光通量到达光电元件上。光电元件的输出反映了光源的某些物理参数，如图 4-17(a)所示，如光电比色温度计和光照度计等。

2. 吸收型

恒光源发出的光通量穿过被测物，部分被吸收后到达光电元件上。吸收量取决于被测物的某些参数，如图 4-17(b)所示，如被测液体、气体透明度和混浊度的光电比色计等。

3. 遮挡型

从恒光源发射到光电元件的光通量遇到被测物被遮挡了一部分，由此改变了照射到光电元件上的光通量。光电元件的输出反映了被测物的尺寸等参数(见图 4-17(c))，如振动测量和工件尺寸测量等。

光电传感器转速测量

4. 反射型

恒光源发出的光通量到达被测物，再从被测物体反射出来投射到光电元件上。光电元件的输出反映了被测物的某些参数，如图 4-17(d)所示，如测量表面粗糙度和纸张白度等。

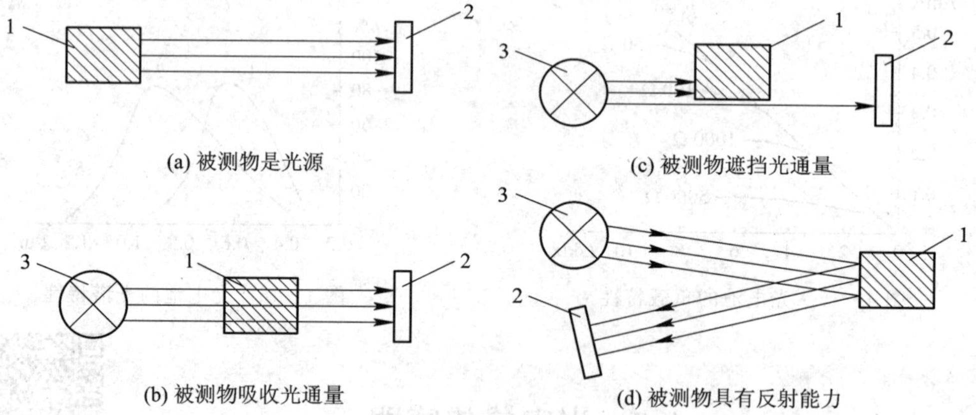

(a) 被测物是光源　(b) 被测物吸收光通量　(c) 被测物遮挡光通量　(d) 被测物具有反射能力

1—被测物；2—光电元件；3—恒光源

图 4-17　光电传感器应用的几种基本类型

以上提到的“恒光源”特指辐射强度和波谱分布均不随时间变化的光源。光电式传感器的应用相当广泛，已有专门的光电检测方面的专著出版。同一光路系统可用于不同物理量的检测，不同光路系统可用于同一物理量的检测，但一般可归结为以上四种类型。在下面介绍的光电式传感器应用举例中，请读者注意由于背景光及温度等因素对光电元件的影响较大，在模拟量的检测中一般有参比信号和温度补偿措施，用来削弱或消除这些因素的影响。

4.2.2　光电式传感器的应用

1. 光电比色温度计

光电比色温度计是根据热辐射定律，使用光电池进行非接触测温的一个典型例子。根据有关的辐射定律，物体在两个特定波长 λ_1、λ_2 上的 $I_{\lambda 1}$、$I_{\lambda 2}$ 之比与该物体的温度成指数关系，即

$$\frac{I_{\lambda 1}}{I_{\lambda 2}} = K_1 e^{-\frac{K_2}{T}} \tag{4-1}$$

式中：K_1、K_2 为与 λ_1、λ_2 及物体的黑度有关的常数。

因此，我们只要测出 $I_{\lambda 1}$ 与 $I_{\lambda 2}$ 之比，就可根据式(4－1)算出物体的温度 T。图 4－18 所示为光电比色温度计的原理图。

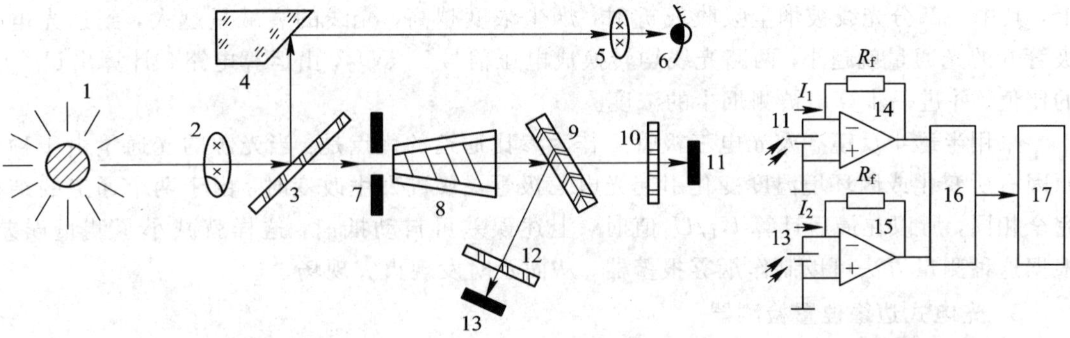

(a) 光路图　　(b) 测量转换电路

1—测温对象；2—物镜；3—半透半反镜；4—反射镜；5—目镜；6—观察者的眼睛；7—光阑；8—光导棒；9—分光镜；10、12—滤光片；11、13—硅光电池；14、15—电流/电压转换器；16—运算电路；17—显示器

图 4－18　光电比色温度计原理图

测温对象 1 发出的辐射光经物镜 2 投射到半透半反镜 3 上，它将光线分为两路：第一路光线经反射镜 4、目镜 5 到达使用者的眼睛，以便瞄准测温对象；第二路光线穿过半透半反镜成像于光阑 7，通过光导棒 8 混合均匀后投射到分光镜 9 上，分光镜的功能是使红外光通过，可见光反射。红外光透过分光镜到达滤光片 10，滤光片的功能是进一步起滤光作用，它只让红外光中的某一特定波长 λ_1 的光线通过，最后被硅光电池 11 所接收，转换为与 $I_{\lambda 1}$ 成正比的光电流 I_1。滤光片 12 的作用是只让某一特定波长 λ_2 的光线通过，最后被硅光电池 13 所接收，转换为与 $I_{\lambda 2}$ 成正比的光电流 I_2。I_1、I_2 分别经过电流/电压转换器 14、15 转换为电压 U_1、U_2，再经过运算电路算出 U_1/U_2 值。由于 U_1/U_2 值可以代表 $I_{\lambda 1}/I_{\lambda 2}$，故可采用一定的方法进一步根据式(4－1)计算出被测物的温度 T，并由显示器 17 显示出来。

2. 光电式烟尘浓度计

工厂烟囱排放的烟尘是环境污染的重要来源，为了控制和减少烟尘的排放量，对烟尘的监测是必要的。图 4－19 所示为光电式烟尘浓度计的原理图。

光电式烟尘浓度检测

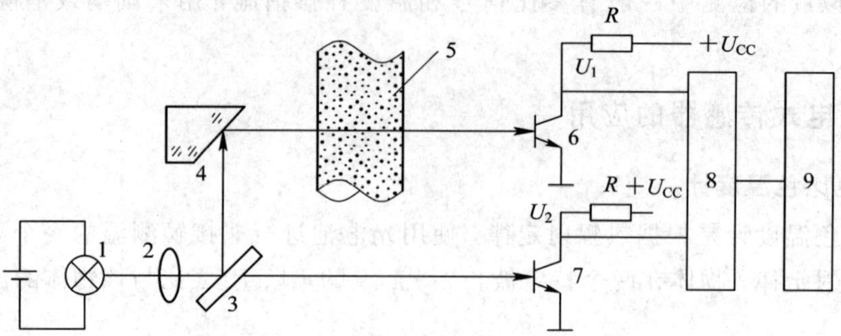

1—光源；2—聚光透镜；3—半透半反镜；4—反射镜；5—被测烟尘；

6、7—光电三极管；8—运算器；9—显示器

图 4-19　光电式烟尘浓度计原理图

光源发出的光线经半透半反镜分成两束强度相等的光线：一路光线直接到达光电三极管 7 上，产生作为被测烟尘浓度的参比信号；另一路光线穿过被测烟尘到达光电三极管 6 上，其中一部分光线被烟尘吸收或折射，烟尘浓度越高，光线的衰减量越大，到达光电三极管 6 的光通量就越小。两路光线均转换成电压信号 U_1、U_2，由运算电路 8 计算出 U_1、U_2 的比值，并进一步算出被测烟尘的浓度。

采用半透半反镜 3 及光电三极管 7 作为参比通道的优点是：当光源的光通量由于种种原因有所变化或因环境温度变化引起光电三极管灵敏度发生改变时，由于两个通道的结构完全相同，所以在最后计算 U_1/U_2 值时，上述误差可自动抵消，这样就减小了测量误差。根据这种测量方法可以制作烟雾报警器，从而及时发现火灾现场。

3. 光电式边缘位置检测器

光电式边缘位置检测器用于检测带型材料在生产过程中偏离正确位置的大小及方向，从而为纠偏控制电路提供纠偏信号。例如，在冷轧带钢厂，某些生产工艺采用连续作业方式，如连续酸洗、退火和镀锡等，带钢在上述运动过程中易产生走偏现象，当带材走偏时，边缘便常与传送机械发生碰撞而出现卷边，从而造成废品。在印染、造纸、胶片、磁带等企业的生产过程中也会发生类似问题。图 4-20(a)所示为光电式边缘位置检测传感器的原理图。

光源 1 发出的光线经透镜 2 汇聚为平行光束投射到透镜 3，再被汇聚到光敏电阻 4 (R_1)上。在平行光束到达透镜 3 的途中，有部分光线受到被测带材的遮挡。从而使到达光敏电阻的光通量减小。图 4-20(b)所示为测量电路简图。图中，R_1、R_2 是同型号的光敏电阻，R_1 作为测量元件装在带材下方。R_2 用遮光罩罩住，起温度补偿作用，当带材处于正确位置(中间位置)时，由 R_1、R_2、R_3、R_P 组成的电桥平衡，放大器输出电压 U_o 为零。当带材左偏时，遮光面积减小，到达光敏电阻的光通量增大，光敏电阻 R_1 的阻值随之减小，电桥失去平衡，差分放大器将不平衡，电压加以放大，输出电压 U_o 为正值，它反映了带材跑偏的方向及大小；反之，当带材右偏时，U_o 为负值。输出电压信号 U_o 一方面由显示器显示出来，另一方面被送到执行机构，为纠偏控制系统提供纠偏信号。需要说明的是，输出电压仅作为控制信号，而不要求精确测量带材偏离的边缘位置大小，所以光电元件可用光敏电阻，若要求精确测量就不能使用光敏电阻(光敏电阻线性较差)。

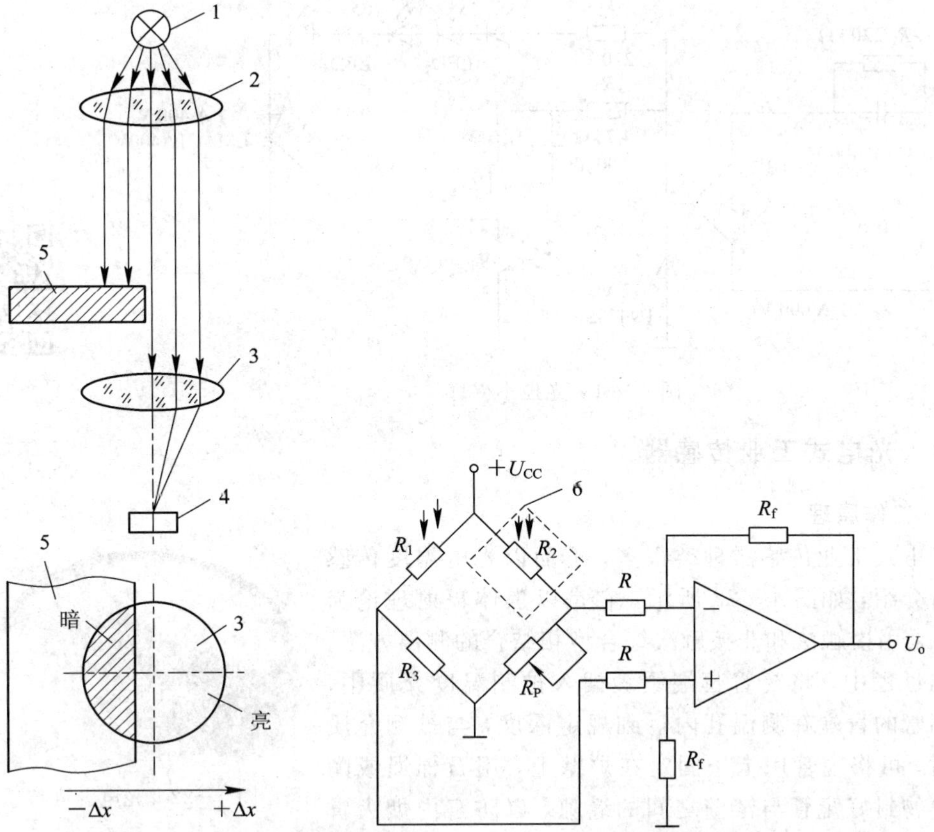

(a) 原理示意图　　(b) 测量电路简图

1—光源；2、3—透镜；4—光敏电阻；5—被测带材；6—遮光罩

图 4-20　光电式边缘位置检测传感器原理图

4.2.3　光电传感器的应用实例

光 控 小 夜 灯

在居室周围环境灯光很暗或没有灯光的情况下，晚上起夜若开灯会感到灯光比较刺眼，因此市场上出现了一种“小夜灯”，这种小夜灯一般采用简单的电子整流器和日光灯管制成，亮度跟月光差不多。但缺点是耗电比较大，寿命短。如图 4-21 所示的光控小夜灯，它采用 LED 制作，极大地延长了使用寿命，并且减少了耗电量。

220 V 电压经 C_1 降压、BR 整流、V_D 稳压后得到＋12 V 的脉动直流，C_2 滤波成直流电源；光敏管 V_T 与 R_4 构成光强检测电路，当环境光较强(如白天、晚上开灯)时，V_T 阻值很小，V_S 截止，LED 串(LED_1～LED_5)不亮；夜晚灭灯后，V_T 阻值很大，V_S 导通，LED 串(LED_1～LED_5)点亮。

LED 串(LED_1～LED_5)若选用白色 LED(正向压降 3 V 左右，发光电流稍大一些)，可把 V_D 提高到 15 V～18 V，并调节 R_2，使亮度适中。5 只 LED(可以再增加)如果拼成图案(如梅花)就更有艺术效果，面板可用透明有机板制作。

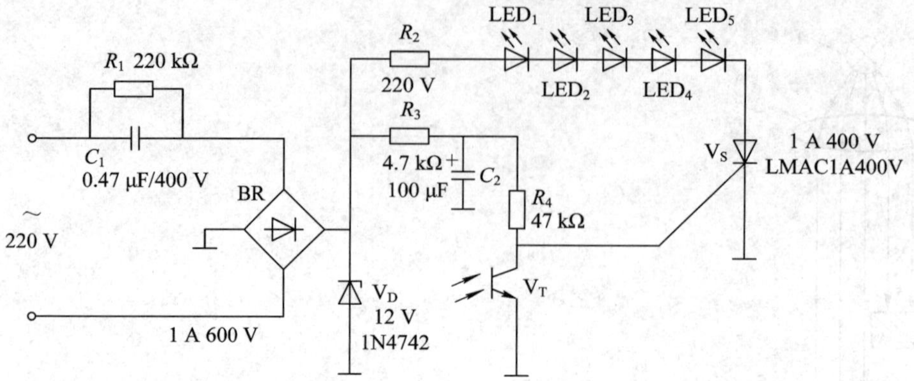

图 4-21　光控小夜灯

罐装生产流水线

4.2.4　光电式工业传感器

1. 工作原理

光电式工业传感器种类很多，下面以光电温度传感器进行介绍，如图 4-22 所示，它是以黑体辐射理论为原理，采用接触法和非接触法综合型相结合的测温方法。在测温过程中，将窥管盲端缓缓插入被测温度介质中，当测温管的盲端在测温孔内达到规定深度，与被测介质平衡时，可将窥管用卡子固定在炉壁上，用石棉绳或陶瓷棉等物封好窥管与窑壁之间的缝隙，以防窑内烟火冒出。然后把信号线(红色为正极)接到二次仪表的输入端，当光电热电偶测温管内表面热辐射光强度与玻尔兹曼定律相符时，可用来测量各类高温炉和熔液内部的实际温度，不受环境污染以及目标黑度系统的影响。光电温度传感器安装示意图如图 4-23 所示。

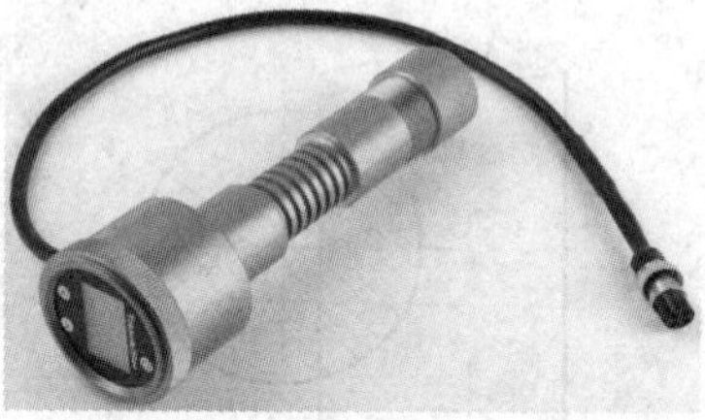

图 4-22　光电温度传感器

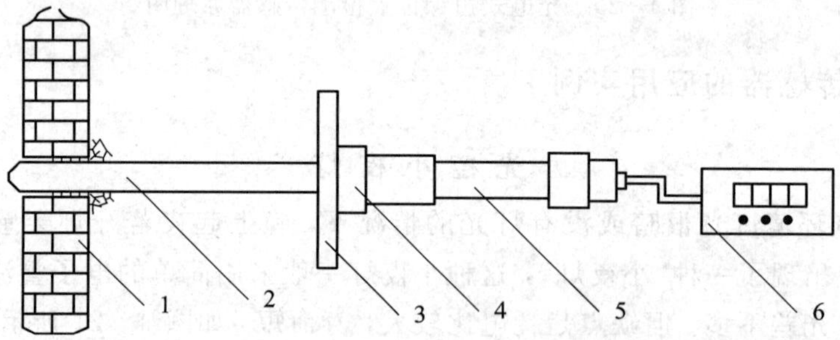

1—窑壁；2—探测管；3—防辐射挡板；4—连接件；5—探测器；6—二次仪表

图 4-23　光电温度传感器安装示意图

2. 技术指标

温度测量范围：800℃～1600℃。

测量深度：80 mm～2000 mm。

测量精度：±0.5%F.S。

输出类型：mV、0～20 mA、4 mA～20 mA、0～5 V、1 V～5 V、0～10 V 等。

感温管直径：25 mm，其他规格可定制。

环境温度：≤85℃。

3. 特点及应用范围

光电温度传感器可在线实时快速测量工业生产设备的实际温度，可直接替代(S. B 等)热电偶在线实时测温，与热电偶的测量方法基本相同，具有稳定性好、精度高、抗干扰力强、适应在恶劣环境中工作、使用寿命长、成本低等优点，并可直接连接到现场数据显示控制仪表或 DCS 和 PLC 系统等，广泛应用于碳素厂、发电厂、耐火材料厂、玻璃和陶瓷生产厂等。

4.2.5 光电式转速传感器测速实验

光电转速传感器测速实验

1. 实验目的

了解光电式转速传感器测量转速的原理及方法。

2. 基本原理

光电式转速传感器有反射型和透射型两种，本实验装置是透射型的(光电断续器)，传感器端部两内侧分别装有发光二极管和光敏三极管，发光二极管发出的光透过转盘上的通孔后，由光敏三极管接收转换成电信号，由于转盘上有均匀间隔的 6 个孔，转动时将获得与转速有关的脉冲数，将脉冲计数处理即可得到转速值。

3. 实验仪器

传感器检测技术综合实验台、转动源实验模块、光电式转速传感器（已装在转动源实验模块上)、实验导线若干。

4. 实验步骤

(1) 断开实验台总电源。

(2) 将综合实验台上可调电压源(2 V～24 V)的旋钮旋到最小(逆时针旋到底)，并接上电压表，同时接入转动源模块电机驱动端子；将光电开关电路电源接入＋5 V 电源，将输出 Fout 信号接入“频率/转速表”，将切换开关切换到转速处(即按下)，接线如图 4－24 所示。

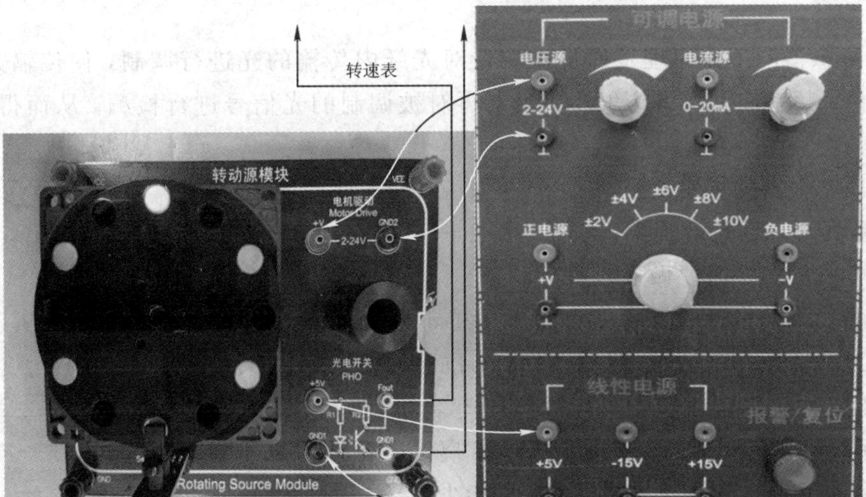

图 4－24　接线示意图

(3) 打开实验台电源开关，将可调电压源的旋钮顺时针旋转，同时观察电压表显示值和转盘的状态，当转盘开始转动时，从 6 V 开始记录，每增加 1 V 读取相应电机转速的值(待转速表显示比较稳定后读取数据)，将数据填入下表，并画出电机的 $U-n$(电机电枢电压与电机转速的关系)特性曲线。

电压/V	6	7	8	9	10	11	12	13	14	15
转速/(r/min)										

实验完毕，关闭所有电源，拆除并整理好实验器材。

5. 思考题

在已进行的实验中用了多种传感器来测量转速，试分析比较哪种方法最简单、方便。

4.3 光纤传感器

光纤传感器

光纤是 20 世纪 70 年代的重要发明之一，它与激光器、半导体探测器一起构成了新的光学技术，创造了光电子学的新天地。光纤的出现产生了光纤通信技术，特别是光纤在有线通信方面的优势越来越突出，它为人类 21 世纪的通信基础——信息高速公路奠定了基础，为多媒体通信提供了实现的必需条件。由于光纤具有许多新的特性，所以不仅在通信方面，还在传感器等方面也获得了应用。

当光纤受到外界环境因素的影响，如温度、压力、电场、磁场等条件变化时，光纤的传输特性将随之改变，且二者之间存在一定的对应关系，由此研制出光纤传感器。20 世纪 70 年代初研制出第一根实用光纤后，20 世纪 80 年代已发展了 60 多种不同的光纤传感器。目前，已研发出测量位移、速度、加速度、压力、温度、流量、电场、磁场等各种物理量的数百种光纤传感器。

光纤传感器的工作原理是通过被测量对光纤内传输的光进行调制，使传输光的振幅、波长、相位、频率或偏振态等发生变化，再对被调制的光信号进行检测，从而得出相应的被测量。其优点如下：

(1) 具有很高的灵敏度。

(2) 频带宽、动态范围大。

(3) 可根据实际需要做成各种形状。

(4) 可以用很相近的技术基础构成传感不同物理量的传感器，这些物理量包括声场、磁场、压力、温度、加速度、转动(陀螺)、位移、液位、流量、电流、辐射等。

(5) 便于与计算机和光纤传输系统相连，易于实现系统的遥测和控制。

(6) 可用于高温、高压、强电磁干扰、腐蚀等各种恶劣环境。

(7) 结构简单、体积小、重量轻、耗能少。

4.3.1　光纤及其传光原理

1. 光纤的结构

如图 4-25 所示，中心圆柱体称为纤芯，由某种玻璃或塑料制成。纤芯外围的圆筒形外壳称为包层，通常也是由玻璃或塑料制成。包层外面有涂敷层，之外是一层塑料保护外套。光纤的导光能力取决于纤芯和包层的性质，机械强度取决于塑料保护外套。

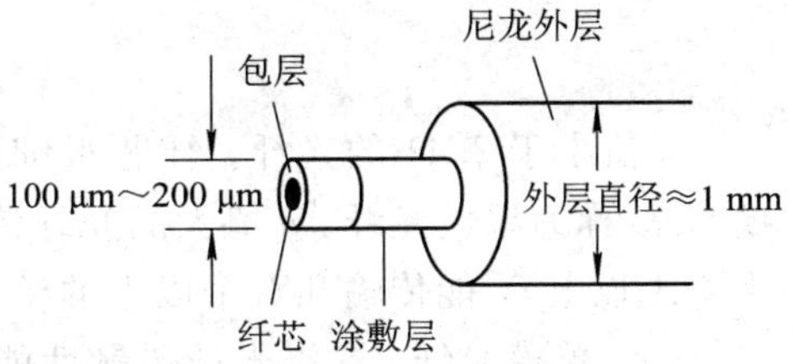

图 4-25　光纤的结构

2. 光纤的传光原理

当光线由光密媒质（折射率为 n_1）射入光疏媒质（折射率为 n_2，$n_1>n_2$）时，若入射角大于等于临界角 $f=\sin^{-1}(n_2/n_1)$，则在媒质界面上会发生全反射现象，如图 4-26 所示。

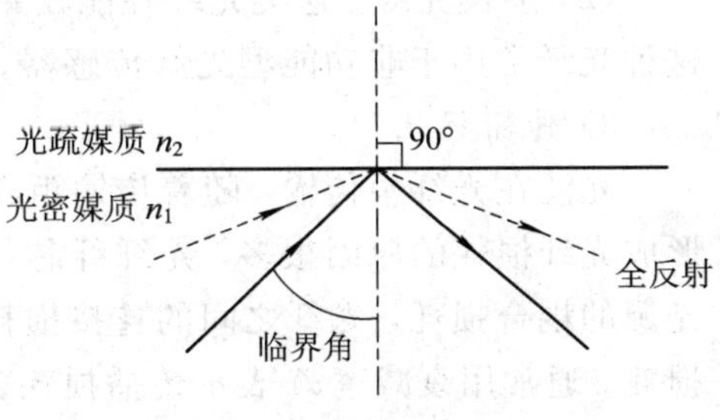

图 4-26　光线的全反射现象

光在光纤中传播的基本原理可用光线或光波的概念来描述。光线的概念是一个简便、近似方法，可用来导出一些重要概念，如全反射的概念、光线截留的概念等。然而，要进一步研究光的传播理论，将光看作射线就不够了，必须借助波动理论，即需要考虑到光是电磁波动现象以及光纤是圆柱形介质波导等，才能研究光在圆柱形波导中允许存在的传播模式，并导出经常要提到的波导参数（V 值）等概念。

3. 光纤的主要参数

1）数值孔径

光从空气入射到光纤输入端面时，处在某一角锥内的光线一旦进入光纤，就将被截留在纤芯中，此光锥半角（qC）的正弦称为数值孔径。

数值孔径 NA 是光纤的一个基本参数，反映了光纤与光源或探测器等元件耦合时的耦合效率，只有入射光处于 $2qC$ 的光锥内，光纤才能导光。一般希望有大的数值孔径，这有利于耦合效率的提高，但数值孔径过大会造成光信号畸变。

NA 与光纤的几何尺寸无关，仅与纤芯和包层的折射率有关，纤芯和包层的折射率差别越大，数值孔径就越大，光纤的集光能力就越强。石英光纤的数值孔径 $NA=0.2\sim0.4$。

2）光纤的传输模式

根据电介质中电磁场的麦克斯韦方程，考虑到光纤圆柱形波导和纤芯—包层界面处的几何边界条件时，只存在波动方程的特定（离散）解。允许存在的不同解代表许多离散的沿波导轴传播的波。

光纤传输的光波可分解为沿轴向和沿横截面传输的两种平面波。因为沿横截面传输的平面波是在纤芯和包层的界面处全反射的，所以，当每一次往返相位变化是 $2p$ 的整数倍时，将在截面内形成驻波。能形成驻波的光线称为“模”，“模”是离散存在的，某种光纤只能传输特定模数的光。

实际中常用麦克斯韦方程导出的归一化频率 n 作为确定光纤传输模数的参数。n 的值可以由纤芯半径 r、传输光波波长 λ 及光纤的数值孔径 NA 确定，即

$$n = 2\pi r \frac{NA}{\lambda} \tag{4-2}$$

n 值小于 2.41 的光纤，纤芯很细(5 mm～10 mm)，仅能传输基模(截止波长最长的模)，故称为单模光纤。n 值大的光纤传输的模数多，称为多模光纤，通常纤芯直径较粗(几十毫米以上)，能传输几百个以上的模。

(1) 单模光纤。这类光纤传输性能好，常用于功能型光纤传感器，制成的传感器比多模传感器有更好的线性、更高的灵敏度和动态测量范围。但由于纤芯太小，制造、连接和耦合都很困难。

(2) 多模光纤。这类光纤性能较差，但纤芯截面大，容易制造，连接耦合也比较方便。这种光纤常用于非功能型光纤传感器。

3) 传输损耗

光波在光纤中传输，随着传输距离的增加，光功率逐渐下降，这就是光纤的传输损耗。形成光纤损耗的原因很多，光纤纤芯材料的吸收、散射，光纤弯曲处的辐射损耗，光纤与光源的耦合损耗，光纤之间的连接损耗等，都会造成光信号在光纤中的传播有一定程度的损耗。通常用衰减率 A 表示传播损耗。

$$A = \frac{-10\lg(I_1/I_0)}{L}\ (\mathrm{dB/km})$$

4) 色散

光纤的色散是光信号中的不同频率成分或不同的模式在光纤中传输时，由于速度不同而使得传播时间不同，从而产生波形畸变的现象。当输入光束是光脉冲时，随着光的传输，光脉冲的宽度可被展宽，如果光脉冲变得太宽以致发生重叠或完全吻合，加在光束上的信息就会丧失。这种光纤中产生的脉冲展宽现象称为色散。

常用光纤类型及参数如表 4-1 所示。

表 4-1　常用光纤类型及参数

类　型	折射率分布	纤芯直径/μm	包层直径/mm	数值孔径
单模	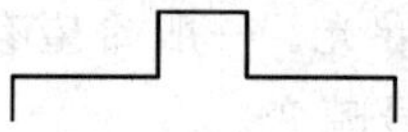	2～8	80～125	0.10～0.15
多模阶跃光纤(玻璃)	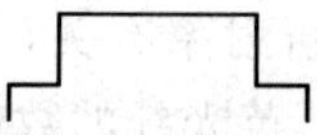	80～200	100～250	0.1～0.3
多模阶跃光纤(玻璃/塑料)	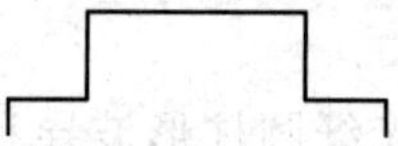	200～1000	230～1250	0.18～0.50
多模梯度光纤	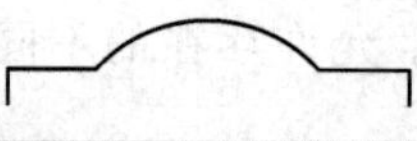	50～100	125～150	0.1～0.2

4.3.2　光纤传感器的组成及分类

1. 光纤传感器的基本组成

光纤传感器主要包括光导纤维、光源、光探测器三个重要部件。

(1) 光源：分为相干光源(各种激光器)和非相干光源(白炽光、发光二极管)。实际中，一般要求光源的尺寸小、发光面积大、波长合适、足够亮、稳定性好、噪声小、寿命长、安装方便等。

(2) 光探测器：包括光敏二极管、光敏三极管、光电倍增管、光电池等。光探测器在光纤传感器中有着十分重要的地位，它的灵敏度、带宽等参数将直接影响传感器的总体性能。

2. 光纤传感器的分类

光纤传感器一般可分为功能型和非功能型两大类。

(1) 功能型光纤传感器。功能型光纤传感器又称传感型光纤传感器，主要使用单模光纤，基本结构原理如图 4-27 所示。光纤在这类传感器中不仅是传光元件，而且利用光纤本身的某些特性来感知外界因素的变化，所以它又是敏感元件。

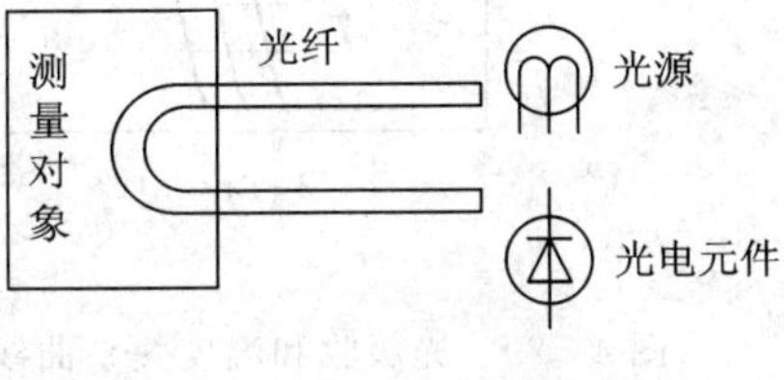

图 4-27　功能型光纤传感器

在功能型光纤传感器中，由于光纤本身是敏感元件，因此改变几何尺寸和材料性质可以改善灵敏度。功能型光纤传感器中光纤是连续的，结构比较简单，但为了能够灵敏地感受外界因素的变化，往往需要用特种光纤作探头，使得制造比较困难。

(2) 非功能型光纤传感器。非功能型光纤传感器又称传光型光纤传感器。它是利用在两根光纤中间或光纤端面放置敏感元件来感受被测量的变化，光纤仅起传光作用，如图 4-28 所示。

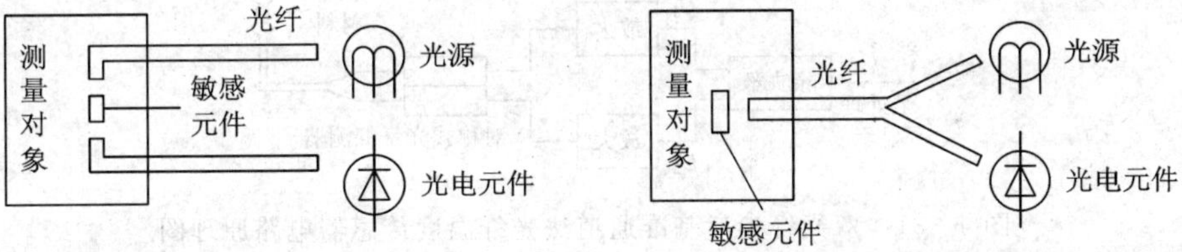

图 4-28　非功能型光纤传感器

这类光纤传感器可以充分利用现有的性能优良的敏感元件来提高灵敏度。为了获得较大的受光量和传输光的功率，这类传感器使用的光纤主要是数值孔径和纤芯直径较大的多模阶跃光纤。

4.3.3　光纤式传感器应用技术

1. 光纤温度传感器

光纤测温技术是一种新技术，光纤温度传感器是工业中应用最多的光纤传感器之一。光纤温度传感器按调制原理分为相干型和非相干型两类。在相干型中有偏振干涉、相位干涉以及分布式温度传感器等；在非相干型中有辐射温度计、半导体吸收式温度计以及荧光温度计等。

(1) 半导体吸收式温度传感器。半导体材料的光吸收和温度的关系曲线如图 4-29 所示。半导体材料的吸收边波长 $\lambda_g(T)$ 随温度增加而向较长波长方向位移。

若能适当选择发光二极管，使其光谱范围正好落在吸收边的区域，即可做成透射式光纤温度传感器。透过半导体的光强随温度升高而减少，如图 4-30 所示。

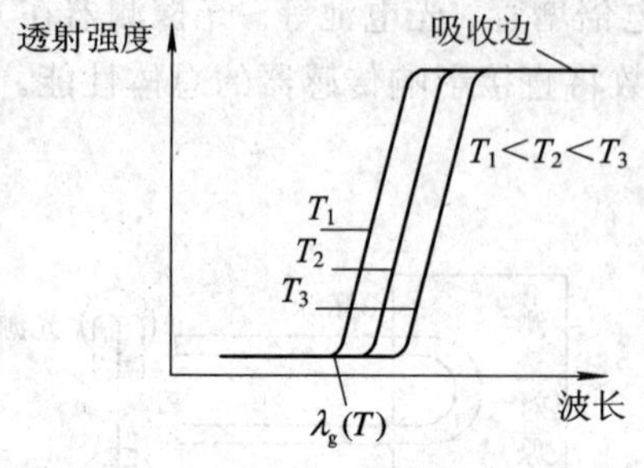

图 4-29　光吸收和温度关系曲线图

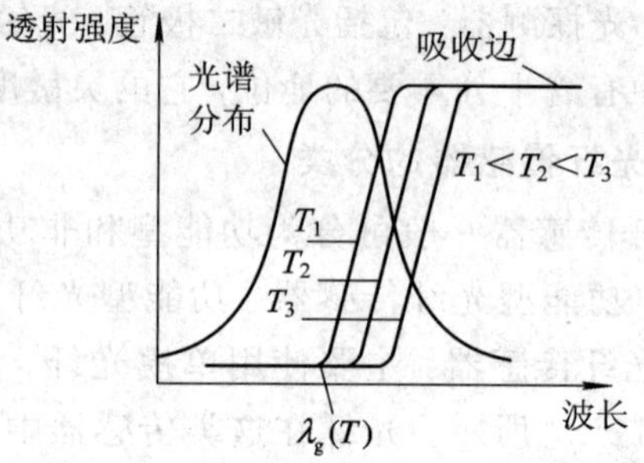

图 4-30　透射式光纤温度传感器光吸收和温度关系曲线

光源为 GaAlAs 发光二极管，测温介质为测量光纤上的半导体材料 CdTe。参考光纤上面没有敏感材料，采用除法器消除外界干扰，提高测量精度。测温范围在 40 ℃～120 ℃之间，精度为±1 ℃。图 4-31 为双光纤参考基准通道法半导体吸收式光纤温度传感器的电路原理图。

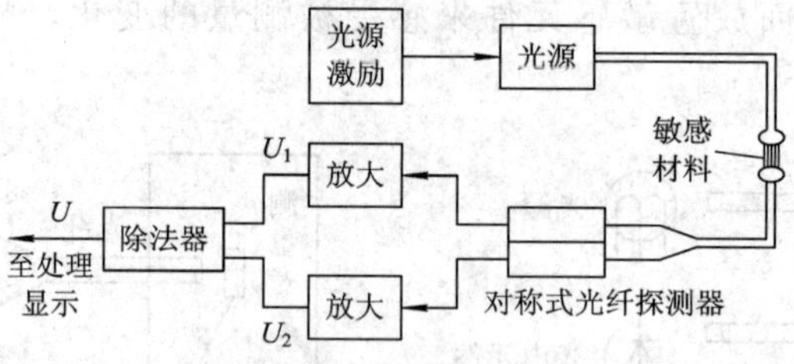

图 4-31　双光纤参考基准通道法光纤温度传感器电路原理图

(2) 干涉型光纤温度传感器。温度变化能引起光纤中传输的光的相位变化，利用光纤干涉仪检测相位变化即可测得温度。图 4-32 是利用马赫-曾特尔干涉仪测温的原理图。

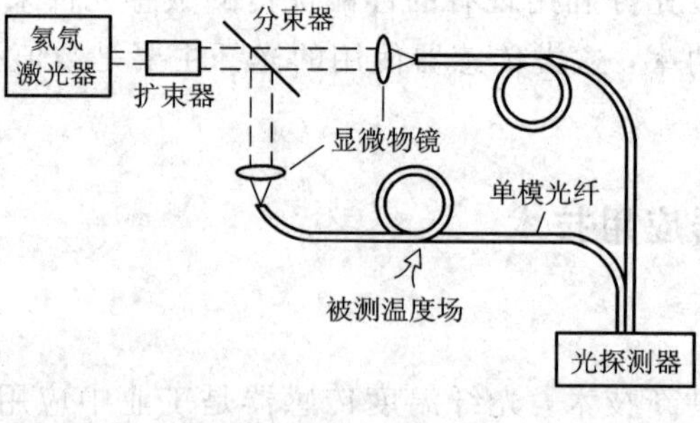

图 4-32　马赫-曾特尔干涉仪测温原理图

2. 光纤位移传感器

(1) 反射强度调制型位移传感器。通过改变反射面与光纤端面之间的距离来调制反射光的强度。Y 形光纤束由几百根至几千根直径为几十毫米的阶跃型多模光纤集束而成。它被分成纤维数目大致相等、长度相同的两束，如图 4-33 所示。

发送光纤束和接收光纤束在汇集处端面的分布有多种，如随机分布、对半分布、同轴分布(分为接收光纤在外层和接收光纤在内层两类)，如图 4-34 所示。

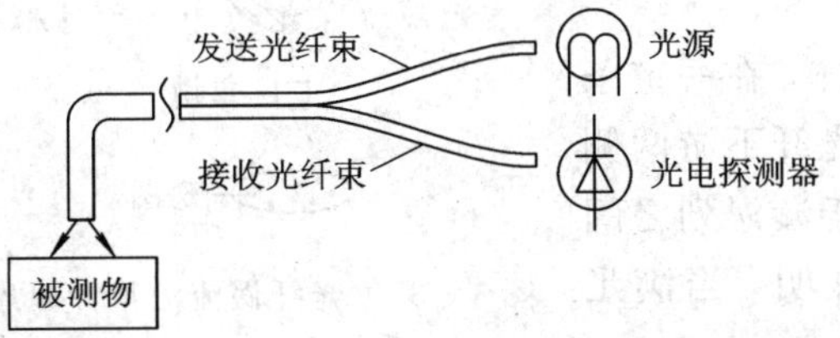

图 4-33　反射强度调制型位移传感器基本电路

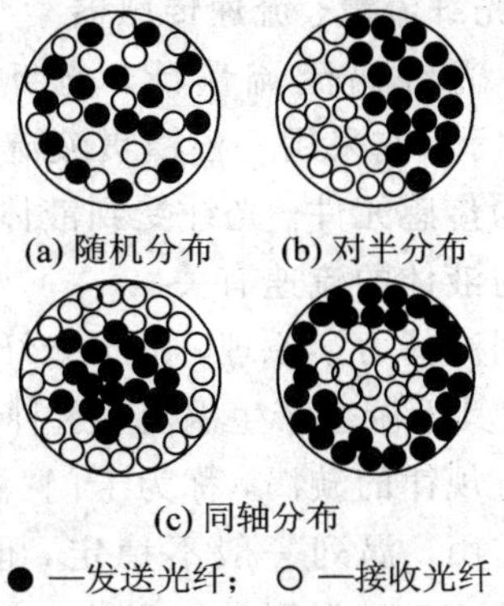

图 4-34　发送光纤束和接收光纤束的汇集处端面

反射光强与位移的关系如图 4-35 所示。可以看出，随机分布时传感器的灵敏度和线性都较好。还可以看出，AB 段的灵敏度和线性好，但测量范围小，CD 段的斜率小即灵敏度低，但线性范围宽。

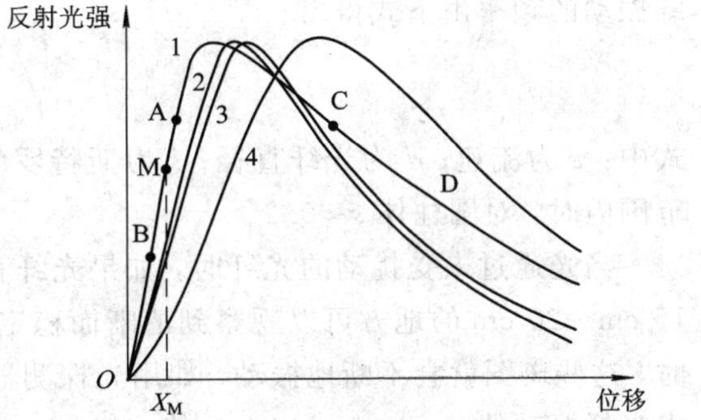

图 4-35　反射光强与位移的关系曲线

假设传感器工作在 AB 段，偏置工作点在 M，被测物体的反射面与光纤端面之间的初始距离是 M 点所对应的距离 X_M。由曲线可知，随位移增加光强增加，反之则光强减少，故由此可确定位移方向。光纤位移传感器一般用来测量小位移。最小能检测零点几毫米的位移量。这种传感器已在镀层不平度、零件椭圆度、锥度、偏斜度等测量中得到应用，它还可以用来测量微弱振动，而且是非接触测量。

(2) 干涉型光纤位移传感器。干涉型光纤位移传感器和反射光强调制型位移传感器相比，测量范围大，测量精度高。测量位移的迈克尔逊干涉仪基本原理图如图 4-36 所示。

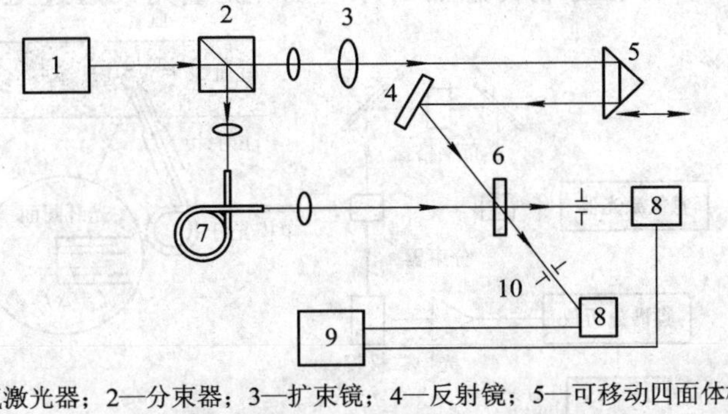

1—氦氖激光器；2—分束器；3—扩束镜；4—反射镜；5—可移动四面体棱镜；
6—全息照片；7—光纤参考臂；8—光探测器；9—可逆计数器；10—光阑

图 4-36　测量位移的迈克尔逊干涉仪基本原理图

物光和参考光干涉，在全息干板上形成干涉条纹。因被测物体位移变化引起四面体移动时，由于光程差变化而使干涉条纹移动，从干涉条纹的移动量可以确定位移的大小。

3. 光纤流量、流速传感器

(1) 光纤涡流流量计。光纤涡流流量计原理如图4-37所示。它采用一根横贯液流管的大数值孔径的多模光纤作为传感元件。光纤受到液体涡流的作用而振动，这种振动与液体的流速有关。

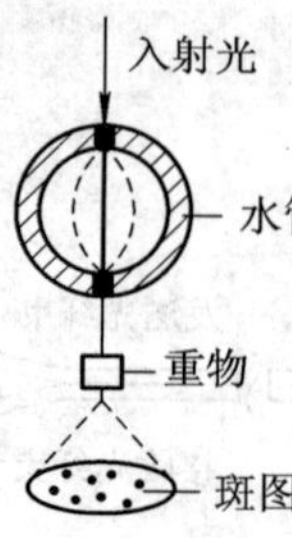

图 4-37　光纤涡流流量计原理图

根据流体力学原理，由于光纤不是流线体，在一定条件下，在其下游会产生涡流。这种涡流是在光纤下游两侧产生的有规律的漩涡，称为卡门“涡列”，由于漩涡列之间的相互作用，涡列一般不稳定，但是实验证明，当满足$h/l=0.281$时，涡列是稳定的。

当每个漩涡产生并泻下时，它会在光纤上产生一种侧向力，这样就有一个周期力作用在光纤上，使其振动。野外的电线等在风吹动下会嗡嗡作响，就是这种现象。实验证明，光纤振动的频率由下式得出

$$f=\frac{sv}{d} \tag{4-3}$$

式中：v为流速；d为光纤直径；s为斯特罗哈数(无量纲)，当雷诺数Re在500～150 000范围内时，对圆柱体$s\approx0.2$。

当光通过未受扰动的光纤时，如果光纤直径为200 mm～300 mm，在距离光纤端面约15 cm～20 cm的地方可以观察到清晰而稳定的斑图，但它的分布是无规则的。当光纤振动时，这些斑图就会不断地振动，如用光探测器接收斑图的一个小区域，即可通过频谱仪读出光纤振动的频率。由式(4-3)算出流速，在管子尺寸一定的条件下，就可得出流量。这种流量计结构简单而且安全可靠，可用于易燃、易爆及有腐蚀性的液体测量。因为光纤直径很细，对流体的流阻小，对流场几乎没有影响，不足之处是对低速流体不敏感。

(2) 光纤多普勒血流传感器。利用多普勒效应可构成光纤速度传感器。由于光纤很细(外径约几十毫米)，能装在注射器针头内，插入血管中。又由于光纤速度传感器没有触电的危险，所以用于测量心脏内的血流十分安全。

图4-38为光纤多普勒血流传感器的原理图。测量光束通过光纤探针进到被测血流

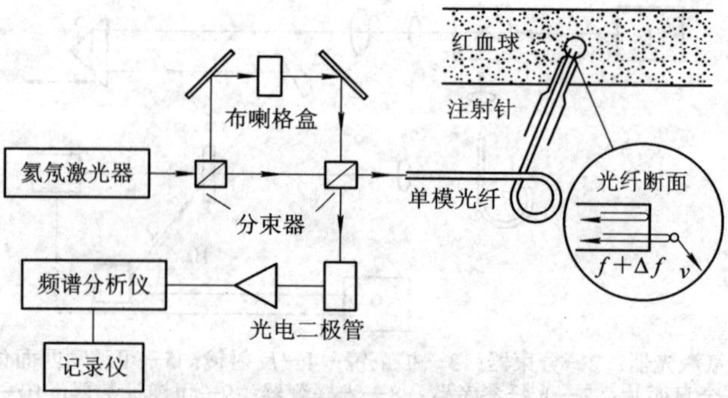

图 4-38　光纤多普勒血流传感器原理图

中，经直径约 7 mm 的红血球散射，一部分光按原路返回，得到多普勒频移信号 $f+\Delta f$，频移 Δf 为

$$\Delta f=\frac{2nv\cos\theta}{\lambda} \tag{4-4}$$

式中：v 为血流速度；n 为血液的折射率；θ 为光纤轴线与血管轴线的夹角；λ 为激光波长。

另一束进入驱动频率为 $f_1=40$ MHz 的布喇格盒（频移器），得到频率为 $f-f_1$ 的参考光信号。将参考光信号与多普勒频移信号进行混频，就得到要探测的信号。这种方法称为光学外差法。经光电二极管将混频信号变换成光电流送入频谱分析仪，即可得出对应于血流速度的多普勒频移谱（速度谱），如图 4－39 所示。

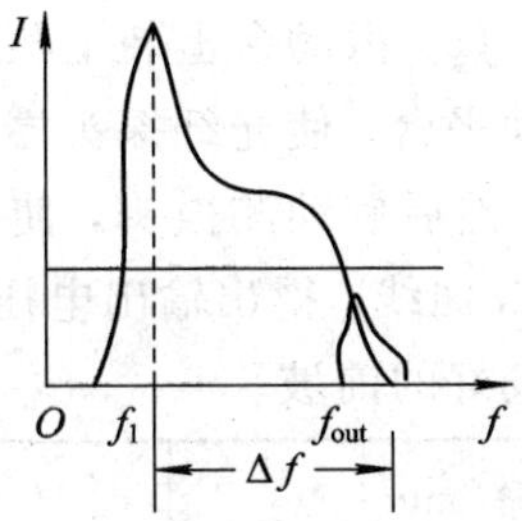

图 4－39　对应于血流速度的多普勒频移谱

典型的光纤血流传感器可在 0～1000 cm/s 速度范围内使用，空间分辨率为 100 mm，时间分辨率为 8 ms。光纤血流传感器的缺点是光纤插入血管中会干扰血液流动，另外背向散射光非常微弱，在设计信号检测电路时必须考虑。

4.3.4　光纤位移传感器——位移测量

1. 实验目的

(1) 掌握光纤位移传感器的原理、结构；

(2) 学习使用光纤位移传感器测量微小长度量。

2. 实验原理

反射式光纤位移传感器的工作原理如图 4－40 所示，光纤采用“Y”形结构，两束多模光纤一端合并经切割打磨组成光纤探头，在传感系统中，一支为接收光纤，另一支为光源光纤，光纤只起传输信号的作用。当光发射器发生的红外光经光源光纤照射至反射体，被反射的光经接收光纤至光电转换器，光电元件将接收到的光信号转换为电信号。其输出的光强取决于反射体距光纤探头的距离，通过对光强的检测而得到位置量。

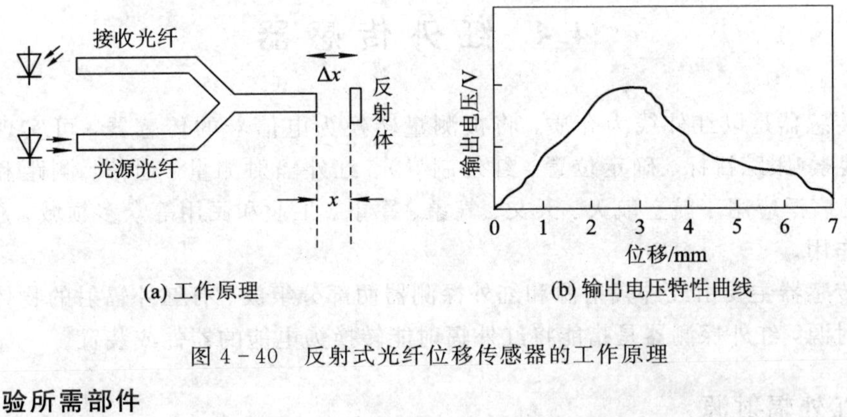

图 4－40　反射式光纤位移传感器的工作原理

3. 实验所需部件

光纤位移传感器、光电转换器、光电变换器、低频振荡器、示波器、数字电压/频率表、支架、反射片、螺旋测微仪。

4. 实验步骤

(1) 观察光纤结构。本仪器中光纤探头为两个半圆形结构，由数百根光导纤维组成，一半为光源光纤，一半为接收光纤。

(2) 将原装在电涡流线圈支架上的电涡流线圈取下，装上光纤探头，探头对准镀铬反射片(即电涡流片)。

(3) 振动台上装上测微头，开启电源，光电变换器 U_o端接电压表，旋动测微头，带动振动平台，使光纤探头端面紧贴反射镜面(必要时可稍许调整探头角度)，此时 U_o输出为最小。然后旋动测微头，使反射镜面离开探头，每隔 0.25 mm 取 U_o 电压值填入下表，作出 $U-x$曲线。得出输出电压特性曲线如图 4-40(b)所示，分前坡和后坡，通常测量是采用线性较好的前坡。

位移/mm										
电压/V										

(4) 振动实验。将测微头移开，振动台处于自由状态，根据 $U-x$ 曲线选取前坡中点位置装好光纤探头。将低频振荡器输出接“激振 I”挡，调节激振频率和幅度，使振动台保持适当幅度的振动(以不碰到光纤探头为宜)。用示波器观察 U_o 端电压波形，并用电压/频率表 2 K 挡读出振动频率。

5. 注意事项

(1) 光电变换器工作时 U_o 最大输出电压以 2 V 左右为好，如增益过高可能导致 F_0 端无法读取频率值，这时可通过调节光电变换器增益电位器来控制。

(2) 实验时请保持反射镜片的洁净与光纤端面的垂直度，保护光纤端面不受磨损。

(3) 工作时光纤端面不宜长时间直照强光，以免内部电路受损。

(4) 注意背景光对实验的影响，光纤勿成锐角曲折。

(5) 每台仪器的光电转换器都是与仪器单独调配的，请勿互换使用，光电转换器应与仪器编号配对，以保证仪器的正常使用。

4.4 红外传感器

红外传感器是以红外线为介质，将被测量转换为电信号的传感器，可实现红外热成像、红外搜索(跟踪目标、确定位置、红外制导)、红外辐射测量、通信、测距和红外测温等，目前已广泛应用于航空航天、天文、气象、军事、工业和民用等众多领域，起着不可替代的重要作用。

红外传感器主要由红外辐射源和红外探测器两部分组成。有红外辐射的物体就可以视为红外辐射源，红外探测器是指能将红外辐射能转换为电能的器件或装置。

4.4.1 红外辐射源

红外辐射源是介于可见光和微波之间的电磁波，是一种不可见光，其光谱位于可见光中的红色以外，所以俗称红外线，波长约为 0.75 μm～1000 μm。按照与可见光的距离，通常将红外辐射分为近红外、中红外、远红外、极远红外四个波段。

红外辐射的物理本质是热辐射，自然界中的任何物体，只要它的温度高于绝对零度，都会有一部分能量以电磁波形式向外辐射，物体的温度越高，辐射出来的红外线越多，红外辐射的能量也越强。与所有电磁波一样，红外线也具有反射、折射、散射、干涉、吸收等性质。由于散射作用及介质的吸收，红外线在介质中传播时会产生衰减。因此，红外线不具有穿过遮挡物去控制被控对象的能力，红外线的辐射距离一般为几米到几十米或更远一些。

红外线具有如下特点：

(1) 红外线易于产生，容易接收。

(2) 红外发光二极管结构简单，易于小型化且成本较低。

(3) 红外线调制简单，依靠调制信号编码可实现多路控制。

(4) 红外线不能通过遮挡物，不会产生信号串扰等误动作。

(5) 功率消耗小，反应速度快。

(6) 对环境无污染，对人、物无损害。

(7) 抗干扰能力强。

4.4.2　红外探测器

红外探测器的种类很多，按探测机理的不同，可分为热探测器和光子探测器两大类。

1. 热探测器(热电型)

热探测器是利用红外辐射的热效应制成的，当器件吸收辐射能时温度上升，温升引起材料各种有赖于温度的参数变化(如热释电电荷、热敏电阻阻值、热电偶电势、气体压强变化等)，检测其变化，即可探知辐射的存在和强弱。热探测器主要有四种类型：热释电型、热敏电阻型、热电偶型和气体型。其中，热释电型在热探测器中探测率最高，频率响应最宽。下面分两个部分重点介绍热释电型红外探测器。

1) 热释电效应

热释电晶体是把具有热释电效应的晶体薄片两面镀上电极(类似电容)，将透明电极涂上黑色膜使晶体吸收红外线，如图 4-41(a)所示。晶体本身具有一定的极化强度(单位面积上的电荷)P，并与温度有关，如图 4-41(b)所示。当红外辐射照射到已经极化的晶体薄片表面时，薄片温度升高，使极化强度降低，表面电荷减少，相当于释放一部分电荷，所以称为热释电。

热释电元件的温度一定时，因极化产生的电荷被附集在外表面的自由电荷慢慢中和掉，不显电特性，要让热释电元件显现出电特性，必须用光调制器使其温度变化，如图 4-41(c)所示。调制器的入射光频率必须大于电荷中和时间的频率。

热释电元件表面电荷随温度变化的过程如图 4-41(d)所示，铁电体在温度变化时，极化强度发生变化，无论温度上升还是下降，介质从带电到不带电都有一个中和时间，为使电荷不被中和掉，必须使晶体处于冷热交替变化的工作状态，使电荷表现出来，表面才能产生电荷。由图 4-41(d)可见，当温度上升或下降时，电荷极性相反。

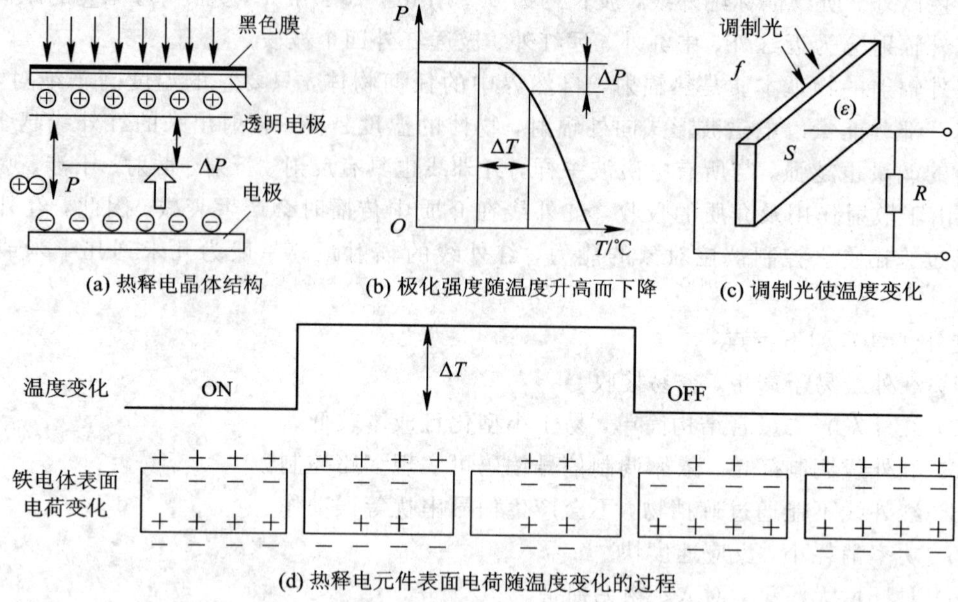

图 4-41　热释电效应

2) 热释电元件的等效电路

热释电元件是电荷存储元件，传感器可视为电流源，电流大小与温度随时间的变化率有关，即

$$I = S\frac{\mathrm{d}P}{\mathrm{d}t} = S \cdot g \cdot \frac{\mathrm{d}T}{\mathrm{d}t} \tag{4-5}$$

式中：S 为元件面积；P 为极化强度；g 为热释电系数。

式(4-5)说明，热释电元件只有在温度变化时才产生电流、电压，其输出电压为

$$U_{\mathrm{o}} = S\frac{\mathrm{d}P}{\mathrm{d}t}Z \tag{4-6}$$

式中：Z 为热释电元件的等效阻抗。

热释电元件结构如图 4-42(a)所示，市场购买的普通热释电元件已经将前极的 VF 和输入电阻 R_{d} 安装在管壳中，VF 起到阻抗变换的作用。热释电元件的等效电路如图 4-42(b)所示。T 为热释电晶体，R_{d} 是输入绝缘电阻，R_{L} 为外接负载电阻。由于热释电元件绝缘电阻很高，高达几十至几百兆欧，容易引入噪声，因此在使用时要求有较高的输入电阻。

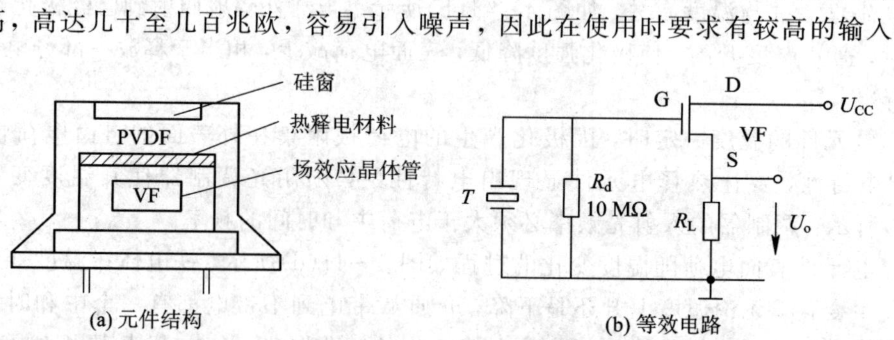

图 4-42　热释电元件结构和等效电路

热释电元件在工作过程中是通过吸收光产生热量，因此与红外线照射的波长无关，对光的波长没有选择性，所以在元件的窗口选用不同材料做滤光器，通过选择波长使器件具有一定波长选择范围，窗口材料有铌酸锶钡、钽酸锂等。热释电传感器工作温度在－40℃～＋85℃ 范围，工作视角一般为 85°。

2. 光子探测器(量子型)

光子探测器是利用红外辐射的光电效应制成的，通过改变电子能量的状态引起电学现象。光子探测器主要有：

(1) 光电导型(PC)：利用光敏电阻受光照后引起电阻变化。

(2) 光电型(PV)：由于光照产生光生电子-空穴对，形成光生电动势。

(3) 光电磁型(PEM)：器件利用光电磁效应，加电场和磁场的同时产生与光照成正比的感应电荷。

(4) 肖特基型(ST)：利用金属与半导体接触形成肖特基势垒随光照而变化。

热探测器与光子探测器的性能比较如表 4－2 所示。

表 4－2　热探测器与光子探测器的性能比较

参　数	热探测器	光子探测器
波长范围	所有波长	只对狭小波长区域灵敏度高
响应时间	ms 以上	ns 级
探测性能	与器件形状、尺寸、工艺有关	与器件形状、尺寸、工艺无关
适用温度	无需冷却	多数需要冷却

4.4.3　红外传感器的应用

红外传感器普遍用于红外测温、遥控器、红外摄像机、夜视镜等，红外摄像管成像、电荷耦合器件(CCD)成像是目前较为成熟的红外成像技术。许多场合人们不仅需要知道物体表面的平均温度，更需要了解物体的温度分布情况，以便分析研究物体的结构内部缺陷和状况，红外成像技术是将物体的温度分布以图像的形式直观地显示出来。

1. 工业红外热成像仪

工业现场利用热成像技术进行实时检测是最新的测量技术之一，通过测量热流或热量来检测鉴定金属或非金属材料的质量和内部缺陷，称为红外无损检测。其特点是非接触测量，可用于安全距离检测；可快速扫描设备，及时发现故障；可测量移动中的目标物体。工业红外热成像仪应用如下：

1) 高炉炉衬的检测

当耐火材料出现裂缝、脱落、局部缺陷时，高炉表面的温度场分布不均匀，会造成安全隐患。利用红外成热像仪可以测量出过热(缺陷)区的温度、位置以及分布面积的大小。

2) 检查轴承

当电机轴承出现故障时，电机温度会升高，润滑剂开始分解。红外热成像仪可以在设备运行时进行热成像检查，捕获热图像，并进行故障分析和判断。

3) 储物罐物位液位的检测

通常储物罐有物位检测传感器，但一旦检测系统出现故障，将会造成泄漏和事故，使生产中断。利用热成像仪可以定时、定期直接在表面拍摄出物位线，帮助设备维护人员及时发现检测系统故障，避免潜在的危险。图 4-43 是热成像仪检测储物罐物位液位的拍摄效果图。

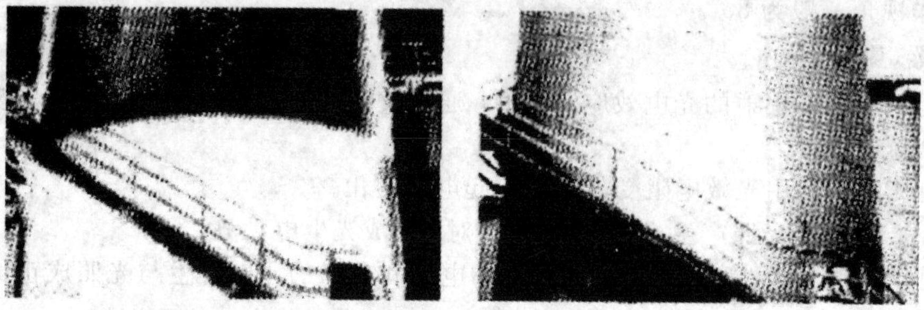

(a) 热像仪拍摄的物位线　　(b) 储物罐外形

图 4-43　热成像仪检测储物罐物位液位效果

自动门

导弹动态瞄准

2. 红外测温

红外测温原理如图 4-44 所示，它是一个包括光、机、电一体化的红外测温系统，图中的光学系统是一个固定焦距的透射系统，可选择滤光片材料，只允许通过 8 μm～14 μm 的红外辐射能。步进电机带动调制盘转动，将被测的红外辐射调制成交变的光信号。红外探测器一般为钽酸锂热释电探测器，透镜的焦点落在热释电元件的光敏面上。

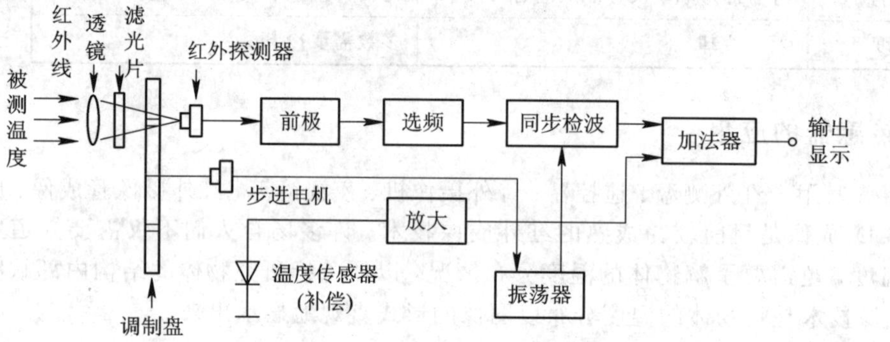

图 4-44　红外测温原理框图

反射式烟雾报警器

红外测温仪的电路比较复杂，包括前置放大、选频放大、温度补偿、线性化处理电路等。目前利用单片机可大大简化硬件电路，提高了仪表的稳定性、可靠性和准确性。红外测温是目前较先进的测温方法，其特点如下：

(1) 远距离、非接触测量，适应于高速、带电、高温、高压检测。

(2) 反应速度快，不需要达到热平衡过程，反应时间在 μs 量级。

(3) 灵敏度高，辐射能与温度 T 成正比。

(4) 准确度较高，应用范围广泛，精度可达 0.1℃内，检测温度范围在零下摄氏度至上千摄氏度。

3. 红外监控

红外监控报警器、自动门、干手机、自动水龙头是日常生活中常见的红外传感器应用实例。热释电红外报警控制电路原理示意图如图 4-45 所示。人体辐射红外线波长在 6 μm

~12 μm 范围，人体温度为 36℃～37℃，人活动的频率范围一般在 0.1 Hz～10 Hz 之间，热释电元件可检测到 10 m 左右距离、85°的水平视角范围。

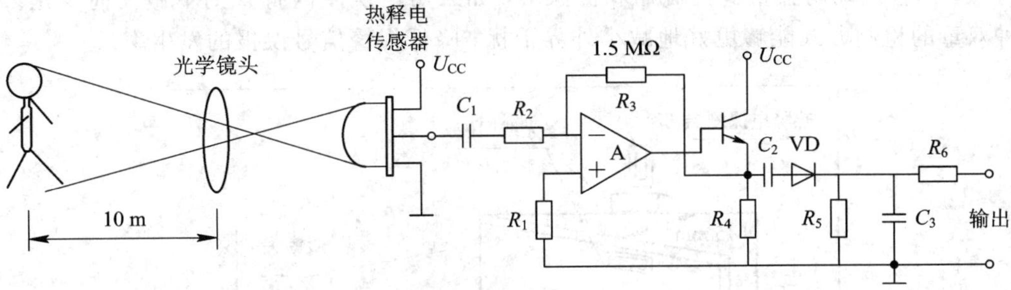

图 4-45　热释电红外报警控制电路原理示意图

为提高灵敏度，通常在探测器前端安装有光学系统(镜头)，当有人体经过或移动时，人体辐射的红外线经光学透镜传递给热释电元件。传感器将热-电转换信号送放大器放大，1.5 MΩ 反馈电阻可调节放大器的放大倍数，VD 与电阻、电容组成低通滤波器，当信号幅值达到某一限定值时，可用比较器控制输出驱动蜂鸣器报警。热释电元件电流较小，所以电路工作所需电流很小。

热释电传感器只能检测变化的信号，检测时辐射源必须晃动才有信号输出。通常采用菲涅尔透镜对移动信号进行放大，菲涅尔透镜相当于光栅作用可放大移动信号。菲涅尔透镜在很多时候相当于红外线及可见光的凸透镜，与一般的放大镜不同，它的表面布满了微小的条纹，在其旋涡状条纹中包含着许多凸透镜(简称圆环状)，使得穿过它的光线弯曲，即产生衍射现象，从而形成放大的影像。

4.4.4　红外传感器的应用实例

无线红外热释电探测器和无线门磁多重报警系统

图 4-46 为成都理工大学测控系同学设计的报警系统，入侵探测器采用的是无线红外热释电探测器和无线门磁并存的方式。无线方式增加了检测距离，红外热释电探测器通过探测人体或动物发出的特定波长的红外线进行工作，但红外探测器对外界环境温度的变化比较敏感，而无线信号不受外界温度、湿度变化的影响，只对物体的振动和位移作出反应。

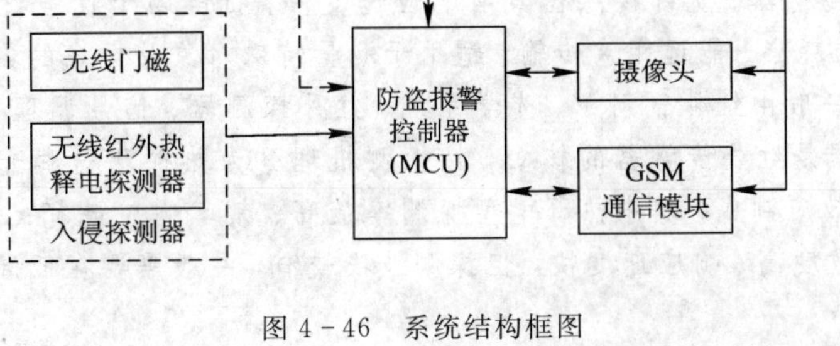

图 4-46　系统结构框图

设计中无线红外热释电探测器用来探测窗户是否被入侵，而无线门磁和无线红外热释电探测器配合使用可以探测房门是否被入侵，系统安装示意图如图 4-47 所示。如果房门从外边打开，则会启动防盗报警控制器和摄像头，如果房门从屋内打开则不做任何变化。通过这种双重的检测方式能够更好地减小外界干扰，降低报警信号误报的发生率。

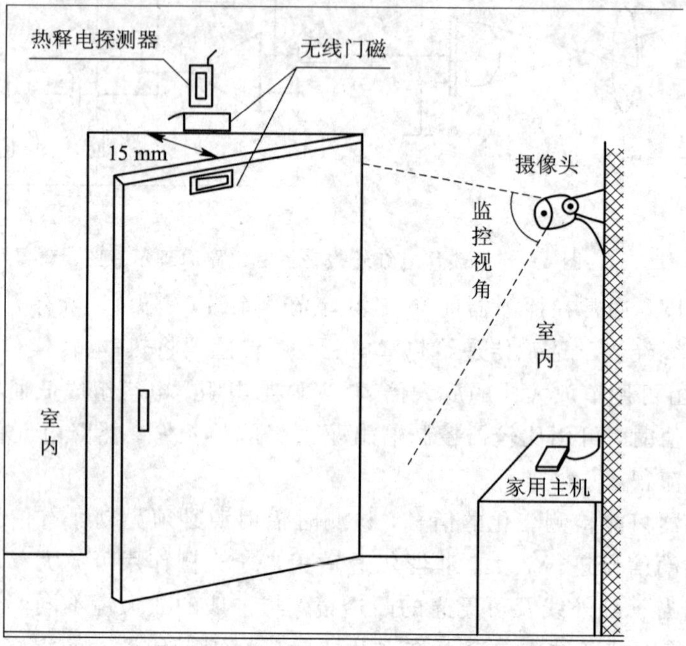

图 4-47　无线门磁和无线红外热释电传感器室内安装示意图

本章小结

光电元件的理论基础是光电效应，可分为外光电效应和内光电效应两种，对应的光电元件分别有光电管和光敏电阻、光敏晶体管、光电池等。光电传感器的测量属于非接触式测量，按其输出量性质可分为模拟输出型和数字输出型两大类。无论是哪一类，依据被测物与光电元件和光源之间的关系，光电传感器的应用均可分为四种基本类型，即辐射型、吸收型、遮挡型和反射型。

光纤传感器是以光学量转换为基础，以光信号为变换和传输的载体，利用光导纤维输送光信号的一种传感器。光纤传感器具有响应速度快、抗电磁干扰强、电绝缘性好、防燃防爆、耐腐蚀、损耗小、能远距离传输、适用于测量特殊对象及场合的参数等特点。

红外传感器一般由红外辐射源、光学系统、红外探测器、信号调理电路及显示单元等组成。红外探测器是红外传感器的核心，按探测机理分为热探测器和光子探测器两大类。热探测器根据热效应制成，其中热释电型探测率最高、频率响应最宽；光子探测器根据光电效应制成，灵敏度高、响应速度快，但探测波段较窄，一般需要在低温下工作。

思考题与习题

1. 光电效应有哪几种？与之对应的光电元件有哪些？请简述各光电元件的优缺点。

2. 光电传感器可分为哪几类？请各举出几个例子加以说明。

3. 某光敏三极管在强烈光照时的光电流为 2.5 mA，选用的继电器吸合电流为 50 mA，直流电阻为 250 Ω。现欲设计两个简单的光电开关，其中一个是有强光照时继电器吸合，另一个相反，是有强光照时继电器释放，请分别画出两个光电开关的电路图（采用普通三极管放大），并标出电源极性及选用的电压值。

4. 造纸工业中经常需要测量纸张的"白度"以提高产品质量，请你设计一个自动检测纸张"白度"的测量仪。要求：

（1）画出传感器的光路图。

（2）画出转换电路简图。

（3）简要说明其工作原理。

5. 光纤的传光原理是什么？

6. 光纤传感器可分成哪几类？有哪些特点？

7. 红外辐射探测器分为哪两种类型？这两种探测器有哪些不同？试比较它们的优缺点。

8. 简述热释电效应，热释电元件是如何将光信号转变为电信号输出的？热释电探测器为什么只能探测调制辐射？

9. 图 4-48 为热释电元件内部结构图，请说明图中的 VF 是什么元件？R_g 与 VF 在传感器电路中起什么作用？

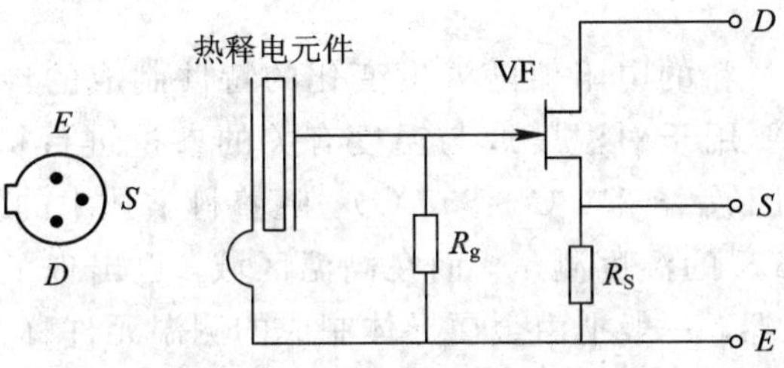

图 4-48　热释电元件内部结构图

10. 试设计一个红外控制的电扇开关自动控制电路，并叙述其工作原理。

第5章　热电式传感器

将被测量变化转换成热生电动势变化的传感器，称为热电式传感器。热电式传感器可将温度或与温度相关的信号转化为电量输出。温度是用来定量描述物体冷热程度的物理量，在科研、生产和日常生活中，物体的许多物理现象和化学性质都与温度有关，许多生产过程都是在一定的温度范围内进行的，温度是需要测量和控制的重要参数之一。因此温度测量的场合极其广泛，对温度测量的准确度有更高的要求。温度传感器，尤其是热电式温度传感器，其种类和数量在传感器中居于首位。

随着科学技术的发展，测温技术迅速发展，测温范围不断拓宽，测温精度不断提高，新的测温传感器不断出现，如光纤温度传感器、微波温度传感器、超声波温度传感器、核磁共振(NQR)温度传感器等新颖传感器在一些领域获得了广泛应用。

温度传感器发展很快，种类也很多。本章主要介绍热电阻式和热电偶式传感器。

5.1　热电阻式传感器

热电阻式传感器

利用导体或半导体材料的电阻值随温度变化的特性制成的传感器称为热电阻式传感器。它主要用于对温度或与温度有关的参量进行检测，其测温范围主要在中、低温区域(−200℃～850℃)。随着科学技术的发展，在低温区域传感器已成功地应用于1K～3K的温度测量，而在高温区域，也出现了多种用于测量1000℃～1300℃的电阻温度传感器。一般把由金属导体制成的测温元件称为热电阻，把由半导体材料制成的测温元件称为热敏电阻。

5.1.1　常用热电阻

对测温用热电阻材料的要求：电阻值与温度变化具有良好的线性关系；电阻温度系数要大，便于精确测量；电阻率高，热容小，响应速度快；在测温范围内具有稳定的物理和化学性能；材料质量要纯，容易加工复制，价格便宜。目前使用最广泛的热电阻材料是铂和铜。随着低温和超低温测量技术的发展，已开始采用铟、锰、碳等材料。

1. 热电阻的特性

1）铂热电阻

铂热电阻主要用于高精度的温度测量和标准测温装置，性能非常稳定，测量精度较高，其测温范围为 -200 ℃～850 ℃。铂的纯度通常用百度电阻比 $W(100)= R_{100}/R_0$ 来表示，其中 R_{100} 和 R_0 分别代表在 100 ℃和 0 ℃时的电阻值。工业上常用的铂电阻，其 $W(100)=1.380\sim1.387$，标准值为 1.385。

铂热电阻的电阻值与温度之间的关系可用下式表示：

$$\left.\begin{aligned} R_t &= R_0(1+At+Bt^2) & 0℃\sim850℃ \\ R_t &= R_0[1+At+Bt^2+Ct^3(1-100)] & -200℃\sim0℃ \end{aligned}\right\} \tag{5-1}$$

式中：R_t 和 R_0 分别为温度为 t℃和 0℃时的电阻值；A、B、C 为常数，$A= 3.96847\times10^{-3}/℃$，$B=-5.847\times10^{-7}/℃^2$，$C=-4.22\times10^{-12}/℃^3$。

2) 铜热电阻

铜热电阻价格便宜，易于提纯，复制性较好，在 -50 ℃～150 ℃测温范围内，线性较好，电阻温度系数比铂高，但电阻率较铂小，在温度稍高时易于氧化，测温范围较窄，体积较大。所以，铜热电阻适用于对测量精度和敏感元件尺寸要求不是很高的场合。

铜热电阻的阻值与温度间的关系为

$$R_t = R_0(1+\alpha t) \tag{5-2}$$

式中：α 为电阻温度系数，一般取 $\alpha=4.25\times10^{-3}\sim4.28\times10^{-3}/℃$。

铂和铜热电阻目前都已标准化和系列化，选用较方便。

2. 热电阻的结构形式

1) 普通热电阻

普通热电阻一般由测温元件(电阻体)、保护套管和接线盒三部分组成，如图 5-1 所示。铜热电阻的感温元件通常用 ϕ0.1 mm 的漆包线或丝包线采用双线并绕在塑料圆柱形骨架上，再浸入酚醛树脂(起保护作用)。铂热电阻的感温元件一般用 ϕ0.03 mm～ϕ0.07 mm 的铂丝绕在云母绝缘片上，云母片边缘有锯齿缺口，铂丝绕在齿缝内以防短路。

2) 铠装热电阻

铠装热电阻由金属保护管、绝缘材料和感温元件组成，如图 5-2 所示。其感温元件用细铂丝绕在陶瓷或玻璃骨架上制成。其热惰性小、响应速度快，具有良好的力学性能，可以耐强烈振动和冲击，适合于高压设备测温、有振动的场合和恶劣环境中使用。

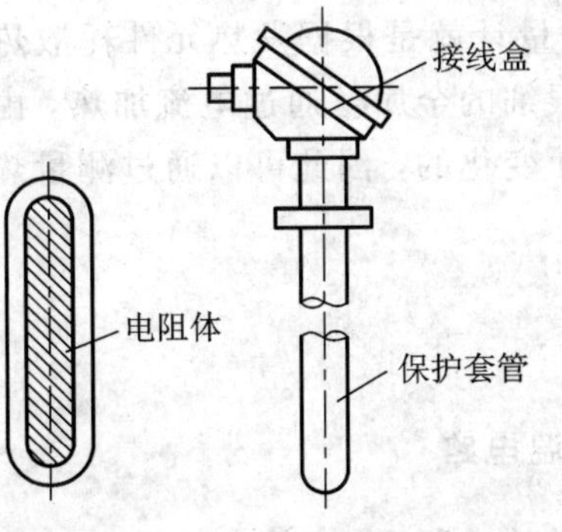

图 5-1　普通热电阻结构示意图

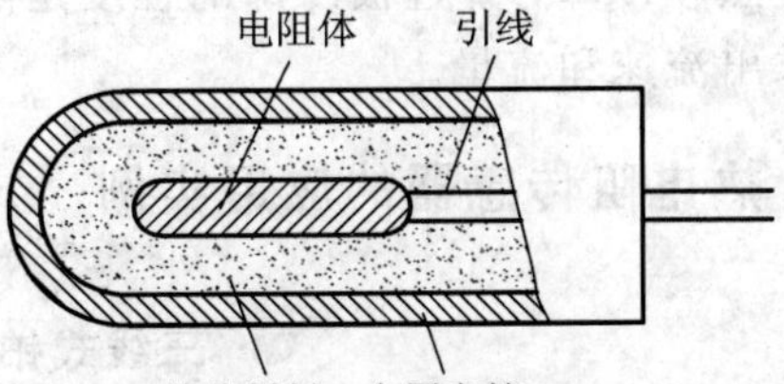

图 5-2　铠装热电阻结构示意图

3) 薄膜及厚膜型铂热电阻

薄膜及厚膜型铂热电阻由感温元件、绝缘基板、接头夹和引线四部分组成，如图 5-3

所示。这种结构主要用于平面物体的表面温度和动态温度的检测，也可部分代替线绕型铂热电阻用于测温和控温，其测温范围一般为－70℃～600℃。

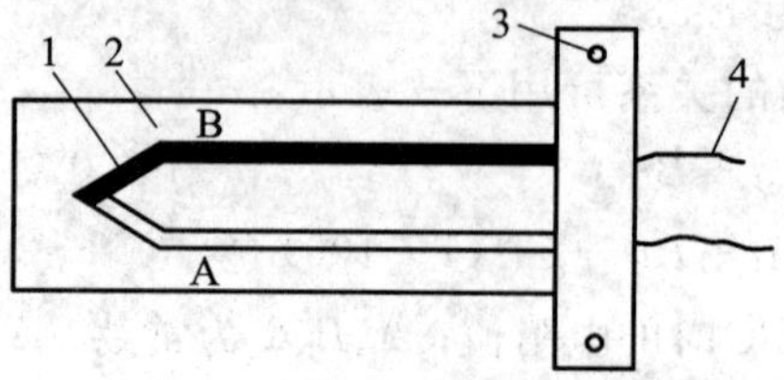

图 5－3　薄膜及厚膜型铂热电阻结构示意图

5.1.2　热电阻传感器的测量电路和应用

1. 温度的测量

工业上广泛应用热电阻传感器进行温度测量，测量电路常采用惠斯通电桥电路。在实际应用中，热电阻安装在生产现场，感受被测介质的温度变化，而测量电路则随测量仪表安装在远离现场的控制室内，故热电阻的引出线较长，引出线的电阻会对测量结果造成较大影响，容易形成测量误差。因此，常采用如图 5－4 所示的三线单臂电桥电路。在这种电路中，热电阻 R_t 的三根引线长度相同、电阻值相等(即 $r_1=r_2=r_3$)，其中两根被分配在两个相邻的桥臂中，因此引线长度的变化以及环境温度变化引起的引线电阻值变化所造成的误差就可以相互抵消。

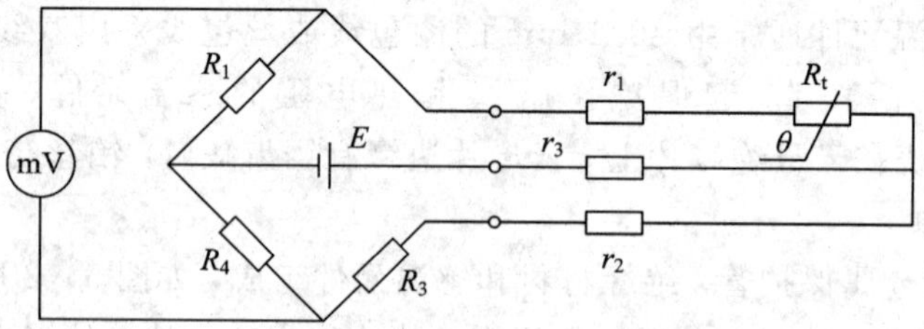

图 5－4　热电阻的测量电路

2. 流量的测量

热电阻传感器还可测量流量。例如，热导式流量计就是根据发热元件耗散热量与流速的关系来实现流量测量的。一般是将置于流体中很细的金属丝通过电流加热，由于流体流动将迫使热丝冷却，并且被冷却的程度是随流速而变化的，因此可以通过测量热丝电阻值的变化求出流速和流量。

5.1.3　热电阻传感器的应用实例

三线式铂电阻测温电路

图 5－5 是三线式铂电阻测温电路。电路中，铂热电阻 R_T 与高精度电阻 R_1～R_3 组成桥路，R_3 的一端通过导线接地，R_{W1}、R_{W2} 和 R_{W3} 是导线等效电阻。流经传感器的电流路径为 $U_T \rightarrow R_1 \rightarrow R_{W1} \rightarrow R_T \rightarrow R_{W3} \rightarrow$ 地，流经 R_3 的电流路径为 $U_T \rightarrow R_2 \rightarrow R_3 \rightarrow R_{W2} \rightarrow R_{W3} \rightarrow$ 地。如果电缆中导线的种类相同，则导线电阻 R_{W1} 和 R_{W2} 相等，温度系数也相同，能够实现温度补

偿。由于流经 R_{W3} 的两电流也都相同，因此不会影响测量结果。在传感器信号放大电路中经常采用三运放构成仪表放大器，以提高输入阻抗和共模抑制比(CMRR)。经放大器放大的信号，一般要由折线近似的模拟电路或 A/D 转换器构成数据表，进行线性化。由于 R_1 的阻值比 R_T 大得多，所以 R_T 变动的非线性对温度特性影响非常小，因此本电路未设线性化电路。调整时，只要调整基准电源 U_T，使 R_2 两端电压为准确的 20 V 即可。

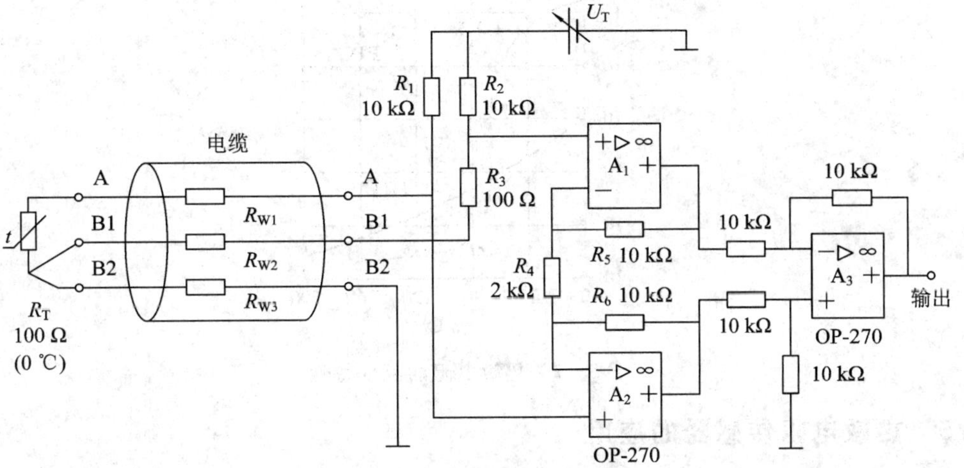

图 5-5　三线式铂电阻测温电路

5.1.4　热敏电阻

热敏电阻一般是由金属氧化物陶瓷半导体材料，经成型、高温烧结等工艺制成的测温元件，还有一部分热敏电阻由碳化硅材料制成。热敏电阻的测温范围一般为 −50 ℃～+300 ℃(高温热敏电阻可测 +700 ℃，低温热敏电阻可测到 −250 ℃)，特性呈非线性，使用时一般需要线性补偿。热敏电阻在性能的一致性和互换性方面存在较大差异，使批量使用热敏电阻测温的精确性受到影响。

1. 热敏电阻的结构

热敏电阻主要由热敏探头、引线和外壳组成，有多种结构形式，如图 5-6 所示。其中，圆柱形热敏电阻的外形与一般玻璃封装的二极管一样，这种结构生产工艺成熟、生产效率高、产量大且价格低，是热敏电阻的主流产品。珠粒形热敏电阻由于体积小、热时间常数小，适合进行点温度测量。

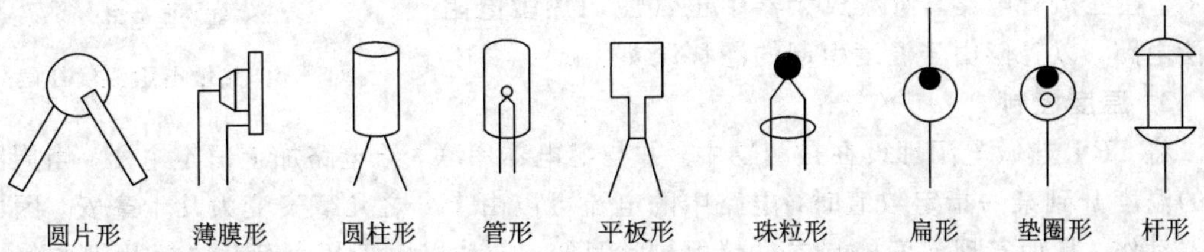

图 5-6　热敏电阻的结构形式

2. 热敏电阻的特性

热敏电阻主要有三种类型，即正温度系数型(PTC)、负温度系数型(NTC)和临界温度系数型(CTR)。它们的温度特性如图 5－7 所示。由图 5－7 可见，NTC 热敏电阻的测温范围较宽，PTC 热敏电阻的测温范围较窄。

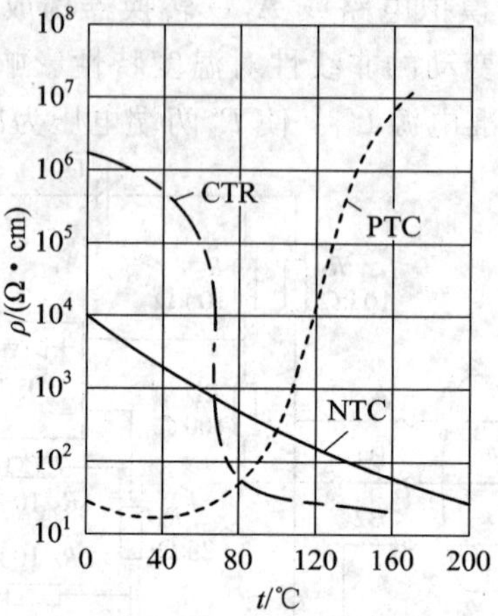

图 5－7　热敏电阻的温度特性

5.1.5　热敏电阻传感器的应用

热敏电阻传感器在工业上的用途很广，在家用电器中的用途也十分广泛，如空调、干燥器、热水取暖器、电烘箱体内温度检测等都要用到热敏电阻传感器。根据产品型号不同，其适用范围也各不相同，具体有以下三方面：

1. 温度测量

热敏电阻一般结构较简单，价格较低廉。没有外面保护层的热敏电阻只能应用在干燥的地方；密封的热敏电阻不怕湿气的侵蚀，可以应用在较恶劣的环境下。由于热敏电阻的阻值较大，故其连接导线的电阻和接触电阻可以忽略，测量电路多采用电桥电路。

2. 温度补偿

热敏电阻可在一定温度范围内对某些元件进行温度补偿。例如，动圈式表头中的动圈由钢线绕制而成，温度升高，电阻增大，引起测量误差。可在动圈回路中串入由负温度系数 NTC 热敏电阻组成的电阻网络，从而抵消由温度变化所产生的误差。实际应用时，将负温度系数的热敏电阻与锰铜丝电阻并联后再与被补偿元件串联，如图 5－8 所示。在三极管电路、对数放大器中也常使用热敏电阻补偿电路，以补偿由于温度引起的漂移误差。

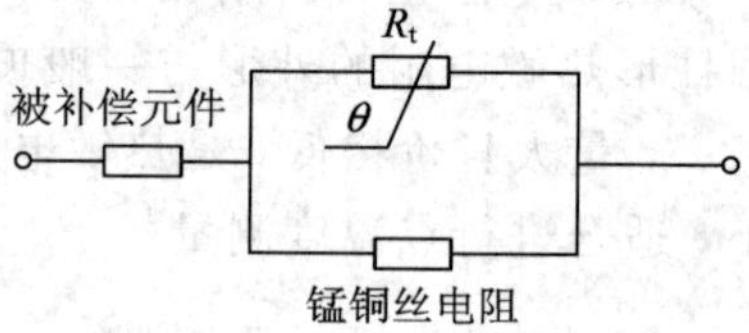

图 5－8　热敏电阻温度补偿

3. 温度控制

将 CRT 热敏电阻埋设在被测物中，并与继电器串联，给电路加上恒定电压。当周围介质的温度升到某一指定数值时，电路中的电流可以由十分之几毫安变为几十毫安，因此继电器动作，从而实现温度控制或过热保护。例如，电动机由于超负荷、缺相及机械传动部分发生故障等原因造成绕组发热，当温度升高到超过电机允许的最高温度时，将会使电机烧坏。利用临界温度系数 CTR 热敏电阻传感器可实现电机的过热保护。

5.1.6 热敏电阻传感器的应用实例

温度上下限光报警电路

图 5 - 9 所示为温度上下限光报警电路。电路中，温度传感器为负温度系数的热敏电阻，A 为运算放大器，晶体管 V_{T1}和 V_{T2}为驱动电路，电源为±6 V。热敏电阻、电位器及两个电阻构成电桥电路。电桥的输出两端分别接运算放大器的同相和反相输入端。日本 NDH5D472A 型热敏电阻的 $R_{25}=4700\ \Omega$，电阻温度系数为－4.4%/℃。在 25℃时电桥平衡，放大器输出为 0，V_{T1}、V_{T2}均不导通，LED_1、LED_2 都不发光。当温度升高，电桥输出 a 点电位高于 b 点电位，并使放大器输出电压大于 0.7 V 时，V_{T1}导通，LED_1 发光；当温度降低，电桥输出 a 点电位低于 b 点电位，并使放大器输出电压低于－0.7 V 时，V_{T2}导通，LED_2 发光。放大器的放大倍数约为 100，因此电桥的输出电压上下限约为±7 mV，由此可以推出温度的上下限范围。

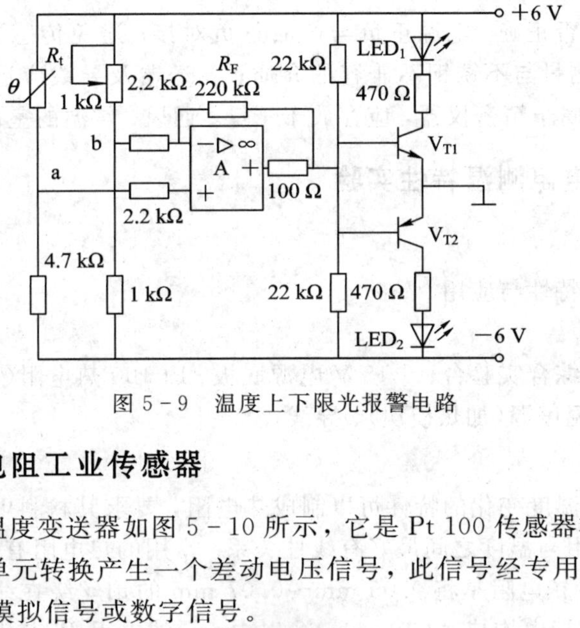

图 5 - 9　温度上下限光报警电路

5.1.7 Pt 100 铂电阻工业传感器

SA - T3 数显型温度变送器如图 5 - 10 所示，它是 Pt 100 传感器在温度影响下产生电阻效应，经专用处理单元转换产生一个差动电压信号，此信号经专用放大器，将量程相对应的信号转化成标准模拟信号或数字信号。

图 5 - 10　SA - T3 数显型温度变送器

1. 产品特点

宽电压供电、非线性修正、精度高、体积小、重量轻、安装方便、截频干扰设计、抗干扰能力强、防雷击、接线反向和过压保护、限流保护。

2. 适用场合

适用于室内管道或腔体内部的温度测量。测量介质可以是液体或气体，温度测量范围是－50℃～200℃(详见量程选型表)。

3. 安装事项

(1) 传感器能够插入待测量的温场中心位置。

(2) 高温测量时一般要垂直安装，若侧装，则要考虑高温会使保护管变形损坏，需加装保护管或者设备加装保护支架。有搅拌扰动场合的测量，一般要有加强管，传感器从加强管内插入到测量部位。

(3) 流速场合的测量(如管道)，不但要考虑流体的冲击力，还要考虑流体产生的涡流振动破坏。要求保护管不但要有一定的结构强度，安装方法也很重要，如顺着流向斜式安装或在管道拐弯直角处迎着流向插入安装。

4. 注意事项

确认电源电压是否正确，电源正负与产品正负对接；避免传感器安装在易磕碰位置，以防损坏产品;禁止测量与不锈钢不兼容的介质；变送器及导线应远离高电压、电磁干扰严重的地方；变送器属于精密仪器，应存放于干燥、通风、常温的室内环境。

5.1.8　Pt 100 铂电阻测温特性实验

Pt 100 铂电阻测温特性实验

1. 实验目的

了解铂热电阻的特性与应用。

2. 实验仪器

传感器检测技术综合实验台、±15 V 电源底板、Pt 100 热电阻(两支)、信号转换模块一、比例运算模块、温度源(加热模块)、导线。

3. 实验原理

利用导体电阻随温度变化的特性可以制成热电阻，要求其材料电阻温度系数大、稳定性好、电阻率高，电阻与温度之间最好有线性关系。常用的热电阻有铂电阻(650℃以内)和铜电阻(150℃以内)。铂电阻是将 0.05 mm～0.07 mm 的铂丝绕在线圈骨架上，并封装在玻璃或陶瓷管等保护管内构成。在 0～650℃以内，它的电阻 R_t 与温度 t 的关系为：$R_t=R_0(1+At+Bt^2)$。式中：R_0 系温度为 0℃时的电阻值(本实验的铂电阻 $R_0=100\ \Omega$)。$A=3.9684\times10^{-3}/℃$，$B=-5.847\times10^{-7}/℃$。铂电阻一般是三线制，其中一端接一根引线，另一端接两根引线，主要为远距离测量消除引线电阻对桥臂的影响(近距离可用二线制，导线电阻忽略不计)。实际测量时，将铂电阻随温度变化的阻值通过电桥转换成电压的变化量输出，再经放大器放大后直接用电压表进行显示。

4. 注意事项

(1) 实验操作中不要带电插拔导线，应该在熟悉原理后，按照电路图连接，检查无误后，方可打开电源进行实验。

(2) 严禁将任何电源对地短接。

5. 实验步骤

实验接线图如图 5－11 所示。

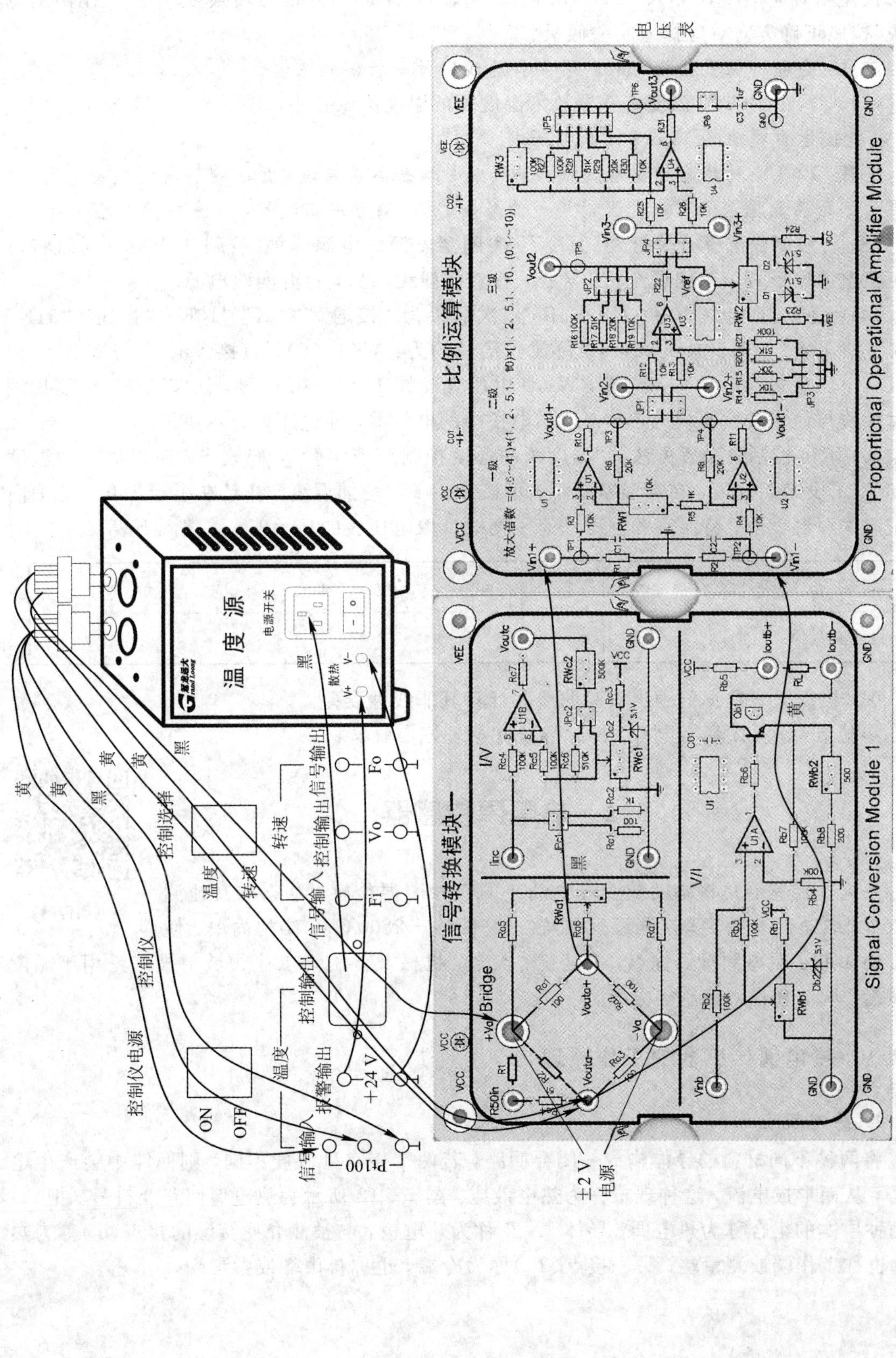
温度源
电源开关
散热
V+
V-
黑
黄
黄
黑
黄
黄
黑
控制仪电源
控制仪
控制选择
温度
转速
ON
OFF
信号输入
Pt100
报警输出
控制输出
+24 V
信号输入 控制输出 信号输出
Fi
Vo
Fo
±2 V
电源
信号转换模块一
Signal Conversion Module 1
比例运算模块
Proportional Operational Amplifier Module
电压表

图 5-11　实验接线图

(1) 断开实验台总电源及实验底板电源开关，用导线将实验台上的±15 V 电源引入实验底板左侧对应的+15Vin、−15Vin 以及 GNDin 端子，将"信号转换模块一""比例运算模块"按照正确方向对应插入实验底板。

注意：合理的位置摆放可有利于实验连线以及分析实验原理。

(2) 将两个 Pt 100 温度传感器放入温度源的温度测试孔中，按照图 5-11 连接实验线路，将比例运算模块的 Vout3 接至电压表。

注意：Pt 100 传感器输出有 3 根线：其中一端是黑色导线，另一端引出两根黄色引线，主要为远距离测量消除引线电阻对桥臂的影响(近距离可用二线制，导线电阻忽略不计)。

(3) 将控制仪选择开关打到"温度"，关闭温度源的电源开关(按到"O"侧)，同时将可调正负电源电压调节旋钮调至±2 V 挡，检查接线无误后，打开实验电源。

(4) 比例运算电路调零：JP1～JP6 依次短接为"接通""10K""10K""接通""51K""C3"，将 RW1 逆时针旋到底，(比例放大倍数约为：4×1×5)，短接 Vin1+与 Vin1−到 GND，电压表选择 2 V 挡，调节 RW2 使电压表读数 $|U_o|<|0.1\ \text{V}|$，调零完毕，恢复比例运算模块与信号转换模块的连接，调整电桥中的电位器，使电压表显示值最小。

(5) 温度控制仪设置方法同"温度源的温度控制调节实验"，修改 SV 窗口显示的温度值和 AL1 设定温度值，在常温基础上，可按 $\Delta t=5$ ℃增加温度，并且在小于 160 ℃范围内设定温度源温度值。待温度源温度动态平衡时读取电压表的显示值，并填入下表。

设定值 T/℃	40	45	50	55	60	65	70	75	80
测量值 U/V									

(6) 根据上表数据值画出实验曲线并计算其非线性误差。

实验结束，关闭所有电源，拆除导线并整理好实验器材。

5.2 热电偶传感器

热电偶传感器

热电偶传感器是将温度转换成电动势的一种测温传感器。它与其他测温装置比较，具有精度高、测温范围宽(−50℃～+2800℃)、结构简单、使用方便和可远距离测量等优点，在轻工、冶金、机械及化工等工业领域中被广泛用于温度的测量、调节和自动控制等方面。

5.2.1 热电偶传感器的工作原理

1. 热电效应

将两种不同材料的导体构成一闭合回路，若两个接点处温度不同，则回路中会产生电动势，从而形成电流，这种现象称为热电效应。图 5-12 所示为热电偶回路及符号。把 A、B 两种导体的组合称为热电偶。导体 A、B 称为热电极，与被测介质接触的接点(T)称为热端，也称工作端或测量端；另一接点(T_0)称为冷端，也称自由端或参考端。

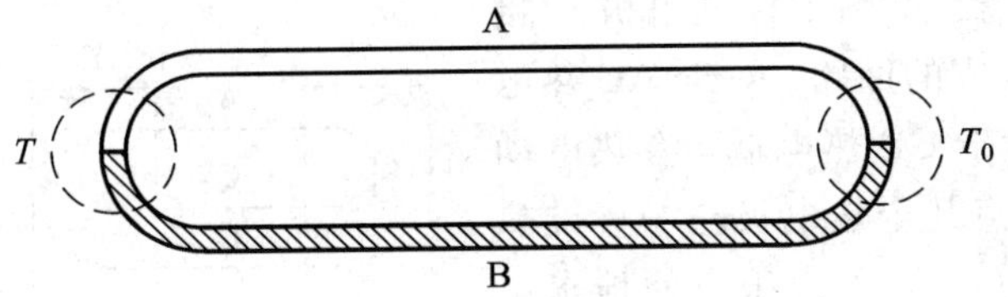

(a) 热电偶回路

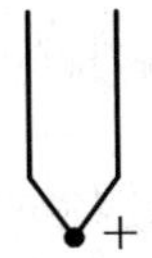

(b) 热电偶符号

图 5-12　热电偶原理图

热电偶传感器的应用

热电势效应

热电偶的热电动势由两种导体的接触电动势和单一导体的温差电动势组成。如图 5-13 所示，热电偶回路中产生的总热电动势为

$$E_{AB}(T, T_0)=E_{AB}(T)-E_{AB}(T_0)-E_A(T, T_0)+E_B(T, T_0) \tag{5-3}$$

由于温差电动势很小，可忽略不计，因此热电偶的总热电动势可表示为

$$E_{AB}(T, T_0)=E_{AB}(T)-E_{AB}(T_0) \tag{5-4}$$

由此可见，热电偶热电势的大小只与导体 A、B 的材料和冷、热端的温度有关，而与导体的粗细、长短及两导体接触面积无关。

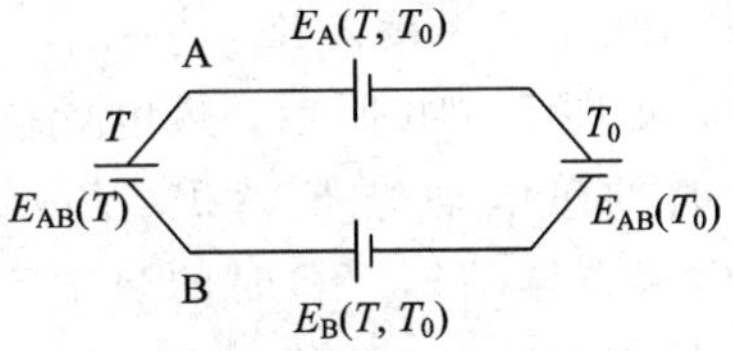

图 5-13　热电偶的热电动势

如果使冷端温度 T_0 保持不变，则 $E_{AB}(T_0)=C$(常数)。此时，$E_{AB}(T, T_0)$就成为 T 的单值函数，即

$$E_{AB}(T, T_0)=E_{AB}(T)-C=f(T) \tag{5-5}$$

由式(5-5)可知，当保持热电偶自由端温度 T_0 不变时，只要用仪表测出总热电势，就可求得 $E_{AB}(T)$，并求得工作端温度 T。

2. 热电偶的基本定律

1) 中间导体定律

在热电偶回路中接入第三种导体 C，若该导体两端温度相同，则热电偶产生的总热电动势不变。根据这一定律，可将第三种导体换成测试仪表或连接导线即可对热电势进行测量，如图 5-14 所示。利用这个定律，还可使用开路热电偶测量液态金属和金属壁面的温度。

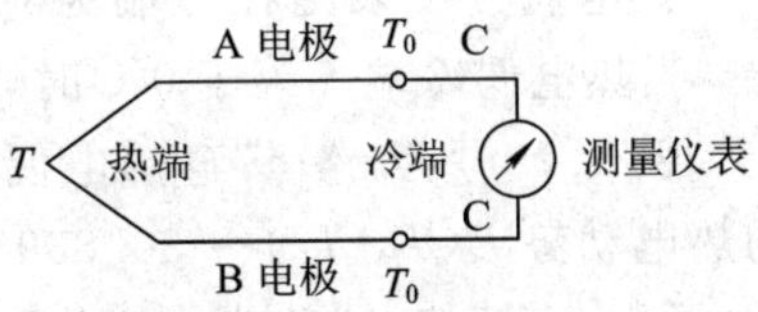

图 5-14　热电偶的中间导体定律

2) 参考电极定律

当接点温度为 T、T_0 时，用导体 A、B 组成的热电偶的热电动势等于 AC 热电偶和 CB 热电偶的热电动势的代数和，即

$$E_{AB}(T, T_0)=E_{AC}(T, T_0)+E_{CB}(T, T_0)=E_{AC}(T, T_0)-E_{BC}(T, T_0) \tag{5-6}$$

导体 C 称为标准电极(一般由铂制成)。

图 5－15 为参考电极定律示意图，图中标准电极 C 接在 A、B 之间，形成三个热电偶组成的回路。对于 AC 热电偶，有热电动势 $E_{AC}(T, T_0)$；对于 CB 热电偶，有热电动势 $E_{CB}(T, T_0)$。由此可见，若任意几个热电极与一标准热电极组成热电偶产生的热电势已知，则可以很方便地求出这些热电极彼此任意组合时的热电势，大大简化热电偶的选配工作。通常，由于纯铂丝的物理化学性能稳定、熔点较高、易提纯，所以用纯铂(Pt)作为标准热电极。

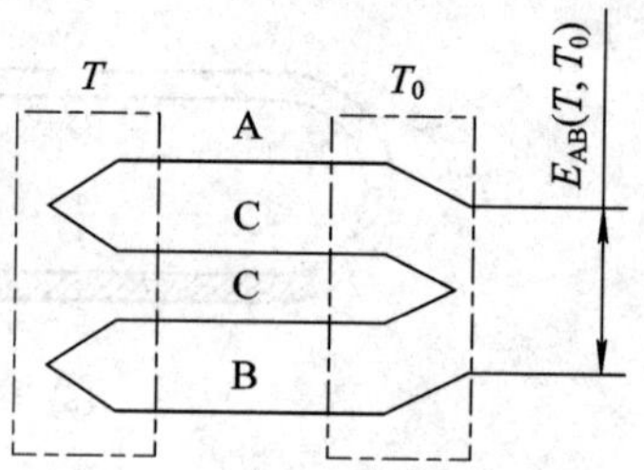

图 5－15　参考电极定律示意图

国家计量检定规程对热电偶统一规定了冷端温度 $T_0 = 0$℃时热电势与热端温度的对应关系，即分度表。当用热电偶测温时，若使冷端保持在 0℃，则测得热电势后通过查分度表即可直接得到被测温度值。

例 5.1　已知铬合金-铂热电偶的 E(100℃, 0℃) = +3.13 mV，铝合金铂热电偶的 E(100℃, 0℃) = −1.02 mV，求铬合金-铝合金组成热电偶材料的热电动势 E(100℃, 0℃)。

解　设铬合金为 A，铝合金为 B，铂为 C，即

$$E_{AC}(100℃, 0℃) = +3.13\ \text{mV},\ E_{BC}(100℃, 0℃) = -1.02\ \text{mV}$$

则

$$E_{AB}(100℃, 0℃) = E_{AC}(100℃, 0℃) - E_{BC}(100℃, 0℃) = 4.15\ \text{mV}$$

3) 中间温度定律

如图 5－16 所示，热电偶在接点温度为 T、T_0 时的热电动势 $E_{AB}(T, T_0)$ 等于该热电偶在 (T, T_n) 与 (T_n, T_0) 时的热电动势 $E_{AB}(T, T_n)$ 与 $E_{AB}(T_n, T_0)$ 的代数和，其中 T_n 称为中间温度，即

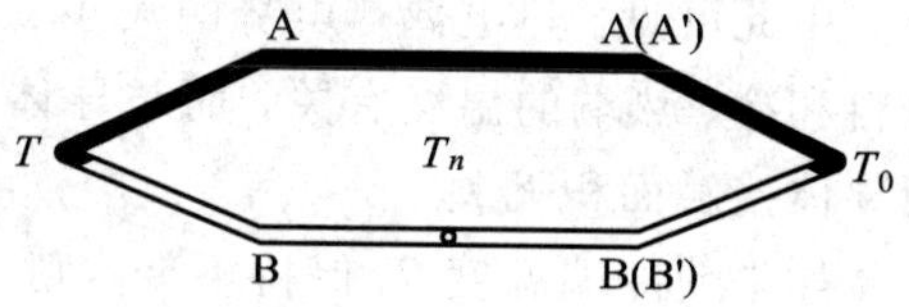

图 5－16　存在中间温度的热电偶回路

$$E_{AB}(T, T_0) = E_{AB}(T, T_n) + E_{AB}(T_n, T_0) \tag{5-7}$$

中间温度定律为在工业测量温度中使用补偿导线提供了理论基础。只要选配与热电偶热电特性相同的补偿导线，便可使热电偶的自由端延长，使之远离热源到达一个温度相对稳定的地方，而不会影响测温的准确性。

热电偶分度表是在冷端为 0℃时热端温度与热电动势之间的对应关系，根据这一定律，当热电偶冷端不等于 0℃时，也可以使用分度表。

例 5.2　用镍铬-镍硅热电偶测炉温时，其冷端温度 $T_0 = 30$℃，在直流电位计上测得的热电动势 $E(T, T_0) = 30.839$ mV，求炉温 T。

解　查镍铬-镍硅热电偶分度表得，E_{AB}(30℃, 0℃) = 1.203 mV。

$$E_{AB}(T, 0℃) = E(T, 30℃) + E_{AB}(30℃, 0℃) = 30.839\ \text{mV} + 1.203\ \text{mV} = 32.042\ \text{mV}$$

再查分度表得，$T = 770$℃。

5.2.2　热电偶的结构形式与材料

1. 热电偶的种类

1) 普通型热电偶

普通型热电偶主要用于测量气体、蒸汽和液体等介质的温度，由热电极、绝缘套管、

外保护套管和接线盒组成，如图 5－17 所示。贵重金属热电极直径不大于 0.5 mm，廉价金属热电极直径一般为 0.5 mm～3.2 mm；绝缘套管一般为单孔或双孔瓷管；外保护套管要求气密性好，有足够的机械强度，还要求导热性好和物理化学性能稳定，最常用的材料为铜及铜合金、不锈钢及陶瓷材料等。整支热电偶的长度由安装条件和插入深度决定，一般为 350 mm～2000 mm，其安装时的连接形式可分为固定螺纹连接、固定法兰连接、活动法兰连接、无固定装置等多种形式。

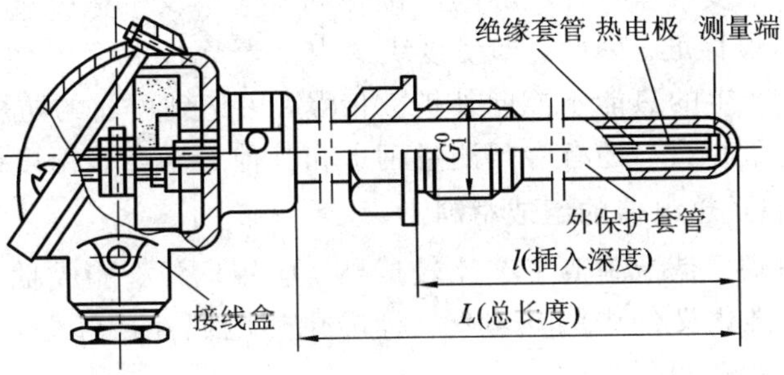

图 5－17　普通工业用热电偶

2）铠装热电偶

铠装热电偶是将热电偶丝、绝缘材料(氧化镁粉等)和金属保护套管三者组合装配后，经拉伸加工而成的一种坚实的组合体，如图 5－18 所示。它的外径一般为 0.5 mm～8 mm，其长度可以根据需要截取，特别适用于复杂结构(如狭窄弯曲管道内)的温度测量。

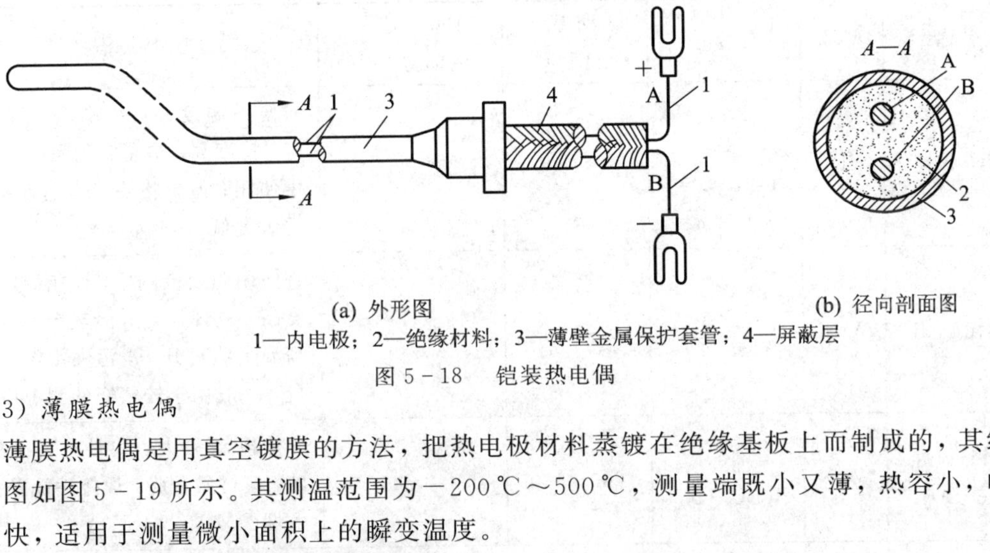

(a) 外形图　(b) 径向剖面图

1—内电极；2—绝缘材料；3—薄壁金属保护套管；4—屏蔽层

图 5－18　铠装热电偶

3）薄膜热电偶

薄膜热电偶是用真空镀膜的方法，把热电极材料蒸镀在绝缘基板上而制成的，其结构示意图如图 5－19 所示。其测温范围为－200 ℃～500 ℃，测量端既小又薄，热容小，响应速度快，适用于测量微小面积上的瞬变温度。

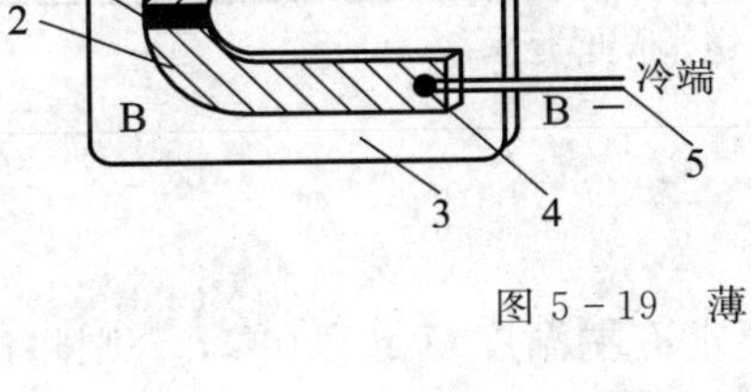

1—工作端；
2—热电极；
3—绝缘基板；
4—引线接头；
5—引出线(同材料的热电偶)

图 5－19　薄膜热电偶

4) 表面热电偶

表面热电偶主要用于现场流动的测量，广泛应用于纺织、印染、造纸、塑料及橡胶工业。表面热电偶的探头有各种形状(弓形、薄片形等)，以适应不同物体表面测温。一般是在其把手上装有动圈式仪表，读数方便。其测量温度范围有 0～250℃和 0～600℃两种。

5) 防爆热电偶

在石油、化工、制药业中，生产现场有各种易燃、易爆等化学气体，这时需要采用防爆热电偶。它采用防爆型接线盒，有足够的内部空间、壁厚及机械强度，其橡胶密封圈的热稳定性符合国家的防爆标准。因此，即使接线盒内部爆炸性混合气体发生爆炸，其压力也不会破坏接线盒，所产生的热能不能向外扩散传爆，可达到可靠的防爆效果。

除上述几种热电偶以外，还有专门测量钢水和其他熔融金属温度的快速热电偶等。

2. 标准化热电偶及热电偶的组成材料

所谓标准化热电偶，是指制造工艺比较成熟、应用广泛、能成批生产、性能优良而稳定，并已列入工业标准化文件中的热电偶。标准化热电偶互换性好，具有统一的分度表，并有与其配套的显示仪表可供选用。

国际电工委员会(IEC)共推荐了 8 种标准化热电偶。组成热电偶的两种材料正极写在前面，负极写在后面。我国生产的符合 IEC 标准的热电偶有 6 种，目前工业上常用的 4 种标准化热电偶材料分别是铂铑$_{30}$-铂铑$_{6}$、铂铑$_{10}$-铂、镍铬-镍硅、镍铬-康铜，它们的特性如表 5-2 所示。

表 5-2 常用热电偶及其特性

名称	型号	分度号	测温范围/℃	100℃时热电动势/mV	特 点
铂铑$_{30}$-铂铑$_{6}$①	WRR	B (LL-2)②	0～1800	0.033	使用温度高，范围广，性能稳定，精度高；易在氧化和中性介质中使用；但价格贵，热电动势小，灵敏度低
铂铑$_{10}$-铂	WRP	S (LB-3)	0～1600	0.645	使用温度范围广，性能稳定，精度高，复现性好；但热电势较小，高温下铑易升华，污染铂极，价格贵，一般用于较精密的测温中
镍铬-镍硅	WRN	K (EU-2)	-200～1300	4.095	热电动势大，线性好，价格低廉，但材质较脆，焊接性能及抗辐射性能较差
镍铬-康铜	WRK	EA-2	0～300	6.95	热电动势大，线性好，价格低廉，测温范围小，康铜易受氧化而变质

注：① 铂铑$_{30}$表示该合金包含 70%铂及 30%铑，依此类推；
② 括号内为我国旧的分度号。

5.2.3 热电偶的冷端补偿

热电偶的分度表及配套的显示仪表都要求冷端温度恒定为0℃，否则将产生测量误差。

然而在实际应用中，由于热电偶的冷、热端距离通常很近，冷端受热端及环境温度波动的影响，温度很难保持稳定，因此必须进行冷端温度补偿。常用的冷端补偿方法有以下几种：

1. 补偿导线

补偿导线是指在一定的温度范围（0～150 ℃）内，其热电性能与相应热电偶的热电性能相同的廉价导线。采用补偿导线，可将热电偶的冷端延伸到远离高温区的地方，从而使冷端的温度相对稳定。由此可见，使用补偿导线可以节约大量的贵重金属，减小热电偶回路的电阻，而且补偿导线柔软易弯，便于敷设。但必须指出，使用补偿导线仅能延长热电偶的冷端，对测量电路不起任何温度补偿作用。

常用热电偶补偿导线的特性如表5-3所示。使用补偿导线必须注意两个问题：一是两根补偿导线与热电偶两个热电极的接点必须具有相同的温度；二是各种补偿导线只能与相应型号的热电偶配用，而且必须在规定的温度范围内使用，极性切勿接反。

表5-3　常用热电偶补偿导线的特性

配用热电偶正-负	补偿导线正-负	导线外皮颜色		100℃热电动势/mV	150℃热电动势/mV	20℃时的电阻率/($\times 10^{-6}\,\Omega\cdot$m)
		正	负			
铂铑$_{10}$-铂	铜-铜镍①	红	绿	0.645±0.023	1.029	<0.0484
镍铬-镍硅	铜-康铜	红	蓝	4.095±0.15	6.137±0.20	<0.634
镍铬-康铜	镍铬-康铜	红	黄	6.95±0.30	10.69±0.38	<1.25
钨铼$_5$-钨铼$_{20}$	铜-铜镍②	红	蓝	1.337±0.045	—	—

注：① 99.4%Cu，0.6%Ni；
② 98.2%～98.3%Cu，1.8%～1.7%Ni。

2. 冷端温度补偿

1）机械零位调整法

当冷端温度比较稳定时，工程上常用仪表机械零位调整法。如动圈式仪表的使用，可在仪表未工作时直接将仪表机械零值调整至冷端温度处，仪表直接指示出热端温度 T。使用仪表机械零位调整法简单方便，但冷端温度发生变化时，应及时断电，重新调整仪表机械零位，使之指示到新的冷端温度上。

2）冰浴法

实验室常采用冰浴法使冷端温度保持为恒定0℃，即将热电偶冷端置于存有冰水混合物的冰点恒温槽内。

3）冷端补偿器法（补偿电桥法）

冷端补偿器是用来自动补偿热电偶的测量值随冷端温度的变化而变化的一种装置。图5-20是国产WBC型冷端温度补偿器的工作原理图。

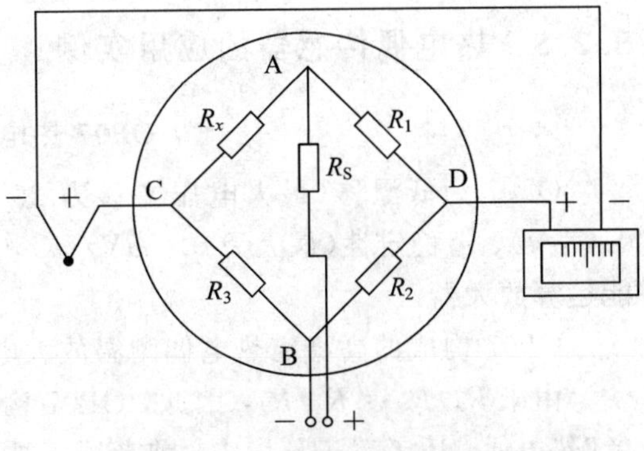

图5-20　WBC型冷端温度补偿器工作原理图

由图5-20可知，它的内部是一个不平衡电桥，其输出端与热电偶串联。电桥的3个桥臂由电阻温度系数极小的锰铜丝绕制而成，其电阻基本不随温度变化，且 $R_1=R_2=R_3=1\ \Omega$；另一个桥臂电阻 R_x 由电阻温度系数大的铜丝绕制而成，且 20℃时 $R_x=1\ \Omega$，此时电桥平衡，没有电压输出。选择适当的限流电阻 R_S后，电桥的电压输出特性与所配用的热电偶的热电特性相似，电桥电压的增加量(减小量)等于热电偶热电势的减小量(增加量)，从而起到了热电偶冷端温度自动补偿的作用。使用这种冷端温度补偿器时，必须把仪表的零点调到 20℃。

5.2.4　热电偶测温电路

图 5-21(a)为基本测温电路；图 5-21(b)为热电偶反向串联测量温差的连接示意图；图 5-21(c)为两个热电偶并联测量平均温度的连接示意图；图 5-21(d)为热电偶正向串联测量多点温度之和的连接示意图，这样可获得较大的热电动势输出，提高测试灵敏度。

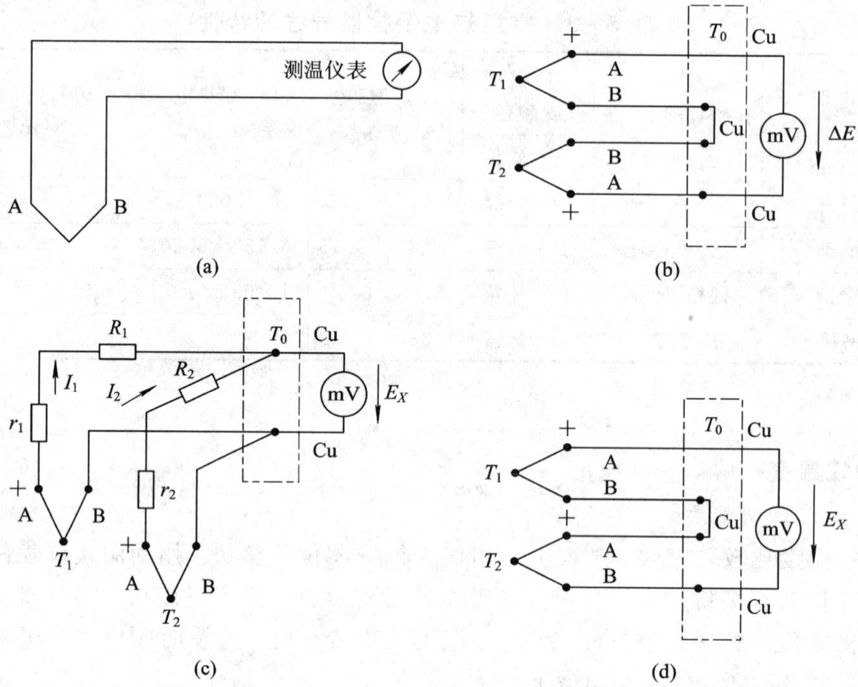

图 5-21　热电偶测温电路

5.2.5　热电偶传感器的应用实例

OP07 热电偶检测放大电路

OP07 为低漂移(最大电压漂移为 25 μV、最大温漂为 0.6 μV/℃)、低噪声(最大为 0.6 μV)、超稳定性(最大为 0.6 μV/(℃·月))、宽电源电压范围(±3 V~±18 V)的高性能运算放大器。

OP07 构成的高稳定热电偶测温放大电路如图5-22 所示。

由于 $R_3/R_1=R_4/R_2$，因此，OP07 构成差分放大器，测温部分为“测温”热电偶和“参考”热电偶，后者置于环境中，前者置于被测物体上，“测温”热电偶上的温度变化转换为热电势，经放大后输出电压。

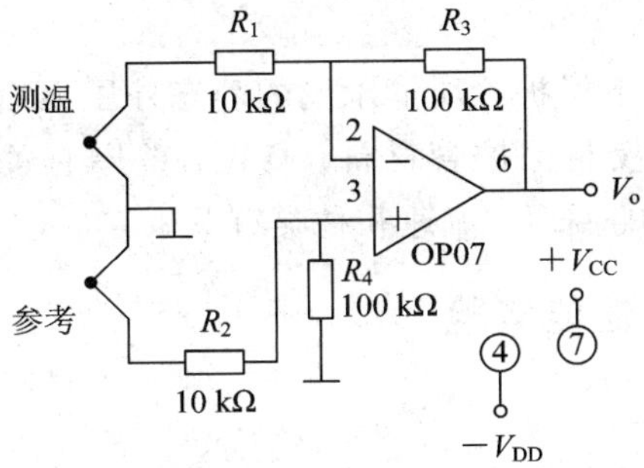

图 5-22　OP07 构成的高稳定热电偶测温放大电路

5.2.6　热电偶工业传感器

热电偶工业传感器有很多类型，分别适用于不同环境的测量。下面以智能一体化温度变送器 JA-WD100 为例进行介绍，如图 5-23 所示，它将 Pt 100 温度传感器与信号转换放大单元有机集成在一起，用来测量各种工业过程中液体、蒸汽介质或固体表面的温度，并输出标准 4 mA～20 mA 信号。

图 5-23　智能一体化温度变送器

1. 产品特点

(1) 装配构造简单，更换方便。

(2) 压簧式感温元件，抗震性能好。

(3) 测量范围大(热电偶可达到 1000℃以上)，测量精度高。

(4) 机械强度高，耐压性能好。

(5) 响应时间短。

2. 仪表参数

1) 常温绝缘电阻

热电偶在环境温度为(20±15)℃，相对湿度不大于 80%，试验电压为(500±50) V(直流)，电极与外套管之间的绝缘电阻≥100 MΩ。

2) 热响应时间

当温度出现阶跃变化时，仪表的电流输出信号变化时间只相当于该阶跃变化的 50%所需的时间，这称作热响应时间，通常以 τ 表示，一般情况 $\tau \leqslant 90$ s。

3) 最小置入深度

最小置入深度不小于 50 mm。

4）公称压力

公称压力一般是指室温下保护管所能承受的静态外压力而不破裂，试验压力取公称压力的倍数。允许工作压力不仅与保护管材料、直径、壁厚有关，还与其结构形式、安装方法、插入深度以及被测介质的温度、流速和种类有关。

5.2.7　K型热电偶测温性能实验

1. 实验目的

了解热电偶测温原理及方法和应用。

2. 实验仪器

传感器检测技术综合实验台、±15 V 电源底板、Pt 100 热电阻、K 型热电偶、比例运算模块、温度源、导线。

K 型热电偶测温性能实验

3. 实验原理

热电偶测量温度的基本原理是热电效应。将 A 和 B 两种不同的导体首尾相连组成闭合回路，如果二连接点温度(T, T_0)不同，则在回路中就会产生热电动势，形成热电流，这就是热电效应。热电偶是由 A 和 B 两种不同的金属材料一端焊接而成的。A 和 B 称为热电极，焊接的一端是接触热场的 T 端，称为工作端或测量端，也称热端；未焊接的一端(接引线)处在温度 T_0 称为自由端或参考端，也称冷端。T 与 T_0 的温差愈大，热电偶的输出电动势愈大；温差为 0 时，热电偶的输出电动势为 0。因此，可以用测热电动势大小来衡量温度的大小。

热电偶测温时要对参考端(冷端)进行修正(补偿)，计算公式如下：

$$E(T, 0) = E(T, T_0) + E(T_0, 0)$$

4. 实验步骤

实验接线图如图 5－24 所示。

(1) 断开实验台总电源及实验底板电源开关，用导线将实验台上的±15 V 电源引入实验底板左侧对应的＋15Vin、－15Vin 以及 GNDin 端子，将“比例运算模块”按照正确方向对应插入实验底板。

注意：合理的位置摆放有利于实验连线以及分析实验原理。

(2) 将 Pt 100 温度传感器和 K 型热电偶分别放入温度源的温度测试孔中，按照图 5－24 连接实验线路，将比例运算模块的 Vout3 接至电压表。

注意：K 型热电偶传感器输出有 2 根线：黄黑引线输出微弱的电压信号。

(3) 将控制仪选择开关打到“温度”，关闭温度源的电源开关(按到“O”侧)，检查接线无误后，打开实验电源。

(4) 比例运算电路调零：JP1～JP6 依次短接为：“接通”“20K”“20K”“接通”“RW3”“C3”，将 RW1 顺时针旋到底，将 RW3 顺时针旋到底(比例放大倍数约为：41×2×10)，短接 Vin1＋与 Vin1－到 GND，电压表选择 2 V 挡，调节 RW2 使电压表读数$|U_o|<|0.1\ \text{V}|$，调零完毕，恢复比例运算模块与传感器的连接。

注意：比例运算模块调零完毕，若非实验要求，一级、二级及调零电路不允许再次调整。

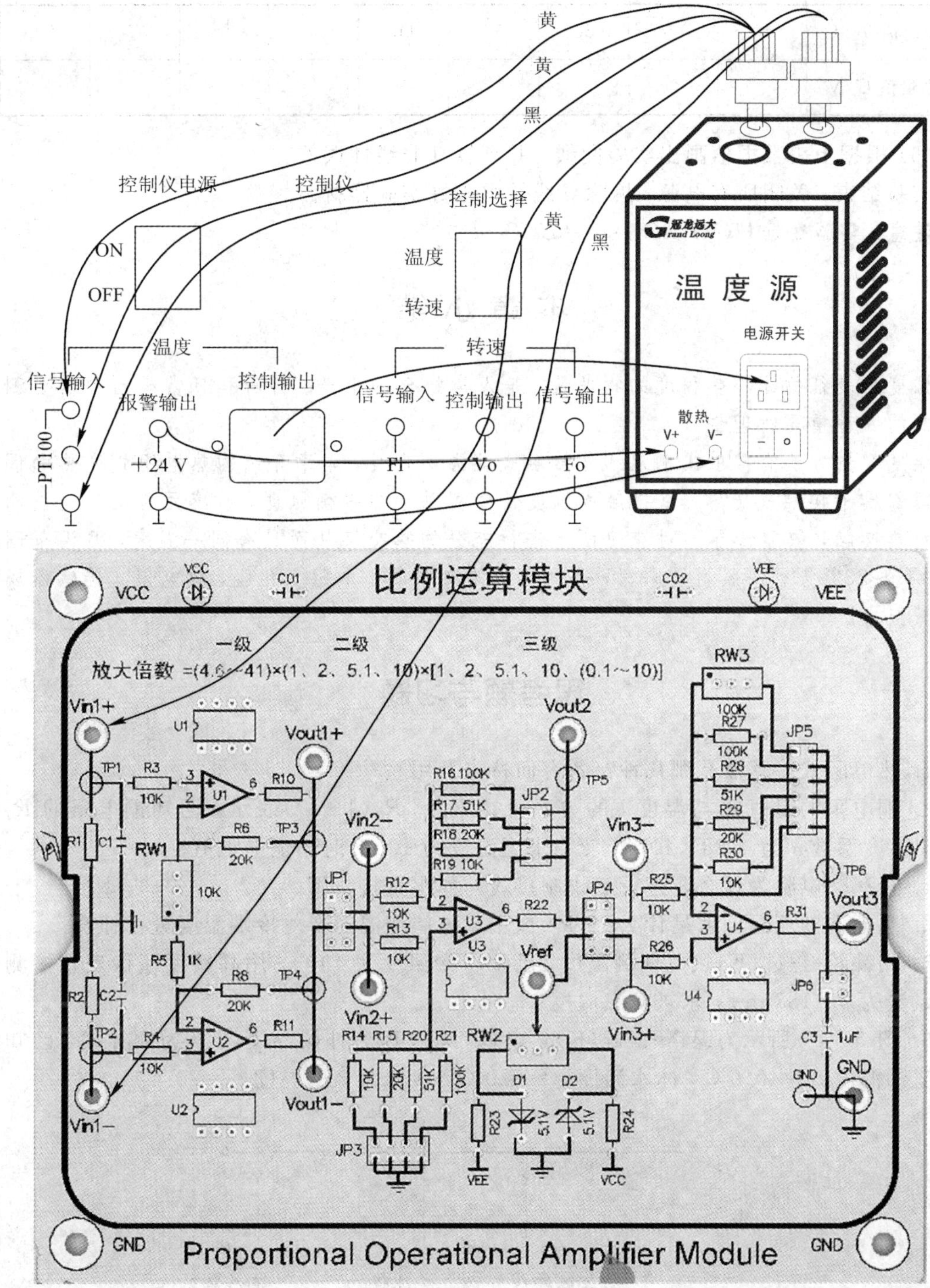

图 5-24　接线示意图

(5) 温度控制仪设置方法同“温度源的温度控制调节实验”，修改 SV 窗口显示的温度值和 AL1 设定温度值，在常温基础上，可按 $\Delta T=5$℃增加温度，并且在小于 160℃范围内设定温度源温度值。待温度源温度动态平衡时读取电压表的显示值，并填入下表。

设定值 T/℃	40	45	50	55	60	65	70	75	80
测量值 U/V									

(6) 根据上表数据值画出实验曲线，并计算其非线性误差。

实验结束，关闭所有电源，拆除导线并整理好实验器材。

注意：实验数据 $U(V)/k$(增益)$=E(T, T_0)$。

本章小结

温度是表征物体冷热程度的物理量，是人类社会的生产、科研和日常生活中需要测量和控制的一种重要物理量。

温度测量方法有接触式测温和非接触式测温两大类，本章介绍的热电阻式和热电偶式传感器都属于接触式传感器。接触式温度传感器基于热平衡原理，敏感元件必须与被测介质保持热接触，依靠传导和对流使两者进行充分的热交换从而具有同一温度，测温范围为−270℃～2320℃。按照测量原理，热电阻式传感器属于电阻变化式，热电偶式传感器属于热电效应式。

思考题与习题

1. 热电阻式传感器有哪几种？各有何特点及用途？

2. 铜电阻的阻值 R_t 与温度 t 的关系可用 $R_t = R_0(1+\alpha t)$ 表示。已知铜电阻的 R_0 为 50 Ω，温度系数 α 为 4.28×10^{-3}℃$^{-1}$，求当温度为 100℃时的铜电阻值。

3. 金属热电阻为什么要进行三线制接线？作出其接线图。

4. 热电偶的测温原理是什么？为什么用热电偶测温时要对冷端温度进行补偿？

5. 用镍铬-镍硅(K)热电偶测温度，已知冷端温度为 40℃，用高精度毫伏表直接测得热电动势为 29.188 mV，求被测点温度。

6. 图 5－25 所示为镍铬-镍硅(K)热电偶，A′、B′为补偿导线，Cu 为铜导线，已知接线盒 1 的温度 t_1=40.0℃，冰水温度 t_2=0.0℃，接线盒 2 的温度 t_3=20.0℃。

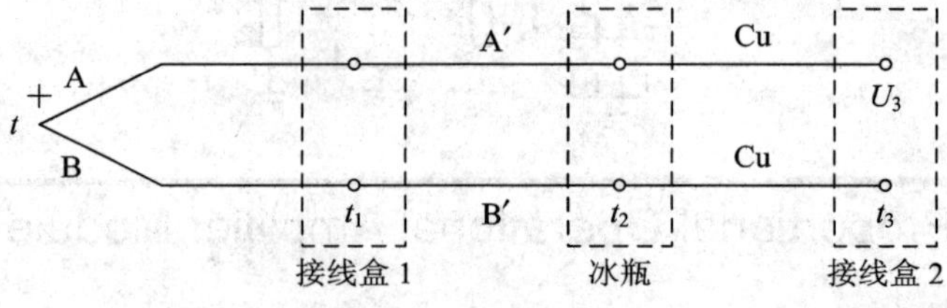

图 5－25　采用补偿导线的镍铬-镍硅热电偶测温示意图

(1) 当 U_3=39.310 mV 时，计算被测点温度 t。

(2) 如果 A′、B′换成铜导线，此时 U_3=37.699 mV，再求温度 t。

第 6 章　电动势式传感器

电动势传感器是能将被测量转换为电动势的装置。本章主要介绍压电式传感器和霍尔式传感器。

6.1　压电式传感器

压电式传感器

6.1.1　压电式传感器的工作原理

压电式传感器的工作原理是基于某些介质材料的压电效应，它是典型的双向有源传感器。当材料受力作用而变形时，其表面会有电荷产生，从而实现非电量测量。压电式传感器具有体积小、重量轻、工作频带宽等特点，因此在各种动态力、机械冲击与振动的测量，以及声学、医学、力学、宇航等方面都得到了非常广泛的应用。

1. 压电效应

某些电介质在沿一定方向受到外力的作用而变形时，其内部会产生极化现象，同时在它的两个表面上生成符号相反的电荷，当外力去掉后，它又会恢复到不带电状态，这种现象称为压电效应。具有这种压电效应的物体称为压电材料或压电元件。常见的压电材料有石英、钛酸钡等。

压电效应

压电效应是可逆的。逆压电效应：在电介质的极化方向上施加电场，这些电介质也会发生变形，电场去掉后，电介质的变形随之消失，这种现象称为逆压电效应，或叫作电致伸缩效应。

逆压电效应

石英晶体是最常用的压电晶体之一，其化学成分为 SiO_2，是单晶体结构。它理想的几何形状为正六面体晶柱，如图 6-1 所示。石英晶体是各向异性体，即在各个方向晶体性质是不同的。图 6-1(a)表示石英晶体的形状，它是一个六棱柱，两端是六棱锥。在结晶学中可以把它用三根互相垂直的轴来表示。其中纵向轴 $Z-Z$ 称为光轴，经过六棱柱棱线并垂直于光轴的 $X-X$ 轴称为电轴，与 $X-X$ 轴和 $Z-Z$ 轴同时垂直的 $Y-Y$ 轴(垂直于棱面)称为机械轴。通常把沿电轴 $X-X$ 方向的力作用下产生电荷的效应称为“纵向压电效应”，而把沿机械轴 $Y-Y$ 方向的力作用下产生电荷的效应称为“横向压电效应”。在光轴 $Z-Z$ 方向受力时，不产生压电效应。

假设从石英晶体上沿 Y-Y 轴方向切下一片薄片，称为晶体切片(见图 6-1(b))。在每一片中，当沿电轴方向作用有力 F_x时，在与电轴垂直的平面(即切片的切面)上，产生电荷 q_x的大小为

$$q_x = d_{11}F_x \tag{6-1}$$

式中：d_{11}为 X 轴方向受力的压电系数，单位为 C/N。

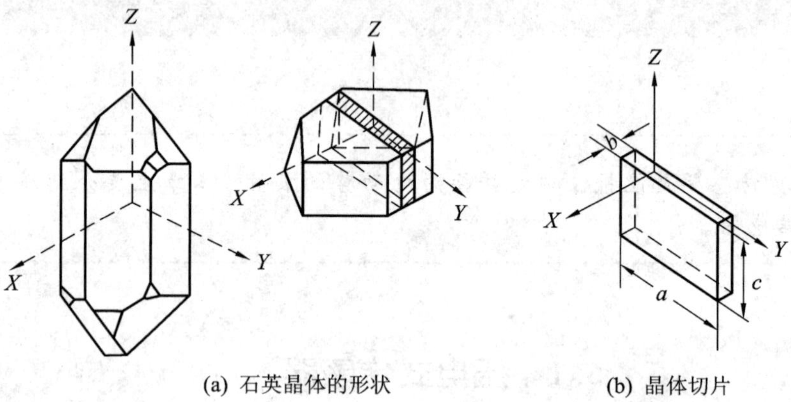

(a) 石英晶体的形状　　(b) 晶体切片

图 6-1　石英晶体

电荷 q_x应包含相应的符号，由 F_x是压力还是拉力而定(参看图 6-2)。由式(6-1)可见，电荷的多少与切片的几何尺寸无关。

如果在同一切片上作用力沿着机械轴方向，其电荷仍在与 X 轴垂直的平面上出现，而极性相反，此时电荷的大小为

$$q_y = -d_{12}\frac{a}{b}F_y \tag{6-2}$$

式中：a 为晶体切片的长度；b 为晶体切片的厚度；d_{12}为 Y 轴方向受力的压电系数。

由式(6-2)可见，沿机械轴方向的力作用在晶体上时，产生的电荷与晶体切片的几何尺寸有关。式中负号说明，沿 Y 轴的压力所引起的电荷极性与沿 X 轴的压力所引起的电荷极性相反。

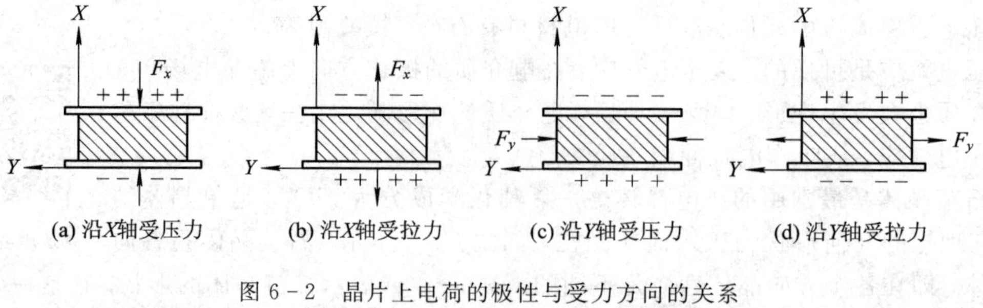

(a) 沿X轴受压力　(b) 沿X轴受拉力　(c) 沿Y轴受压力　(d) 沿Y轴受拉力

图 6-2　晶片上电荷的极性与受力方向的关系

如果在片状压电材料的两个平面(或称电极面)上加以交流电压，石英晶片将产生机械振动，亦即晶片在电极方向有伸长和缩短的现象。当外加电压撤去时，其变形也随之消失。压电材料的这种现象称为“电致伸缩效应”，又称“逆压电效应”。利用压电材料的电致伸缩效应，可做高频振动台、超声波发射探头等。超声波式的检测仪表，一般都是利用压电材料作为超声波发射探头和接收探头的，例如超声波液面计、超声波流量计、超声波测厚仪等。

2. 压电材料简介

压电材料有两类：一类是压电晶体；另一类是经过极化处理的压电陶瓷。前者为单晶体，后者为多晶体。

1）压电晶体

石英是典型的压电晶体，其化学成分是二氧化硅(SiO_2)，压电较低，$d_{11}=2.3\times10^{-12}$ C/N。它在几百度的温度范围内不随温度而变化，但到 573 ℃时，完全丧失压电性质，这是它的居里点。石英具有很大的机械强度，在研磨质量好时，可以承受 700 kg/cm^2～1000 kg/cm^2 的压力，并且机械性能也较稳定。除天然石英和人造石英晶体外，近年来铌酸锂 $LiNbO_3$、钽酸锂 $LiTaO_3$、锗酸锂 $LiGeO_3$ 等许多压电晶体在传感器技术中也获得了广泛应用。

下面以石英晶体为例来说明压电晶体内部发生压电效应的物理过程。设想在石英晶体中取一单元组体，它有 3 个硅离子和 6 个氧离子，后者是成对的。这就构成了六边的形状(见图 6-3(a))。由于硅离子带有 4 个正电荷，而氧离子带有 2 个负电荷，所以在没有外力作用时，电荷互相平衡，外部没有带电现象。如果在 X 轴方向受压，见图 6-3(b)，硅离子挤入氧离子 2 和 6 之间，而氧离子 4 挤入硅离子 3 和 5 之间，结果在表面 A 上呈现负电荷，而在表面 B 上呈现正电荷。

如果所受的力为拉伸，则在表面 A 和 B 上的电荷符号与前者相反，这就是纵向压电效应。如果在 Y 轴方向受力，如图 6-3(c)，硅离子 3 和氧离子 2，以及硅离子 5 和氧离子 6 都向内移动同样数值，故在电极 C 和 D 上仍不呈现电荷，而在表面 A 和 B 上，由于相对地把硅离子 1 和氧离子 4 挤向外边，而分别呈现正、负电荷。如果使其受拉力，则在 A 和 B 的电荷极性恰好相反。这就是横向压电效应。在 Z 轴方向受力时，由于硅离子和氧离子是对称的平移，故表面不呈现电荷，没有压电效应。

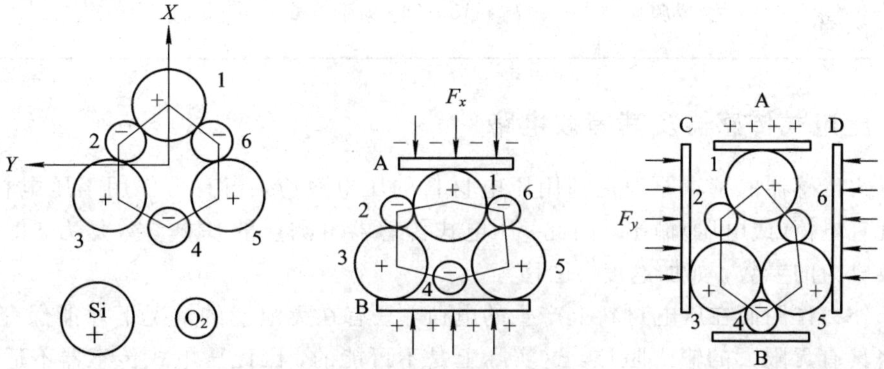

(a) 不受力时　　(b) X 轴方向受力　　(c) Y 轴方向受力

图 6-3　石英的晶体模型

2）压电陶瓷

压电陶瓷是人工制造的晶体压电材料。它在极化前是各向同性的，没有压电效应，要在一定温度和高压电场作用下，使晶体产生剩余极化后，才具有压电效应。对压电陶瓷来说，垂直于极化面的轴为 X 轴，Y 轴垂直于 X 轴，它不再具有 Z 轴，这是它与压电晶体的不同之处。

压电陶瓷有钛酸钡($BaTiO_3$)、锆钛酸铅(PZT)等，它们的压电系数比石英大得多，但机械强度、稳定性、居里点温度均不如石英晶体。还有聚二氟乙烯(PVF_2)高分子压电材料，其特点是柔软、不易破碎，把 PZT 粉末与 PVF_2 混合成型之后形成 PZT—PVF2 复合材料，压电性能更有改善，兼有两者优点而弥补了各自的缺点。

压电材料是具有各向异性物质，其压电系数与极化方向和受力方向都有关，而受力又分垂直和剪切力，所以应该用矩阵来描述，表 6-1 中 d_{11}、d_{33} 等的下角数码代表该压电系数在矩阵里所处的位置。表 6-1 中的数据是绝对值最大的典型值。

表 6-1　常用压电材料的性能

材料	形态	压电系数/(10^{-12} C/N)	相对介电常数 ε_t	居里点温度/℃	密度/(10^3 kg/m^3)
石英(SiO_2)	单晶	$d_{11}=2.31$；$d_{14}=0.727$	4.6	537	2.65
钛酸钡($BaTiO_3$)	陶瓷	$d_{33}=190$；$d_3=-78$	1700	120	5.7
锆钛酸铅(PZT)	陶瓷	$d_{33}=71\sim590$； $d_{31}=-100\sim-230$	460～3400	180～350	7.5～7.6
硫化镉(CdS)	单晶	$d_{33}=10.3$；$d_{31}=-5.2$； $d_{15}=-14$	9.35～10.3		4.82
氧化锌(ZnO)	单晶	$d_{33}-12.4$；$d_{31}=-5.0$； $d_{15}=-8.3$	9.26～11.0		5.68
聚二氟乙烯(PVF_2)	高分子材料	$d_{31}=6.7$	5～12	120	1.8
复合材料(PZT—PVF2)	合成膜	$d_{31}=15\sim25$	100～200		5.5～6

6.1.2　压电式传感器及其等效电路

压电式传感器的基本原理是利用压电材料的压电效应，当有力作用于压电材料上时，传感器就有电荷(或电压)输出，因此，压电式传感器可测量的基本参数是力，但也可以测量能变换成力的参数，如加速度、位移等。

由于外力作用而在压电材料上产生的电荷，只有在无泄漏的情况下才能保存，即需要测量回路具有无限大的输入阻抗，这实际上是不可能的，因此压电式传感器不适用于静态测量。当压电材料在交变力作用下时，电荷不断得到补充，可以供给测量回路一定的电流，故压电式传感器适宜于动态测量，主要用来测量动态的力、压力、加速度等参数。

1. 压电晶片的连接方式

压电式传感器产生的电荷量甚微，所以使用时常采用两片或两片以上的压电元件粘结在一起成为叠层式压电组合器件。由于压电材料的电荷是有极性的，因此有两种接法。在图 6-4(a)中，两片压电元件的负电荷都集中在中间电极上，这种接法叫两压电片的并联，其输出电容 C' 为单片电容 C 的两倍(压电片受力时可等效为一个电容器)，但输出电压 U' 等于单片电压的 U，极板上的电荷 Q' 为单片电压 Q 的两倍，即 $Q'=2Q$，$U'=U$，$C'=2C$。

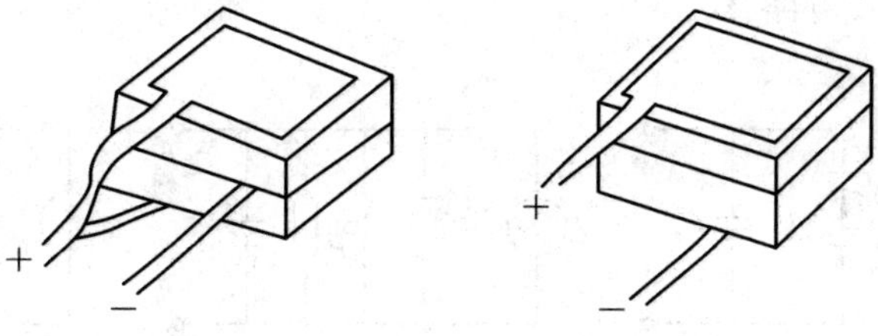

图 6-4　两压电片的连接方式

图 6-4(b)的接法中，正电荷集中在上极板，负电荷集中在下极板，在两极板中间，上片产生的负电荷与下片产生的正电荷相互抵消，这种接法称两压电片的串联。输出总电荷 Q' 等于单片电荷 Q，输出电压 U' 为单片电压 U 的两倍，总电容 C 为单片电容的一半，即 $Q'=Q$，$U'=2U$，$C'=C/2$。

这两种接法中，并联接法输出电荷大，本身电容大，时间常数大，适用于测量慢变信号，以及以电荷作为输出量的场合；串联接法输出电压大，本身电容小，适用于以电压作为输出信号，以及测量电路输入阻抗很高的场合。

2. 压电式传感器的等效电路

当压电片受力时，在两个电极表面分别聚集等量的正电荷和负电荷，如图 6-5(a)所示，相当于一个以压电材料为介质的电容器，如图 6-5(b)所示，其电容量为

$$C_a = \frac{\varepsilon A}{h}(\mathrm{F}) \tag{6-3}$$

式中：A 为极板面积(单位为 m^2)；h 为压电片厚度(单位为 m)；ε 为压电材料介电常数(单位为 F/m)。

介电常数随着压电材料不同而异，如锆钛酸铅相对介电常数为 460～3400。

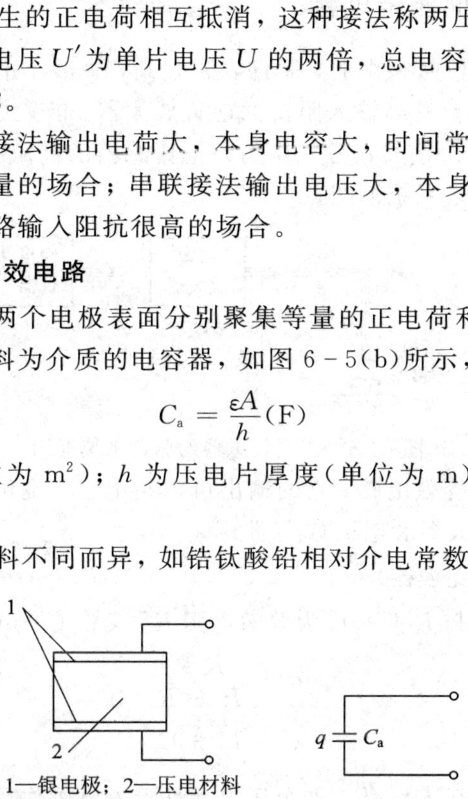

图 6-5　压电传感器原理图和等效电路

当两极板聚集异性电荷时，两极板之间所呈现电压为

$$U = \frac{q}{C_a} \tag{6-4}$$

所以可以把压电式传感器等效为一个电源 U 和一个电容器 C_a 的串联电路，如图 6-6(a)所示。由图可见，只有在负载无穷大，内部也无漏电时，受力所产生的电压 U 才能长期保存下来；如果负载不是无穷大，则电路就要以时间常数 $R_L C_a$(R_L 为负载电阻)按指数规律放电。因此当压电式传感器用来测量一个变化频率很低的参数时，就必须保证 R_L 很大，以使时间常数 $R_L C_a$ 足够大，通常 R_L 需达数百兆欧以上。压电传感器也可看作电荷发生器，这样可等效为一个电荷源与一个电容并联的等效电路，如图 6-6(b)所示。图 6-7 所示为压

电式传感器完整的等效电路。

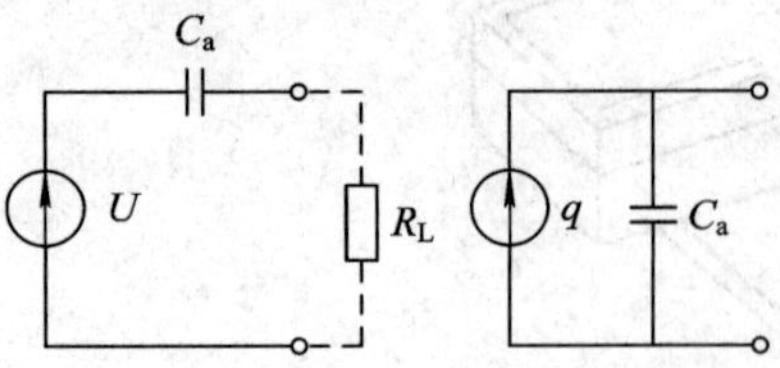

(a) 电压源　(b) 电流源

图 6-6　压电式传感器的等效电路

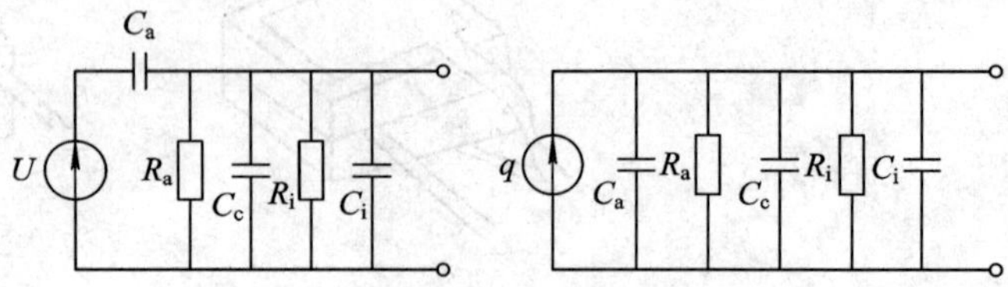

(a) 电压源　(b) 电荷源

图 6-7　压电式传感器完整的等效电路

6.1.3　压电式传感器的测量电路

压电式传感器的输出信号很微弱，而且内阻很高，一般不能直接显示和记录，需要采用低噪声电缆把信号送到具有高输入阻抗的前置放大器。前置放大器有两个作用，一是放大压电式传感器的微弱输出信号；另一作用是把传感器的高阻抗输出变换成低阻抗输出。图6-8是压电传感器的测量系统框图。

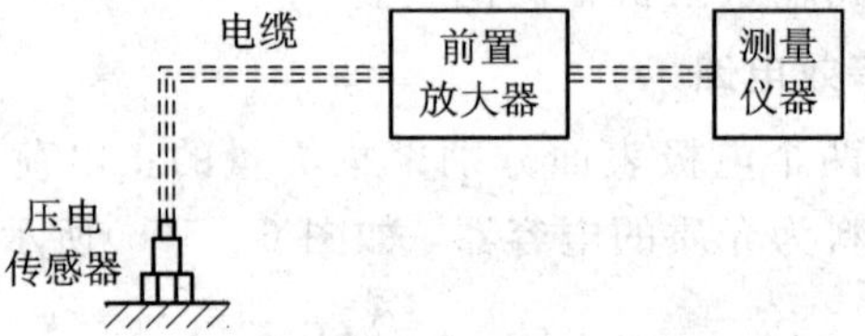

图 6-8　压电传感器的测量系统框图

根据压电式传感器的等效电路，它的输出可以是电压，也可以是电荷，因此前置放大器也有两种形式：电压放大器和电荷放大器。

1. 电压放大器(阻抗变换器)

将图 6-7(a)中的 R_a 与 R_i 并联成为等效电阻 R，又将 C_c 与 C_i 并联为等效电容 C，则

$$R = \frac{R_a R_i}{R_a + R_i}$$

$$C = C_c + C_i$$

压电传感器的开路电压 $U=\frac{q}{C_a}$，如果压电元件沿着电轴作用的交变力 $f=F_m \sin\omega t$，则所产生的电荷与电压均按正弦规律变化，其电压为

$$u = \frac{dF_m}{C_a}\sin\omega t \tag{6-5}$$

式中，d 为压电系数。

电压的幅值 $\frac{dF_m}{C_a}$ 为送到放大器输入端的电压。由式(6-5)变化可得

$$U_i = dF\frac{j\omega R}{1 + j\omega R(C_a + C_c + C_i)} \tag{6-6}$$

由式(6-6)可得放大器输入电压的幅值 U_{im} 为

$$U_{im} = \frac{dF_m\omega R}{\sqrt{1 + \omega^2 R^2 (C_a + C_c + C_i)^2}} \tag{6-7}$$

输入电压与作用力之间的相位差为

$$\varphi = \frac{\pi}{2} - \arctan\omega(C_a + C_c + C_i)R \tag{6-8}$$

当 $\omega R(C_a+C_c+C_i)\gg 1$ 时，放大器输入电压幅值为

$$U_{im} = \frac{dF_m}{C_a + C_c + C_i} \tag{6-9}$$

由式(6－9)可见，放大器输入电压 U_{im} 与频率无关，因此为了扩展频带的低频段，就必须提高回路的时间常数 $R(C_a+C_c+C_i)$。如果单靠增大测量回路电容量的办法来达到，则必然将影响传感器的灵敏度 $S(S=U_{im}/F_m\approx d/(C_a+C_c+C_i))$，为此常采用 R_i 很大的前置放大器。由式(6－9)可见，当改变连接传感器与前置放大器的电缆长度时，C_c 将改变，U_{im} 也随之变化，从而使前置放大器的输出电压 $U_o=AU_i$ 也变化(A 为前置放大器的增益)。

因此，传感器与前置放大器组成的整个测量系统的输出电压与电缆电容有关，在设计时，常常把电缆长度定为一常数，所以在使用时，如果改变电缆长度，必须重新校正灵敏度，否则由于电缆电容 C_c 的改变将引入误差。随着集成技术的发展，将阻抗变换器直接与后面测量电路的器件集成，引线很短，避免了电缆电容对灵敏度的影响，同时，也消除了电缆噪声。

图 6－9 是一种电压放大器(阻抗变换器)电路图。它具有很高的输入阻抗(一般 1000 MΩ以上)和很低的输出阻抗(小于 100 Ω，频率范围 2 kHz～100 kHz)。因此用该阻抗变换器可将高内阻的压电传感器与一般放大器相匹配。

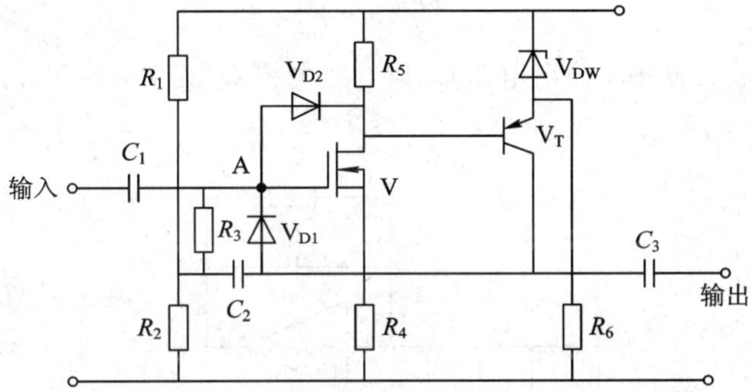

图 6－9　阻抗变换器电路图

图 6－9 所示该阻抗变换器第一级采用 MOS 场效应管构成源极输出器；第二级用锗管构成对输入端的负反馈，以提高输入阻抗，电路中的 R_1、R_2 是场效应管 V 的偏置电阻，R_3 是一个 100 MΩ 的大电阻，主要起提高输入阻抗的作用，R_5 是场效应管的漏极负载电阻，根据 V 漏极电流大小即可确定 R_5 的数值(在调试中确定)，R_4 是源极接地电阻，也是 V_T 的负载。

R_4 上的交流电压通过 C_2 反馈到场效应管的输入端，使 A 点电位提高，保证了较高的交流输入阻抗。二极管 V_{D1}、V_{D2} 起保护场效应管的作用，同时又可以起温度补偿作用。它利用二极管的反向电流随温度变化来补偿场效应管泄漏电流 I_{SG} 和 I_{DG} 随温度的变化。由于 V 和 V_T 是直接耦合，所以采用稳压管 V_{DW} 时起稳定 V_T 的固定偏压作用。R_6 是 V_{DW} 的限流电阻，使 V_{DW} 工作在稳定区。

在图 6-9 中，如果只考虑 V 构成的场效应管源极输出器，则输入阻抗

$$R_i = R_3 + \frac{R_1 R_2}{R_1 + R_2} \tag{6-10}$$

通过 C_2 从输出端引入负反馈电压后，输入阻抗为

$$R_{if} = \frac{R_i}{1 - K_u} \tag{6-11}$$

式中：K_u 是加上负反馈后的源极输出器的电压增益，其值接近 1。因此加负反馈后的输入阻抗可提高到几百甚至几千兆欧，以满足压电式传感器对前置放大器的要求。

2. 电荷放大器

电荷放大器是一个有反馈电容 C_f 的高增益运算放大器。当略去 R_a 与 R_i 并联的等效电阻 R 后，压电传感器和电荷放大器连接的等效电路可用图 6-10 表示。图中，A 是运算放大器。由于放大器的输入阻抗极高，因此认为放大器输入端没有分流。根据运算放大器的基本特性，当工作频率足够高$\left(\frac{1}{R_f} \ll \omega C_f\right)$时，忽略$(1+A)/R_f$，可以求得电荷放大器的输出电压 U_o。

$$U_o = \frac{-Aq}{C_a + C_c + C_i + (1+A)C_f} \tag{6-12}$$

式中：A 是运算放大器的开环增益，负号表示放大器的输入和输出反相。当 $A \gg 1$，满足 $(1+A)C_f > 10(C_a + C_c + C_i)$ 时，就可以认为

$$U_o \approx -\frac{q}{C_f} \tag{6-13}$$

可见，在电荷放大器中，输出电压 U_o 与电缆电容 C_c 无关，而与 q 成正比，这是电荷放大器的突出优点。

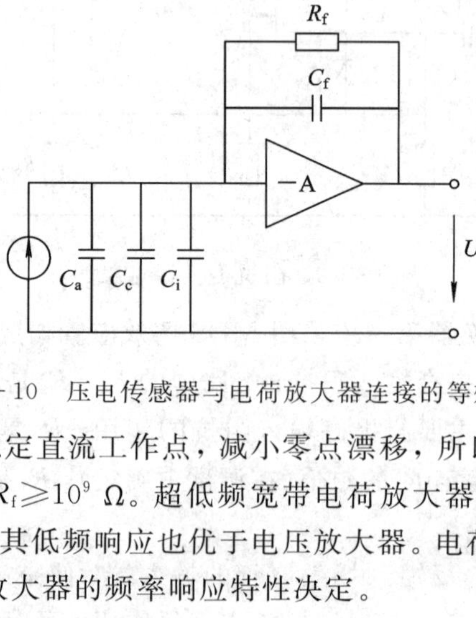

图 6-10 压电传感器与电荷放大器连接的等效电路

在图 6-10 中，为了稳定直流工作点，减小零点漂移，所以在反馈电容 C_f 上并联一个直流反馈电阻 R_f，一般取 $R_f \geqslant 10^9\ \Omega$。超低频宽带电荷放大器下限截止频率可达 10^{-4} Hz，输出阻抗小于 100 Ω，可见其低频响应也优于电压放大器。电荷放大器的工作上限允许频率由运算放大器的频率响应特性决定。

6.1.4 压电式传感器的应用

压电元件是一类典型的力敏感元件，可用来测量最终能转换成力的多种物理量。

压电脉搏测试仪

1. 微振动检测仪

PV－96 压电加速度传感器可用来检测微振动，其电路原理图如图 6－11 所示。该电路由电荷放大器和电压调整放大器组成。

由图 6－11 可知，第一级是电荷放大器，其低频响应由反馈电容 C_1 和反馈电阻 R_1 决定，低频截止频率为 0.053 Hz，R_f 是过载保护电阻；第二级为输出调整放大器，调整电位器 R_{w1} 可使其输出约为 50 mV/gal（1 gal＝1 cm/S^2）。在低频检测时，频率愈低，闪变效应的噪声愈大，该电路的噪声电平主要由电荷放大器的噪声决定，为了降低噪声，最有效的方法是减小电荷放大器的反馈电容。但是当时间常数一定时，由于 C_1 和 R_1 呈反比关系，考虑到稳定性，反馈电容 C_1 的减小应适当。

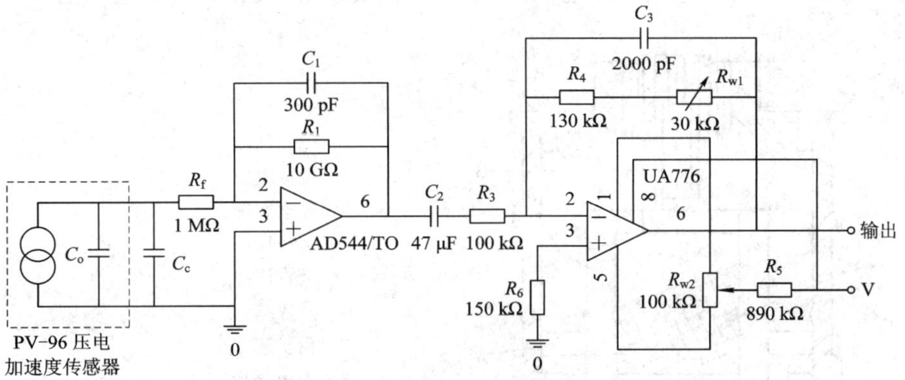

压电传感器振动分析

图 6－11　微振动检测电路原理图

2. 压电式压力传感器

压电式压力传感器根据使用要求不同，有各种不同结构，但工作原理相同。图 6－12 是其结构示意图。

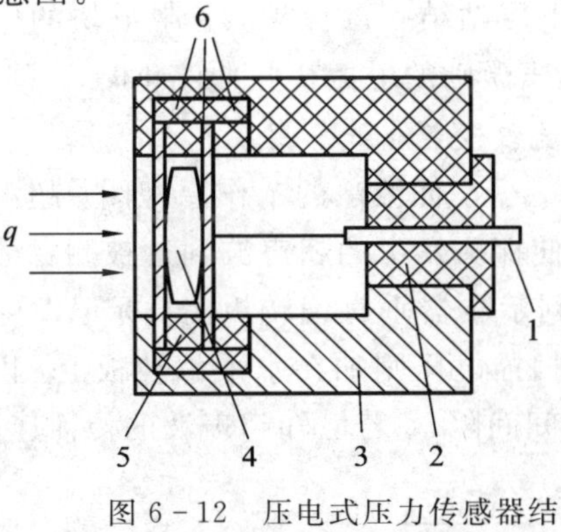

1—引线插件；
2、6—绝缘体；
3—壳体；
4—压电元件；
5—膜片

压电传感器测力

图 6－12　压电式压力传感器结构示意图

当压力 p 作用在膜片上时，压电元件的上、下表面产生电荷，电荷量与作用力 F 成正比。而 $F=pS$（S 为压电元件受力面积），因此式(6－1)可以写成

$$q = d_{11}F = d_{11}pS$$

可见，对于选定结构的传感器，输出电荷量(或电压)与输入压力成正比关系，所以线性度较好。

压电式压力传感器的测量范围很宽，能测低至 10^2 N/m^2 的低压及高至 10^8 N/m^2 的高压，且频响特性好、结构坚实、体积小、重量轻、使用寿命长，所以广泛应用于内燃机的气缸、油管、进排气管的压力测量，在航天和军事工业上的应用也很广泛。

4. 基于压电效应的超声波传感器

超声波是机械波的一种，其频率大于 20 kHz，由于超声波的波长短，绕射现象小，能定向传播，并在传播的过程中衰减很小，所以在工业和医学领域内得到了广泛应用。

超声波传感器(也称超声探头)实质上是一种可逆的换能器，它将电振荡的能量转变为机械振荡，形成超声波，或者由超声波能量转变为电振荡。因此超声波传感器可分为发送器及接收器，发送器是将电能转变为超声波，而接收器则是将接收到的超声波能量转变为电能。

基于压电效应的超声波传感器结构如图 6-13 所示，其核心部分为压电晶片。压电式超声探头可发射和接收超声波，它是由压电晶片、阻尼块(吸收块)及保护膜等组成的。

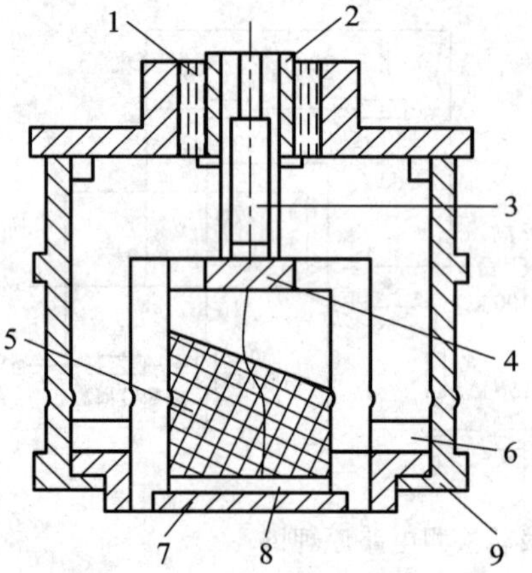

1—绝缘柱；
2—接触座；
3—导电螺杆；
4—接线片；
5—吸收块；
6—晶片座；
7—保护膜；
8—压电晶片；
9—金属外壳

图 6-13 压电式超声探头结构图

压电晶片为圆形平板，其厚度与超声波频率成反比。晶片的两面镀有银层作为导电电极。为防止晶片与工件接触而磨损，在晶片下层粘结一层保护膜。阻尼块的作用是降低晶片的机械品质因数 Q_m，吸收声能，其目的是当激励的电振荡脉冲停止时，可防止压电晶片因惯性作用继续振动，而使超声波的脉冲宽度改变，分辨率变差。

图 6-14 是用超声波检测厚度的方法之一——回波法的工作原理图。超声波探头与被测物体表面接触，主控制器控制发射电路，使探头发出的超声波到达被测物体底面而反射回来，该脉冲信号又被探头接收，经放大加到示波器垂直偏转板上。标记发生器输出时间和脉冲信号，同时加到该垂直偏转板上，而扫描电压则加在水平偏转板上。因此，在示波器上可直接读出发射与接收超声波之间的时间间隔 t。若已知超声波的传播速度为 c，则可求得被测物体的厚度 $h=ct/2$。

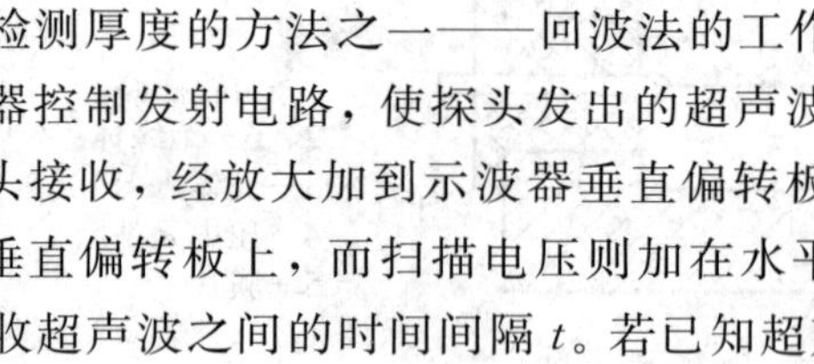

图 6-14 超声波检测厚度工作原理图

6.1.5　压电式工业传感器

压电式工业应用加速度传感器 CA-YD-168A 实物图如图 6－15 所示。

图 6－15　加速度传感器 CA-YD-168

CA-YD 系列 IEPE 压电式加速度传感器内部自带了电荷放大器(IEPE 为 Integrated Electronics Piezo Electric 的缩写，即内部集成了电路的加速度计)。供电和信号输出共用一根电缆(俗称二线制方式，即用同轴电缆给传感器供给 2 mA～10 mA 的恒流电源，而输出信号也由该同轴电缆输出，国际上通称 ICP 方式)，这样不但降低了干扰，提供了可靠性，而且简化了测试方式。IEPE 加速度传感器可以采用通用电缆进行传输，它同时可定制 TEDS 功能，为智能化测试提供必要的条件。

压电式工业应用加速度传感器的特点如下：

(1) 内置 IEPE 放大器，二线制，噪声低，抗干扰强。

(2) 隔离浮置结构，用于工业现场。

(3) 可配长探针进行振动测试 。

(4) 两芯 MIL-C-5015，两芯插座输出。

6.1.6　压电式传感器振动测量实验

压电传感器振动测量实验

1. 实验目的

了解压电传感器的原理和测量振动的方法。

2. 实验内容

掌握压电传感器振动的测量原理。

3. 实验仪器

传感器检测技术综合实验台、压电传感器、±15 V 电源底板、整流滤波模块、比例运算模块、示波器、无感应螺丝刀和导线。

4. 实验原理

压电式传感器是一种典型的发电型传感器，其传感元件是压电材料，它以压电材料的压电效应为转换机理实现力到电量的转换。压电式传感器可以对各种动态力、机械冲击和振动进行测量，在声学、医学、力学、导航方面都得到了广泛的应用。振动源模块中的低频振荡器给电磁铁的电磁线圈供电，产生吸引振动台的动态力，推动振动台发生振动，固定在振动盘上的压电传感器将感受到的振动转换为电荷量，通过电荷放大器放大并转换为电压，再通过低通滤波器滤除高频干扰，输出低频交流电压，反映振动台振动的频率和幅度。当低频振荡器的激励变化使振动台振动的频率和幅度变化时，传感器输出的低频交流电压发生相应变化，从而得到振动台的振动特性。

本实验采用的压电式加速度传感器的实验原理、电荷放大器原理图如图 6-16、图 6-17 所示。

图 6-16　压电式加速度传感器实验原理图

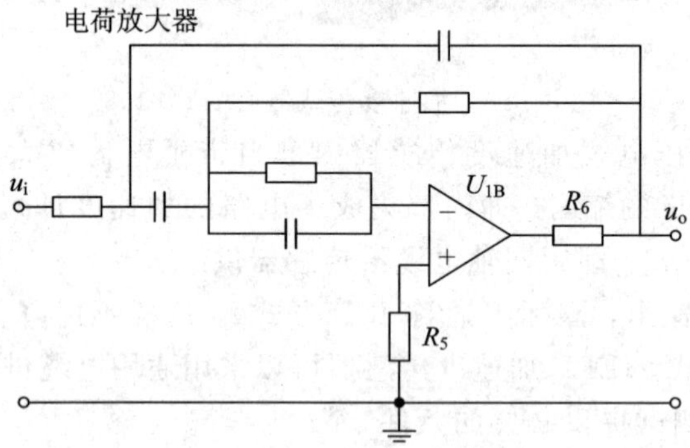

图 6-17　电荷放大器原理图

5. 注意事项

(1) 实验过程中不要带电拔插导线。

(2) 严禁电源对地短接。

6. 实验步骤

实验接线图如图 6-18 所示。

(1) 断开实验台总电源及实验底板电源开关，用导线将实验台上的±15V 电源引入实验底板左侧对应的+15Vin、-15Vin 以及 GNDin 端子，将“振动源模块”“比例运算模块”“整流滤波模块”按照正确方向对应插入实验底板。

注意：合理的位置摆放有利于实验连线以及分析实验原理。

(2) 将压电传感器固定于振动盘上，确保压电传感器顶部的铁质螺钉与振动盘点磁铁可靠固定，按照图 6-18 连接实验导线，将振动源模块的频率、幅度旋钮逆时针转到底，将 SW 开关拨到 RW2 侧，关闭振动开关，将比例运算模块的 Vout3 接至电压表。

注意：压电传感器输出有黄色和黑色 2 根线，均为压电信号输出端。

(3) 比例运算电路调零：JP1～JP6 依次短接为“接通”“10K”“10K”“接通”“10K”“C3”(若实验效果不明显，可断开电容 C3)，将 RW1 逆时针旋到底(比例放大倍数约为 4×1×1)，短接 Vin1+与 Vin1-到 GND。检查上述实验操作无误后，打开实验台总电源及实验底板电源开关，调节 RW2 使电压表读数$|U_o|<|0.1\ V|$，调零完毕。然后关闭实验台电源和实验底板电源开关，拆除比例运算模块的输入短接线和输出线。

注意：比例运算模块调零完毕，若非实验要求，则一级、二级及调零电路不允许再次进行调整。

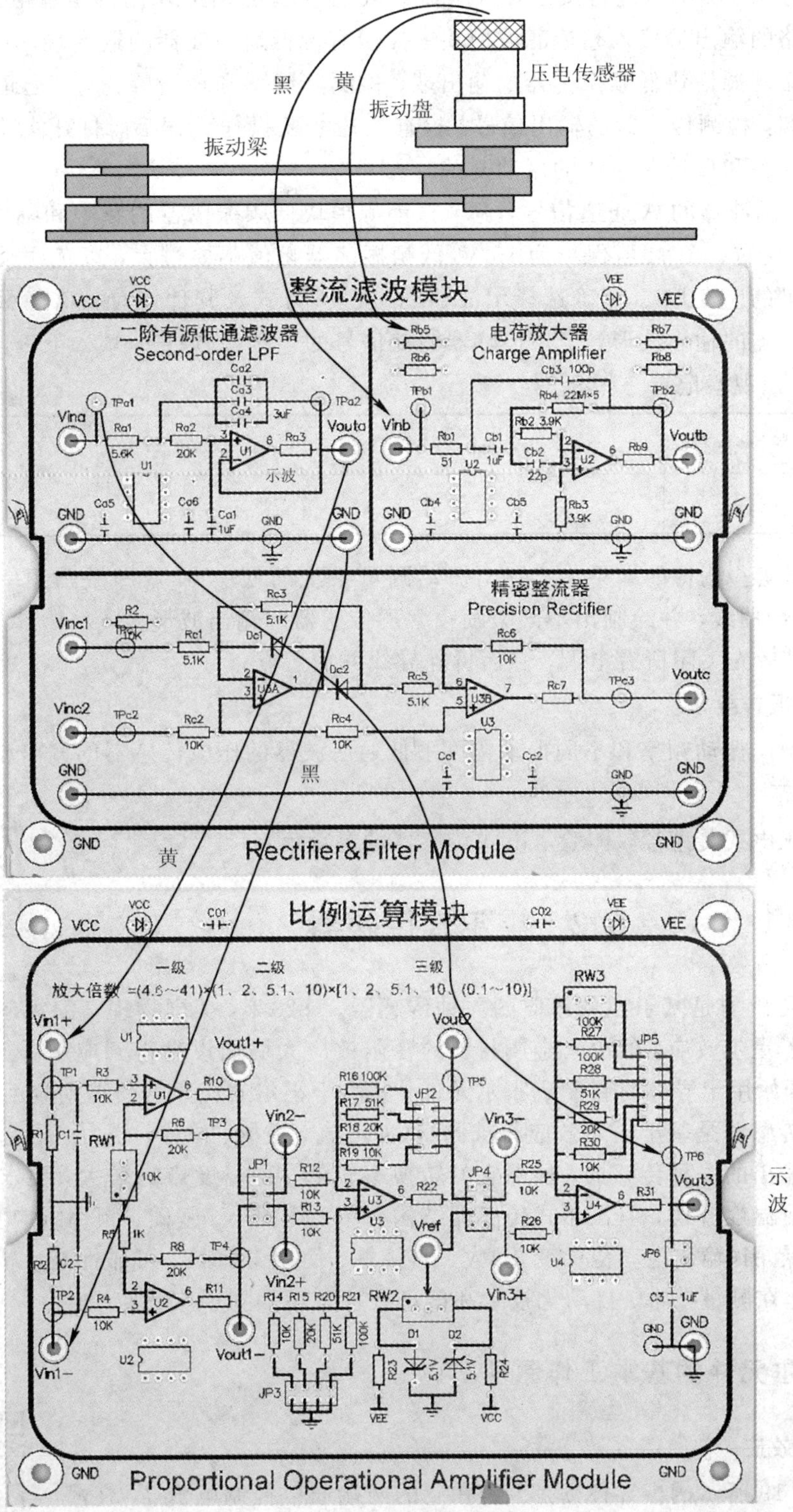
压电传感器
黑
黄
振动盘
振动梁
整流滤波模块
VCC
VEE
二阶有源低通滤波器
Second-order LPF
电荷放大器
Charge Amplifier
Vina
Vouta
Vinb
Voutb
示波
GND
精密整流器
Precision Rectifier
Vinc1
Vinc2
Voutc
黑
黄
Rectifier&Filter Module
比例运算模块
一级
二级
三级
放大倍数 =(4.6~41)×(1、2、5.1、10)×[1、2、5.1、10、(0.1~10)]
Vin1+
Vout1+
Vout2
Vin2−
Vin3−
Vout3
Vin2+
Vref
Vin3+
Vout1−
Vin1−
示
波
Proportional Operational Amplifier Module

图 6-18　实验接线图

(4) 按图 6－18 所示进行接线，将电荷放大器的输出端接入比例运算电路的输入端，比例运算电路的输出端接入整流滤波模块中二阶有源低通滤波器的输入端；双踪示波器的 A 通道接入振动源模块低频振荡器的输出端，检测其频率和峰一峰值，B 通道接入低通滤波器的输出端，检测传感器的输出信号。检查上述实验操作无误后，打开实验台电源及实验底板电源开关和振动源模块的振动开关。

(5) 观察示波器的 A 通道信号，调节振动源模块低频振荡器的频率和幅值旋钮，将频率调到 8 Hz 左右，峰-峰值保持为 15 V(低频振荡器幅值不要过大，以免振动台振幅过大而损坏振动梁的应变片)。正确选择示波器的“触发”方式及其他设置，观察示波器的 B 通道信号即传感器的输出波形，记录传感器输出信号的电压峰-峰值，填入下表，然后频率每增加 3 Hz 分别观察记录一次。

激励频率 f/Hz	8	11	14	17	20
U_{P-P}/V					

(6) 根据实验测得的结果，绘制出振动测量系统的 $f-U_{P-P}$，即激励频率与输出电压峰-峰值的特性曲线，并绘制出不同激励频率下传感器的输出波形。

实验完毕，先关闭所有电源，然后拆除导线并放置好。

7. 实验报告要求

绘制出不同振动频率和不同振动幅度下低通滤波器的压电传感器的输出波形。

8. 思考题

用手敲压电式传感器，体验压电式传感器的灵敏度。

6.2 霍尔式传感器

霍尔式传感器

霍尔式传感器是基于霍尔效应的一种传感器。1879年，美国物理学家霍尔首先在金属材料中发现了霍尔效应，但由于金属材料的霍尔效应太弱而没有得到应用。随着半导体技术的发展，开始用半导体材料制成霍尔元件，其由于霍尔效应显著而得到应用和发展。

霍尔式传感器是基于霍尔效应将被测量(如电流、磁场、位移、压力、压差、转速等)转换成电动势输出的一种传感器。虽然它的转换率较低、受温度影响较大，要求转换精度较高时必须进行温度补偿，但霍尔式传感器结构简单、体积小、坚固、频率响应宽(从直流到微波)、动态范围(输出电动势的变化)大、非接触、使用寿命长、可靠性高、易于微型化和集成化，因此在测量技术、自动化技术和信息处理方面得到了广泛应用。

6.2.1 霍尔元件的基本工作原理

1. 霍尔效应

霍尔效应

如图 6－19 所示的半导体薄片，若在它的两端通以控制电流 I，在薄片的垂直方向上施加磁感应强度为 B 的磁场，那么在薄片的另两侧会产生一个与控制电流 I 和磁感应强度 B 的乘积成比例的电动势 E_H，这个电动势称为霍尔电动势，这一现象称为霍尔效应，该半导体薄片称为霍尔元件。

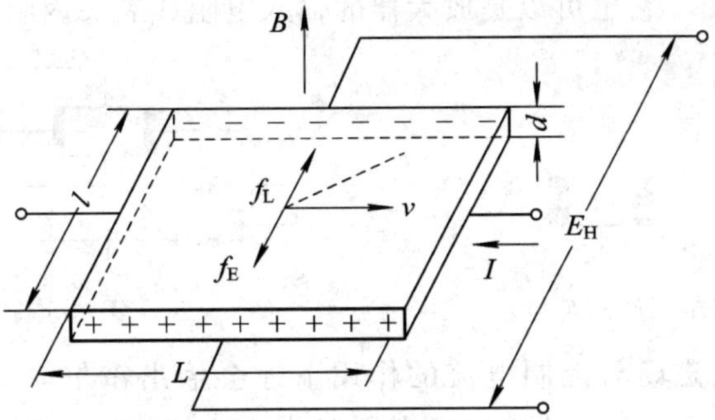

图 6-19　霍尔效应原理图

2. 工作原理

霍尔效应的产生是由于运动电荷受磁场中洛伦兹力作用的结果。假设在 N 型半导体薄片上通以电流 I，如图 6-19 所示，则半导体中的载流子(电子)沿着和电流相反的方向运动(电子速度为 v)，由于在垂直于半导体薄片平面的方向上施加磁场 B，所以电子受到洛仑兹力 f_L 的作用，向一边偏转(图 6-19 中虚线方向)，并使该边形成电子积累，而另一边则为正电荷积累，于是形成电场。该电场阻止运动电子的继续偏转，当电场作用在运动电子上的力 f_E 与洛伦兹力 f_L 相等时，电子的积累便达到动态平衡。

在薄片两横断面之间建立电场，其对应的电动势称为霍尔电动势 E_H，其大小可用下式表示：

$$E_H = \frac{R_H IB}{d} \tag{6-14}$$

式中：R_H 为霍尔系数(单位为 m^3/C)；I 为控制电流(单位为 A)；B 为磁感应强度(单位为 T)；d 为霍尔元件厚度(单位为 m)。

霍尔系数 $R_H = \rho\mu$，ρ 为载流体的电阻率，μ 为载流子的迁移率，半导体材料(尤其是 N 型半导体)的电阻率较大，载流子迁移率很高，因而可以获得很大的霍尔系数，适合于制造霍尔元件。令 $K_H = R_H/d$($V \cdot m^2/(A \cdot Wb)$)称为霍尔元件的灵敏度，则

$$E_H = K_H IB \tag{6-15}$$

如果磁感应强度 B 和元件平面法线成一角度 θ，则作用在元件上的有效磁场是其法线方向的分量，即 $B\cos\theta$，这时

$$E_H = K_H IB\cos\theta \tag{6-16}$$

当控制电流的方向或磁场的方向改变时，输出电动势的方向也将改变。但当磁场与电流同时改变方向时，霍尔电动势极性不变。

由上述分析可知，霍尔电动势的大小正比于控制电流 I 和磁感应强度 B。灵敏度 K_H 表示在单位磁感应强度和单位控制电流时输出霍尔电动势的大小，一般要求它越大越好。此外，元件的厚度 d 愈薄，K_H 就愈高，所以霍尔元件的厚度一般都比较薄。

3. 基本电路

在电路中，霍尔元件可用两种符号表示，如图 6-20 所示。霍尔元件的基本电路如图

6－21 所示。控制电流由电源 E 供给，R_P 为调节电阻，用来调节控制电流的大小。霍尔元件输出端接负载电阻 R_L，它也可以是放大器的输入电阻或表头内阻等。

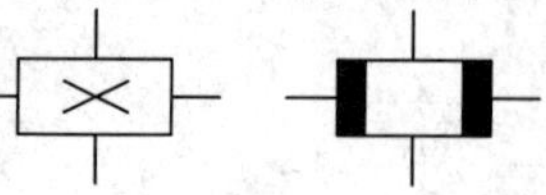

图 6－20　霍尔元件的符号

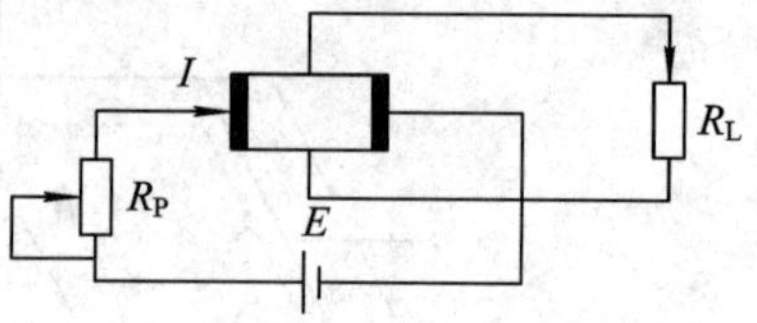

图 6－21　霍尔元件的基本电路

由于霍尔元件须在磁场与控制电流的作用下才会输出霍尔电动势，所以在实际使用时，可把 I 或 B 作为输入信号，或将这两者同时作为输入信号，而输出信号则正比于 I 或 B，或两者的乘积。由于建立霍尔效应所需的时间很短(约 10^{-12} s～10^{-14} s)，因此控制电流为交流时频率可达 10^9 Hz 以上。

4. 霍尔元件的结构

目前，最常用的霍尔元件材料是锗(Ge)、硅(Si)、锑化铟(InSb)、砷化铟(InAs)和不同比例亚砷酸铟和磷酸铟组成的 In 型固熔体等半导体材料。

20 世纪 80 年代末出现了一种新型霍尔元件——超晶格结构(砷化铝/砷化镓)的霍尔器件，它可以用来测微磁场。可以说，超晶格霍尔元件是霍尔元件的一个质的飞跃。霍尔元件的外形如图 6－22(a)所示，图 6－22(b)为霍尔元件结构示意图。

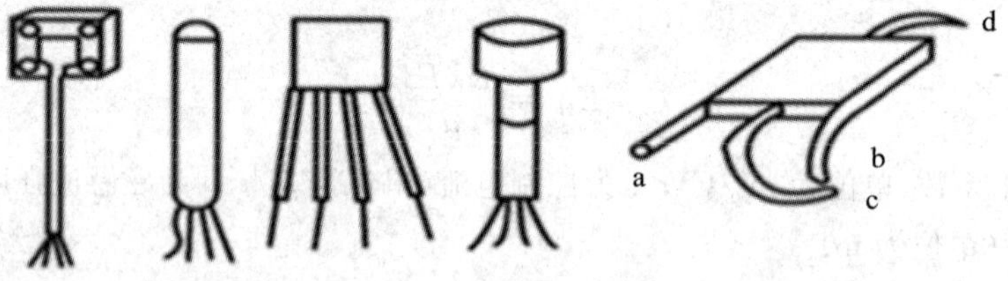

(a) 霍尔元件外形　　(b) 霍尔元件结构示意图

图 6－22　霍尔元件

6.2.2　霍尔元件的测量电路和误差分析

在实际使用中，存在着各种影响霍尔元件精度的因素，即在霍尔电动势中叠加着各种误差电势，这些误差电势产生的主要原因有两类：一类是由于制造工艺的缺陷；另一类是由于半导体本身固有的特性。这里只分析不等位电势和温度影响两个主要误差。

1. 不等位电势 U_0 及其补偿

不等位电势 U_0 是一个主要的零位误差，如图 6－23 所示。霍尔电动势是从 A、B 两点引出的，由于工艺上无法保证霍尔电极 A、B 完全焊在同一等位面上，因此当控制电流 I 流过元件时，即使不加磁场，A、B 两点间也存在一个电势 U_0，这就是不等位电势。

在分析不等位电势时，可以把霍尔元件等效为一个电桥，见图 6－24。电桥臂的四个电阻分别是 R_1、R_2、R_3、R_4，当两个霍尔电极 A、B 处在同一等位面上时，$R_1=R_2=R_3=R_4$，电桥平衡，不等位电势 U_0 等于零。当两个霍尔电极不在同一等位面上时，电桥不平衡，不等位电势不等于零。此时可根据 A、B 两点电位的高低，判断应在某一桥臂上并联一定的电阻，使电桥达到平衡，从而使不等位电势为零。

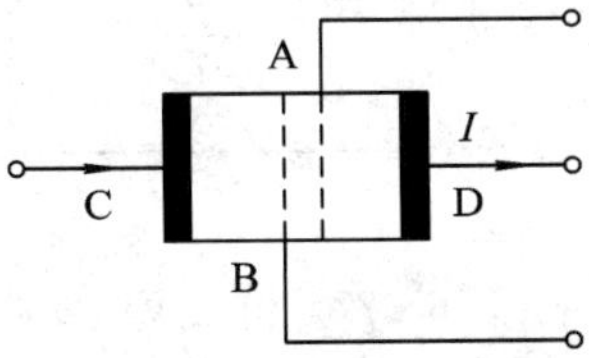

图 6-23　不等位电势示意图

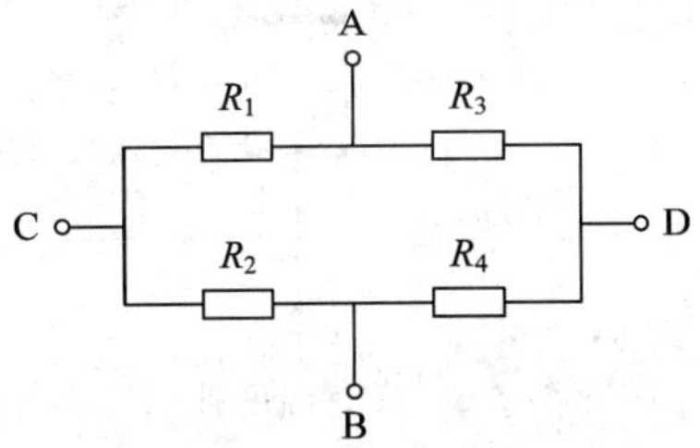

图 6-24　霍尔元件的等效电路

霍尔元件的几种补偿线路如图 6-25 所示。图中，(a)、(b)为常见补偿电路，(b)、(c)相当于在等效电桥的两个桥臂上同时并联电阻，其中图(c)调整比较方便，图(d)用于交流供电情况。如果确切知道霍尔电极偏离等位面的方向，则可在工艺上采取措施来减小不等位电势。

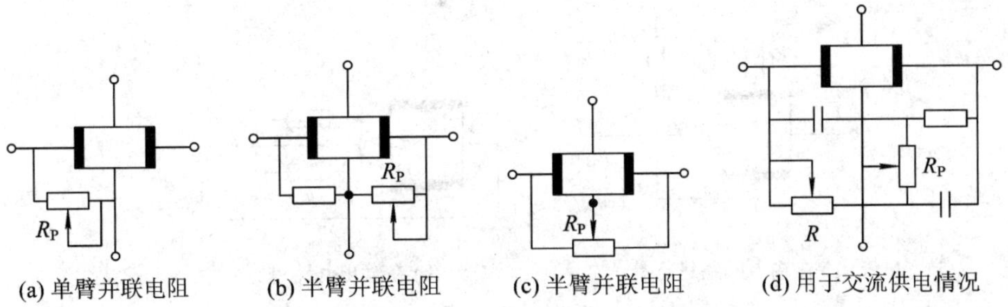

图 6-25　不等位电势的几种补偿线路

2. 温度误差及其补偿

霍尔元件与一般半导体器件一样，对温度的变化是很敏感的，这样会给测量带来较大的误差。这是因为半导体材料的电阻率、迁移率和载流子浓度等都随温度变化的缘故。因此，霍尔元件的性能参数(如内阻、霍尔电势等)也将随温度的变化而变化。

为了减小霍尔元件的温度误差，除选用温度系数小的元件或采用恒温措施外，用恒流源供电往往可以得到明显的效果。恒流源供电的作用是减小元件内阻随温度变化而引起的控制电流的变化。但是这还不能完全解决霍尔电动势的稳定问题。下面介绍几种温度补偿线路。

(1) 不等位电势的桥式补偿电路。图 6-26 是一种常见的具有温度补偿的不等位电势补偿电路。其中一个桥为热敏电阻 R_t，并且 R_1 与霍尔元件的等效电路的温度特性相同。

在磁感应强度 B 为零时，调节 R_{P1} 和 R_{P2}，使补偿电压抵消霍尔元件，此时输出不等位电势，从而使 $B=0$ 时的总输出电压为零。

(2) 恒流源供电。图 6-27 中，在控制极并联一个合适的补偿电阻 r_p，这个电阻起分流作用。当温度升高时，霍尔元件的霍尔电动势和内阻 R_i 都随之增加，由于补偿电阻 r_p 的存在，在 I 为定值时，通过霍尔元件的电流减小，而通过补偿电阻 r_p 的电流却增加，这样利用元件内阻的温度特性和一个补偿电阻，就可以使霍尔电动势的温度误差得到补偿。

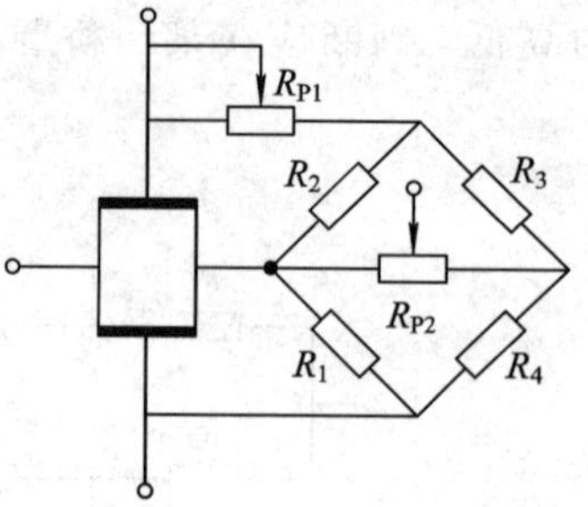

图 6-26　具有温度补偿的不等位电势补偿电路

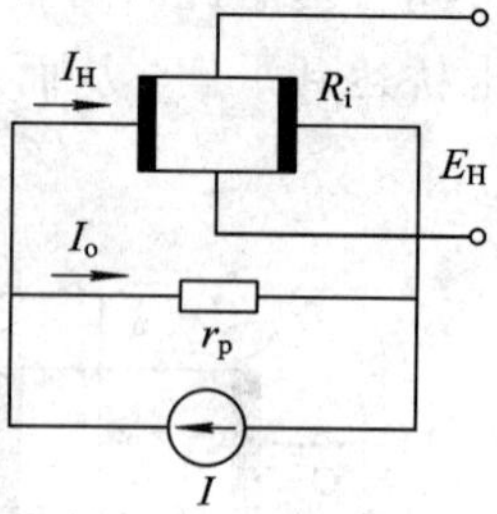

图6-27　恒流源温度补偿电路

(3) 采用热敏元件。对于由温度系数较大的半导体材料制成的霍尔元件，采用图6-28所示的温度补偿电路，图中 R_t 是热敏元件(热电阻或热敏电阻)。图6-28(a)是在输入回路进行温度补偿的电路；图6-28(b)则是在输出回路进行温度补偿的电路。在安装测量电路时，热敏元件最好和霍尔元件封装在一起或尽量靠近，以使二者的温度变化一致。

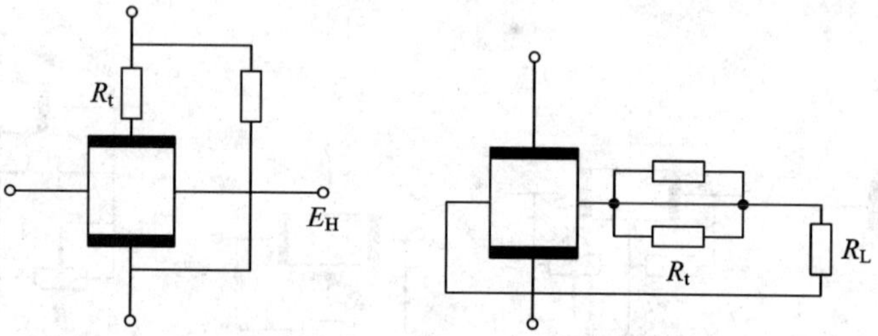

(a) 在输入回路进行补偿　　(b) 在输出回路进行补偿

图 6-28　采用热敏元件的温度补偿电路

6.2.3　霍尔元件的使用

1. 主要技术参数

(1) 额定控制电流。额定控制电流指霍尔元件温升 10 ℃所施加的控制电流值，单位为 mA。增大元件的控制电流可以获得较大的输出霍尔电动势。但在实际使用时，控制电流的增加受到霍尔元件最高温升的限制。

(2) 输入电阻 R_i 与输出电阻 R_o。R_i 是指控制电流极之间的电阻值，R_o 指霍尔电极之间的电阻，单位为 Ω。R_i 和 R_o 可以用直流电桥或欧姆表在无外磁场和室温条件下进行测量。

(3) 不等位电势 U_o 和不等位电阻 r_o。在额定控制电流下，不加外磁场时，霍尔电极间的空载电动势称为不等位电势 U_o，单位为 mV。可以在不加外磁场的条件下，将元件通以直流的额定控制电流，用直流电位差计测得空载霍尔电动势，这就是其不等位电势。

不等位电势 U_o 与额定控制电流 I 之比为元件的不等位电阻 r_o，即 $r_o=U_o/I$，单位为 Ω。

(4) 灵敏度 K_H。霍尔元件在单位磁感应强度和单位控制电流作用下的空载霍尔电动势值，称为霍尔元件的灵敏度 K_H。

(5) 寄生直流电势 U。在无外磁场的情况下，霍尔元件通以交流控制电流，开路的霍尔电极间输出的交流电势称为交流不等位电势 U_f，单位为 mV。在此情况下输出的直流电势称为寄生直流电势 U，单位为 μV。

(6) 霍尔电动势温度系数 α。在一定的磁感应强度和单位控制电流下，温度每改变 1 ℃，霍尔电动势值变化的百分率称为霍尔电动势温度系数 α，单位为 1/℃。

(7) 内阻温度系数 β。元件在无外磁场及工作温度范围内，温度每变化 1 ℃，输入电阻 R_i 与输出电阻 R_o 变化的百分率称为内阻温度系数 β，单位为 1/℃。由于不同温度时内阻温度系数值不等，因此一般取平均值。

(8) 热阻 R_Q。在霍尔电极开路的情况下，元件上的电功率损耗 I^2R_i 每改变 1 mW，元件温度的变化值称为热阻 R_Q，单位为℃/mW。

常用国产霍尔元件的技术参数见表 6-2。

表 6-2　常用国产霍尔元件的技术参数

参数名称/单位	符号	HZ—1 型	HZ—4 型	HT—2 型	HS—1 型
		材料(N 型)			
		Ge(111)	Ge(100)	InSb	InAs
电阻率/(Ω·cm)	ρ	0.8～1.2	0.4～0.5	0.003～0.005	001
几何尺寸/mm	$1\times b\times d$	8×4×0.2	8×4×0.2	8×4×0.2	8×4×0.2
输入电阻/Ω	R_i	110±20%	45±20%	0.8±20%	1.2±20%
输出电阻/Ω	R_o	100±20%	40±20%	0.5±20%	1±20%
灵敏系数/(mV/(mA·T))	K_H	>1.2	>4.0	0.18±20%	0.1±20%
不等位电阻/Ω	r_o	<0.07	<0.02	<0.005	<0.003
寄生直流电势/μV	U	<150	<100		
额定控制电流/mA	I	20	50	300	200
霍尔电势温度系数/(1/℃)	α	0.04%	0.03%	−1.5%	
内阻温度系数/(1/℃)	β	0.5%	0.3%	−0.5%	
热阻/(℃/mW)	R_Q	0.4	0.1		
工作温度/℃	T	−40～+45	−40～+75	0～+40	−40～+60

2. 元件的连接

为了得到较大的霍尔电动势输出，当元件的工作电流为直流时，可把几个霍尔元件输出串联起来，但控制电流极应该并联，如图 6-29(a)所示。不要连接成图 6-29(b)所示电路，因为控制电流极相串联时，有大部分控制电流将被相连的霍尔电势极短接，而使元件不能正常工作。通过调节 R_{P1}、R_{P2} 可使两单个元件输出电动势相等，而 A、B 端的输出等于单个元件的两倍。这种连接方式虽增加了输出电动势，但输出内阻随之增加。

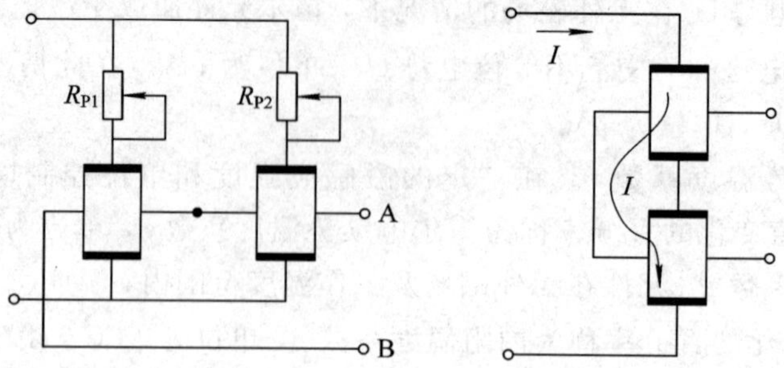

(a) 正确接法　　　　(b) 错误接法

图 6-29　霍尔元件输出迭加连接

3. 集成霍尔器件

将霍尔元件与放大电路集成在同一芯片内构成独立器件，已获得广泛应用。它体积小、价格便宜，而且带有补偿电路，有助于减小误差、改善稳定性。根据功能不同，集成霍尔器件有霍尔线性集成器件和霍尔开关集成器件两种。

1）霍尔线性集成器件

霍尔线性集成器件是将霍尔元件和放大电路等集成制作在一块芯片上，它的特点是输出电压在一定范围内与磁感应强度 B 成线性关系，被广泛使用于磁场检测、直流无刷电动机等场合。

霍尔线性集成器件由霍尔元件、放大、电压调整、电流放大输出级、失调调整及线性度调整等部分组成，有三端 T 型单端输出和八脚双列直插型双端输出两种结构。表 6-3 是我国 CS835 霍尔线性集成器件的主要参数。

表 6-3　CS835 主要参数

参数/单位	数　值	
电源电压/V	6	
电源电流/mA	15	13.5
高电平输出/V	≥2.4	≥2.5
低电平输出/V	≤0.5	
输出电流/mA	10	
灵敏度/(mV/mA·T)	10	
工作温度/℃	−20～+75	

2）霍尔开关集成器件

霍尔开关集成器件由霍尔元件、差分放大器、施密特触发器、功率放大输出器四个部分组成。它的特性如图 6-30 所示。其高低电平的转变所对应的磁感应强度 B 值不同，形成切换差(回差)。这是位式作用传感器的特点，对防止干扰引起的误动作有利。这种器件也有单端和双端输出两种结构。表 6-4 是国产霍尔开关器件的典型参数，它可以用于无触点开关。

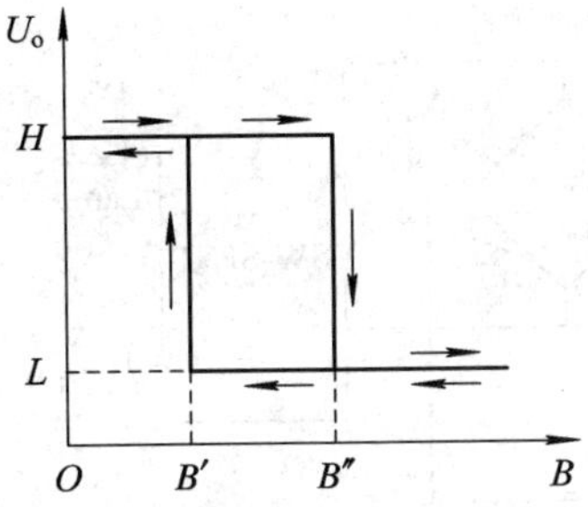

图 6-30　霍尔开关器件的特性

霍尔角位移测量 1　　霍尔角位移测量 2　　霍尔转速测量

表 6-4　国产霍尔开关器件的典型参数

参数/单位	高电压型	低电压型
电源电压/V	5～15	5～7.5
高电平输出/V	5～15	5～7.5
低电平输出/V	0.4	0.4
上动作点 B''/T	$(3.5～7.5)\times10^{-2}$	$(3.5～7.5)\times10^{-2}$
下动作点 B'/T	1×10^{-2}	1×10^{-2}

6.2.4　霍尔元件的应用

霍尔元件具有在静止状态下感受磁场作用，直接转变为电动势输出的能力，而且还具有结构简单、体积小、频率响应宽、动态范围大、寿命长、无触点等优点，因此获得了广泛应用。

利用霍尔输出正比于控制电流和磁感应强度乘积的关系，可分别使其中一个量保持不变，另一个量作为变量，或两者都作为变量，因此，霍尔元件大致可分为以上三种类型的应用。例如，保持元件的控制电流恒定，元件的输出就正比于磁感应强度，可用作测量恒定和交变磁场的高斯计等。当元件的控制电流和磁感应强度都作为变量时，元件的输出与两者乘积成正比，可用作乘法器、功率计等。

1. 霍尔接近开关

霍尔接近开关电路如图 6-31 所示。该霍尔接近开关电路能控制 220 V 交流电的霍尔开关，它通过对磁信号的探测实现电路的通断。通过控制一块条形磁铁的位置来实现控制磁场的变化，产生我们所需的 0.01 T 的磁场强度的变化量。用 SS495 霍尔片检测信号，静态时输出低电平，动态时输出高电平。uA741 构成电流并联正反馈放大电路。控制执行用单向硅管 2N1596，$I_e=1$ A，$U\geqslant400$ V，电源可变换器用交流电桥，静态时，它输出整流后的直流电位霍尔电路供电；动态时，它与可控硅作用，使电路导通。

从图 6-31 可知霍尔接近开关由四部分构成。

(1) 稳压电路。稳压电路有两种，可选元件稳压管、W7800 系列三端稳压器，但是考虑到 W7800 系列的稳压范围是小电压、小电流(像 W78L05 稳压为 5 V、0.1 A)，如果要得到大电压输出还要加上复杂的扩压电路。图 6-32 所示为稳压二极管。

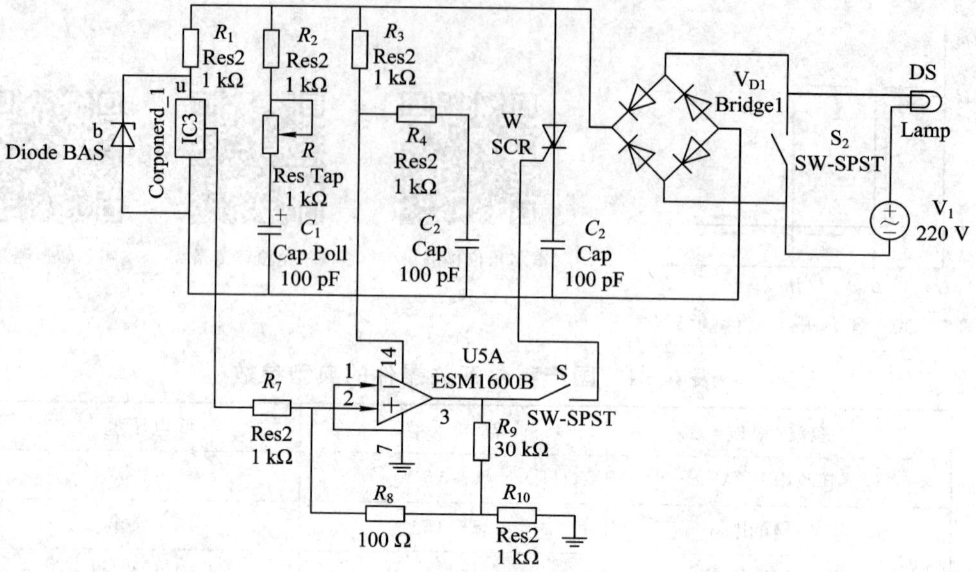

图 6－31　霍尔接近开关

(2) 信号采集。用霍尔片探测磁信号的变化再通过斯密特触发器处理后获得高低电平。霍尔元件电路图如图 6－33(a)所示。在信号采集的过程中，最重要的就是斯密特触发器的选择，可选用 74LS14。

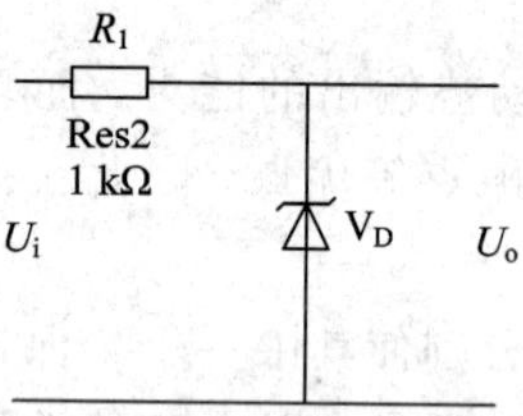

图 6－32　稳压二极管

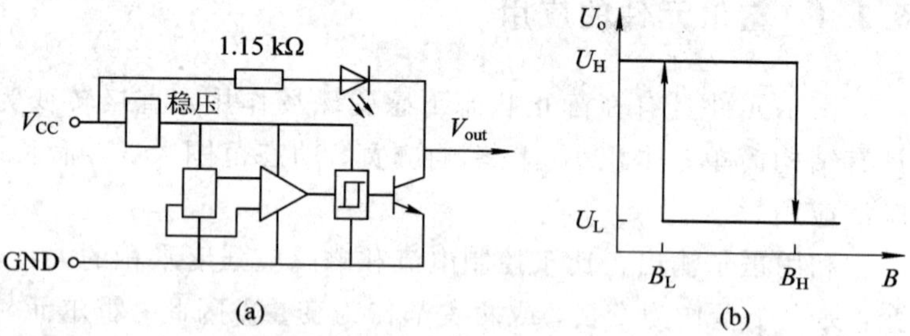

图 6－33　信号采集电路

(3) 放大电路。霍尔元件检测输出的电压值、电流值不足以实现对 SCR 单晶硅的作用，所以采用集成放大电路来对霍尔元件的输出电压进行放大。放大电路如图 6－34 所示。

(4) 整流电路。图 6－31 中的整流部分电路如图 6－35 所示，考虑到 U_i 为 220 V，根据整流二极管的特性，可以得出 $U_i \geqslant 1.2U_I$。可选用 1N4001 二极管。

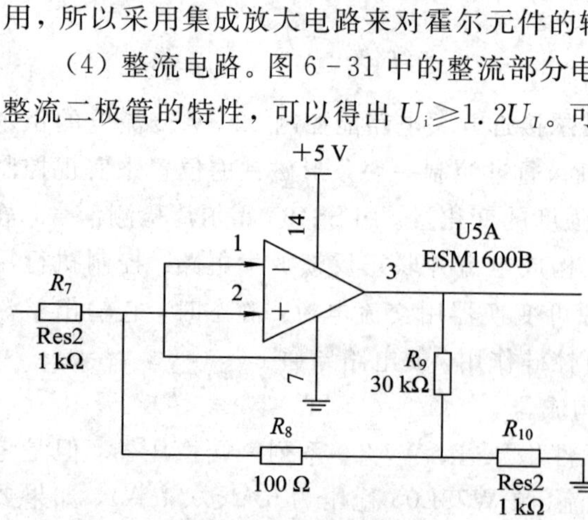

图 6－34　放大电路

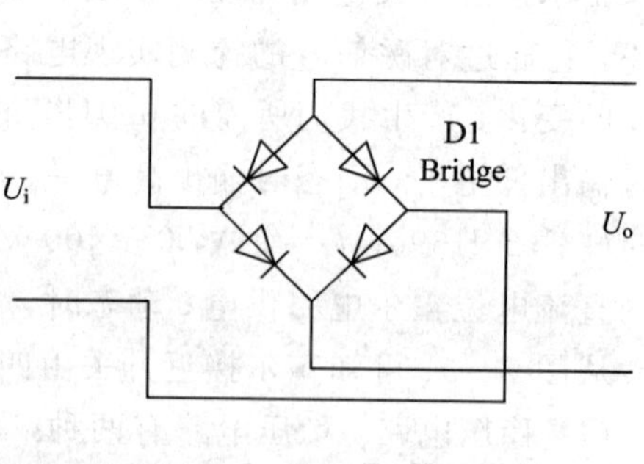

图 6－35　整流电路

2. 霍尔式压力传感器

霍尔元件组成的压力传感器基本包括两部分：一部分是弹性元件，如弹簧管或膜盒等，用它感受压力，并把它转换成位移量；另一部分是霍尔元件和磁路系统。图 6-36 所示为霍尔式压力传感器的结构示意图。其中，弹性元件是弹簧管，当被测压力发生变化时，弹簧管端部发生位移，带动霍尔片在均匀梯度磁场中移动，作用在霍尔片的磁场发生变化，使得输出的霍尔电势随之改变。

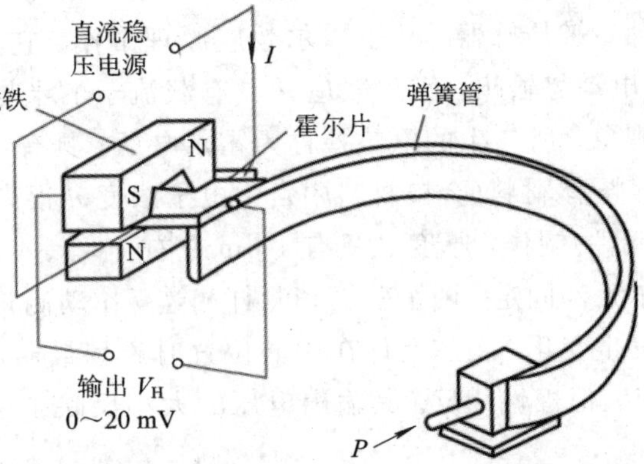

图 6-36　霍尔式压力传感器结构示意图

6.2.5　霍尔式工业传感器

Littelfuse 推出的变速器速度传感器如图 6-37，它属于汽车传感器的一种。其工作原理是：当传感器工作在变化的外部磁场中，其输出电压也会随之变化，适合用于测量变速器的速度和方向。

图 6-37　变速器速度传感器

该款变速器速度传感器的工作电压范围为 4 V～24 V，带宽最大为 20 kHz，工作磁场信号范围为 50 G～1500 G，工作温度范围为－40℃～＋150℃。用户还可以根据实际需要联系 Littelfuse 支持，进行产品封装定制。

该款变速器速度传感器的特点如下：

(1) 当目标车轮速度旋转时工作。

(2) 支持简单的嵌入式安装和凹入式安装。

(3) 连接器和端子可选。

(4) 输出电路可选。

(5) 可用来监视目标方向。

(6) 零速度检测。

(7) 非常适合恶劣的环境。

6.2.6　直流激励线性霍尔传感器的位移特性实验

直流激励线性霍尔传感器的位移特性实验

1. 实验目的

了解霍尔式传感器的原理与应用。

2. 实验内容

掌握霍尔传感器的位移测量方法。

3. 实验仪器

传感器检测技术综合实验台、±15 V电源底板、霍尔传感器、差动及霍尔传感器接口模块、比例运算模块、直线位移源模块、数字万用表、无感批和导线。

4. 实验原理

霍尔传感器是一种磁敏传感器，基于霍尔效应原理工作。它将被测量的磁场变化(或经磁场为媒介)转换成电动势输出，霍尔效应是具有载流子的半导体同时处在电场和磁场中而产生电势的一种现象，所产生的电势差称为霍尔电压。具有霍尔效应的元件称为霍尔元件，大多采用N型半导体材料(金属材料中自由电子浓度 n 很高，因此 R_H 很小，使输出 U_H 极小，不宜作霍尔元件)制作，厚度 d 只有1 μm左右。

将传感器中的霍尔元件固定，两个磁极和测杆相连，拉动测杆可使霍尔元件在两个同极性磁极之间的位置发生变化。霍尔元件在中心位置时磁场最弱，电压很小，往两端移动时则磁场增强，电压变大但极性相反。其输出电压的大小反映了位移的大小，输出电压的极性反映了位移的方向。

5. 注意事项

(1) 务必断电连线，否则极易烧坏霍尔传感器。

(2) 注意霍尔传感器引线的接法。

6. 实验步骤

实验接线图如图6-38所示。

(1) 断开实验台总电源及实验底板电源开关，用导线将实验台上的±15 V电源引入到实验底板左侧对应的+15Vin、-15Vin以及GNDin端子，将“差动及霍尔传感器接口模块”“比例运算模块”按照正确方向对应插入实验底板。

注意：合理的位置摆放有利于实验连线以及分析实验原理。

(2) 将霍尔传感器固定于直线位移源上，按照图6-38所示连接实验线路，将比例运算模块的Vout3接至电压表。

注意：霍尔传感器输出有4根线，其中红色和黄色为正负电源供电端，蓝色和黑色为信号输出端。

(3) 检查上述实验操作无误后，将可调电源调整到±2 V挡，确保电压限制在4 V以内，以保护霍尔传感器不被损坏，JP2短接为电阻Rb1，采用直流激励补偿，打开实验台总电源及实验底板电源开关。

(4) 比例运算电路调零：JP1～JP6依次短接为：“接通”“20K”“20K”“接通”“51K”“C3”，将RW1逆时针旋到底(比例放大倍数约为：4×1×5)，短接Vin1+与Vin1-到GND，电压表选择2 V挡，调节RW2使电压表读数 $|U_o|<|0.1\ V|$，调零完毕，恢复比例运算模块与霍尔模块的连接。

注意：比例运算模块调零完毕，若非实验要求，则一级、二级及调零电路不允许再次调整。

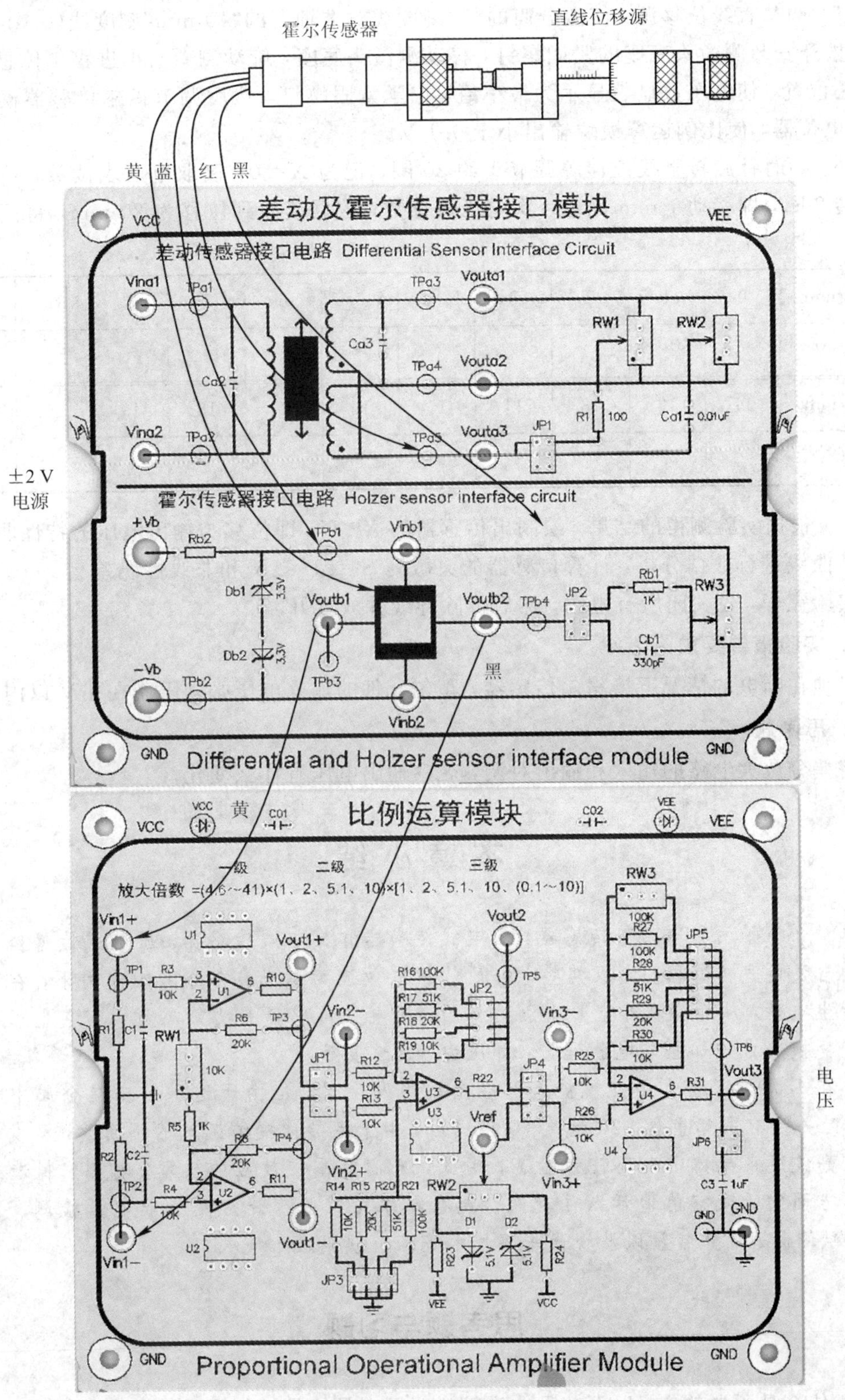
霍尔传感器
直线位移源
黄 蓝 红 黑
差动及霍尔传感器接口模块
差动传感器接口电路 Differential Sensor Interface Circuit
霍尔传感器接口电路 Holzer sensor interface circuit
±2 V
电源
黑
Differential and Holzer sensor interface module
黄
比例运算模块
一级
二级
三级
放大倍数 =(4.6~41)×(1、2、5.1、10)×[1、2、5.1、10、(0.1~10)]
电压
Proportional Operational Amplifier Module

图 6-38　实验接线图

(5) 调节直线位移源：使微分筒的“0”刻度线对准轴套的“10 mm”刻度线(0.01 mm/小格)。松开安装测微头底座的紧固螺钉，移动测微头底座，旋动测微头推进霍尔传感器移动至中心位置，使电压数显表显示为最小值，拧紧紧固螺钉，然后调节霍尔传感器模块上的RW3电位器，使比例运算模块输出小于0.1 V。

(6) 顺时针旋转直线位移源调节头约20圈，记为$X=0$，读取电压表读数，然后再逆时针转2圈，即移动1 mm记录一次电压表读数，数据读取到位移为20 mm，将读数填入下表。

X/mm	0	1	2	3	4	5	6	7	8	9	10
U/V											
X/mm	11	12	13	14	15	16	17	18	19	20	
U/V											

(7) 根据实验测得的结果，绘制出传感器的$X-U$，即位移与输出电压的特性曲线；根据特性曲线进行数据分析，计算传感器的灵敏度$S=\Delta U/\Delta X$和非线性误差γ_L。

实验完毕，先关闭所有电源，然后拆除导线并放置好。

7. 实验报告要求

必须在断电的情况下接霍尔传感器，霍尔元件的输入电压必须限制在4 V以内。

8. 思考题

将差分放大电路的输入和输出对调，观察输出电压有什么变化。

本章小结

本章介绍了两种电动势传感器：压电式传感器和霍尔式传感器。压电式传感器是一种典型的自发电式传感器。它以某些电介质的压电效应为基础，在外力的作用下，在电介质表面产生电荷，从而实现非电量电测的目的，压电式传感器是力敏感元件，它也可以测量最终能变换成力的那些非电物理量，如压力、加速度等。

早在1879年，霍尔效应就被人们在金属中发现了，但由于这种效应在金属中非常微弱，当时并没有引起重视。20世纪70年代后，由于半导体提纯工艺的不断改进，发现霍尔效应在高纯度半导体中表现较为显著，由此，人们对霍尔效应的机理、材料、制造工艺和应用等方面的研究空前地活跃了起来。现在霍尔元件已广泛应用于非电量检测、自动控制、电磁测量、计算装置以及现代军事技术等各个领域。

思考题与习题

1. 什么是压电效应？以石英晶体为例说明压电晶体是如何产生压电效应的。
2. 压电传感器能否用于静态测量？为什么？

3. 常见的压电材料有哪些？特点是什么？

4. 用压电式加速度计及电荷放大器测量振动，若传感器的灵敏度为 7 pc/g（g 为重力加速度），电荷放大器灵敏度为 100 mV/pc，试确定当输入加速度为 $3g$ 时系统的输出电压。

5. 如图 6-39 所示为霍尔式钳形电流表结构图，试分析它的工作原理。

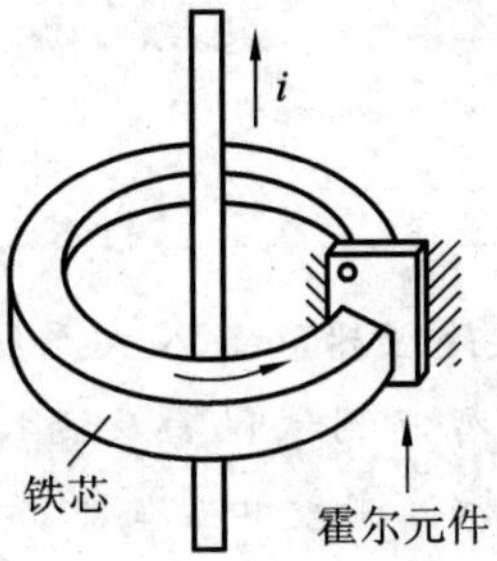

图 6-39　霍尔式钳形电流表结构图

6. 如图 6-40 所示为霍尔式加速度计示意图，试分析其工作原理。

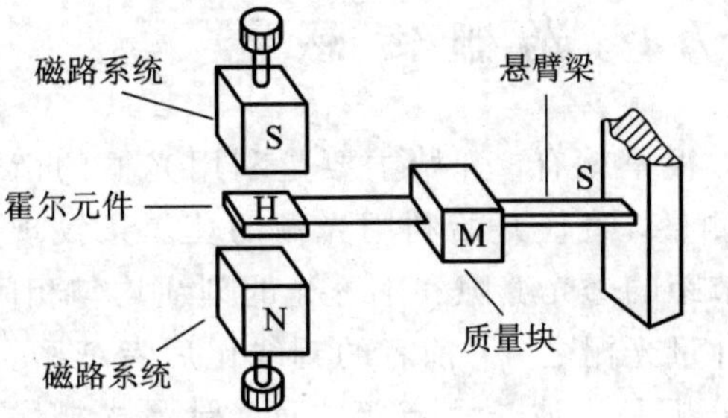

图 6-40　霍尔式加速度计示意图

第7章　数字式传感器

随着计算机技术，尤其是微处理器和嵌入式系统的迅猛发展和广泛应用，各种各样具有微处理器或嵌入式系统的智能测试仪器及测控系统大量涌现。数字传感器是将被测量转化为数字信号，并进行精确测量和控制的传感器。

常用的数字式传感器主要有光栅传感器、磁栅传感器、光电编码器、感应同步器等几种。

7.1　光栅传感器

光栅传感器

光栅作为光学器件，很早就有，开始主要是利用光栅的衍射效应进行光谱分析和光波波长测量，近代开始利用光栅的莫尔条纹现象作精密测量。光栅是由很多等节距的透光缝隙和不透光的刻线均匀相间排列构成的光器件。按工作原理，有物理光栅和计量光栅之分，前者的刻线比后者细密。物理光栅主要利用光的衍射现象，通常用于光谱分析和光波长测定等方面；计量光栅主要利用光栅的莫尔条纹现象，它被广泛应用于位移的精密测量与控制中。

7.1.1　光栅传感器的类型与特性

按应用需要，计量光栅又有透射光栅和反射光栅之分，而且根据用途不同，可制成用于测量线位移的长光栅和测量位移的圆光栅。

按光栅的表面结构，光栅又可分为幅值(黑白)光栅和相位(闪耀)光栅两种形式。前者的特点是栅线与缝隙是黑白相间的，多用照相复制法进行加工；后者的横断面呈锯齿状，常用刻划法加工。另外，目前还发展了偏振光栅、全息光栅等新型光栅。本书主要讨论黑白透射式计量光栅。

7.1.2　光栅的结构与测量原理

1. 莫尔条纹

在日常生活中经常能见到莫尔(Moire)现象，如将两层窗纱、蚊帐、薄绸叠合，就可以看到类似的莫尔条纹。

光栅的基本元件是主光栅和指示光栅。主光栅(标尺光栅)是刻有均匀线纹的长条形的玻璃尺。刻线密度由精度决定。常用的光栅每毫米10、25、50和100条线。如图7-1(a)所示，a 为刻线宽度，b 为缝隙的宽度，$W=a+b$ 为栅距(节距)，一般 $a=b=W/2$。指示光栅较主光栅短得多，也刻着与主光栅同样密度的线纹。将这样两块光栅叠合在一起，并使两者沿刻线方向成一很小的角度 θ。由于遮光效应，在光栅上现出明暗相间的条纹，如图7－1(b)所示。两块光栅的刻线相交处形成亮带；一块光栅的刻线与另一块的缝隙相交处形成暗带。这些明暗相间的条纹称为莫尔条纹。若改变 θ 角，两条莫尔条纹间的距离 B 随之变化，间距 B 与栅距 W(mm)和夹角 θ(rad)的关系可用下式表示：

莫尔条纹

$$B=\frac{W}{2\sin\frac{\theta}{2}}\approx\frac{W}{\theta} \qquad (7-1)$$

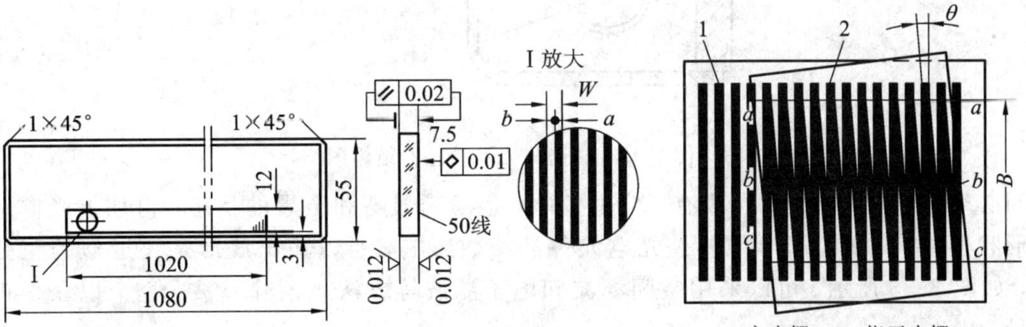

1—主光栅；2—指示光栅

(a) 光栅　　(b) 莫尔条纹

图7－1　光栅的莫尔条纹

莫尔条纹与两光栅刻线夹角的平分线保持垂直。当两光栅沿刻线的垂直方向作相对运动时，莫尔条纹沿着夹角 θ 平分线的方向移动，即移动方向随两光栅相对移动方向的改变而改变。光栅每移过一个栅距，莫尔条纹相应移动一个间距。

从式(7－1)可知，当夹角 θ 很小时，$B\gg W$，即莫尔条纹具有放大作用，读出莫尔条纹的数目比读刻线数目要便利得多。根据光栅栅距的位移和莫尔条纹位移的对应关系，通过测量莫尔条纹移过的距离，就可以测出小于光栅栅距的微位移量。

由于莫尔条纹是由光栅的大量刻线共同形成的，光电元件接收的光信号是进入指示光栅视场的线纹数的综合平均结果。若某个光栅有局部误差或短周期误差，由于平均效应，其影响将大大减弱，并削弱长周期误差。

此外，由于 θ 角可以调节，从而可以根据需要来调节条纹宽度，这给实际应用带来了方便。

2. 光电转换

为了进行莫尔条纹读数，在光路系统中除了主光栅与指示光栅外，还必须有光源、聚光镜和光电元件等。图7－2为一透射式光栅传感器的结构图。主光栅与指示光栅之间保持有一定的间隙。光源发出的光通过聚光镜后成为平行光照射光栅，光电元件(如硅光电池)把透过光栅的光转换成电信号。

当两块光栅相对移动时，光电元件上的光强随莫尔条纹移动而变化。如图7－3所示，在a位置，两块光栅刻线重叠，透过的光最多，光强最大；在位置c，光被遮去一半，光强减小；在位置d，光被完全遮去而成全黑，光强为零；光栅继续右移，在位置e，光又重新透过，光强增大。在理想状态时，光强的变化与位移呈线性关系。但在实际应用中，两光栅

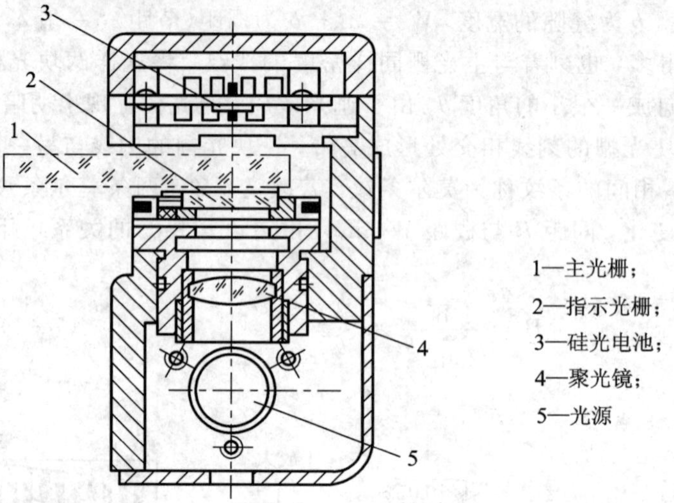

图 7-2　透射式光栅传感器结构图

之间必须有间隙，透过的光线有一定的发散，达不到最亮和全黑的状态；再加上光栅的几何形状误差，刻线的图形误差及光电元件的参数影响，所以输出波形是一近似的正弦曲线，如图 7-3 所示。可以采用空间滤波和电子滤波等方法来消除谐波分量，以获得正弦信号。

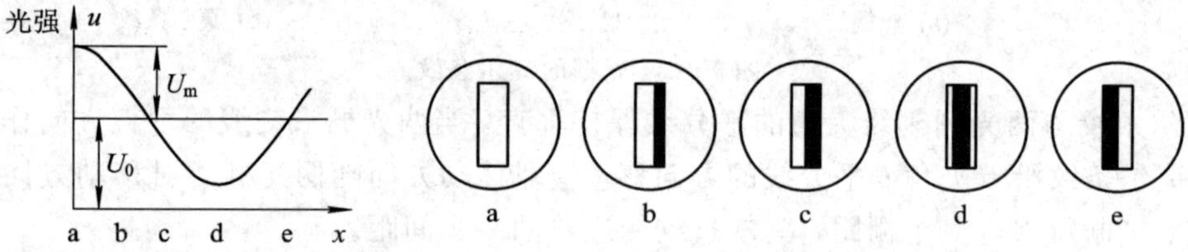

图 7-3　光栅位移与光强、输出信号的关系

光电元件的输出电压 u(或电流 i)由直流分量 U_0 和幅值为 U_m 的交流分量叠加而成，即

$$u = U_0 + U_m \sin\left(\frac{2\pi x}{W}\right) \tag{7-2}$$

式(7-2)表明了光电元件的输出与光栅相对位移 x 的关系。

7.1.3　光栅传感器应用技术

1. 辨向原理

由上述分析可知，光栅的位移变成莫尔条纹的移动后，经光电转换成为电信号输出。但在一点观察时，无论主光栅向左或向右移动，莫尔条纹均作明暗交替变化。若只有一条莫尔条纹的信号，则只能用于计数，无法辨别光栅的移动方向。为了能辨向，还需提供另一路莫尔条纹信号，并使两信号的相位差为 $\pi/2$。通常采用在相隔 1/4 条纹间距的位置上安放两个光电元件来实现，如图 7-4 所示。正向移动时，输出电压分别为 u_1 和 u_2，经过整形电路得到两个方波信号 u'_1 和 u'_2。u'_1 经过微分电路后和 u'_2 相“与”得到正向移动的加计数脉冲；在光栅反向移动时，u'_1 经反相后再微分并和 u'_2 相“与”，这时输出减计数脉冲。u'_2 的电平控制了u'_1的脉冲输出，使光栅正向移动时只有加计数脉冲输出，反向移动时只有减计数脉冲输出。

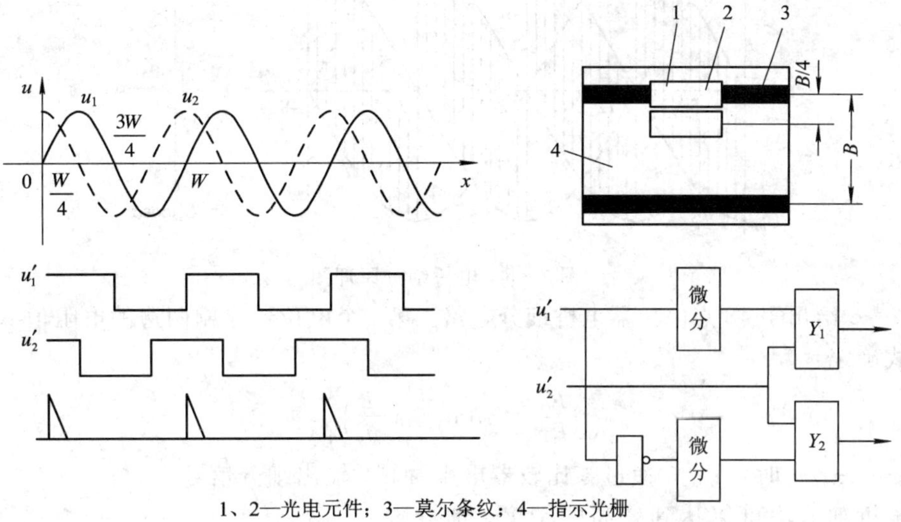

1、2—光电元件；3—莫尔条纹；4—指示光栅

图 7-4　辨向原理

2. 电子细分

高精度的测量通常要求长度精确到 1μm～0.1 μm，若以光栅的栅距作计量单位，则只能计到整数条纹。例如，最小读数值为 0.1 μm，则要求每毫米刻一万条线，就目前的工艺水平有相当的难度。所以，在选取合适的光栅栅距的基础上，对栅距细分，即可得到所需要的最小读数值，提高“分辨”能力。

(1) 四倍频细分。在上述“辨向原理”的基础上若将u'_2方波信号也进行微分，再用适当的电路处理，则可在 1 个栅距内得到 2 个计数脉冲输出，这就是二倍频细分。

如果将辨向原理中相隔 $B/4$ 的两个光电元件的输出信号反相，就可以得到 4 个依次相位差为 $\pi/2$ 的信号，即在 1 个栅距内得到 4 个计数脉冲信号，实现所谓的四倍频细分。

在上述两个光电元件的基础上再增加两个光电元件，每两个光电元件间隔 1/4 条纹间距，同样可实现四倍频细分。这种细分法的缺点是由于光电元件安放困难，细分数不可能高，但它对莫尔条纹信号的波形没有严格要求，电路简单，是一种常用的细分技术。

有关细分电路与信号波形可参考“光电编码器”一节。

(2) 电桥细分。在四倍频细分中，可以得到 4 个相位差为 $\pi/2$ 的输出信号，分别为 $U_m\sin\varphi$、$U_m\cos\varphi$、$-U_m\sin\varphi$ 和 $-U_m\cos\varphi$（其中 $\varphi=2\pi x/W$），如图 7-5 所示。在 $\varphi=0\sim2\pi$ 之间，还可细分成 n 等份（n 为 4 的整数倍）。设 $n=48$，则在 $\varphi=0\sim\pi/2$、$\pi/2\sim\pi$、$\pi\sim3\pi/2$ 及 $3\pi/2\sim2\pi$ 区间都可均分成 12 等份，现通过任一点 i（即电位器编号），例如点 5 作垂线与曲线交于 a_5 及 b_5 两点。这样，若要得到一条通过点 5 的正弦（或余弦）曲线 $u_5=U_m\sin\left(\varphi-2\pi\cdot\dfrac{5}{48}\right)$，则必须在 a_5 及 b_5 所对应的电压间加一电位器，其电阻值 R'_5/R''_5 为

$$\frac{R'_5}{R''_5}=\frac{\overline{a_5 5}}{\overline{b_5 5}}=\left|\frac{U_m\sin\left(\dfrac{5}{48}\times360^\circ\right)}{U_m\cos\left(\dfrac{5}{48}\times360^\circ\right)}\right|=\left|\tan\left(\frac{5}{48}\times360^\circ\right)\right| \tag{7-3}$$

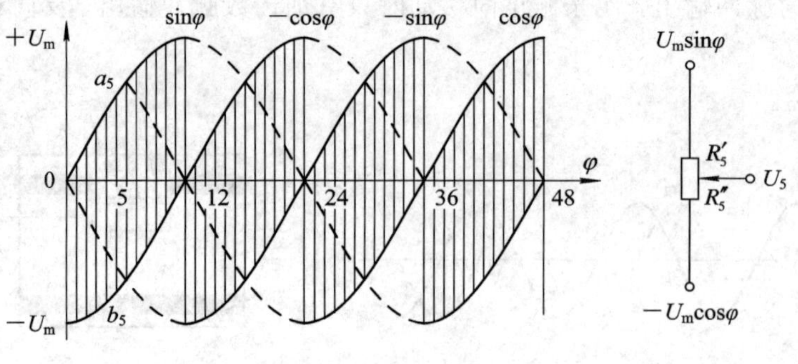

图 7-5　电桥细分原理图

图 7-6 给出了 48 点电位器电桥细分电路。第 i 个电位器电刷两边的电阻值 R_i' 与 R_i'' 之比由下式确定：

$$\frac{R_i'}{R_i''}=\left|\tan\left(2\pi\frac{i}{n}\right)\right| \tag{7-4}$$

当 $\varphi=2\pi i/n_1$ 时，$u_i=0$ 使过零比较器电平翻转，输出细分信号。

用电桥细分法可以达到较高的精度，细分数一般为 12～60，但对莫尔条纹信号的波形幅值、直流电平及原始信号 $U_m\sin\varphi$ 与 $U_m\cos\varphi$ 的正交性均有严格要求。而且电路较复杂，对电位器、过零比较器等元器件均有较高的要求。

另外，采用电平切割法也可实现电子细分，精度较电桥细分法高。上述几种非调制细分法主要用于细分数小于 100 的场合。若需要更高的细分数，可用调制信号细分法和锁相细分法，细分数可达 1000。此外，也可用微处理器构成细分电路，其优点是可根据需要灵活地改变细分数。

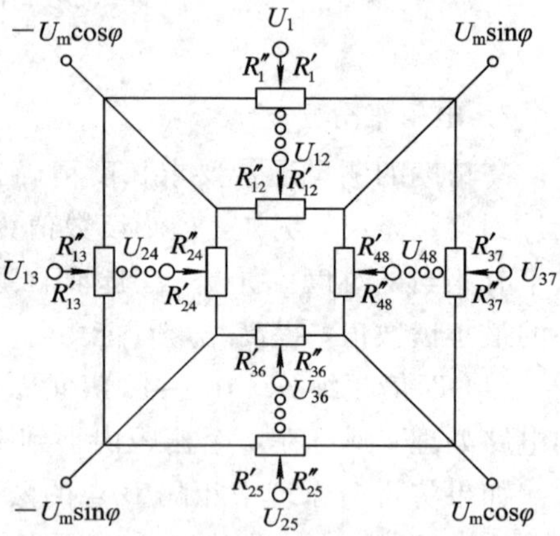

图 7-6　48 点电位器电桥细分电路

使用中，为了克服断电时计数值无法保留及重新供电后测量系统不能正常工作的弊病，可以用机械等方法设置绝对零位点，但该方法精度较低，安装和使用均不方便。目前通常采用在光栅的测量范围内设置一个固定的绝对零位参考标志的方法，即零位光栅，它使光栅成为一个准绝对测量系统。

最简单的零位光栅刻线是一条宽度与主光栅栅距相等的透光狭缝 c，即在主光栅和指示光栅某一侧另行刻制一对互相平行的零位光栅刻线，与主光栅用同一光源照明，经光电元件转换后形成绝对零位的输出信号。它近似为一个三角波单脉冲。为使此零位信号与光栅的计数脉冲同步，应使零信号的峰值与主光栅信号的任一最大值同时出现。当光栅栅距本身很小而又要求很高的绝对零位精度时，如果仍采用一条宽度为主光栅栅距的矩形透光缝隙作零位光栅，则信号的信噪比会很低，以致无法与后续电路相匹配。为解决这一问题，可采用多刻线的零位光栅。

多刻线的零位光栅通常是由一组非等间隔、非等宽度的黑白条纹按一定的规律排列组成的。当一对零位光栅重叠并相对移动时，由于线缝的透光与遮光作用，得到的光通量 F 随位移的变化而变化输出曲线如图 7-7 所示。要求零位信号为一尖脉冲，且峰值 S_m 越大越好，最大残余信号幅值 S_{cm} 越小越好，而且要以零位为原点左右对称。制作这种零位光栅的工艺较复杂。一种可以单独使用的零位光栅，其刻线由 29 条透光和 28 条不透光的条纹组成，定位精度为 0.1 μm，可用作各种长度测量的绝对零位测量装置。

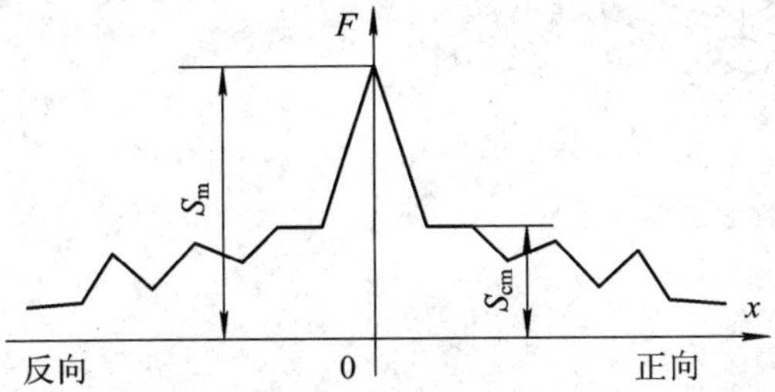

图 7-7　零位光栅典型输出曲线

光栅传感器常用于线位移的静态和动态测量。在三坐标测量机等许多几何量计量仪器中常用它作为位移测量传感器。它的优点是量程人、精度高，目前光栅的测量精度可达 $\pm(2.0\pm2\times10^{-6}L)$，其中 L 为被测长度(m)；圆光栅测角精度可达 $\pm0.1''$。光栅传感器的缺点是对环境有一定要求，油污、灰尘会影响其工作可靠性，电路较复杂，成本较高。

7.1.4　光栅传感器的选择

光栅传感器广泛应用于机床加工设备，在数控机床系统中选择传感器一般考虑：

(1) 精度的选择。对于数控机床，不要单纯追求高精确度的光栅传感器，要根据光栅传感器的信号周期大小及设定控制系统的细分份数进行选择，使数控机床有合适的分辨率。

(2) 测量范围和量程。传感器的测量范围要满足系统要求，并留有余地。

(3) 机床结构和电气连接形式。根据机床机械结构和伺服系统的要求，选择合适的机械安装结构以及电气接口形式。

7.1.5　光栅传感器的应用实例

光栅传感器通常作为测量元件应用于机床定位、长度和角度的计量仪器中，并用于测量速度、加速度、振动等。近年来，光栅检测装置在数控机床上的使用占据主要地位，其分辨率高达纳米级，测量速度高达 480 m/min，测量长度高达 100 m 以上，可实现动态测量，易于实现测量及数据处理自动化，且具有较强的抗干扰能力。由于这些无法比拟的优点，高精度、高切削速度的数控机床无疑要采用光栅检测传感器。

图 7-8 所示为光栅式万能测长仪的工作原理图。主光栅采用透射式黑白振幅光栅，光栅栅距 $W=0.01$ μm；指示光栅采用四裂相光栅；照明光源采用红外发光二极管 TIL-23，其发光光谱为 930 nm～1000 nm；接收用 LS600 光电三极管；两光栅之间的间隙为 0.02 nm～0.035 nm。由于主光栅和指示光栅之间的透光和遮光效应，形成莫尔条纹，当两块光栅相对移动时，便可接收到周期性变化的光通量。利用四裂相指示光栅可依次获得 sin、cos、-sin 和 -cos 四路原始信号，以满足辨向和消除共模电压的需要。

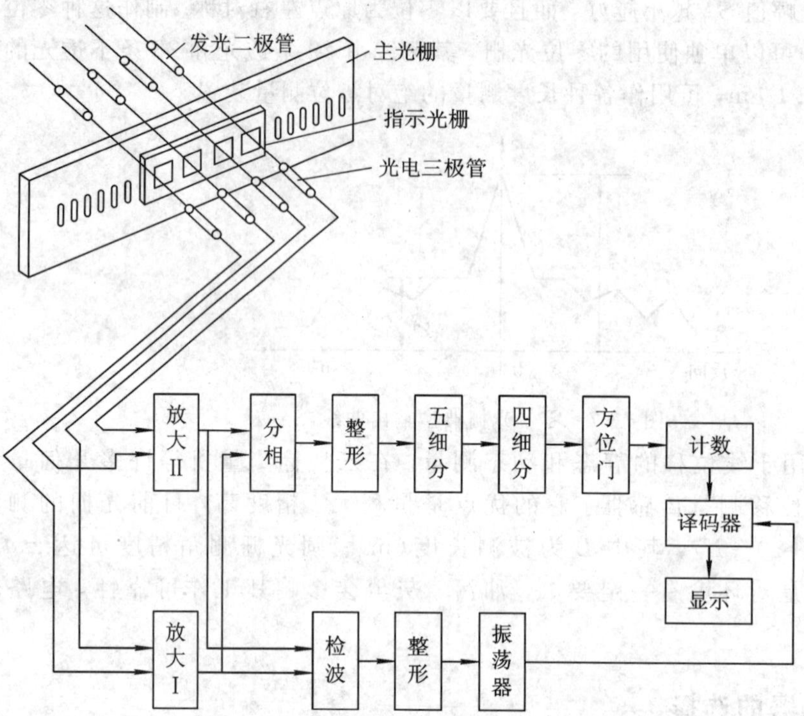

图 7-8 光栅式万能测长仪

机床导轨位置测量

7.1.6 光栅工业传感器——光栅测微传感器

光栅测微传感器具有测量精度高、体积小等优点，如图 7-9 所示，在很多场合有着广泛的应用；无论是测量长度、高度、厚度、间距或直线位移，还是在精度检测站、设备标定等方面，该传感器都能实现快速、精确和可靠的测量。

图 7-9 光栅测微传感器

光栅测微传感器是以高精度光栅作为检测元件的精密测量装置。与数显表配套组成高精度数字化测量仪器，可以代替机械式千分表、扭簧比较仪、深度尺、电感测位移和精密量块，配以适当的转换器，可将温度、压力、硬度、重量等参数转换为数字量。用于自动化大生产中在线监测及精密仪器的位置检测，亦可将测量数据输入计算机打印出测量数据或绘出曲线。

使用光栅测微传感器时，测头要接触基面，数显表清零，轻轻提起测杆，当测头接触被测工件表面时，数显表显示值即为测量值。

注意：勿快推或快速释放测杆，以免损坏光栅或因撞击影响传感器精度。

7.1.7 光栅传感器——莫尔条纹原理实验

1. 实验目的

了解莫尔条纹的组成，掌握莫尔条纹的基本特性。

2. 实验原理

如果把两块栅距相等的光栅平行安装，如图 7-10 所示，从光栅尺线纹的局部放大部分来看，白的部分 b 为透光线纹宽度，黑的部分 a 为不透光线纹宽度，设栅距为 W，则 $W = a+b$，一般光栅尺的透光线纹和不透光线纹宽度是相等的，即 $a=b$。常见长光栅的线纹宽度为 25、50、100、125、250 线/mm。

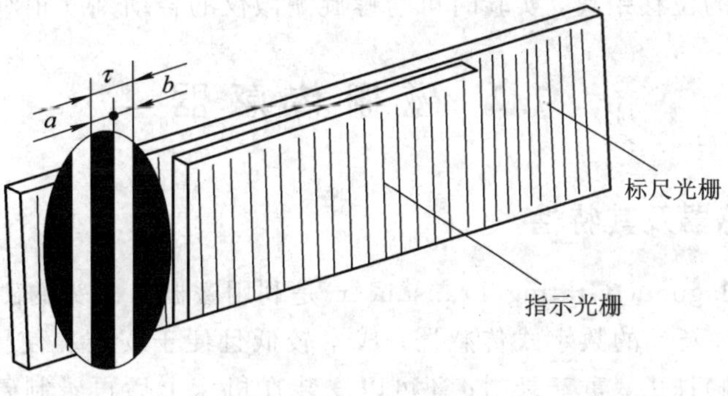

图 7-10　光栅尺

(1) 位移的放大特性。莫尔条纹间距是放大了的光栅栅距 W，它随着光栅刻线夹角 θ 的改变而改变。由光栅刻线夹角 θ 可推导出莫尔条纹的间距。可知 θ 越小则 B 越大，相当于把微小的栅距 W 扩大了 $1/\theta$ 倍。

(2) 移动特性(对应关系)。莫尔条纹随光栅尺的移动而移动，它们之间有严格的对应关系，包括移动方向和位移量。移动一个栅距 W，莫尔条纹也移动一个间距 B，移动方向的关系详见表 7-1，莫尔条纹如图 7-11 所示。主光栅相对指示光栅的转角方向为逆时针方向，主光栅向左移动，则莫尔条纹向下移动；主光栅向右移动，则莫尔条纹向上移动。

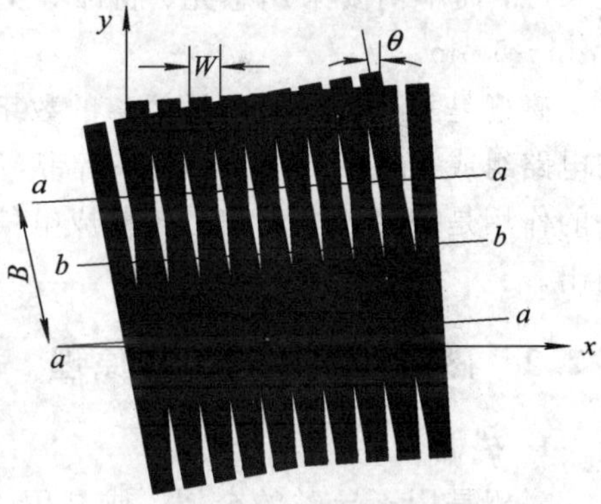

图 7-11　光栅栅距原理图

表 7-1　光栅移动与莫尔条纹移动关系表

标尺光栅相对指示光栅的转角方向	主光栅移动方向	莫尔条纹移动方向
顺时针方向	向左	向上
	向右	向下
逆时针方向	向左	向下
	向右	向上

3. 实验仪器

光栅组、移动平台。

4. 实验步骤

(1) 安装好标尺光栅与指示光栅，使两光栅保持平行，光栅间间隙尽量小，微调标尺光栅与指示光栅间的角度，使莫尔条纹清晰可见。

(2) 旋转移动平台螺旋测微仪向前或向后，观察莫尔条纹上下移动与指示光栅位移方向的关系。

(3) 微位移的测量。当指示光栅位移一个光栅距时，莫尔条纹就移动一个莫尔条纹距。调节位移平台，仔细记录莫尔条纹数目，根据实验测得的光栅距数通过与位移莫尔条纹数相乘即为指示光栅的位移距离，实验时可与螺旋测微仪的转动刻度相对照。

7.2 磁栅传感器

7.2.1 磁栅传感器及其特性

磁栅传感器(Magnetic Grating Transducer)是利用磁栅与磁头的磁作用进行测量的位移传感器。它是一种新型的数字式传感器，成本较低且便于安装和使用。当需要时，可将原来的磁信号(磁栅)抹去，重新录制；还可以安装在机床上后再录制磁信号，这对于消除安装误差和机床本身的几何误差以及提高测量精度都是十分有利的；并且可以采用激光定位录磁，而不需要采用感光、腐蚀等工艺，因而精度较高，可达±0.01 mm/m，分辨率为1 μm～5 μm。

磁栅是另一种用于测量位移的数字式传感器。磁栅传感器由磁尺(或磁盘)、磁头和检测电路组成。磁尺类似于一条录音带，上面记录有一定波长的矩形波或正弦波磁信号。磁头的作用是把磁尺上的信号转换成电信号；此电信号再由检测电路变换和细分后进行计数输出。

7.2.2 磁栅的结构与工作原理

1. 磁栅

磁栅是用不导磁的金属，或是用表面涂覆有一层抗磁材料的钢材做尺基，在尺基的表面上均匀地涂覆一层磁性薄膜，然后用记录磁头在磁性薄膜上记录节距为 W 的正弦波或矩形波，得到如图 7-12 所示的栅状磁化图形。对于长磁栅，可采用激光干涉仪定位录磁。当量程较大或安装面受限制时，可采用带型长磁栅，如图 7-13(b)所示。磁栅(带状磁尺)是在一条宽约 20 mm、厚约 0.2 mm 的铜带上镀一层磁性薄膜，然后录制而成的。带状磁尺的录磁与工作均在张紧状态下进行。磁头在非接触状态下读取信号，能在振动环境下正常工作。为了防止磁尺磨损，可在磁尺表面涂上一层几微米厚的保护层，调节张紧预变形量可在一定程度上补偿带状磁

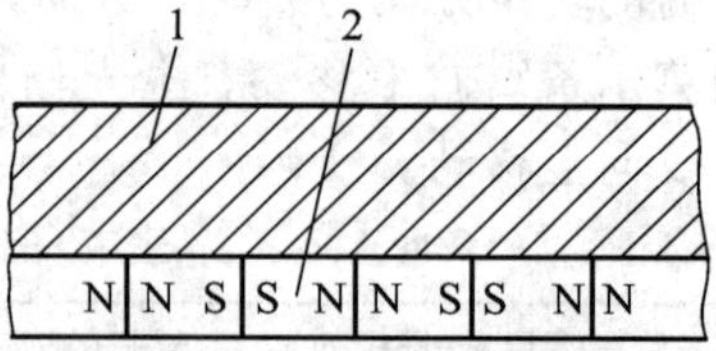

1—非导磁材料基体；2—磁性薄膜

图 7-12　磁栅的剖面

尺的累积误差与温度误差。

同轴型磁栅是在青铜棒上电镀一层磁性薄膜，然后录制而成的。磁头套在磁棒上工作，如图 7－13(c)所示，两者之间具有微小的间隙。由于磁棒的工作区被磁头围住，对周围的磁场起了很好的屏蔽作用，增强了它的抗干扰能力。这种磁栅传感器结构特别小巧，可用于结构紧凑的场合或小型测量装置中。

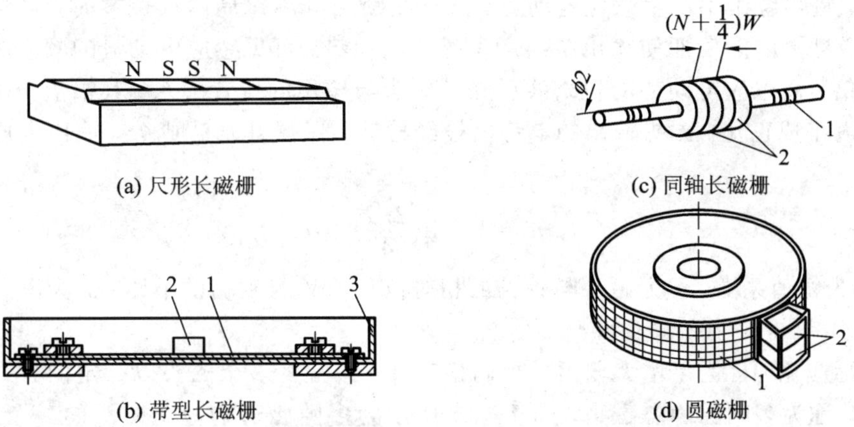

(a) 尺形长磁栅　(c) 同轴长磁栅

(b) 带型长磁栅　(d) 圆磁栅

1—磁栅；2—磁头；3—屏蔽罩

图 7－13　磁栅结构示意图

磁栅录制时，要求录磁信号幅度均匀，幅度变化应小于 10%，节距均匀。目前长磁栅常用的磁信号节距一般为 0.05 mm 和 0.02 mm 两种，圆磁栅的角节距一般为几分至几十分。

2. 工作原理

磁栅传感器由磁栅(简称磁尺)、磁头和检测电路组成。根据读出信号方式不同，磁头可分为动态和静态两种，如图 7－14 所示。

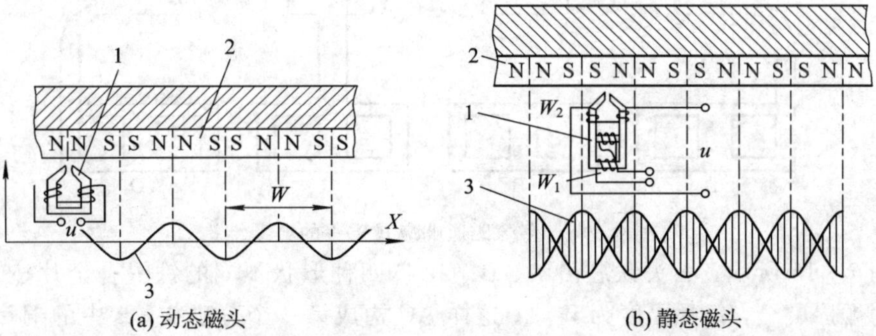

(a) 动态磁头　(b) 静态磁头

1—磁头；2—磁栅；3—输出信号波形

图 7－14　动态磁头与静态磁头工作原理图

动态磁头又称速度响应式磁头。它仅有一组输出绕组，只有在磁头与磁栅间有连续相对运动时才有信号输出。静止时没有信号输出，所以一般不适合于长度测量。磁头的输出为正弦信号，在 N、N 处达正向峰值，在 S、S 处达负向峰值，见图 7－14(a)。

磁栅传感器工作原理

静态磁头又称磁通响应式磁头，它可用于磁头与磁栅间无相对运动的测量，如图7-14(b)所示。它有两个绕组，一个为激磁绕组 W_1，另一个为输出绕组 W_2。一般在激磁绕组上加交变的励磁电流，频率为 5 kHz 或 25 kHz，幅值约为 200 mA。这里以静态磁头为例，简要说明磁栅传感器的工作原理。静态磁头中的励磁电流使磁芯的可饱和部分(截面较小)在每周期内发生两次磁饱和。磁饱和时磁芯的磁阻很大，磁栅上的漏磁通不能通过铁芯，输出绕组不产生感应电动势。只有在励磁电流每周两次过零时，可饱和磁芯才能导磁，磁栅上的漏磁通使输出绕组产生感应电动势。可见感应电动势的频率为励磁电流频率的两倍，而感应电动势的包络线反映了磁头与磁尺的位置关系，其幅值与磁栅到磁芯漏磁通的大小成正比。磁头输出的电势信号经检波，保留其基波成分，输出电压可用下式表示：

$$u = U_m \sin \frac{2\pi x}{W} \sin\omega t \tag{7-5}$$

式中：U_m 为幅值系数；x 为磁头与磁栅的相对位移；W 为磁栅的节距；ω 为激磁信号的两倍频率。

在实际应用时，为了增大输出并提高稳定性，通常将多个磁头以一定的方式串联起来做成一体，称为多间隙静态磁头。图 7-15 所示为多隙磁通响应式磁头的一个典型结构。其激磁绕组 W_1 为(4×15)～(4×20)匝，输出绕组 W_2 为 100～200 匝，线径 $d_1 = d_2 = 0.1$ mm，铁芯材料是铁镍合金。

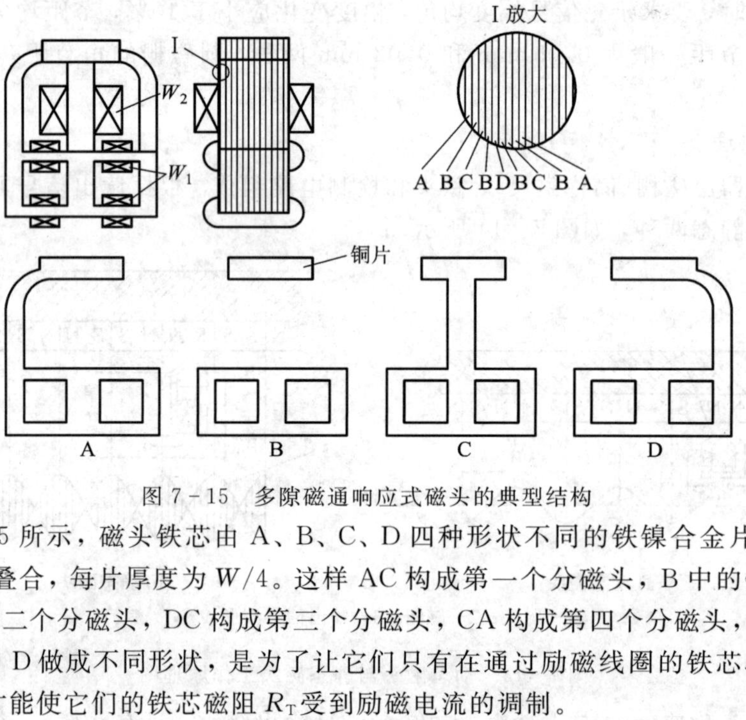

图 7-15　多隙磁通响应式磁头的典型结构

由图 7-15 所示，磁头铁芯由 A、B、C、D 四种形状不同的铁镍合金片按 ABCBDBCBA……顺序叠合，每片厚度为 $W/4$。这样 AC 构成第一个分磁头，B 中的铜片起气隙作用，CD 构成第二个分磁头，DC 构成第三个分磁头，CA 构成第四个分磁头，等等。铁镍合金片 A、B、C、D 做成不同形状，是为了让它们只有在通过励磁线圈的铁芯段时才能形成磁路。这样，才能使它们的铁芯磁阻 R_T 受到励磁电流的调制。

由于 A 与 C、C 与 D 各相距 $W/2$，对于磁栅磁场的基波成分，若 A 片对准 N 极，那么 C 片对准 S 极，D 片对准下一个 N 极，则进入铁芯的漏磁通在 C 片的中部是互相加强的，输出线圈套在 C 片中部上，输出感应电动势得到加强。对于磁场的偶次谐波成分，A、C、D 等都对准同名极，铁芯中没有磁通通过，这样就消除了偶次谐波的影响。

上述磁头结构能把基波成分叠加起来，因此气隙数 n 越大，输出信号也越大，这是多隙式磁头的特点。但 n 也不能太大，否则不仅会使体积加大，且叠片厚度的加工误差也将加大。因此常取 $n=30\sim50$，同时还应限制叠片厚度的总误差不得超过 $\pm W/10$。

增加输出绕组的匝数 W_2 有利于增大输出信号，但 W_2 越大，外界电磁干扰引起的噪声电压也越大，一般取 W_2 为几百匝，使输出信号达到几十毫伏即可。

多间隙静态磁头的优点在于磁头的输出信号是多个间隙所得信号的平均值，具有平均效应，可提高测量精度。

7.2.3　磁栅传感器应用技术

在应用中，一般采用两个多间隙静态磁头来读取磁栅上的磁信号，两磁头的间距为 $\left(n\pm\frac{1}{4}\right)W$（$n$ 为正整数），两组磁头激磁信号的相位差为 $\pi/4$。由于输出绕组的信号频率是激磁信号频率的两倍，所以两组磁头输出信号的相位差为 $\pi/2$。

若激磁绕组加上同相的正弦激磁信号，则两组磁头的输出信号分别为

$$u_1 = U_m\sin\frac{2\pi x}{W}\sin\omega t$$

$$u_2 = U_m\cos\frac{2\pi x}{W}\sin\omega t$$

经检波滤除高频载波后可得

$$u_1' = U_m\sin\frac{2\pi x}{W} \tag{7-6}$$

$$u_2' = U_m\cos\frac{2\pi x}{W} \tag{7-7}$$

式中：u_1' 和 u_2' 为与位移量 x 成比例的信号，经处理即可得到位移量，这便是所谓的鉴幅法。

若激磁绕组上所加正弦激磁信号的相位差为 $\pi/4$，或将输出信号移相 $\pi/2$，则两组磁头的输出信号变为

$$u_1 = U_{m1}\sin\frac{2\pi x}{W}\cos\omega t$$

$$u_2 = U_{m2}\cos\frac{2\pi x}{W}\sin\omega t$$

将 u_1 与 u_2 相加，在 $U_{m1}=U_{m2}=U_m$ 的条件下，

$$u = u_1 + u_2 = U_m\sin\left(\frac{2\pi x}{W}+\omega t\right) \tag{7-8}$$

式(7-8)表明，输出信号是一个幅值不变，但相位与磁头磁栅相对位移量有关的信号。读出输出信号的相位，就可以得到位移量，这就是鉴相法的工作原理。

鉴相法测量电路的形式较多，常用的电路框图如图 7-16 所示。

磁栅传感器的优点是成本低廉，安装、调整、使用方便，特别是在油污、粉尘较多的工作环境中使用时，具有较好的稳定性，可以广泛用于各类机床作位移测量传感器。其缺点是当使用不当时易受外界磁场的影响，其精度略低于感应同步器。目前线位移测量误差约为 $\pm(2+5\times10^{-6})L$，角位移测量误差约为 $\pm5''$。

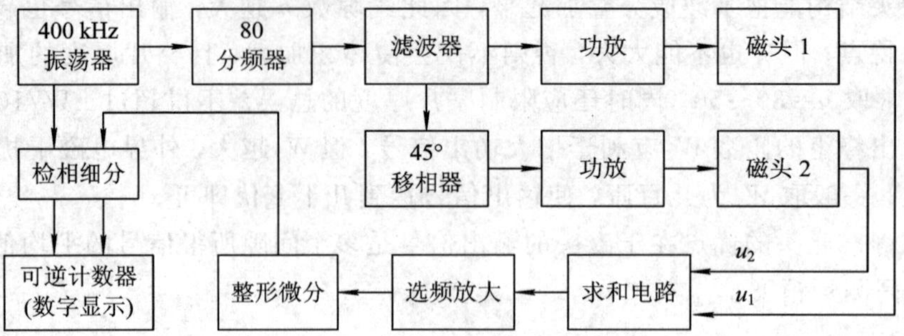

图 7-16　鉴相法测量电路框图

7.2.4　磁栅传感器的应用实例

磁栅有两方面应用，不仅可以作为高精度测量长度和角度的测量仪器，还可以用于自动化控制系统中的检测元件，如三坐标测量仪、高精度重型机床控制系统中的检测装置等。图 7-17 所示为上海机床研究所生产的 ZCB-101 鉴相型磁栅数显表的原理框图。

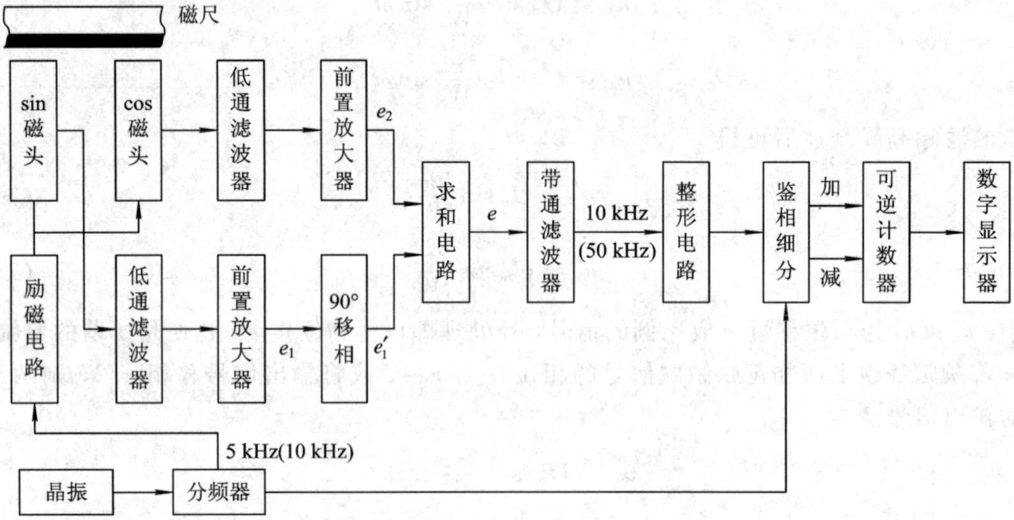

图 7-17　ZCB-101 鉴相型磁栅数显表的原理框图

7.3　光电编码器

7.3.1　光电编码器的分类及其特性

光电编码器是一种通过光电转换将输出轴上的机械几何位移量转换成脉冲或数字量的传感器，目前应用非常多。根据检测原理，编码器可分为光学式、磁式、感应式和电容式；根据其刻度方法及信号输出形式，可分为增量式、绝对式以及混合式三种。

编码器以其高精度、高分辨率和高可靠性而被广泛用于各种位移测量。编码器按结构形式有直线式编码器和旋转式编码器之分。由于旋转式光电编码器是用于角位移测量的最有效和最直接的数字式传感器，并已有各种系列产品可供选用，故本节着重讨论旋转式光电编码器。

7.3.2 光电编码器的工作原理

旋转式光电编码器有两种——绝对编码器和增量编码器。

增量编码器与几种数字式传感器有类似之处。它的输出是一系列脉冲，需要一个计数系统对脉冲进行累计计数。一般还需有一个基准数据即零位基准才能完成角位移的测量。

严格地说，绝对编码器才是真正的直接数字式传感器，它不需要基准数据，更不需要计数系统，它在任意位置都可给出与位置相对应的固定数字码输出。

目前应用最广的是利用光电转换原理构成的非接触式光电编码器。由于其精度高、可靠性好、性能稳定、体积小和使用方便，在自动测量和自动控制技术中得到了广泛的应用。国内已有16位绝对编码器和每转大于10 000脉冲数输出的小型增量编码器产品，并形成了各种系列。

1. 绝对编码器

绝对编码器的码盘通常是一块光学玻璃，如图7-18所示，码盘与旋转轴相固联，玻璃上刻有透光和不透光的图形。编码器光源产生的光经光学系统形成一束平行光投射在码盘上，并与位于码盘另一面成径向排列的光敏元件相耦合。码盘上的码道数就是该码盘的数码位数，对应每一码道有一个光敏元件。当码盘处于不同位置时，各光敏元件根据受光照与否转换输出相应的电平信号。

光电编码器

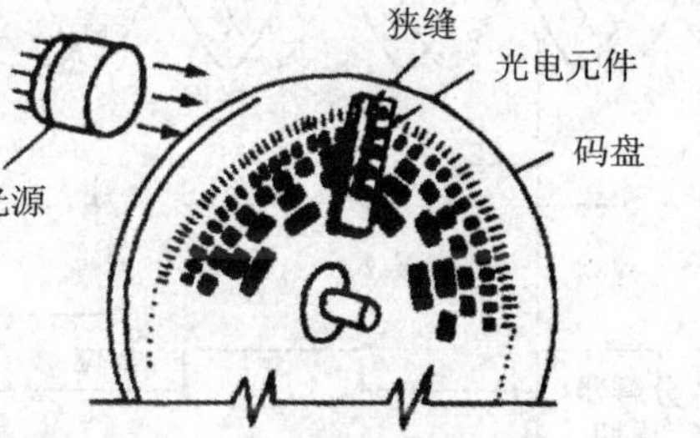

绝对式光电编码器工作原理

图7-18　绝对编码器结构示意图

光学码盘通常用照相腐蚀法制作。现已生产出径向线宽为6.7×10^{-8} rad的码盘，其精度高达$1/10^8$。

与其他编码器一样，光码盘的精度决定了光电编码器的精度。为此，不仅要求码盘分度精确，而且要求它在阴暗交替处有陡峭的边缘，以便减少逻辑“0”和“1”相互转换时引起的噪声。这要求光学投影精确，并采用材质精细的码盘材料。

目前，绝对编码器大多采用格雷码盘，格雷码盘两个相邻数的码变化只有一位码是不同的。从格雷码到二进制码的转换可用硬件来实现，也可用软件来完成。光源采用发光二极管，光敏元件为硅光电池或光电晶体管。光敏元件的输出信号经放大及整形电路，得到具有足够高的电平与接近理想方波的信号。为了尽可能减少干扰噪声，通常放大电路及整形电路都装在编码器的壳体内。此外，由于光敏元件及电路的滞后特性，使输出波形有一定的时间滞后，从而限制了最大使用转速。

利用光学分解技术可以获得更高的分辨力。图 7-19 所示为一个具有光学分解器的 19 位光电编码器。该编码器的码盘具有 14(位)内码道和 1 条专用附加码道。后者的扇形区形状和光学几何结构稍有改变且与光学分解器的多个光敏元件相配合，使其能产生接近于理想的正弦波、余弦波输出；此外，通过平均电路进行处理，以消除码盘的机械误差，从而得到更为理想的正弦波或余弦波。对应于 14 位中最低位码道的每一位，光敏元件将产生一个完整的输出周期，如图 7-20 所示。

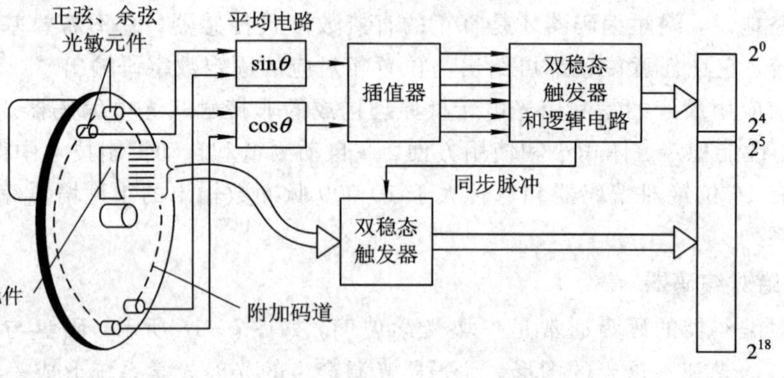

图 7-19　具有光学分解器的 19 位光电编码器

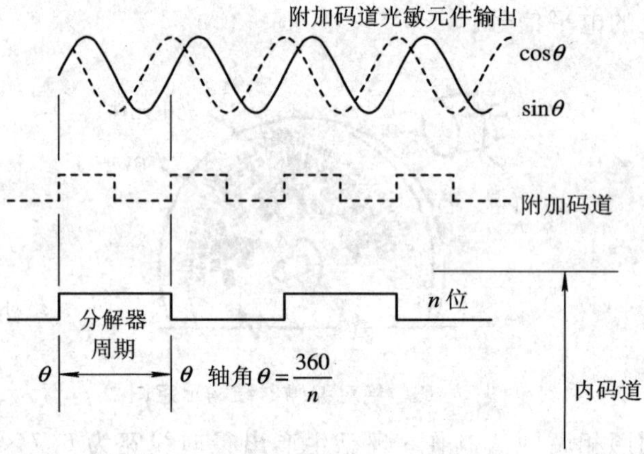

图 7-20　附加码道光敏元件输出

插值器将输入的正弦信号和余弦信号按不同的系数加在一起，形成数个相移不同的正弦信号输出。各正弦波信号经过零比较器转换成一系列脉冲，从而细分了光敏元件的输出正弦波信号，于是就产生了附加的最低有效位。如图 7-19 所示的 19 位光电编码器的插值器产生 16 个正弦波形。每两个正弦信号之间的相位差为 $\pi/8$，从而在 4 位二进制编码器的最低有效位间隔内产生 32 个精确等分点。这相当于附加了 5 位二进制数的输出，使编码器的分辨率从 $\left(\frac{1}{2}\right)^{14}$ 提高到 $\left(\frac{1}{2}\right)^{19}$，优于 $1/5\times2^5$，角位移小于 3″。

2. 增量编码器

由上述内容可见，绝对编码器在转轴的任意位置都可给出一个固定的与位置相对应的数字码输出。对于一个具有 n 位二进制分辨率的编码器，其码盘必须有 n 条码道。而对于增量编码器，其码盘要比绝对编码器码盘简单得多，一般只需 3 条码道。这里的码道实际上已不具有绝对码盘码道的意义。

在增量编码器码盘最外圈的码道上均布有相当数量的透光与不透光的扇形区，这是用来产生计数脉冲的增量码道（S_1）。扇形区的多少决定了编码器的分辨率，扇形区越多，分辨率越高。例如，一个每转 5000 脉冲的增量编码器，其码盘的增量码道上共有 5000 个透光和不透光扇形区。中间一圈码道上有与外圈码道相同数目的扇形区，但须错开半个扇形区，作为辨向码道（S_2）。码盘旋转时，增量码道与辨向码道的输出波形如图 7－21 所示。在正转时，增量计数脉冲波形超前辨向脉冲波形 $\pi/2$；反转时，增量计数脉冲滞后 $\pi/2$。这种辨向方法与光栅的辨向原理相同。同样，用这两个相位差为 $\pi/2$ 的脉冲输出可进一步作细分。第三圈码道（Z）上只有一条透光的狭缝，它作为码盘的基准位置，所产生的脉冲信号将给计数系统提供一个初始的零位（清零）信号。

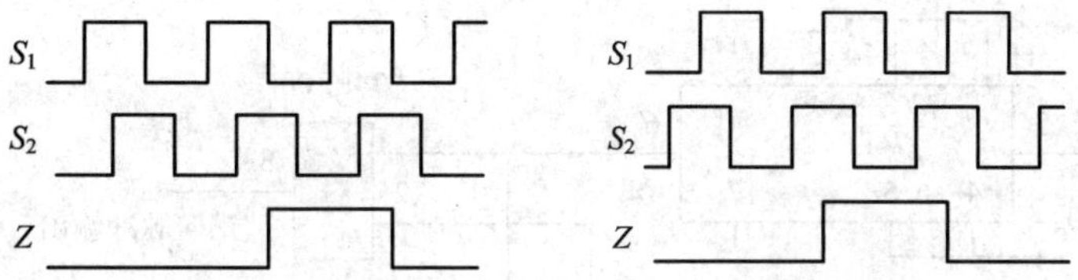

(a) 码盘正转时　　(b) 码盘反转时

增量式光电编码器工作原理

图 7－21　增量编码器的输出波形

与绝对编码器类似，增量式光电编码器的精度主要取决于码盘本身的精度，用于光电绝对编码器的技术，大部分也适用于增量光电式编码器。

7.3.3　光电编码器的应用技术

实际中，目前都将光敏元件输出信号的放大整形等电路与传感检测元件封装在一起，所以只要加上计数与细分电路（统称测量电路）就可组成一个位移测量系统。从这点看，这也是编码器的一个突出优点。

1. 计数电路

从 A、B 两个输出信号的相位关系（超前或滞后）可判断旋转的方向。由图 7－22(a)可见，当码盘正转时，A 道脉冲波形比 B 道超前 $\pi/2$，而反转时，A 道脉冲比 B 道滞后 $\pi/2$。图 7－22(b)是实际电路，用 A 道整形波的下沿触发单稳态产生的正脉冲与 B 道整形波相“与”，当码盘正转时只有正向口脉冲输出，反之，只有逆向口脉冲输出。因此，增量编码器是根据输出脉冲源和脉冲计数来确定码盘的转动方向和相对角位移量的。通常，若编码器有 N 个（码道）输出信号，其相位差为 π/N，可计数脉冲为 $2N$ 倍光栅数，这里 $N=2$。图 7－22 所示电路的缺点是有时会产生误记脉冲造成误差，这种情况出现在当某一通道信号处于“高”电平或“低”电平状态，而另一通道信号正处于“高”或“低”之间的往返变化状态，此时码盘虽然未产生位移，但是会产生单方向的输出脉冲。例如，码盘发生抖动或手动对准位置时（如在重力仪测量时）会有这种情况。

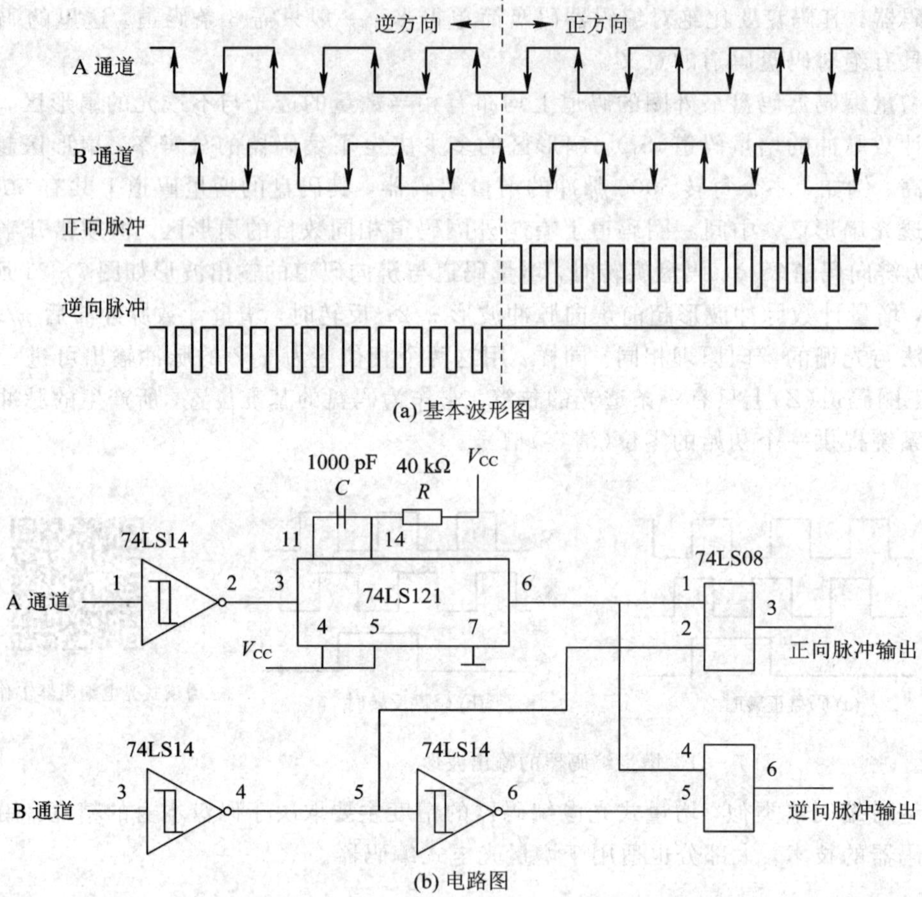

图 7-22　增量光电编码器基本波形和电路图

2. 细分电路

四倍频细分电路原理图如图 7-23(a)所示。输出 X_1 与 X_2 信号作为计数器双时钟输入信号。按电路图可得如下逻辑表达式：

$$X_1 = \overline{Y_1Q_1 + Y_2Q_3 + Y_3Q_2 + Y_4Q_4}$$

$$X_2 = \overline{Y_1Q_4 + Y_2Q_1 + Y_3Q_3 + Y_4Q_2}$$

$$Y_1 = S_1\overline{S_2},\ Y_2 = S_1S_2$$

$$Y_3 = \overline{S_1}S_2,\ Y_4 = \overline{S_1}\,\overline{S_2}$$

式中，Q_1、Q_2、Q_3 和 Q_4 分别与 S_1、$\overline{S_1}$、S_2 和 $\overline{S_2}$ 相对应。当正向转动时，S_1 信号超前 S_2 相位 $\pi/2$，电路各点的波形如图 7-23(b)所示，与门输出 Y_1、Y_2、Y_3 和 Y_4 的脉冲宽度仅为 S_1 或 S_2 信号脉冲宽度的一半，相位差为 $\pi/2$。单稳电路输出 Q_1、Q_2、Q_3 和 Q_4 的脉冲宽度应尽可能窄，至少要小于 S_1 信号最小脉冲宽度的 1/2，但同时要满足与 Y_1、Y_2、Y_3 和 Y_4 相“与”的要求。由图 7-23 可知，在 S_1 信号的一个周期内，得到了四个加计数脉冲输出，这样就实现了四倍频的加计数。由于光栅与光电增量编码器的输出基本相同，上述测量电路同样可用作光栅测量电路。

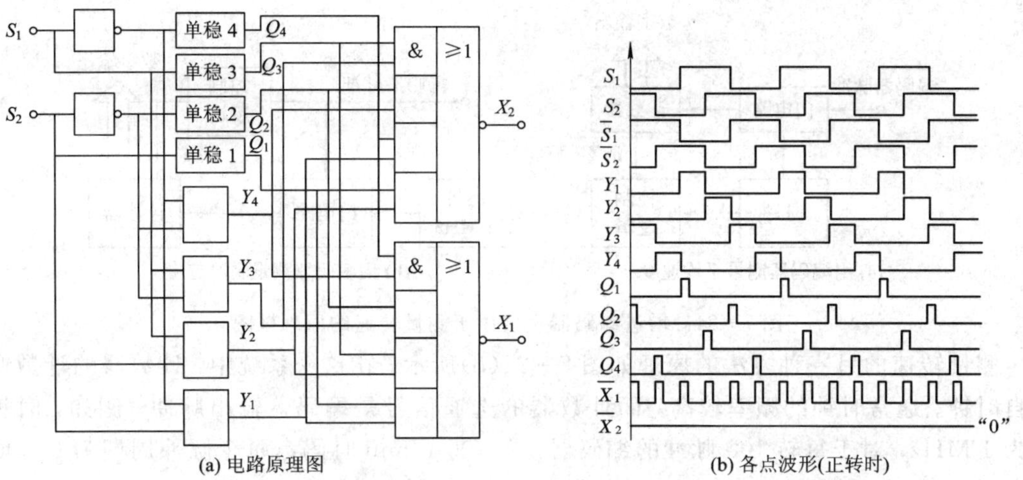

图 7-23　四倍频细分电路原理图

顺便指出，按照旋转式编码器的工作原理，如把码盘拉直成码尺，就可构成直接进行线位移测量的直线式光电编码器。而且根据码尺的取材不同(透光或反光)，它还可分成透光式和反光式两种结构形式。

7.3.4　光电编码器的选择

选择光电编码器时主要应考虑以下技术指标：

1. 分辨力

分辨力是编码器每转一周能产生的脉冲数。由于刻线和偏心误差的限制，码盘的线宽一般在 20 μm～30 μm，进一步提高分辨力可采用电子细分的方法。

2. 输出电信号特性

输出电信号特性主要包括输出信号的形式、信号电平及电源参数。

3. 频率特性

对高速转动的响应能力，一般响应频率为 30 kHz～800 kHz。

4. 使用特性

使用特性包括几何尺寸和环境温度。

7.3.5　光电编码器的应用实例

1. 测量转速

光电编码器转速测量

增量编码器除直接用于测量相对角位移外，常用来测量转轴的转速。最简单的方法就是在给定的时间间隔内对编码器的输出脉冲进行计数，它所测量的是平均转速。例如，一个每转 360 脉冲的编码器，当转速为 60 r/min 时，若计数时间间隔为 1 s，则分辨力可达 1/360；若转速为 6000 r/min，则分辨力可达 1/36 000。因此这种测量方法的分辨力因被测速度而变化，其测量精度取决于计数时间间隔，故采样时间应由被测速度范围和所需的分辨力来决定。它不适宜低转速的测量，该法的原理框图如图 7-24(a)所示。

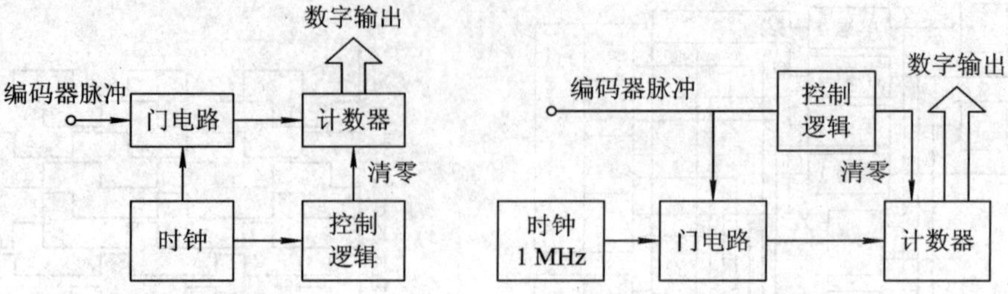

(a) 用编码器测量平均速度　　(b) 用编码器测量瞬时速度

图 7-24　增量编码器直接用于测量转速的原理框图

测量转速的另一种方法的原理如图 7-24(b)所示。在这个系统中，计数器的计数脉冲来自时钟。通常时钟的频率较高，而计数器的选通信号是编码器输出脉冲。例如，时钟频率为 1 MHz，对于每转 100 脉冲的编码器，在 100 r/min 时码盘每个脉冲周期为 0.006 s，可获得 6000 个时钟脉冲的计数，即分辨力为 1/6000。当转速为 6000 r/min 时，分辨率降至 1/100。可见，转速较高时分辨力较低。但是它可给出某一给定时刻的瞬时转速(严格地说是码盘一个脉冲周期内的平均转速)。在转速不变和时钟频率足够高的情况下，码盘上的扇形区数目越多，反映速度的瞬时变化就越准确。系统的采样时间应由编码器的每转脉冲数和转速来决定。该法的缺点是扇形区的间隔不等将带来较大的测量误差，可用平均效应加以改善。

2. 测量线位移

在某些场合，用旋转式光电增量编码器来测量线位移是一种有效的方法。这时，须利用一套机械装置把线位移转换成角位移。测量系统的精度主要取决于机械装置本身的精度。

图 7-25(a)表示通过丝杆将直线运动转换成旋转运动。例如，用一每转 1500 脉冲数

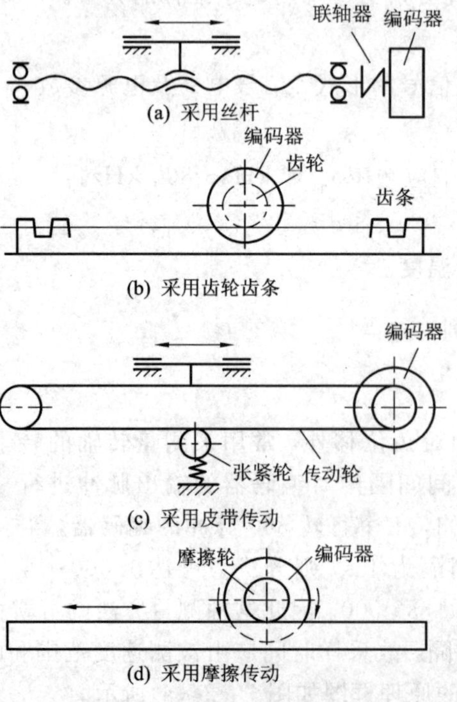

图 7-25　用旋转式增量编码器测量线位移示意图

光电编码器位移测量

的增量编码器和一导程为 6 mm 的丝杆，可达到 4 μm 的分辨力。为了提高精度，可采用滚珠丝杆与双螺母消隙机构。

图 7 - 25(b)是采用齿轮齿条来实现直线-旋转运动转换的一种方法。一般来说，这种系统的精度较低。

图 7 - 25(c)和 7 - 25(d)分别表示采用皮带传动和摩擦传动来实现线位移与角位移之间变换的两种方法。该系统结构简单，特别适用于需要进行长距离位移测量及某些环境条件恶劣的场所。无论采用哪一种方法来实现线位移-角位移的转换，一般增量编码器的码盘都要旋转多圈。这时，编码器的基准零位已失去作用。为了计数系统所必需的基准零位，可由附加的装置来提供，如用机械、光电等方法来实现。

7.3.6　光电式工业编码器

绝对型旋转光电编码器如图 7 - 26 所示。因其每一个位置绝对唯一、抗干扰、无需掉电记忆，所以已经越来越广泛地应用于各种工业系统中的角度、长度测量和定位控制。在多位数输出型，一般均选用串行输出或总线型输出。德国生产的绝对型编码器串行输出最常用的是 SSI(同步串行输出)。

图 7 - 26　绝对型旋转光电编码器

绝对型旋转光电编码器另一个优点是，由于测量范围大，实际使用往往富裕较多，这样在安装时不必要费劲找零点，将某一中间位置作为起始点即可，这样大大简化了安装调试的难度。多圈式绝对编码器在长度定位方面的优势较明显，已经越来越多地应用于工控定位中。

7.4　感应同步器

7.4.1　感应同步器及其特性

感应同步器是应用电磁感应原理把位移量转换成数字量的传感器。它具有两个平面型的印刷绕组，相当于变压器的初级和次级绕组，通过两个绕组的互感变化来检测其相互的位移。感应同步器可分为测量直线位移的直线式感应同步器和测量角位移的旋转式感应同步器两大类。前者由定尺和滑尺组成，后者由转子和定子组成。感应同步器是一种多极感应元件，由于多极结构对误差起补偿作用，所以用感应同步器来测量位移具有精度高、工作可靠、抗干扰能力强、寿命长、安装便利等优点。

感应同步器工作原理

7.4.2　感应同步器的结构与工作原理

1. 结构组成

图 7－27 所示为直线式感应同步器的绕组结构，它由两个绕组构成。定尺是长度为 250 mm 均匀分布的连续绕组，节距 $W_2=2(a_2+b_2)$。滑尺上布有断续绕组，分正弦($l-l'$)和余弦($z—z'$)两部分，即两绕组相差 90°电角度。为此，两相绕组中心线距应为 $l_1=(n/2+1/4)W_2$，其中 n 为正整数。两相绕组节距相同，均为 $W_2=2(a_1+b_1)$。

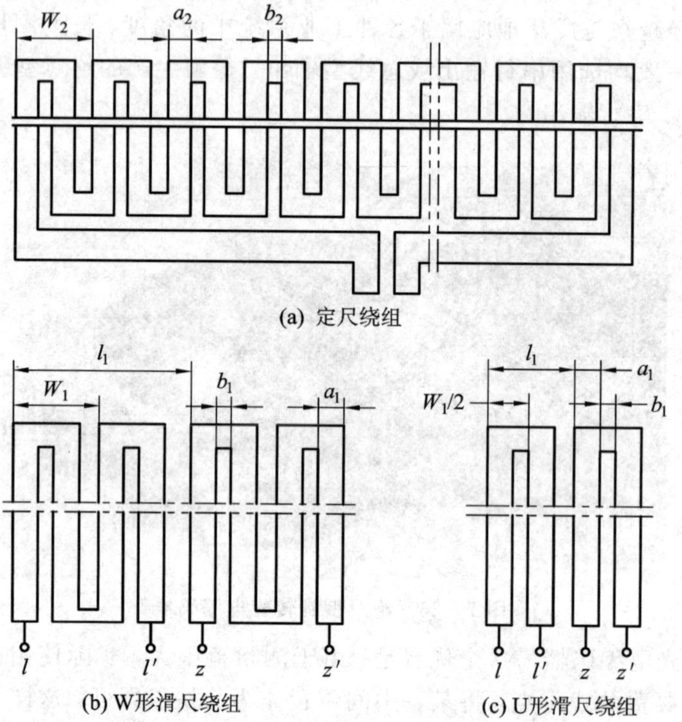

(a) 定尺绕组

(b) W形滑尺绕组　　(c) U形滑尺绕组

图 7－27　直线式感应同步器的绕组结构

通常，定尺的节距 W_2 为 2 mm。定尺绕组的导片宽度要考虑消除高次谐波，可按式 $a_2=n\cdot W_2/\nu$ 来选择，其中 ν 为谐波次数，n 为正整数，显然 $a_2<W_2/2$。滑尺的节距 W_1 通常与 W_2 相等，绕组的导片宽度同样可按式 $a_1=n\cdot W_1/\nu$ 来选取。

图 7－28 所示为定尺和滑尺的截面结构图，基板 2 通常由钢板制成。为了保证测量精度，对其表面几何形状、外形尺寸及热处理等都有一定的要求。基板上通过黏合剂 4 粘有一层铜箔。铜箔厚度在 0.1 mm 以下，通过蚀刻得到所需的绕组 3 的图形。在铜箔上面是一层耐腐蚀的绝缘涂层 1。根据需要还可在滑尺表面再贴一层带绝缘层的铝箔 5，以防止静电感应。

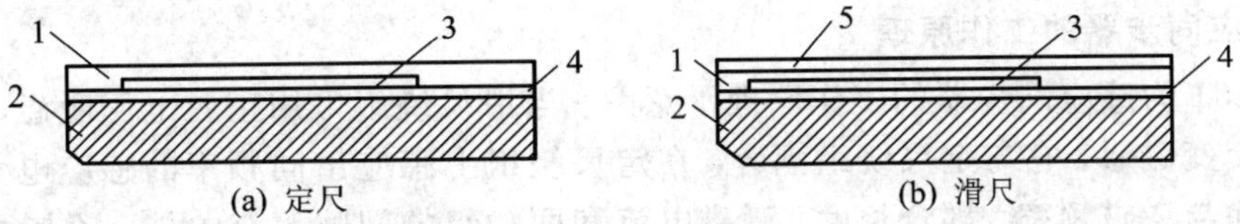

图 7-28　感应同步器定尺和滑尺的截面结构

2. 感应同步器的类型

因被测量不同，感应同步器可分为直线(位移)式和旋转式两类。直线式感应同步器最常见的有标准型、窄型和带型。图 7-29 为标准型直线式感应同步器的外形。标准型感应同步器是直线式中精度最高的一种，应用也最广。为了减少端部电势的影响，安装时必须保证滑尺绕组全部覆盖在定尺绕组上，但不能覆盖定尺的两条引出线，以免影响测量精度。窄型感应同步器用于设备安装位置受限制的场合，除了宽度较标准型窄外，其余结构尺寸与标准型相同。由于宽度较窄，其磁感应强度比标准型低，故精度稍差。除上述两种类型外，带型感应同步器的定尺最长可达 3 m 以上，由于不需拼接，对安装面的精度要求不高，故安装便利。但由于定尺较长，刚性较差，其总的测量精度比标准型直线感应同步器要低。

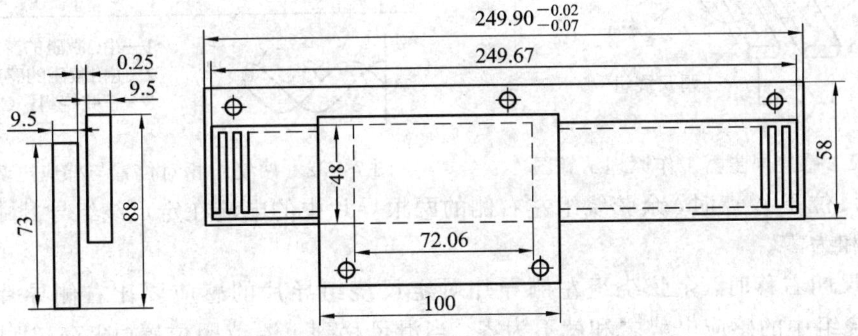

图 7-29　标准型直线式感应同步器外观尺寸

旋转式感应同步器的转子相当于直线式感应同步器的定尺，定子相当于滑尺，其外形图如图 7-30 所示。目前旋转式感应同步器按直径大致可分成 302 mm、178 mm、76 mm、50 mm 四种。极数(径向导体数)有 360、720 和 1080 数种。通常，在极数相同时，旋转式感应同步器的直径越大，精度越高。由于旋转式感应同步器的转子是绕转轴旋转的，所以必须特别注意其引出线。目前较多采用的方法，一是通过耦合变压器将转子初级感应的电信号经空气间隙耦合到定子次级上输出；二是用导电环直接耦合输出。

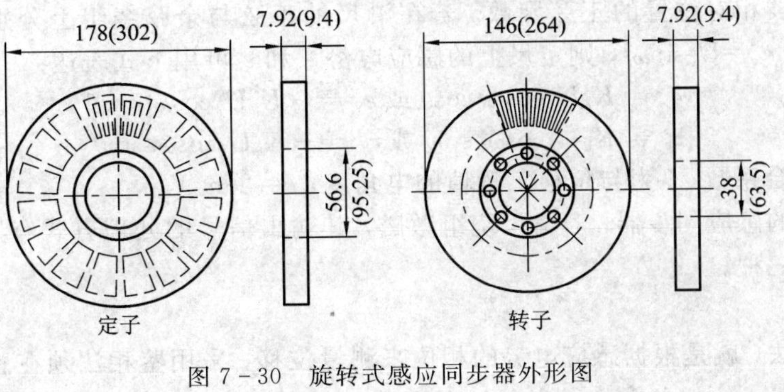

图 7-30　旋转式感应同步器外形图

3. 感应同步器的工作原理

图 7-31 为感应同步器的工作原理示意图。当滑尺绕组采用正弦电压激磁时，将产生同频率的交变磁通，它与定尺绕组耦合，在定尺绕组上感应出同频率的感应电势。感应电势的幅值除与激磁频率、耦合长度、激磁电流和两绕组的间隙等有关外，还与两绕组的相对位置有关。设正弦绕组上的电压为零，余弦绕组上加正弦激磁电压，并将滑尺绕组与定尺绕组简化，如图 7-32 所示。

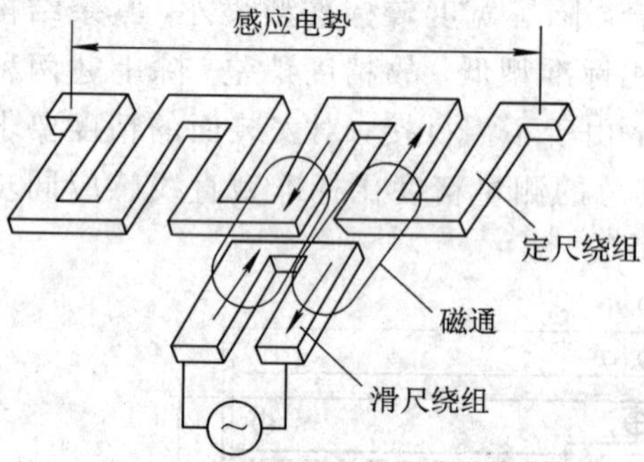

图 7-31 感应同步器工作原理示意图

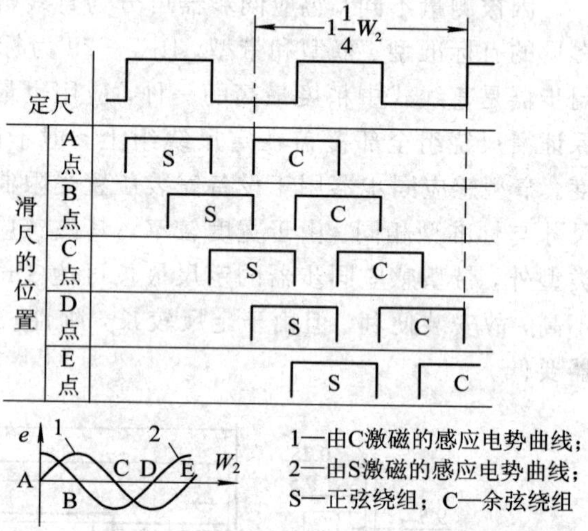

图 7-32 两绕组相对位置与感应电势的关系

当滑尺位于 A 点时，余弦绕组左右侧的两根导片中的电流在定尺绕组导片中产生的感应电势之和为零。

当滑尺向右移时，余弦绕组左侧导片对定尺绕组导片的感应要比右侧导片所感应的大。定尺绕组中的感应电势之和就不为零。当滑尺移到 1/4 节距位置(图 7-32 中的 B 点)时，感应电势达到最大值。

若滑尺继续右移，定尺绕组中的感应电势逐渐减少。到 1/2 节距时，感应电势变为零。再右移滑尺，定尺中的感应电势开始增大，但电流方向改变。当滑尺右移至 3/4 节距时，定尺中的感应电势达到负的最大值。在移动一个节距后，两绕组的耦合状态又周期地重复如图 7-32 中 A 点所示状态(曲线 2)。同理，由滑尺正弦绕组产生的感应电势如图 7-32 曲线 2 所示。

由以上分析可见，定尺中的感应电势随滑尺的相对移动呈周期性变化；定尺的感应电势是感应同步器相对位置的正弦函数。若在滑尺的正弦与余弦绕组上分别加上正弦电压 $u_s=U_s\sin\omega t$ 和 $u_c=U_c\sin\omega t$，则定尺上的感应电势 e_s 和 e_c 可用下式表达：

$$e_s = K_\omega U_s\cos\omega t\cos\theta \text{ 或 } e_s = -K_\omega U_s\cos\omega t\cos\theta \tag{7-9}$$

$$e_c = K_\omega U_c\cos\omega t\sin\theta \text{ 或 } e_c = -K_\omega U_c\cos\omega t\sin\theta \tag{7-10}$$

式中，K_ω为耦合系数；θ 为与位移 x 等值的电角度，$\theta=2\pi x/W_2$。

对于不同的感应同步器，若滑尺绕组激磁，其输出信号的处理方式有鉴相法、鉴幅法和脉冲调宽法三种。

1) 鉴相法

所谓鉴相法，就是根据感应电势的相位来测量位移。采用鉴相法须在感应同步器滑尺的正弦和余弦绕组上分别加频率和幅值相同，但相位差为 $\pi/2$ 的正弦激磁电压，即 $u_s=U_m\sin\omega t$ 和 $u_c=U_m\cos\omega t$。

根据式(7-10)，当余弦绕组单独激磁时，感应电势为

$$e_c = K_\omega U_m \sin\omega t \sin\theta \tag{7-11}$$

同样，当正弦绕组单独激磁时，感应电势为

$$e_s = K_\omega U_m \cos\omega t \cos\theta \tag{7-12}$$

正弦、余弦绕组同时激磁时，根据叠加原理，总感应电势为

$$e = e_c + e_s = K_\omega U_m \sin\omega t \sin\theta + K_\omega U_m \cos\omega t \cos\theta = K_\omega U_m \cos(\omega t - \theta) = K_\omega U_m \cos\left(\omega t - \frac{2\pi x}{W_2}\right) \tag{7-13}$$

上式是鉴相法的基本方程。由式(7-13)可知，感应电势 e 和余弦绕组激磁电压 u_c 之相位差 θ 正比于定尺与沿尺的相对位移 x。

2) 鉴幅法

所谓鉴幅法，就是根据感应电势的幅值来测量位移。若在感应同步器滑尺的正弦和余弦绕组上分别加同频、反相且幅值不等的正弦激磁电压，即 $u_s=U_m\sin\varphi\sin\omega t$ 和 $u_c=-U_m\cos\varphi\sin\omega t$，则在定尺绕组上产生的感应电势分别为

$$e_s = K_\omega U_m \sin\varphi\cos\omega t\cos\theta$$

$$e_c = -K_\omega U_m \cos\varphi\cos\omega t\sin\theta$$

根据叠加原理，感应电势为

$$\begin{aligned} e &= e_s + e_c = K_\omega U_m \sin\varphi\cos\omega t\cos\theta - K_\omega U_m \cos\varphi\cos\omega t\sin\theta \\ &= K_\omega U_m \sin(\varphi-\theta)\cos\omega t \end{aligned} \tag{7-14}$$

由式(7-14)可知，感应电势的幅值为 $K_\omega U_m\sin(\varphi-\theta)$，调整激磁电压 φ 值，使 $\varphi=2\pi x/W_2$，则定尺上输出的总感应电势为零。激磁电压的 φ 值反映了感应同步器定尺与滑尺的相对位置。式(7-14)是鉴幅法的基本方程。

3) 脉冲调宽法

前面介绍的两种方法都是在滑尺上加正弦激磁电压，而脉冲调宽法则在滑尺的正弦和余弦绕组上分别加周期性方波电压，即

$$u_s = \begin{cases} 0 & -\pi \leqslant \omega t < -\varphi \\ U_m & -\varphi \leqslant \omega t \leqslant \varphi \\ 0 & \varphi < \omega t \leqslant \pi \end{cases} \qquad u_c = \begin{cases} 0 & -\pi \leqslant \omega t < -\left(\dfrac{\pi}{2}-\varphi\right) \\ U_m & -\left(\dfrac{\pi}{2}-\varphi\right) \leqslant \omega t \leqslant \left(\dfrac{\pi}{2}-\varphi\right) \\ 0 & \left(\dfrac{\pi}{2}-\varphi\right) < \omega t \leqslant \pi \end{cases}$$

其波形如图 7-33(a)所示。把 u_s、u_c 分别用傅里叶级数展开，可得

$$u_s = \frac{U_m}{\pi}\varphi + \frac{2U_m}{\pi}\sum_{n=1}^{\infty}\frac{1}{n}\sin n\varphi\cos n\omega t \tag{7-15}$$

$$u_s = \frac{U_m}{\pi}\left(\frac{\pi}{2}-\varphi\right) + \frac{2U_m}{\pi}\sum_{n=1}^{\infty}\frac{1}{n}\sin n\left(\frac{\pi}{2}-\varphi\right)\cos n\omega t \tag{7-16}$$

若把 u_s 加到滑尺正弦绕组上，则定尺感应电势 e_s 应为各次谐波所产生的感应电势之和，即

$$e_s = \frac{-2}{\pi} K_\omega U_m \cos\theta \sum_{n=1}^{\infty} \sin n\varphi \sin n\omega t \tag{7-17}$$

若把 u_c 加到滑尺余弦绕组上，同样可得到定尺感应电势为各次谐波产生的感应电势之和，即

$$e_c = -\frac{2}{\pi} K_\omega U_m \sin\theta \sum_{n=1}^{\infty} \sin n\left(\frac{\pi}{2} - \varphi\right) \sin n\omega t \tag{7-18}$$

e_s、e_c 的波形均为一系列的尖脉冲，如图 7-33(b)所示。

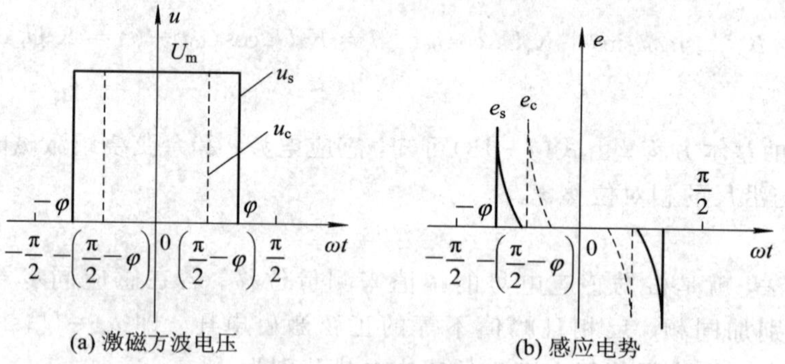

图 7-33　波形图

当正弦、余弦绕组同时分别以 u_s、u_c 激磁时，根据叠加原理，定尺中的总感应电势为 $e=e_s+e_c$。从上面的 e_s、e_c 表达式中可知：感应电势除基波分量外，还含有丰富的高次谐波分量。若使用性能良好的滤波器滤去高次谐波，取出基波成分，这时可认为感应电势为

$$\begin{aligned} e &= \frac{2K_\omega U_m}{\pi} \sin\omega t \left[\sin\theta \sin\left(\frac{\pi}{2} - \varphi\right) - \cos\theta \sin\varphi\right] \\ &= \frac{2K_\omega U_m}{\pi} \sin\omega t \sin(\theta - \varphi) \end{aligned} \tag{7-19}$$

式(7-19)是脉冲调宽法的基本方程。它表明了滑尺、定尺间的相对位移($\theta=2\pi x/W_2$)与激磁脉冲的宽度之半 φ 的关系。当用感应同步器来测量位移时，与鉴幅法相类似，可以调整激磁脉冲宽度 φ 值，用 φ 跟踪 θ。当用感应同步器来定位时，则 φ 用来表征定位距离，作为位置指令，使滑尺移动来改变 θ，直到 $\theta=\varphi$，即 $e=0$ 时停止移动，以达到定位的目的。

7.4.3　感应同步器的应用技术

1. 鉴相法测量系统

图 7-34 为鉴相法测量系统的原理框图。它的作用是通过感应同步器将代表位移量的电相位变化转换成数字量。鉴相法测量系统通常由位移-相位转换、模数转换和计数显示三部分组成。下面分析各部分的功能。

1) 位移-相位转换

位移-相位转换的功能是通过感应同步器将位移量转换为电的相位移。它由图 7-32 中的绝对相位基准(n 倍分频器)、90°移相器、功率放大器及放大滤波整形等电路组成。时钟脉冲源经绝对相位基准分频后的频率为 f，再经 90°移相和功率放大，分别供给滑尺的正、余弦绕组两个幅度相等而相位差为 90°的方波(或正弦波)。这时，定尺的感应电势 $e=K_\omega U_m\cos(\omega t-\theta)$，经放大滤波及整形后得到一个频率仍为 f 的方波或正弦波，其相位 θ

与滑尺位移量 x 在一个节距内成线性关系。θ 直接送至模数转换电路。从下面的讨论中将看到 θ 就是相位跟踪系统的相位给定。如果时钟频率为 2 MHz，分频器 $n=800$，经分频后的频率为 2.5 kHz，定尺感应电势的频率也为 2.5 kHz。

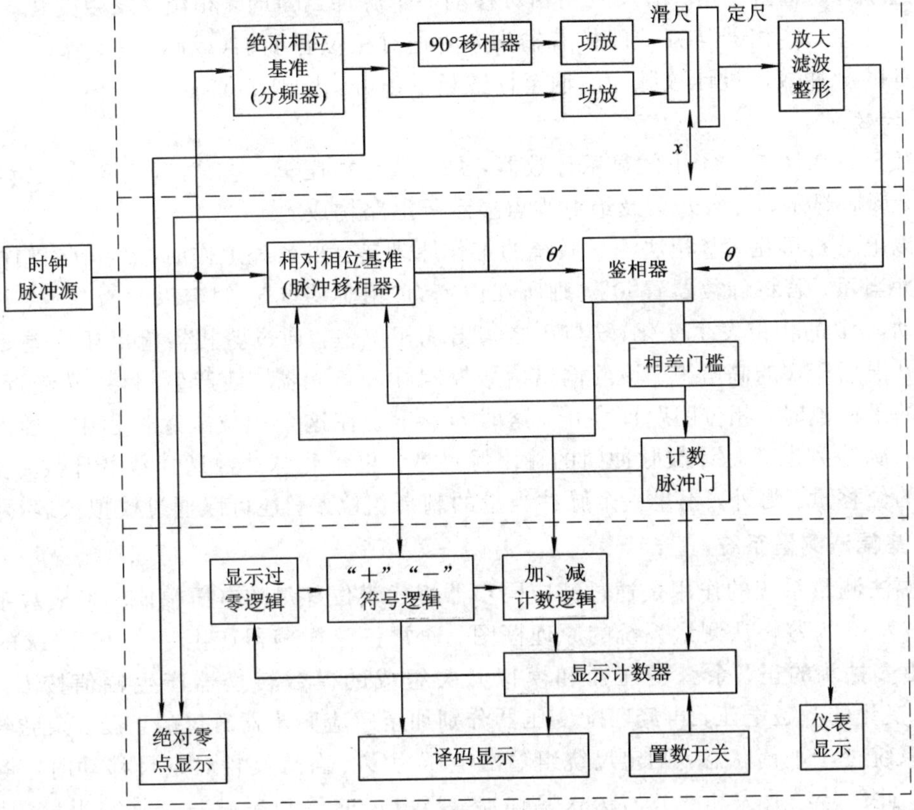

图 7-34　鉴相法测量系统原理框图

2）模数转换

模数转换的主要功能是将代表位移量 θ（定尺输出电压的相位）的变化再转换为数字量。它由图 7-34 中的相对相位基准（脉冲移相器）、鉴相器、相差门槛及计数脉冲门等电路组成。

鉴相器是一个相位比较装置，其输入来自经放大、滤波、整形后的输出信号 e，以及相对相位基准输出信号 θ'。它有两个输出：一个输出是脉宽，其宽度代表上述两个输入量相位差的绝对值，即 $\Delta\theta=\theta-\theta'$；另一个输出是代表移动方向的逻辑信号，它处于“1”状态时表示 θ' 滞后于 θ，它处于“0”状态时表示 θ' 超前于 θ。

相对相位基准（脉冲移相器）实际上是一个模数转换器，它是把加、减脉冲数转换为电的相位变化。它由 n 倍分频器和加减脉冲电路组成，有三个输入和一个输出。输入是加、减脉冲，输出是方波，其相位为 θ'。当无加、减脉冲信号时，公共时钟脉冲经相对相位基准 n 倍分频后，供给鉴相器频率为 f、相位为 θ' 的方波，当有加脉冲信号时，其输出相位 θ' 向超前方向变化，每加一个脉冲，相位 θ' 变化 $360°/n$，即对应于一个脉冲当量的位移量（如 $n=800$ 即为 0.45°，相应位移为 2.5 μm）。当有减脉冲信号时，其输出相位 θ' 向滞后方向变化，每减一个脉冲，相位 θ' 也变化一个脉冲当量的位移量。

模数转换的关键是鉴相器。它的两个输出控制相对相位输出的加减脉冲电路，使其输出波形产生相位移，移相的方向是力图使鉴相器两个输入量之间的相位差为零。这就构成了一个数字相位跟踪系统，系统中相位 θ' 总是跟踪相位给定值 θ。静态时，θ 与 θ' 之间的相位差接近于零。每当定尺、滑尺之间相对移动一个脉冲当量时，相位 θ 发生变化。θ 与 θ' 之间产生相位差，鉴相器与相差门槛有输出，使相对相位基准加(或减)一个脉冲；同时，将与之相等的脉冲数通过计数脉冲门输至计数显示部分，反映出位移量。

3) 计数显示

计数显示由图 7-34 中的显示计数器，加、减计数逻辑，“+”“−”符号逻辑，显示过零逻辑，译码显示，置数开关及绝对零点显示等电路构成。

由以上分析可见，鉴相法测量系统的工作原理是：当系统工作时，$\theta \approx \theta'$，相位差小于一个脉冲当量。若将计数器置“0”，则所在位置为“相对零点”。假定以此为基准，滑尺向正方向移动，$\Delta\theta$ 的相位发生变化，θ 与 θ' 之间出现相位差，通过鉴相器检出相位差 $\Delta\theta$，并输出反映 θ' 滞后于 θ 的高电平。该两输出信号控制脉冲移相器，使产生相移，θ' 趋近于 θ。当到达新的平衡点时，相位跟踪即停止，这时 $\theta \approx \theta'$。在这个相位跟踪过程中，插入到脉冲移相器的脉冲数也就是计数脉冲门的输出脉冲数，再将此脉冲数送计数器计数并显示，即得滑尺的位移量。另外，不足一个脉冲当量的剩余相位差，还可以通过模拟仪表显示。

2. 鉴幅法测量系统

鉴幅法测量系统的作用是通过感应同步器将代表位移量的电压幅值转换成数字量。

图 7-35 为鉴幅法测量系统的原理框图。通常正弦振荡器产生一个 10 kHz 的正弦信号，经由多抽头的正、余弦变压器和模拟开关组成的模数转换器产生幅值按 $U_m \sin\varphi$ 和 $U_m \cos\varphi$ 变化的激磁电压，再经匹配变压器分别加至感应同步器滑尺的正弦、余弦绕组。若开始时系统处于平衡状态，则定尺绕组输出电压为零。当滑尺相对定尺移动时，将产生输出信号，此信号经放大和滤波后送入鉴幅器。当滑尺的移动超过一个脉冲当量的距离时，门电路被打开，时钟脉冲经门电路到可逆计数器进行计数；同时，另一路送到转换计数器控制模数转换器的模拟开关以接通多抽头正弦、余弦变压器的相应抽头，改变 $U_m \sin\varphi$ 和 $U_m \cos\varphi$ 使定尺绕组的输出电压小于鉴幅器的门槛电压值，使门电路关闭，计数器电路停止工作。这时可逆计数器的输出即为滑尺移动的距离。

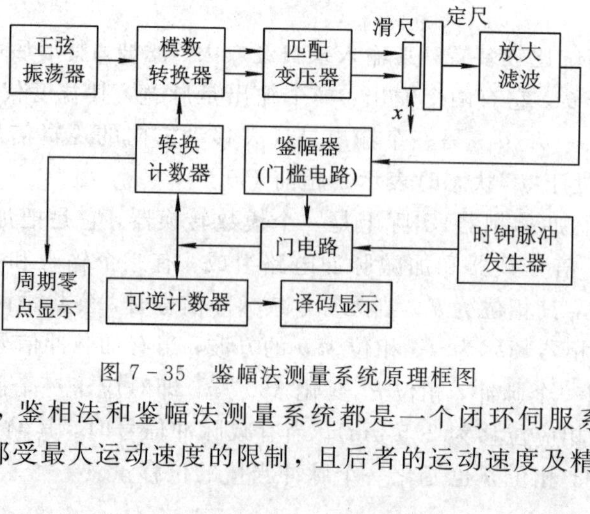

图 7-35　鉴幅法测量系统原理框图

由以上讨论可见，鉴相法和鉴幅法测量系统都是一个闭环伺服系统，只是反馈量不同。在使用中，两者都受最大运动速度的限制，且后者的运动速度及精度都较前者低。

7.4.4　感应同步器的应用实例

感应同步器因具有很多独特的优点，目前在国内外的很多数控机床中被用作检测元件(即传感器)，构成闭环或半闭环数控系统。机床的数字控制系统，按控制刀具相对于工件移动的轨迹不同，可分为点位控制系统和位置随动系统。

1. 点位控制系统

点位控制系统主要是控制刀具或工作台从某一加工点到另一加工点之间的准确定位，而对点与点之间所经过的轨迹则不加控制，如钻床、镗床、冲床等的加工过程都属于这种情况。利用感应同步器作为点位控制系统的检测元件可以直接测出机床的移动量以修正定位误差，提高定位精度。

图 7 - 36 是感应同步器在点位控制系统中应用的一例。系统的工作过程是：工作前通过输入装置(如光电阅读机、数码拨盘等)先给计数器预置某一相应工作台的指令脉冲数，脉冲发生器按机床移动速度的要求不断发出脉冲。当计数器内有数时，门电路打开，步进电机按脉冲发生器发出的脉冲数驱动工作台作步进运动，并带动感应同步器的滑尺移动，滑尺每移动一定距离，例如 0.01 mm，感应同步器检测装置就会发出一个脉冲，这一脉冲进入计数器，说明工作台已移动了 0.01 mm，计数器中的数就少了一个。当机床运动到预定位置时，感应同步器检测装置发出的累计脉冲数正好等于指令脉冲数，计数器出现全“0”状态，门电路关闭，工作台就停止运动，从而实现了准确定位。

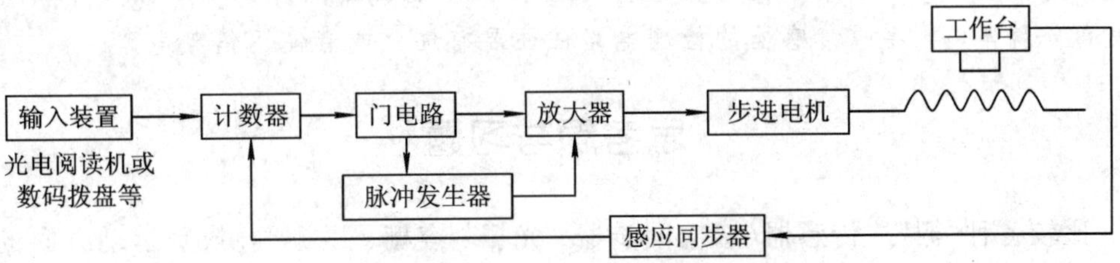

图 7 - 36　点位控制系统原理方框图

2. 位置随动系统

位置随动系统或(称连续控制系统)，不仅要求在加工过程中实现点到点的准确定位，而且要保证运动过程中逐点的定位精度，即对运动轨迹上的各点都要求能精确地跟踪指令。例如，龙门铣床、万能铣床等加工凸轮、样板和模具等曲线或曲面即属于这种情况。

图 7 - 37 是一种采用直流力矩电动机为执行元件，以鉴幅型方式工作的感应同步器为检测元件的位置随动系统。θ 和 x 为随动系统两部分的位移量，设开始时 $\theta=\alpha$，系统处于平衡状态。当计算机送来指令脉冲时，经模数转换电路使激磁电压的角改变，$\theta\neq\alpha$，破坏了原有的平衡状态。定尺输出电压经放大整流后驱动直流力矩电动机使工作台按预定方向运动，并带动滑尺向 $\theta=\alpha$ 的方向运动，直到 θ 重新等于 α 为止。

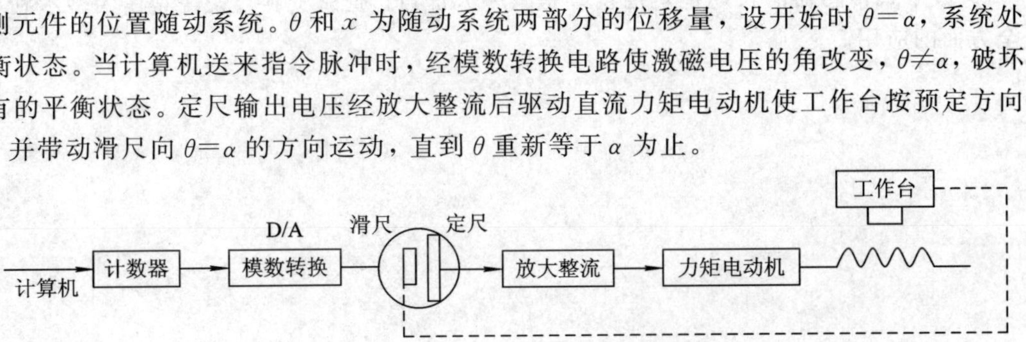

图 7 - 37　位置随动系统原理方框图

图 7－38 是采用鉴相型方式工作的感应同步器的位置随动系统。这时可将要求的位移量 φ 作为位置指令，而令 θ 跟踪 φ，设开始时，鉴相器的两个输入电压相位相同，即 $\varphi=\theta$，当计算机送来指令脉冲，使 φ 改变时，破坏了原有的平衡状态，$\varphi\neq\theta$，鉴相器输出电压，经放大整流后，推动直流力矩电动机，使工作台按预定方向运动，同时带动滑尺，使 θ 作相应的改变，直到 θ 与给定的 φ 重新相等为止。

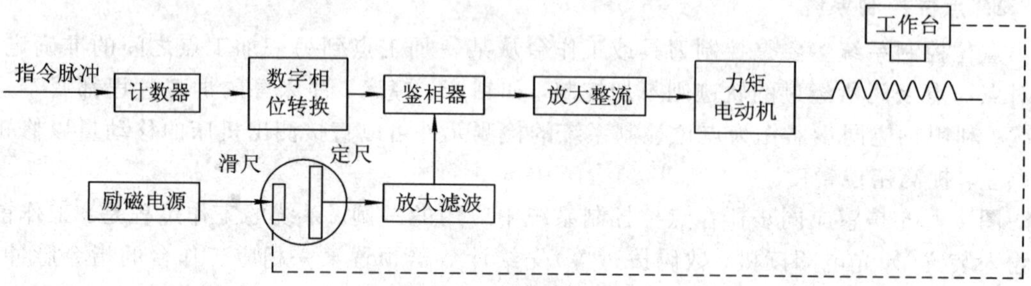

图 7－38　鉴相型位置随动系统原理方框图

本章小结

本章介绍了常用的数字传感器、光栅传感器、磁栅传感器、光电编码器和感应同步器。为了能分辨位移方向，数字式传感器都要输出相位差 π/2 的两个信号，以便于信号处理。为了提高分辨率，数字式传感器的检测电路往往要有细分或者使用倍频电路。

思考题与习题

1. 比较各种“栅”式传感器(感应同步器、光栅、容栅、磁栅等)辨别运动方向的结构，总结分析各种方法的异同。

2. 各种“栅”式传感器细分方法有无统一的思路?

3. 从应用角度来看，各种“栅”式传感器各有什么优缺点?

4. 查阅资料，关注“时栅”的提法，用旋转磁场的匀速移动代替几何物体对空间的划分，提出你的观点。

5. “栅”式传感器信息远传存在哪些问题? 有哪些好的解决办法?

6. 数字式传感器的长期稳定性良好是其一大优点。查阅资料，关注其在大型水利工程安全方面的应用。

第 8 章　环境与生物检测传感器

环境监测主要包括气环境、水环境、声环境的监测。本章侧重针对气环境、水环境检测的传感器进行介绍，主要包含气敏传感器和湿度传感器；常用的生物传感器主要有酶传感器、微生物传感器和免疫传感器。

8.1　气敏传感器

气敏传感器

在工业生产和日常生活中，气体成分或含量对空气质量、环境、安全等具有相当重要的作用。因此，气体成分的检测在测试技术中占有相当重要的地位。现代工业生产所排放的气体日益增多，这些气体中有许多是易燃、易爆的气体(例如氢气、煤矿瓦斯、天然气、液化石油气等)，有些是对人体有害的气体，对这类气体应主要检测其成分是否有害、含量是否达到了危害程度，并不一定要求精确测量其成分，只要能够及时报警，以便防范即可。因此，为了防止不幸事故的发生，需要对各种有害气体和可燃性气体在环境中存在的情况进行有效地监控。

气敏传感器就是能够感知环境中某种气体及其浓度的一种敏感器件，它可将气体种类及其与浓度有关的信息转换成电信号，根据这些电信号的强弱便可获得与待测气体在环境中存在情况有关的信息，从而可以对其进行检测、监控、报警；还可以通过接口电路与计算机组成自动检测、控制和报警系统。

8.1.1　气敏传感器的类型与特性

1. 气敏传感器的类型

气敏传感器的主要类型及其特征见表 8－1。

半导体气敏传感器由于其灵敏度高且价格低廉，因而得到广泛应用。然而，对于半导体气敏传感器，气体浓度与输出不成比例，因此，不太适宜作为气体浓度计中的传感器。

接触燃烧式传感器是利用可燃性气体接触氧气发生氧化反应，因而产生反应热(无焰接触燃烧热)，使得作为敏感材料的铂丝温度升高，电阻值相应增大的原理。由于铂丝电阻值变化小，因此，要采用桥接方式放大变化的差分信号作为输出。

为了检测特定气体的浓度，要求传感器对气体有较强的选择性时，上述介绍的传感器都不太适宜，常采用利用化学反应或红外线吸收与散射原理的传感器。

表 8－1　气敏传感器的类型及其特征

类　型	原　理	检测对象	特　点
半导体方式	若气体接触到加热的金属氧化物(SnO_2、Fe_2O_3、ZnO_2)，电阻值就增大或减小	还原性气体、城排放气体、丙烷等	灵敏度高、构造与电路简单，但输出与气体浓度不成比例
接触燃烧方式	可燃性气体接触到氧气就会燃烧，使得作为气敏材料的铂丝温度升高，电阻值相应增大	燃烧气体	输出与气体浓度成比例，但灵敏度较低
化学反应式	化学溶剂与气体反应产生电流、颜色变化、电导率的增加等	CO、H_2、CH_4、C_2H_5OH、SO_2等	气体选择性好，但不能重复使用
光干涉式	利用与空气的折射率不同而产生的干涉带	与空气折射率不同的气体，如CO_2等	寿命长，但选择性差
热传导方式	根据热传导率差而放热的发热元件的温度降低进行检测	与空气热传导率不同的气体，如H_2等	构造简单，但灵敏度低，选择性差
红外线吸收散射方式	根据红外线照射时气体分子谐振而吸收或散射的量来检测	CO、CO_2、NO_2	能定性测量，但装置大，价格贵

利用化学反应进行上色的原理制成气体检测管传感器，这是一种在细的玻璃管上涂敷气体吸附剂，气体定量通过后，根据吸附剂的颜色改变即可知道气体的浓度，作为检测对象的气体由检测管决定。这种传感器体积小、重量轻、携带方便，但不能连续进行测量。

若需要连续测量气体浓度，可利用电解液的电导率随吸收气体的浓度不同而变化的特性来检测气体浓度。例如，检测亚硫酸气体中使用 KI 水溶液等。

2. 气敏传感器的特性

经过长期的实践应用，对气敏传感器的主要特性归纳如下：

① 初期稳定特性；② 响应复归特性；③ 灵敏度；④ 选择性；⑤ 时效性和互换性；⑥ 环境依赖性。

8.1.2　气敏传感器的工作原理

近年来，半导体气敏传感器和固体电解质气敏传感器应用较为广泛，下面分别对这两类传感器的工作原理加以介绍。

气敏电阻工作原理

1. 半导体气敏传感器

MQN 型半导体气敏传感器结构如图 8－1 所示。它由塑料底座、电极引线、气敏元件(烧结体)、防爆用的双层不锈钢网以及包裹在烧结体中的两组铜丝组成。其中一组铜丝为工作电极，另一组为加热电极。

气敏传感器工作时必须加热，其目的是：加速被测气体的吸附、脱出过程；烧去气敏元件上的污垢，起清洁作用；控制不同的加热温度能对不同的被测气体起选择作用。一般在 200℃～400℃ 温度下，气敏传感器有较高的灵敏度。此时元件已被加热到稳定状态，其表面遇到可燃性气体将发生吸附，电阻明显减小，电阻的减小程度与可燃性气体浓度成正比。半导体气敏传感器是以被测气体和半导体表面或气体间的可逆反应为基础的，能够反复使用。

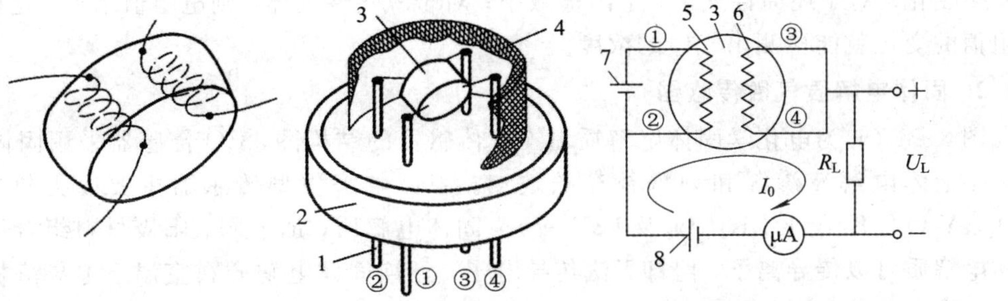

(a) 气敏烧结体　(b) 气敏电阻外形　(c) 基本测量转换电路

1—引脚；2—塑料底座；3—烧结体；4—不锈钢网罩；5—加热电极；6—工作电极；7—加热回路；8—测量回路

图 8-1　MQN 型半导体气敏传感器结构

半导体气敏传感器的材料主要有 SnO_2 系列、ZnO_2 及 Fe_2O_3 系列，添加不同的物质，能够检测不同成分的气体。这类气敏传感器主要用于检测低浓度的可燃性气体和毒性气体，如一氧化碳、硫化氢、乙醇、天然气、液化气、煤气等，其测量范围为 10^{-3}～10^{-6} 数量级。SnO_2 系列气敏传感器的特性如图 8-2 所示。Fe_2O_3 系列气敏传感器的特性如图 8-3 所示。

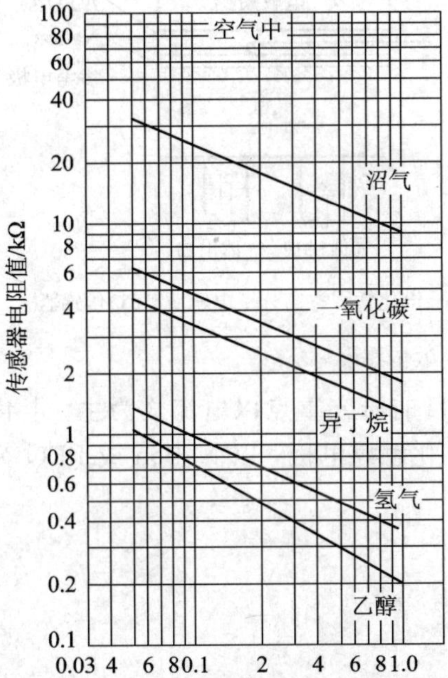

图 8-2　SnO_2 系列气敏传感器的特性

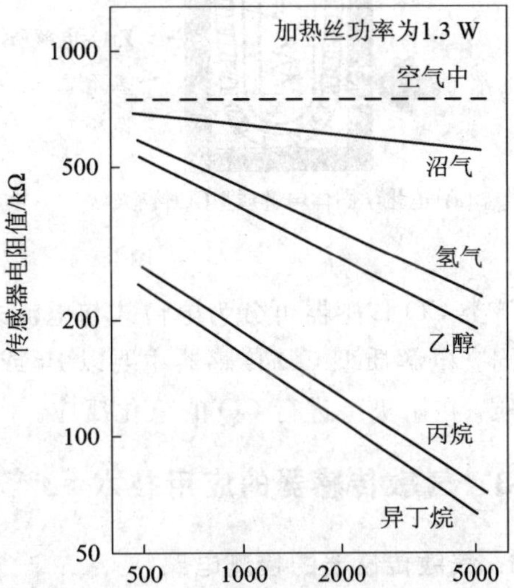

图 8-3　Fe_2O_3 系列气敏传感器的特性

由于 SnO_2 是烧结性较难的材料，因此有很高的热稳定性。由于这种传感器仅在半导体表面层产生可逆氧化还原反应，使半导体内部化学结构不会改变，长期使用有较高的稳定性。实际中使用的 SnO_2 传感器，由于 SnO_2 加热时空气中的氧会从 SnO_2 半导体结晶粒子中夺走电子，而在结晶表面上吸附负电子，使表面电位增高，从而阻碍了导电电子的移动。所以，气敏传感器在空气中为恒定的电阻值。这时还原性气体与半导体表面吸附着的氧发生氧化反应，由于气体分子的离吸作用使其表面电位高低发生变化，传感器的电阻值就发生变化。对于还原性气体，电阻值减小；对于氧化性气体，则电阻值增大。这样，根据电阻值的变化就能检测出气体的浓度。

2. 固体电解质气敏传感器

图 8-4 (a)为电化学固体电解质型 CO 传感器的结构图，CO 传感器采用固体电解质克服了液体电解液渗漏和频繁补充的缺点。固体电解质型传感器主要以无机盐类(如 ZrO_2、Y_2O_3、KAg_4I_5、K_2CO_3 及 LaF_3 等)为固体电解质，加上阴、阳极材料组合而成。纯固体电解质可以传导离子，但却无法传导电子，且纯固体电解质在室温下电导率极低，因此，这种传感器需要高温工作环境，一般采用内设加热器来实现。固体电解质 ZrO_2 主要用于氧传感器，也可用于 CO 的检测。由于无机盐类固体电解质在低温下的电导率极低，对于微弱温度的变化并不灵敏，还易受其他气体干扰，因此，并不适合在复杂场所检测 CO。

图 8-4 (b)为电化学固态高分子电解质型 CO 传感器的结构图。这种传感器的感测原理与固体电解质相类似，它利用高分子中的官能基来传导离子，可在室温下工作。一般所使用的固态高分子电解质有 Nafion、PEO、Dow Sulfonicacid、Dow Carboxylic-acid 等。

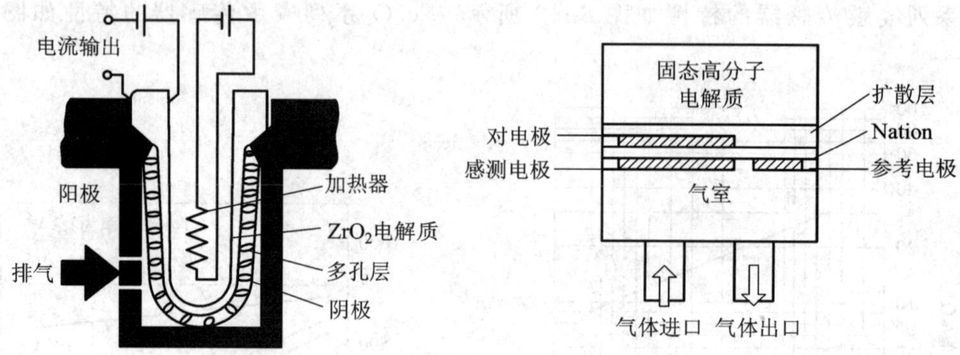

(a) 电化学固体电解质型CO传感器　　(b) 电化学固态高分子电解质型CO传感器

图 8-4　固体电解质气敏传感器

该类 CO 传感器可分为电位式与电流式两种，目前研究重点以电流式为主。电化学高分子固态电解质型 CO 传感器主要以 Pt 或 Au 作催化触媒电极，以 Nafion 或 PEO 为固态电解质，在阳极上进行 CO 的氧化反应。

8.1.3　气敏传感器的应用技术

1. 气敏传感器的检测电路

半导体气敏传感器采用加热器对气敏元件进行加热，这时，加热器的加热温度对气敏传感器的特性有很大影响。为此，加热器的电压恒定是非常重要的，例如 AF30L/38L 半导体气敏传感器，加热器的电压在(5±0.2)V 的范围内使用应该不会有问题。另外，气敏元件的消耗功率不能超过额定值，否则会损坏气敏元件。对于 AF30L/38L 半导体气敏传感器，气敏元件消耗的功率不能超过 15 mW。

气敏传感器的检测电路如图 8-5 所示。其中，图 8-5(a)是与气敏传感器串联的电阻 R_s，R_s 上的电压降就是传感器的输出电压。若检测到有害气体，传感器的气敏元件的阻值降低，这时 R_s 两端电压就会升高，从而输出电压发生变化。图 8-5(b)是将传感器的输出

接到比较器 A_1 的同相输入端，当检测气体的浓度超过设定值时，A_1 输出高电平，控制后续电路工作，这样就构成了简单的气体检测电路。

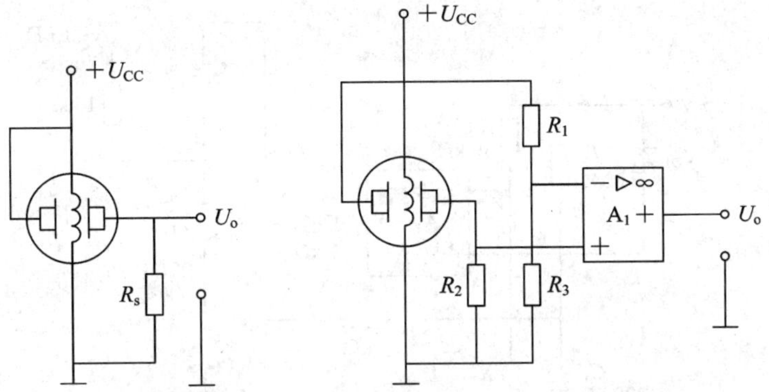

(a) 输出电压获取方式　　(b) 简单的气体检测电路

图 8-5　气敏传感器的检测电路

2. 气敏传感器的温度补偿电路

半导体气敏传感器在气体中的电阻值与温度及湿度有关，一般来说，温度和湿度较低时，阻值较大；温度和湿度 l 较高时，阻值较小。这样，气体浓度即使相同，其阻值也不一定相同，需要进行补偿。对湿度进行补偿的电路相当复杂，一般不用。这里介绍简单的温度补偿电路，如图 8-6 所示，它是在比较器 A_1 的反相输入端(基准电压端)接入负温度系数的热敏电阻 R_T。在温度降低时，R_T 阻值增大，则反相输入端的基准电压降低；而温度升高时，基准电压增大，从而跟踪温度的变化达到补偿的目的。热敏电阻的 θ 常数根据所用的气体传感器的温度依存性选定，通常选用 θ 常数为 3700～4000 的热敏电阻对很多半导体气敏传感器都能进行温度补偿。但采用热敏电阻时，不可能在高低温下都达到理想的补偿效果，如需要灵敏地检测到气体，应当优先考虑低温补偿。

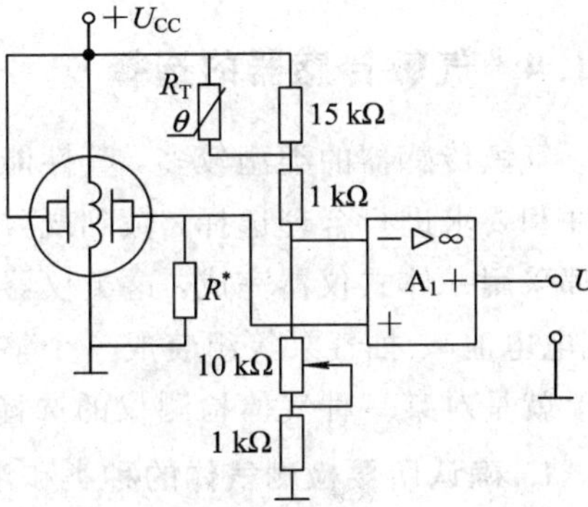

图 8-6　简单的温度补偿电路

3. 防止气敏传感器误动作的电路

半导体气敏传感器的阻值在加电后不能马上稳定下来，将从低阻到高阻逐渐趋于稳定。为防止接通电源后控制电路误动作，可采用图 8-7 所示的防止误动作电路。它是在接通电源后，经一段延后 V_{T1} 才导通，因此，在接通电源的一定时间内继电器 K 并不动作。延迟时间 t 可按下式求出，即

$$t = R_1 C_1 \ln\left(1 - \frac{U_1}{U_2}\right) \tag{8-1}$$

式中：U_1 为 A_1 反相输入端电压；U_2 为 A_1 同相输入端电压。

例如，$R_1 = 1\ \mathrm{M\Omega}$，$C_1 = 220\ \mu\mathrm{F}$，$U_1 = 2.2\ \mathrm{V}$，$U_2 = 5\ \mathrm{V}$，则 $t = 128\ \mathrm{s}$。二极管 V_{D1} 为电源断开时电容 C_1 蓄积的电荷泄放提供通路；否则，电源断开后，电容 C_1 中的电荷使电路再次导通而造成电路误动作。

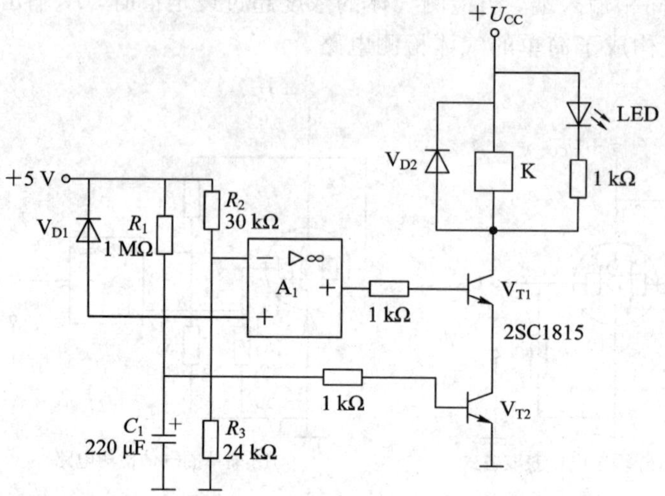

图 8-7 防止误动作的电路

8.1.4 气敏传感器的选择

气敏传感器的类型较多，其性能差异也较大，在实际应用时，应根据具体的使用场合、条件和要求进行合理选择，做到既经济合理，又安全可靠。目前，对于气体成分浓度的测量都采用一体式仪器完成，这类仪器就是将气敏传感器、测量电路、显示器、报警器、电源(充电电池)、抽气泵等组装成一个整体，成为一体式仪器。对某一种气敏传感器的选择实际上就是对某一种气体检测仪的选择。选择时把握以下几点：

1. 确认所要检测气体的种类和浓度范围

每一个生产部门所遇到的气体种类都是不同的。在选择气体检测仪时就要尽可能考虑到所有可能发生的情况。对有害气体的检测有两个目的，第一是测爆，第二是测毒。测爆的范围是 0～100%LEL，测毒的范围是 0 到几十(或几百)ppm，两者相差很大。危险场所有害气体有三种情况，第一是无毒(或低毒)可燃，第二是不燃有毒，第三是可燃有毒。前两种情况容易确定，第一测爆，第二测毒，第三种情况如果有人员暴露则测毒，如无人员暴露则测爆。测爆选择可燃气体检测报警仪，测毒选择有毒气体检测报警仪。

2. 确定使用场合

工业环境的不同，选择气体检测仪的种类也不同。检测仪有两种类型：便携式和固定式。生产或储存岗位长期运行的泄漏检测选用固定式检测报警仪；其他如检修检测、应急检测、进人检测和巡回检测等可选用便携式(或袖珍式)仪器。

3. 选择仪器型号

选择仪器型号时要考虑以下几点原则：

(1) 生产厂家讲诚信、信誉好，生产的质量有保证，通过了 ISO9002 质量体系认证，具有技术监督部门颁发的 CMC 生产许可证，具有消防、防爆合格证；

(2) 选择的产品功能指标要符合国际标准的要求；

(3) 仪器的检测原理要适应检测对象和检测环境的要求。

8.1.5　气敏传感器的应用实例

反射式烟雾报警器

1. 自动换气扇控制电路

利用 SnO_2 气敏器件，可以设计用于空气净化的自动换气扇。图 8-8 是自动换气扇的电路。当室内空气污浊时，烟雾或其他污染气体使气敏器件阻值下降，晶体管 V_T 导通，继电器动作，接通风扇电源，可实现电扇自动启动，排放污浊气体，换进新鲜空气。当室内污浊气体浓度下降到希望的数值时，气敏器件阻值上升，V_T 截止，继电器断开，风扇电源切断，风扇停止工作。

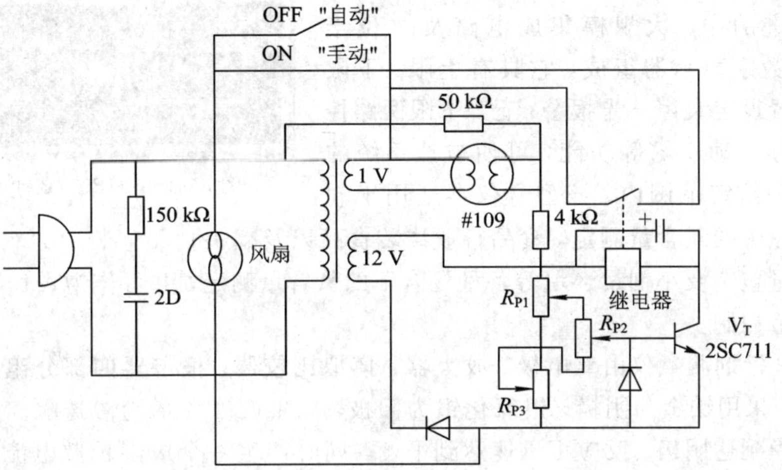

图 8-8　自动换气扇的电路

2. 家用可燃气体浓度检测报警电路

图 8-9 所示是家用可燃气体浓度检测报警电路。当 QM-N5 气敏传感器未接触有害的可燃气体时，V_{T1}、V_{T2}、V_{T3} 截止，KA 不吸合，排气及报警电路不工作。当 QM-N5 接触有害气体的浓度达到一定值时，晶体管 V_{T1}、V_{T2}、V_{T3} 均导通，继电器 KA 通电吸合，动

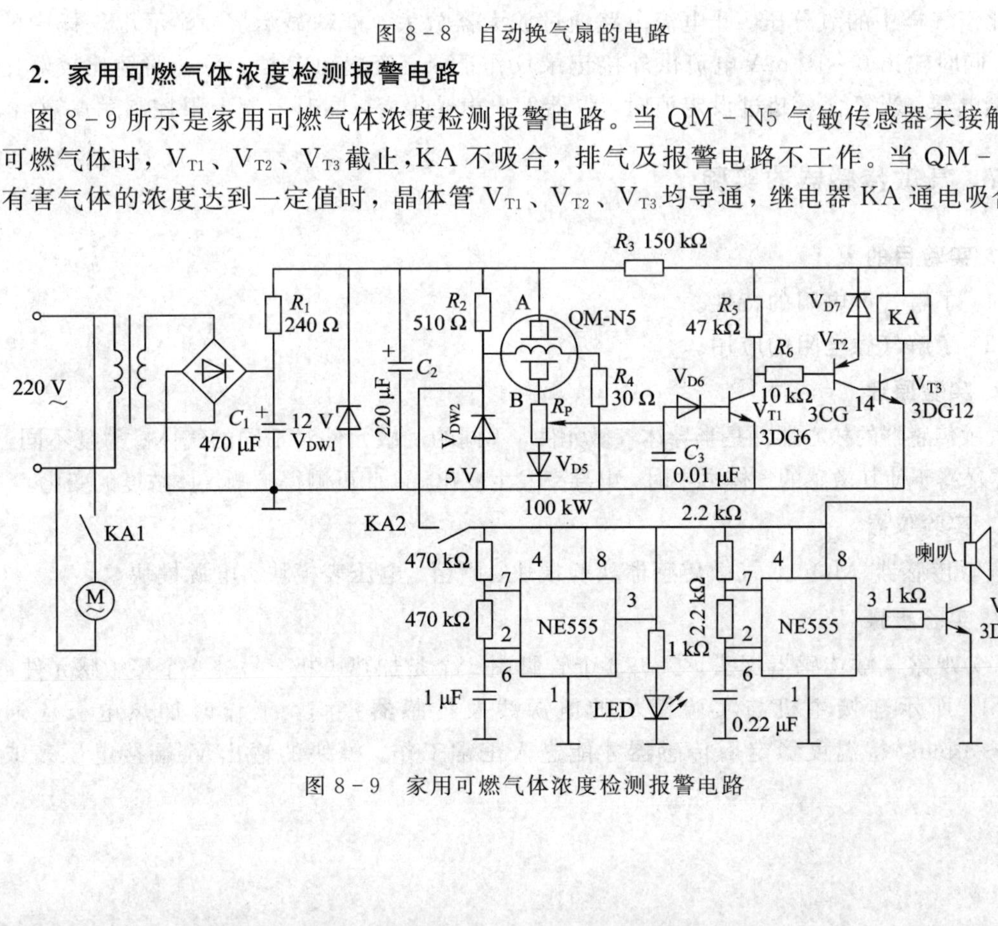

图 8-9　家用可燃气体浓度检测报警电路

断触点 KA_{-1}、KA_{-2}闭合，排气扇 M 运转，NE555 多谐振荡器工作，喇叭发声报警，且 LED 闪烁发光。排气扇不断地把室内的有害气体向外排出，当有害气体的浓度降低到某一预定值时，KA 释放，排气扇停转，报警声停止，LED 停止发光。这样，就达到了自动控制的目的。

8.1.6　气敏工业传感器

HBO-2B 针剂测氧仪如图 8-10 所示，又称食品包装袋测氧仪系，采用极谱隔膜式氧电极为传感器，由先进的中、大规模集成电路及 3 位半 LED 高亮度数字显示器组成，它具有上限、下限数字拨盘预置设定及声一光报警；上、下限两路控制触点输出和自动稳零等功能，可使被控系统的氧含量在某一给定范围内。该型号仪器适用于制药厂针剂安瓿中的氧含量测定，食品行业袋装食品以及罐头食品包装中的氧含量测定，还适用于小剂量包装及小剂量环境等各种场合下的氧含量测定，并可作为农作物和动物呼吸实验的氧含量控制。

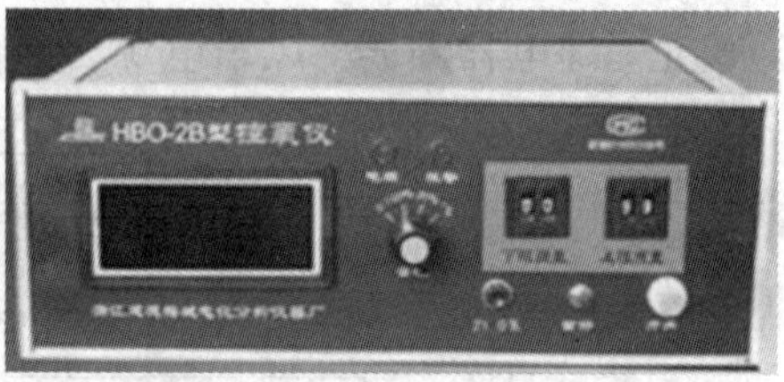

图 8-10　HBO-2B 针剂测氧仪

HBO-2B 针剂测氧仪由氧电极、放大器、摸拟比较器、报警器四部分组成。氧电极为极谱隔膜式，采用铂金为阴极，银氯化银为阳极，以聚四氟乙烯为渗透隔离膜，气样中的氧可透过薄膜到达阴极。反应可迅速达到平衡，同时产生一个极限扩散电流，此电流的大小正比于气样中的氧分压。此电流一路通过放大器放大，推动显示屏，显示出气样中的氧含量，同时输出 0～10 mA 电流供外接记录仪作记录，资料可存档；另一路经比较器比较推动继电器，当氧含量超过设定值时，仪器发出声光报警，同时控制上限控制触点输出。

8.1.7　气敏传感器的实验

1. 实验目的

(1) 了解气敏电阻的特性。

(2) 了解气敏电阻的应用。

2. 实验原理

气敏传感器的核心器件是半导体气敏元件，不同的气敏元件对不同的气体敏感度不同，当传感器暴露于使其敏感的气体之中时，电导率发生变化，由此可测得被测气体浓度的变化。

3. 实验仪器

气敏传感器(MQ_3)、气敏传感器实验模块、酒精、电压表模块、电源模块。

4. 实验步骤

(1) 观察气敏传感器探头，探头 6 个管脚中 2 个是加热电极，另外 4 个接敏感元件，按图 8-11 所示连接主机与实验模块的电源线及传感器接口，工作时加热电极应通电 2 min～3 min，待温度稳定后传感器才能进入正常工作。模块的输出 V_o端接电压表或示波器。

(2) 开启主机电源，待稳定数分钟后记录初始输出电压值。打开酒精瓶盖，瓶口慢慢地接近传感器，用电压表或示波器观察输出电压的上升情况，当气敏传感器靠近瓶口时电压上升至最高点，超过报警设定电压，电路报警。

(3) 移开酒精瓶，传感器输出特性曲线立刻下降，这说明传感器的灵敏度是非常高的。

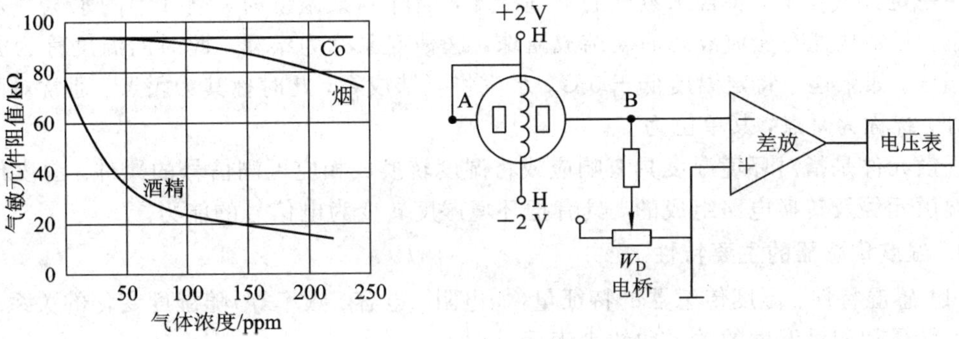

图 8-11　气敏传感器实验接线图

5. 注意事项

实验时气敏探头勿浸入酒精中，酒精气就足够了。

8.2　湿度传感器

湿度传感器

随着现代工农业技术的发展及生活条件的提高，湿度的检测与控制成为生产和生活中必不可少的手段。例如：大规模集成电路生产车间，当其相对湿度低于 30%时，容易产生静电而影响生产；一些粉尘大的车间，当湿度小而产生静电时，容易产生爆炸；纺织厂为了减少棉纱断头，车间要保持相当高的湿度(60%～75% RH)；一些仓库(如存放烟草、茶叶、中药材等)在湿度过大时，易发生变质或霉变现象。在农业上，先进的工厂式育苗、食用菌的培养与生产、水果及蔬菜的保鲜等都离不开湿度的检测与控制。

8.2.1　湿度的定义及湿度传感器的特性

湿度是指物质中所含水蒸气的量，目前的湿度传感器多数是测量空气中的水蒸气含量。通常用绝对湿度、相对湿度和露点(或露点温度)来表示。

1. 绝对湿度

绝对湿度是指单位体积的空气中水蒸气的质量，其表达式为

$$H_a = \frac{m_V}{V} \tag{8-2}$$

式中：m_V 为待测空气中的水汽质量；V 为待测空气的总体积。

2. 相对湿度

相对湿度为待测空气中水汽分压与相同温度下水的饱和水汽压的比值的百分数。这是一个无量纲量，常表示为%RH(RH 为相对湿度 Relative Humidity 的缩写)，其表达式为

$$H_r=\left(\frac{p_V}{p_W}\right)_T\times100\%\text{RH} \tag{8-3}$$

式中：p_V为待测空气的水汽分压；p_W为待测空气温度相同时水的饱和水汽压。

3. 露点

在一定大气压下，将含水蒸气的空气冷却，当降到某温度时，空气中的水蒸气达到饱和状态，开始从气态变成液态而凝结成露珠，这种现象称为结露，此时的温度称为露点或露点温度。如果这一特定温度低于0℃，水汽将凝结成霜，此时称其为霜点。通常对两者不予区分，统称为露点，其单位为℃。

湿敏元件是指对环境湿度具有响应或将湿度转换成相应可测信号的元件。湿度传感器是由湿敏元件及转换电路组成的，具有把环境湿度转变为电信号的能力。

4. 湿度传感器的主要特性

(1) 感湿特性：湿度传感器的特征量(如电阻、电容、频率等)随湿度变化的关系，常用感湿特征量和相对湿度的关系曲线来表示。

(2) 湿度量程：表示湿度传感器技术规范规定的感湿范围。全量程湿度为(0～100)%RH。

(3) 灵敏度：湿度传感器的感湿特征量(如电阻、电容等)随环境湿度变化的程度，也是该传感器感湿特性曲线的斜率。由于大多数湿度传感器的感湿特性曲线是非线性的，因此常用不同环境下的感湿特征量之比来表示其灵敏度的大小。

(4) 湿滞特性：湿度传感器在吸湿过程和脱湿过程中吸湿与脱湿曲线不重合，而是一个环形回线，这一特性就是湿滞特性。

(5) 响应时间：在一定环境温度下，当相对湿度发生跃变时，湿度传感器的感湿特征量达到稳定变化量的规定比例所需的时间。一般以相应的起始湿度和终止湿度这一变化区间90%的相对湿度变化所需的时间来计算。

(6) 感湿温度系数：当环境湿度恒定时，温度每变化1℃所引起的湿度传感器感湿特征量的变化量。

(7) 老化特性：湿度传感器在一定温度、湿度环境下存放一定时间后，其感湿特性将发生变化的特性。

8.2.2 湿度传感器的工作原理

湿度传感器是由湿敏元件及转换电路组成的，具有把环境湿度转变为电信号的能力。湿度传感器种类很多，按输出的电学量可分为电阻型、电容型和频率型等；按探测功能可分为绝对湿度型、相对湿度型和结露型等。

1. 电阻式湿度传感器

电阻式湿度传感器根据使用湿敏材料的不同可分为高分子型和陶瓷型。ZrO_2系厚膜型湿度传感器的感湿层是用一种多孔ZrO_2系厚膜材料制成的，它可用碱金属调节阻值的大小并提高其长期稳定性。其结构示意图及输入-输出特性如图8-12所示。根据检测情况的不同，加热装置对湿敏元件进行加热清洗，对于湿敏陶瓷在500℃以上进行几秒钟的加热，从而清除陶瓷的污染，使其重现原来的性能。陶瓷材料在温度200℃以下时的电阻值受温度影响比较小，当温度在200℃以上时呈现普通的热敏电阻特性。这样加热清洗的温度控制可利用湿敏陶瓷在高温时具有热敏电阻特性进行自动控制。

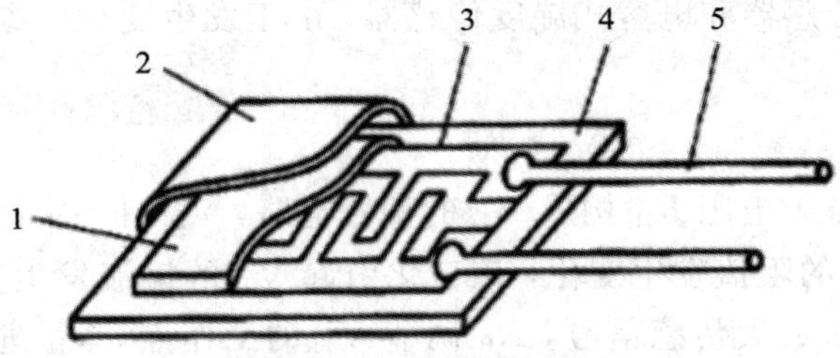

(a) ZrO_2 温度传感器结构示意图

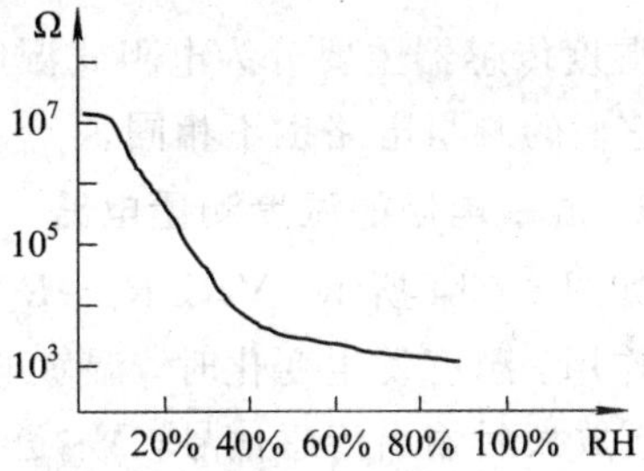

(b) 输入-输出特性

1—电极引线；2—印制的ZrO_2感湿层(厚为几十微米)；3—瓷衬底；
4—由多孔高分子膜制成的防尘过滤膜；5—用丝网印刷法印制的Au硫状电极

图 8-12　ZrO_2湿度传感器的结构示意图及输入-输出特性

2. 电容式湿度传感器

电容式湿度传感器是利用了两个电极间的电介质随湿度变化引起电容值变化的特性制造出来的。以高分子电容式湿度传感器为例，其基本结构如图 8-13 所示。它是在绝缘衬底上制作一对平板金(Au)电极，然后在上面涂敷一层均匀的高分子感湿膜做电介质，在表层以镀膜的方法制作多孔浮置电极(Au 膜电极)，形成串联电容。

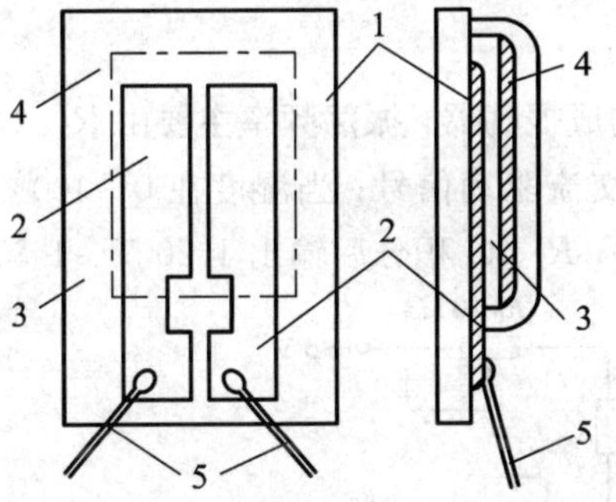

1—微晶玻璃衬底；
2—下电极；
3—敏感膜；
4—多孔浮置电极；
5—引线

图 8-13　电容式湿度传感器

这种传感器吸水后，元件的介电常数随环境相对湿度的改变而变化。元件的介电常数是水与高分子材料两种介电常数的总和。当含水量以水分子形式被吸附在高分子介质膜中时，由于高分子介质的介电常数(3～6)远远小于水的介电常数(81)，所以介质中水的成分对总介电常数的影响比较大，使元件对湿度有较好的敏感性能。

3. 结露传感器

结露传感器是利用了掺入炭粉的有机高分子材料吸湿后的膨润现象。在高湿度下，高分子材料的膨胀引起其中所含炭粉间距变化而产生电阻突变。利用这种现象可制成具有开关特性的湿度传感器。

结露传感器是一种特殊的湿度传感器，它与一般湿度传感器的不同之处在于它对低湿度不敏感，仅对高湿度敏感，故结露传感器一般不用于测湿，而作为提供开关信号的结露信号器，用于自动控制或报警，如用于检测磁带录像机、照相机结露及小汽车玻璃窗除露等。

8.2.3 湿度传感器的应用技术

湿度传感器主要分为电阻式湿度传感器和电容式湿度传感器，由于发生变化的参量不同，它们的测量电路也不相同。

1. 湿敏电阻的湿度测量电路

如图 8-14 所示，V_{D1}、R_1～R_3、湿敏电阻 R_H 构成 V_{T1} 的偏置电路，V_{D1} 有一定的温度补偿作用。湿度发生变化时，湿敏电阻的阻值发生变化，该变化引起 V_{T1} 的偏流发生变化，经 V_{T1} 放大后输出传感信号；V_{T2} 进一步放大传感信号，R_P 调节 V_{T1} 的工作点，V_{D2} 进一步作温度补偿。

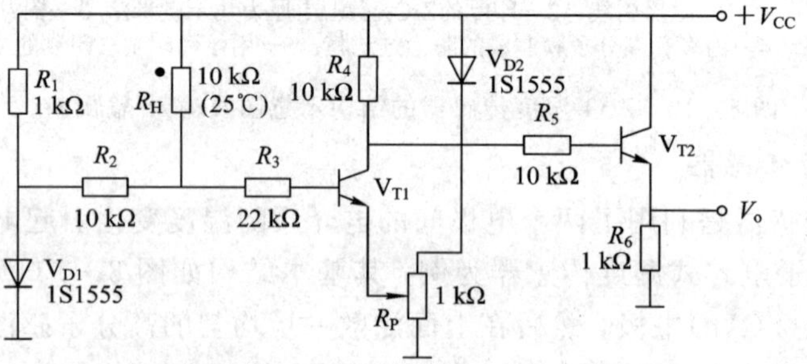

图 8-14 湿敏电阻的湿度测量电路

2. 湿敏电容的湿度测量电路

如图 8-15 所示，施密特触发器 F1 构成振荡器，振荡频率主要由 R_1、C_1 决定；振荡输出信号加到湿敏电容 808 上作为湿敏传感器的交流驱动信号；当湿度在 0～100%之间变化时，湿敏电容的电容值发生变化，该变化经 F2 整形，R_3、C_2 积分后输出 1.20 V～1.35 V 直流电压。

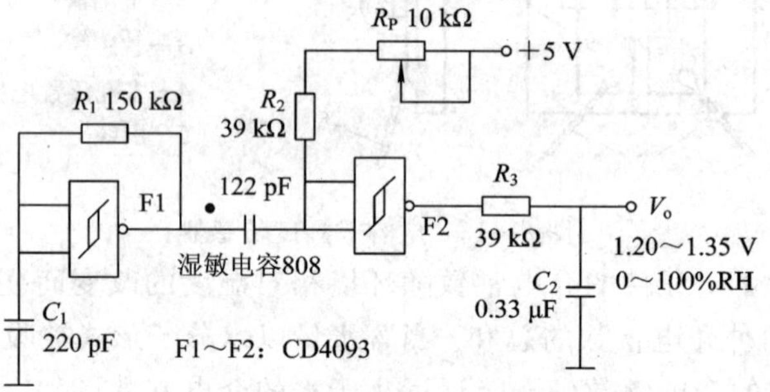

图 8-15 湿敏电容的湿度测量电路

3. 湿度传感器的简单温度补偿电路

在湿度要求不太高的场合，可以使用如图 8-16 所示的简易温度补偿湿度传感器电路。传感器为湿敏电阻 R_H，与 PTC 温度补偿热敏电阻 R_T 串联，温度升高时，湿敏电阻的灵敏度会下降，而热敏电阻的电阻值会增大，该变化将抵消温度对湿度传感器所造成的影响。输出电压为

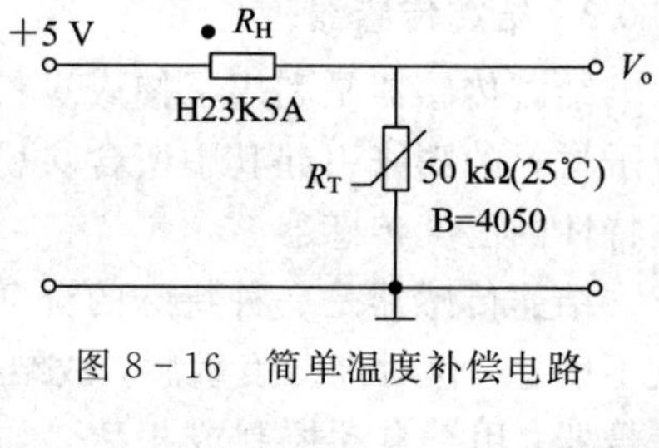

图 8-16 简单温度补偿电路

$$V_o = \frac{5R_T}{R_T + R_H} \tag{8-4}$$

8.2.4　湿度传感器的选择

由于应用领域不同，对湿度传感器的技术要求也不同。在选择湿度传感器时需要注意以下几个问题：

1. 选择合适的测量范围

测量湿度和测量重量、温度一样，选择湿度传感器首先要确定测量范围。除了气象、科研部门外，需温度、湿度测控的场合一般不需要全湿程(0%～100%RH)测量。测量的目的在于控制，测量范围与控制范围合称使用范围。当然，对不需要测控的场合来说，直接选择通用型湿度仪就可以了。

2. 选择测量精度

和测量范围一样，测量精度同样是传感器最重要的指标。生产厂商往往是分段给出其湿度传感器精度的，如中、低湿段(0%～80%RH)为±2%RII，而高湿段(80%±100%RH)为±4% RH。而且此精度是在某一指定温度(如 25℃)下的值。如在不同温度下使用湿度传感器，其示值还要考虑温度漂移的影响。由于相对湿度是温度的函数，温度严重地影响着指定空间内的相对湿度。每变化 0.1℃，将产生 0.5%RH 的湿度变化(误差)。使用场合如果难以做到恒温，则提出过高的测湿精度是不合适的。所以控湿首先要控温，这就是大量应用温湿度一体化传感器而不单纯是湿度传感器的缘故。

3. 考虑时漂和温漂

几乎所有的传感器都存在时漂和温漂。由于湿度传感器必须和大气中的水蒸气相接触，所以不能密封。这就决定了它的稳定性和寿命是有限的。一般情况下，生产厂商会标明一次标定的有效使用时间为 1 年或 2 年，到期负责重新标定。选择湿度传感器要考虑应用场合的温度变化范围，看所选传感器在指定温度下能否正常工作，温漂是否超出设计指标。要提醒使用者注意的是：电容式湿度传感器的温度系数是个变量，它随使用温度、湿度范围而异。电容式湿度传感器在常温、中湿段的温度系数最小，在 5℃～25℃时，中低湿段的温漂可忽略不计；但在高温高湿区或负温高湿区使用时，就一定要考虑温漂的影响，并进行必要的补偿或修正。

4. 其他注意事项

湿度传感器是非密封性的，为保护测量的准确度和稳定性，应尽量避免在酸性、碱性及含有机溶剂的环境中使用，也应避免粉尘较大的环境。使用时应根据技术要求提供合适的、符合精度要求的供电电源。

湿度传感器要安装在流动空气的环境中才能加快响应速度。当传输距离超过 200 m 以上时，建议选用频率输出信号的湿度传感器。大多数传感器在更换湿敏元件后需要重新调试标定，对于测量精度比较高的湿度传感器尤其重要。

8.2.5　湿度传感器的应用实例

1. 房间湿度控制电路

传感器的相对湿度值为 0～100%所对应的输出信号为 0～100 mV。房间湿度控制电路原理图如图 8-17 所示，将传感器输出信号分成三路

湿度检测

分别接在 A_1 的反相输入端、A_2 的同相输入端和显示器的正输入端。A_1 和 A_2 为开环应用，作为电压比较器，只需将 R_{P1} 和 R_{P2} 调整到适当的位置，便构成上、下限控制电路。当相对湿度下降时，传感器输出电压值也随着下降；当降到设定数值时，A_1 的 1 脚电位将突然升高，使 V_{T1} 导通，同时，LED_1 发绿光，表示空气太干燥，KA_1 吸合，接通超声波加湿机。当相对湿度上升时，传感器输出电压值也随着上升，升到一定数值时，KA_1 释放。

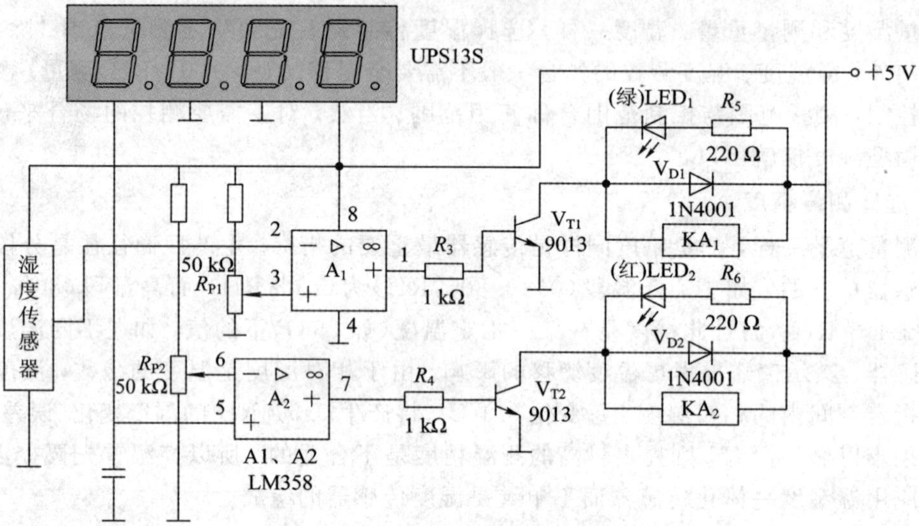

图 8-17　房间湿度控制电路原理图

相对湿度值继续上升，如超过设定数值，A_2 的 7 脚将突然升高，使 V_{T2} 导通，同时 LED_2 发红光，表示空气太潮湿，KA_2 吸合，接通排气扇，排除空气中的潮气。相对湿度降到一定数值时，KA_2 释放，排气扇停止工作。这样，室内的相对湿度就可以控制在一定范围内。

2. 盆花缺水指示器电路

当花盆中缺水时，盆花缺水指示器就会发出闪光，提醒人们及时给花浇水。盆花缺水指示器电路如图 8-18 所示。其中湿度传感器由埋在花盆中的两个电极组成，当土壤缺水时，土壤的电阻率增大很多，这时两电极间的电阻很大，致使 V_{T1} 截止，V_{T2} 导通，R_4 上产生较大的电压降，使 555 时基电路组成的振荡器开始工作。当振荡器工作时，发光二极管 V_D 将成为低频振荡信号闪烁发光，提醒人们应给盆花浇水了。

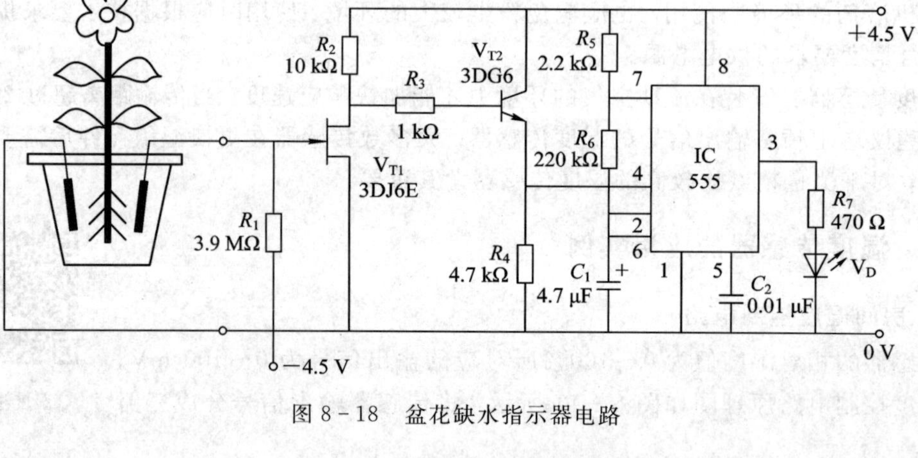

图 8-18　盆花缺水指示器电路

当盆花不缺水时，土壤的电阻率很小，两电极间的电阻值很小，V_{T1}的栅极相当于接地，V_{T1}导通，V_{T2}截止，振荡电路也就停止工作，发光二极管 V_D 熄灭。

8.2.6　湿度工业传感器

1. TCP/IP 网络(网口)温湿度传感器简介

TCP/IP 网络(网口)温湿度传感器如图 8-19 所示，可以同时测量温度、湿度、露点温度，将监测到的温湿度等传感器数据通过一个 RJ45 接口传送到网络。TCP/IP 网络(网口)温湿度传感器为 RJ45 接口，现场布线简洁，开放的通信协议，同时支持多种网络协议模式。

图 8-19　TCP/IP 网络(网口)温湿度传感器

TCP/IP 网络(网口)温湿度传感器具备足够的升级空间，可以不断地满足的客户及市场的最新需求。

2. TCP/IP 网络(网口)温湿度传感器技术指标

温度测量范围：−20℃～ +70℃。

温度测量精度：±1℃（−10℃ ～ +60℃）。

湿度测量范围：1% ～99%（非凝结）。

湿度测量精度：±3%RH（典型值）。

网络接口：RJ45 、10M/100M 自适应。

支持协议：SNMP、TCP、UDP 等，并接受定制开发。

UDP 端口：10050(缺省)，THbus 自定义协议，可读取露点值。

TCP 端口：10050(缺省)，Modbus 协议。

供电电源：12 V DC、1 A。

外形尺寸：105×90×45 (mm)。

3. TCP/IP 网络(网口)温湿度传感器的安装方法

按接线示意图连接好网线及电源线即可。

注意：

(1) 每个 TH5819 出厂时有缺省 IP 地址，一般为：(子网掩码：)，网关：。

(2) 接入网络时，不要与网络上其他设备的 IP 地址相冲突。

(3) 连接完毕后，可在网络上的某台 PC 机上运行 MicroAqua Net 程序，搜索和显示温湿度数据。

8.2.7 湿度传感器的实验

1. 实验目的

(1) 了解湿敏电阻的湿度特性。

(2) 了解相对湿度与绝对湿度的区别。

2. 实验原理

高分子湿敏电阻主要是使用高分子固体电解质材料作为感湿膜，由于膜中的可动离子产生导电性，随着湿度的增加，电离作用增强，可动离子的浓度增大，电极间电阻减小；反之，电极间的电阻增大，通过测量湿敏电阻值的变化，就可得到相应的湿度值。

3. 实验仪器

湿敏电阻、公共实验模块、音频信号源、示波器、电压表。

4. 实验步骤

(1) 连接主机与实验模块的电源和传感器接口，观察湿敏电阻结构，转换电路输出 V_o 端接电压表。

(2) 开启主机电源，按图 8-20 接好测试线路，音频信号为 1 kHz、幅度≤2 V，低通滤波器输出端接电压表，示波器接相敏输出根据系统输出大小调节。

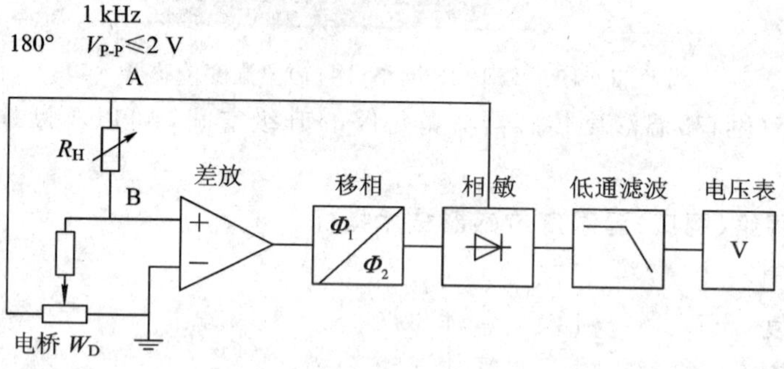

图 8-20　湿敏传感器实验原理图

(3) 轻轻用嘴对湿敏电阻吹气，观察相敏检波器端波形及低通滤波器输出电压的变化。

(4) 近距离对传感器呵气，观察系统输出最大时相敏检波器端的波形及恢复过程，由此大致判断传感器的吸湿和脱湿时间。

5. 注意事项

(1) 传感器表面不能直接接触水分，不能用硬物碰擦，以免损伤感湿膜。

(2) 激励信号必须从音频 180°端口接入，信号幅度严格限定 V_{P-P}≤2 V。

8.3 生物传感器

生物传感器是用生物活性材料(酶、蛋白质、DNA、抗体、抗原、生物膜等)与物理化学换能器有机结合的一门交叉学科，用以检测和识别生物体内的化学成分，是发展生物技术必不可少的一种先进的检测方法与监控方法，也是物质分子水平的快速、微量分析方法。

各种生物传感器有以下共同的结构：包括一种或数种相关生物活性材料（生物膜）及能把生物活性表达的信号转换为电信号的物理或化学换能器，二者组合在一起，用现代微电子和自动化仪表技术进行生物信号的再加工，构成各种可以使用的生物传感器分析装置、仪器和系统。

生物传感器的原理如图 8－21 所示。待测物质经扩散作用进入生物活性材料（生物敏感膜层），经分子识别发生生物学反应，产生的信息继而被相应的物理或化学换能器转变成可定量和可处理的电信号，再经二次仪表放大并输出，便可知道待测物质的浓度。

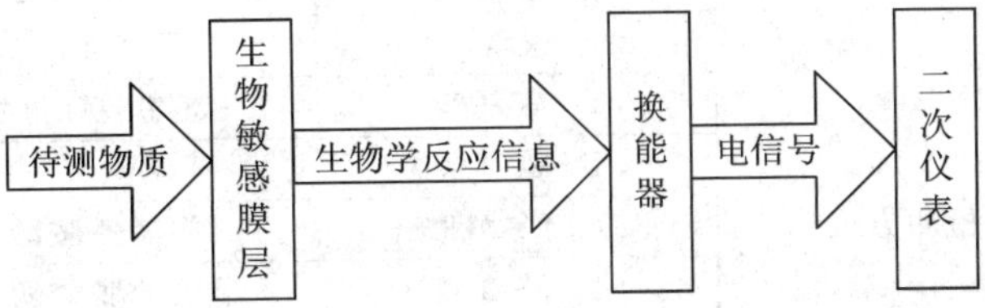

图 8－21　生物传感器的原理

8.3.1　生物传感器的分类

生物传感器的分类和命名方法较多且不尽统一，主要有以下几种分类法。

（1）按所用生物活性物质分类，生物传感器可分为酶传感器、微生物传感器、免疫传感器、组织传感器和细胞传感器。

（2）按所用变换器件分类，生物传感器可分为半导体生物传感器、光生物传感器、热生物传感器、压电晶体生物传感器和介体生物传感器。

（3）生物传感器还可分为微型生物传感器、亲和生物传感器、多功能生物传感器和复合生物传感器。

8.3.2　常用的生物传感器

1. 酶传感器

酶传感器是问世最早、成熟度最高的一类生物传感器。它是利用酶的催化作用，在常温、常压下将糖类、醇类、有机酸、氨基酸等生物分子氧化或分解，然后通过换能器将反应过程中化学物质的变化转变为电信号记录下来，进而推出相应的生物分子浓度。因此，酶传感器是间接型传感器，它不是直接测定待测物质，而是通过对反应后有关物质浓度的测定来推断被测物质的浓度。

按输出信号的不同，酶传感器有两种形式，即电流型酶传感器和电位型酶传感器。

1）电流型酶传感器

电流型酶传感器是将酶催化反应产生的物质通过电极反应产生电流，作为测量信号，并在一定条件下，利用测得的电流信号与被测物活度或浓度的函数关系，来测定样品中某一生物组成的活度或浓度。常用电极：氧电极、H_2O_2电极。

2）电位型酶传感器

电位型酶传感器是通过电化学传感器测量敏感膜电位，确定与催化反应有关的各种物质浓度。电位型一般用 NH_3电极、CO_2电极、H_2电极，以离子作为检测方式。表 8－2 给出了酶传感器的种类。

表 8-2 酶传感器的种类

	检测方式	被测物质	酶	检出物质
电流型	氧检测方式	葡萄糖	葡萄糖氧化酶	O_2
		过氧化氢	过氧化氢酶	O_2
		尿酸	尿酸氧化酶	O_2
		胆固醇	胆固醇氧化酶	O_2
	过氧化氢检测方式	葡萄糖	葡萄糖氧化酶	H_2O_2
		L-氨基酸	L-氨基酸氧化酶	H_2O_2
电位型	离子检测方式	尿素	尿素酸	NH_4^+
		L-氨基酸	L-氨基酸氧化酶	NH_4^+
		D-氨基酸	D-氨基酸氧化酶	NH_4^+
		天门冬酰胺	天门冬酰胺酸	NH_4^+
		L-酪氨酸	酪氨酸脱羧酶	CO_2
		L-谷氨酸	谷氨酸脱氧酶	NH_4^+
		青霉素	青霉素酶	H^+

2. 微生物传感器

用微生物作为分子识别元件制成的传感器称为微生物传感器。微生物传感器与酶传感器相比，具有价格便宜、性能稳定的优点，但其响应时间较长(数分钟)，选择性较差。目前微生物传感器已成功地应用于发酵工业和环境检测中，例如测定江水及废水污染程度，在医学中可测量血清中的微量氨基酸，进而有效地诊断尿毒症和糖尿病等。

微生物本身就是具有生命活性的细胞，有各种生理机能，其主要机能是呼吸机能(O_2的消耗)和新陈代谢机能(物质的合成与分解)，还有菌体内的复合酶、能量再生系统等。因此在不损坏微生物机能的情况下，将微生物用固定化技术固定在载体上，就可制作出微生物敏感膜，而采用的载体一般是多孔醋酸纤维膜和胶原膜。微生物传感器从工作原理上可分为两种类型，即呼吸机能型和代谢机能型。微生物传感器的结构如图 8-22 所示。

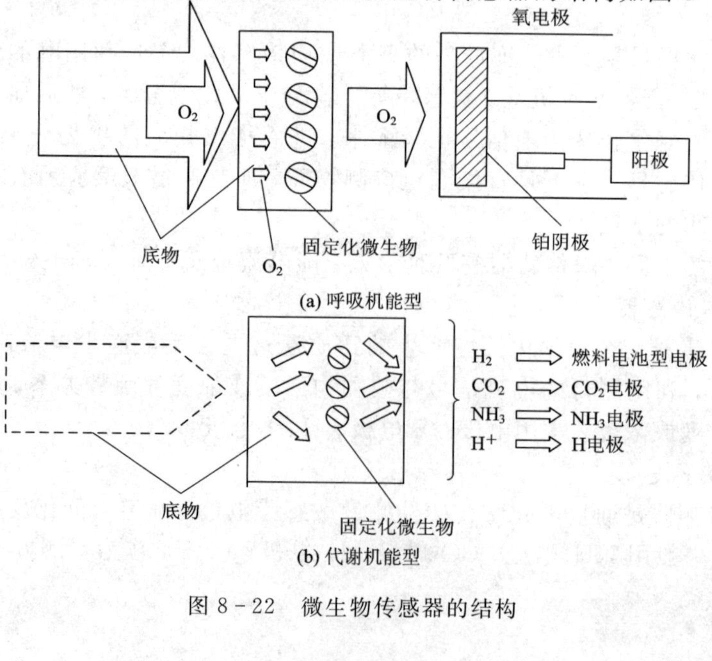

图 8-22 微生物传感器的结构

3. 免疫传感器

利用抗体能识别抗原，并与抗原结合的生物传感器称为免疫传感器。它利用固定化抗体(或抗原膜)与相应抗原(或抗体)的特异反应，此反应的结果使生物敏感膜的电位发生变化。

免疫传感器的基本原理是免疫反应。从生理学可知，抗原是能够刺激动物机体产生免疫反应的物质。但从广义的生物学观点看，凡是能够引起免疫反应性能的物质，都可称为抗原。抗原有两种性能：刺激机体产生免疫应答反应；与相应免疫反应产物发生特异性结合反应。抗原一旦被淋巴球响应就形成抗体，而微生物病毒等也是抗原。抗体是由抗原刺激机体产生的具有特异免疫功能的球蛋白，又称免疫球蛋白。

免疫传感器是利用抗体对抗原结合功能研制成功的，如图 8-23 所示。抗原与抗体一经固定于膜上，就形成了具有识别免疫反应强烈的分子功能性膜。

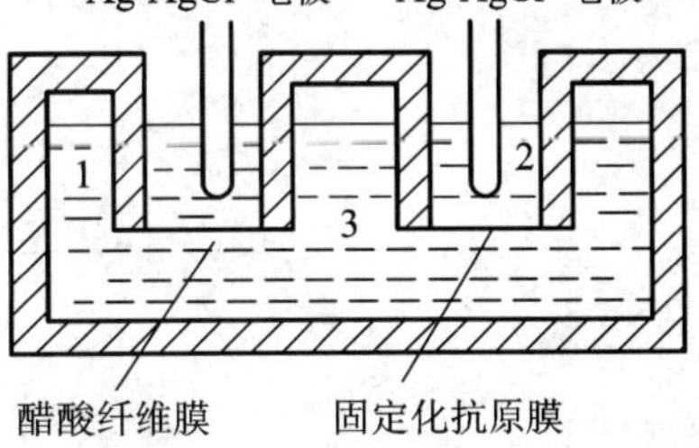

图 8-23　免疫传感器结构原理

在图 8-23 中，2、3 两室间有固定化抗原膜，1、3 两室间没有固定化抗原膜。1、2 室内注入 0.9%的生理盐水，当 3 室内导入食盐水时，1、2 室内电极间无电位差。若 3 室内注入含有抗体的盐水，由于抗体和固定化抗原膜上的抗原相结合，使膜表面吸附了特异的抗体，而抗体是有电荷的蛋白质，从而使固定化抗原膜带电状态发生变化，于是 1、2 室内的电极间有电位差产生。电位差信号放大可检测超微量的抗体。

8.3.3　生物传感器的应用

生物传感器在发酵工艺、环境监测、食品工程、生物医学、军事及军事医学等方面得到了深度重视和广泛应用。

1. 在发酵工业中的应用

在各种生物传感器中，微生物传感器具有成本低、设备简单、不受发酵液浑浊程度的限制、能消除发酵过程中干扰物质的干扰等特点。因此，在发酵工业中广泛地采用微生物传感器作为一种有效的测量工具。微生物传感器可用于测量发酵工业中的原材料和代谢产物；另外，还用于微生物细胞数目的测定。利用这种电化学微生物细胞数传感器可以实现菌体浓度的连续、在线测定。

2. 在环境监测中的应用

近年来，环境污染问题日益严重，生物传感器可用于环境监测。利用环境中的微生物细胞如细菌、酵母、真菌作为识别元件，这些微生物通常可从活性泥状沉积物、河水、瓦砾和土壤中分离出来。生物传感器在环境监测中应用最多的是水质分析。例如，在河流中放入特制的传感器及其附件可进行现场检测。

大气污染是一个全球性的严重问题。微生物传感器也可用于检测 CO_2、NO_2、NH_3、CH_4之类的气体。如检测 CO_2的生物传感器，它利用氧电极和一种特殊的硝化杆菌以亚硝酸物作唯一能源。

用生物传感器还可检测农药残留物，如杀虫剂、除草剂等。生物传感器用竞争性酶免疫检测法检测五氯酚(PCP);用胆碱酯酶—电化学生物传感器检测有机磷和氨基甲酸酯类杀虫剂,用光纤生物传感器在线检测地下水中残留的炸药成分 NTN 和 RDXX。

此外,微生物传感器是快速准确测定焦化、炼油、化工等企业废水中酚的有效方法。这种方法以微生物膜电极为传感器测酚,其仪器结构见图 8-24。测酚仪器由极谱型氧电极和紧贴于其透气薄膜表面的微生物膜构成。当酚物质与氧一起扩散进入微生物膜时,由于微生物对酚的同化作用而耗氧,致使进入氧电极的氧分子速率下降,传感器输出电流减小,并在几分钟内达到稳定。在一定的酚浓度范围内,电流降低值 ΔI 与酚浓度呈线性关系,由此来测定酚的浓度。该方法采用了 PVA 等多种材料混合包埋的微生物制膜技术,制成的微生物膜机械强度、韧性及透气性好,膜的使用寿命可达一年以上,仪器的线性响应范围为 0.1 mg/L～20 mg/L,响应时间为 5 min～10 min,10 次测定的相对偏差为 3.3%。

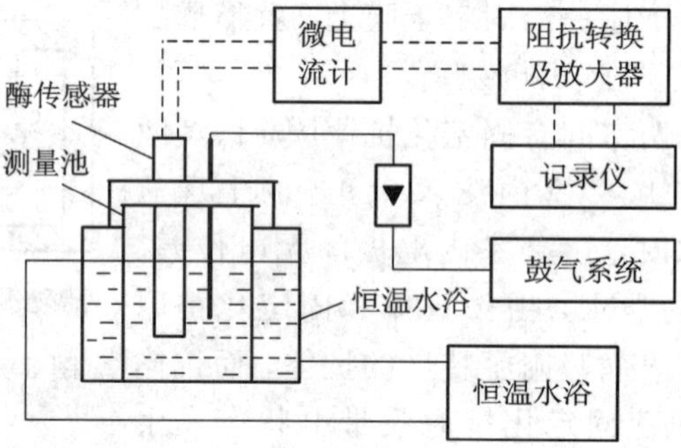

图 8-24 测酚仪器结构示意图

3. 在食品工程中的应用

生物传感器可广泛用于食品工业生产中,如对食品原料、半成品和产品质量的检测等。

鲜度是评价食品品质的重要指标,对食品鲜度进行快速分析检测,及时对有问题食物进行处理,以防止变质食品进一步扩散,这对减少没必要的损失至关重要。以戊二醛为交联剂,将黄嘌呤氧化酶直接固定在丝蛋白做成的孔膜上,以平面圆盘铂电极为基础电极,制成黄嘌呤氧化酶电极,用于测定鱼的鲜度。通过测定鱼降解过程中产生的一磷酸肌苷(IMP)、肌苷(HXP)和次黄嘌呤(HX)的浓度,即可评价鱼的鲜度。

葡萄糖的含量是衡量水果成熟度和储藏寿命的一个重要指标。酶电极型生物传感器可用来分析白酒、苹果汁、果酱和蜂蜜中的葡萄糖。

此外,也可用生物传感器测定食品添加剂、色素和乳化剂等。

4. 在生物医学中的应用

在医学领域生物传感器也发挥着越来越重要的作用。生物传感技术为基础医学研究及临床诊断提供了一种快速简便的新型方法,并且因其具有专一、灵敏、响应快等优点而受到越来越多的关注和应用。

1) 基础医学研究

生物传感器测定帮助人们了解单克隆抗体的特性,有目的地筛选各种具有最佳应用潜力的单克隆抗体。如用生物传感器测定重组人肿瘤坏死因子 α(TNF-α)、单克隆抗体的抗原识别表位及其亲和常数。

2）临床应用

用酶、免疫传感器等生物传感器来检测体液中的各种化学成分，可为医生的诊断提出依据。如美固定化酶型生物传感器，可以测定出运动员锻炼后血液中存在的乳酸水平或糖尿病患者的葡萄糖水平。生物传感器还可以预知疾病发作。

3）生物医药

利用生物工程技术生产药物时，将生物传感器用于生化反应的检测，可以迅速地获取各种数据，有效地加强生物工程产品的质量管理。生物传感器已在癌症药物的研制方面发挥了重要的作用。将癌症患者的癌细胞取出培养，然后利用生物传感器准确地测试癌细胞对各种治癌药物的反应，经过这种实验就可以快速地筛选出一种最有效的治癌药物。

5. 在军事中的应用

现代战争往往是在核武器、化学武器、生物武器的威胁下进行的战争。侦检、鉴定和监测是整个“三防”医学中的重要环节，是进行有效化学战和生物战防护的前提。由于具有高度特异性、灵敏性和能快速地探测化学战剂(包括病毒、细菌和毒素等)的特性，生物传感器将是最重要的一类化学战剂和生物战剂侦检器材。

单克隆抗体的出现及其与微电子学的联系，发展众多的小型、超敏感生物传感器成为可能，生物传感器在军事上的应用前景将更为广阔。

随着社会的进一步信息化，生物传感器必将获得越来越广泛的应用。

本章小结

随着近代工业发展和人类生活水平的不断提高，人类对环境保护及环境量检测的需求越来越多，因而本章将气敏、湿敏传感器作为单独的一章予以介绍。

现代生活中排放的气体日益增多，这些气体中有许多是易燃、易爆、对人体有害的气体。气敏传感器是一种能感知环境中某种气体及其浓度的传感器，它利用化学、物理效应把某些气体及其浓度信息转换成电信号，经电路处理后进行监测、监控和报警，对各种有害、可燃性气体在环境中存在的情况进行有效的监控。

湿度传感器主要用于湿度测量和湿度控制。湿度测量方面有气象观测、一般环境管理的湿度测量，如微波炉、干燥设备、医疗设备、汽车的除湿设备和录像机等的湿度或者露点检测等。湿度控制方面有食品、医疗、农业、造纸业、纺织业、电子业等产业以及楼堂、家庭的空调管理，印刷、制药、食品加工等干燥度的控制，食品储存、微生物管理等的湿度调节。

生物传感器是一类特殊的传感器，它是用生物活性材料(酶、蛋白质、DNA、抗体、抗原、生物膜等)作为生物敏感单元，对目标测物具有高度选择性的检测器。本章主要介绍了生物传感器的分类，酶传感器、微生物传感器、免疫传感器的工作原理及其应用。生物传感器技术是一门由生物、化学、物理、医学、电子技术等多门学科互相渗透，成长起来的高新技术。因其具有选择性好、灵敏度高、分析速度快、成本低、能在线连续监测，特别是其高度自动化、微型化与集成化的特点，使生物传感器在近几十年获得蓬勃而迅速的发展。目前，生物传感器的广泛应用，仍面临着一些困难，在今后的一段时间里，生物传感器的研究工作，将主要围绕活性强、选择性高的生物传感元件；提高信号检测器、转换器的使用寿命;生物响应的稳定性和生物传感器的微型化、便携式等问题进行研究。

思考题与习题

1. 简要说明气体传感器有哪些种类，并说明它们各自的特点。

2. 简要说明在不同场合分别应选用哪种气敏传感器较适宜。

3. 说明含水量检测与一般的湿度检测有何不同。

4. 说明烟雾检测与一般的气体检测有何区别。

5. 如何对气敏传感器进行温度补偿?

6. 试述湿敏电容式和湿敏电阻式湿度传感器的工作原理。

7. 有一驾驶员希望实现以下构想：下雨时能自动开启汽车挡风玻璃下方的刮水器，雨越大，刮水器来回摆得越快。请谈谈你的构思，并画出你的设计方案的电路原理图。

8. 如何对湿敏传感器进行温度补偿?

9. 选择湿度传感器时需要注意哪些问题?

10. 简述生物传感器的概念与特点。

11. 生物传感器的工作原理是什么?

12. 分析某种生物传感器的应用实例。

第 9 章　检测系统的信号处理技术

传感器的输出信号具有种类多、信号微弱、易衰减、非线性、易受干扰等不利于处理的特点，所以检测系统的信号处理是传感器技术的一个重要环节。本章简要介绍检测系统信号处理的一些基本方法及器件，如传感器信号的预处理、放大、干扰抑制技术、信号的调制与解调及传感器的非线性补偿等。

9.1　信号处理技术

9.1.1　传感器信号的预处理

1. 数据采集系统的组成

在机电一体化产品中，对被测量的控制和信息处理多数采用计算机来实现，因此传感器的检测信号一般需要被采集到计算机中作进一步处理，以便获得所需要的控制和显示信息。在利用计算机对模拟信号进行测量和控制时，必须首先把模拟信号转换成数字信号，然后计算机再按一定的处理要求对信号进行处理。实现模拟信号转换成数字信号的电路系统称为数据采集系统，数据采集系统中最重要的器件便是模数转换器（A/D 转换器，也称 ADC）。

数据采集系统通常由包括放大器、滤波器等在内的信号调理电路、多路模拟开关、采样/保持电路、A/D 转换器、接口电路和控制逻辑电路所组成。图 9－1 给出了数据采集系统的典型构成方式。

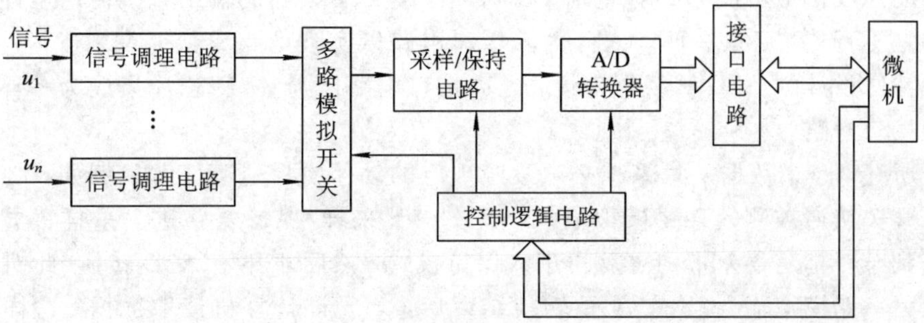

图 9－1　数据采集系统的典型构成

1) 信号调理电路

传感器输出的模拟信号往往因其幅值较小，可能含有不需要的高频分量或其阻抗不能与后续电路匹配等原因，不能直接传送给 A/D 转换器转换成数字量，而是需要对该信号进行必要的处理，这些处理电路就叫信号调理电路。信号调理电路是内容极为丰富的各种电路的综合名称。对于一个具体的数据采集系统而言，所采用的信号调理技术及其电路，由传感器输出信号的特性和后续采样/保持电路(或 A/D 转换器)的要求或确定的测量要求所决定。这种要求，可能是指要把信号调整到符合 A/D 转换器工作所需要的数值(如放大、衰减、偏移等)，也可能是指要滤除信号中不需要的成分，如低通滤波、带通滤波、高通滤波、带阻滤波等，还可能是指要把信号调整到进一步处理的需要，如线性修正电路、为了改善信噪比的“相加平均”电路，等等。

2) 多路模拟开关

如果有许多独立的模拟信号源都需要转换成数字量，在可能的条件下，为了简化电路结构、降低成本、提高可靠性等，常常采用多路模拟开关，让这些信号共享采样/保持电路和 A/D 转换器等器件。多数模拟开关在控制信号的作用下，按指定的顺序把各路模拟信号分时地传送至 A/D 转换器转换成数字信号。

3) 采样/保持电路(S/H 电路)

由于 A/D 转换器的转换需要一定的时间，如在转换过程中输入的信号有所改变，则转换结果与转换之前的模拟信号便有较大的误差，甚至是面目全非。为了保证转换精度，需要在模拟信号源与 A/D 转换器之间接入采样/保持电路。在 A/D 转换前，首先应使采样/保持电路处于采样模式，采样后使采样/保持电路处于保持模式，即输出电压保持不变，然后才能对这个输出信号进行 A/D 转换。显然，为了提高系统的测量速度，采样时间应越短越好；为了有良好的转换精度，保持时间应越长越好。

4) A/D 转换器

A/D 转换器是数据采集系统的核心器件，它把模拟信号输入转换成数字信号的输出。其实现的技术手段很多，相应地派生出许多种不同类型的 A/D 转换器，这些 A/D 转换器各有其特点。目前，传感器系统中最常用的 A/D 转换器是逐次逼近型和双斜积分型。A/D 转换器的原理在有关课程中已经介绍过，这里就不再赘述。

5) 接口电路及控制逻辑电路

由于 A/D 转换器所给出的数字信号无论在逻辑电平还是时序要求、驱动能力等方面与计算机的总线信号可能都会有差别，因此，把 A/D 转换器的输出直接传送至计算机的总线上往往是不行的，必须在两者之间加入接口电路以实现电路参数匹配。当然，对于为某类计算机特殊设计的 A/D 转换器来说，这种接口电路已与 A/D 芯片集成为一体，无需增加额外的接口电路。

综上所述，一个数据采集系统必须按照规定的动作次序进行工作。例如，必须首先让多路模拟开关接通被测的某路模拟输入，其次应让采样/保持电路进入采样模式，待输出跟踪输入到某一指定误差带内之后再进入保持模式，然后才开始 A/D 转换(此时模拟开关可切换至另一路模拟输入)，待 A/D 转换结束后，才允许计算机读取数据。这样必须有一些电路受控于计算机来产生一定时序要求的逻辑控制信号，逻辑控制电路便是完成这一功能的电路系统。

2. 传感器信号的预处理方法

1) 传感器输出信号的特点

(1) 由于传感器种类繁多，故传感器的输出形式也是各式各样的，有开关信号型、模拟信号型(有电压型、电流型和阻抗型等)、数字信号型等。

(2) 传感器的输出信号一般比较微弱，有的传感器输出电压仅有 0.1 μV。

(3) 传感器的输出阻抗都比较高，这样会使传感器信号输入到测量转换电路时产生较大的信号衰减。

(4) 传感器的动态范围很宽。

(5) 传感器的输出与输入之间的关系有时不呈线性关系。

(6) 传感器的输出量会受温度的影响。

2) 传感器信号的预处理方法

传感器信号预处理的主要目的是根据传感器输出信号的特点，采取不同的信号处理方法来抑制干扰信号，并对检测系统的非线性、零位误差和增益误差等进行补偿和修正，从而提高检测系统的测量精度和线性度。传感器的信号经预处理后，使其成为可供测量、控制及便于向微型计算机输入的信号形式。常用的传感器信号预处理方法有以下几种：

(1) 阻抗变换电路：在传感器输出为高阻抗的情况下，变换为低阻抗，以便于检测电路准确地拾取传感器的输出信号。

(2) 放大电路：将传感器输出的微弱信号放大。

(3) 电流电压转换电路：将传感器的电流输出转换成电压值。

(4) 频率电压转换电路：把传感器输出的频率信号转换为电流值或电压值。

(5) 电桥电路：把传感器的电阻、电感和电容值转换为电流值或电压值。

(6) 电荷放大器：将电场型传感器输出产生的电荷量转换为电压值。

(7) 交-直流转换电路：在传感器为交流输出的情况下，转换为直流输出。

(8) 滤波电路：通过低通及带通滤波器消除传感器的噪声成分。

(9) 非线性校正电路：传感器的特性是非线性时，可进行非线性校正。

(10) 对数压缩电路：当传感器输出信号的动态范围较宽时，用对数电路进行压缩。

传感器信号的预处理应根据传感器输出信号的特点及后续检测电路对信号的要求来选择不同的预处理电路。

9.1.2　信号放大技术

1. 仪表放大器及其选择

由传感器传送来的测量信号往往很微弱，因此对放大器的精度要求很高，要求它能鉴别被测量的微小变化，进行缓冲、隔离、放大和电平转换等处理，这些功能大多可用运算放大器来实现。然而传感器的工作环境往往是较复杂和恶劣的，在传感器的两条输出线上经常产生较大的干扰信号(噪声)，有时是完全相同的干扰，称为共模干扰。运算放大器往往不能消除各种形式的共模干扰信号，因此，需要引入另一种形式的放大器，即仪表放大器，它广泛用于传感器信号放大，特别是微弱信号及具有较大共模干扰的场合。

1) 仪表放大器

仪表放大器又称数据放大器，它一般是由三只高精度运放及精密电阻一起组装而成的。其中两只高精度运放参数对称，构成电路对称的差分输入级。整个组件输入阻抗高、共模抑制比高、噪声低、稳定性好。它主要用于微小信号的精确测量，在工业自动控制、多点数据采集系统、航空及生态研究中，广泛用于传感器信号放大、高阻电桥、光电管、生物电放大及高阻比较器等各种场合。仪表放大器的性能参数与普通运算放大器基本相同，这里就不再介绍了。

下面简要介绍国产仪表放大器组件 ZF603～ZF605，它对应美国 AD 公司的 AD605，其参数性能表见表 9－1。ZF603 是一种体积小、价格低的仪表放大器，内部有有源调零线路，可在±10V 范围内调节零输入时的输出电压，且不影响共模抑制比，它按温漂参数不同分为 A、B 两挡，可用于需扩展输出电流的场合。

表 9－1　ZF603～ZF605 参数性能表

仪表放大器型号			ZF603A/B			ZF604			ZF605		
参数名称	条件	单位	最小	典型	最大	最小	典型	最大	最小	典型	最大
增益范围	—	倍	1	—	1000	1	—	1000	1	—	1000
失调电压	G=1000	mV	可调零			可调零			—	0.2	0.3
输入电流	—	mA	80			－50			80	—	30
共模抑制比	G=1000 dB	—	100			－94			100	－100	110
输出电流	$V_{OPP}=\pm 10V$	mA	10			－8			10	－2	5
失调电压温漂	G=1000	μV/℃	$\frac{7}{2}$			5			1		
增益精度	G=100	%	0.2			0.2			0.1		
非线性畸变	G=100	%	0.05			0.05			0.02		
大信号带宽	G=1	kHz	25			25			15		
输入噪声	G=1000 0.1 Hz～10 Hz	μV	2			2			1.5		
输入阻抗	—	Ω	10^8			10^9			10^9		
输入电压	—	V	±10			±10			±10		
外形尺寸	—	mm	22×22×12			28×28×18			38×38×14		

注：组件可在－40℃～85℃范围内工作，温漂参数在正温区内测得。

表 9－1 中的增益精度是指实际曲线的增益标准误差与平均增益之比的相对值，用以衡量整个输出范围内闭环增益的精确程度。此外，实际曲线是指测试得到放大器的输入/输出对应值的连线。增益标准误差是指各测试点增益与平均增益之差的方均根值。非线性

畸变是实际曲线与拟合直线之间的最大偏差与输出满幅度之比的相对值，它反映输出的实际值可能偏移理想直线的最大范围。仪表放大器具体的应用接线方法请参阅有关应用手册或厂商发布的产品样本。

ZF605 仪表放大器原理图及管脚排列图如图 9-2(a)、(b)所示，图中 2、3 端接增益调整电阻 R_G。

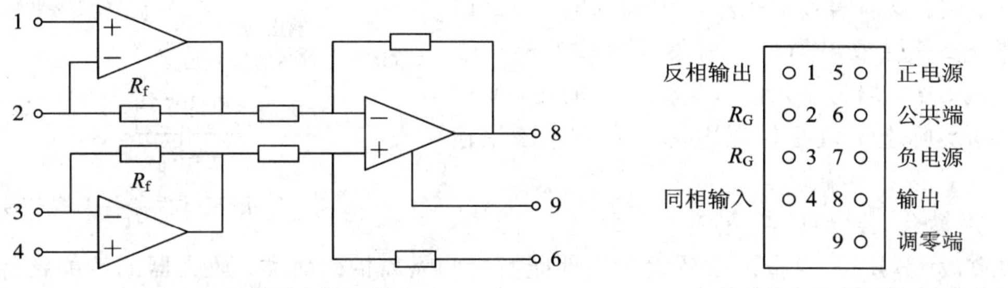

(a) ZF605仪表放大器原埋图　　(b) ZF605仪表放大器引脚图(引脚向上)

图 9-2　ZF605 仪表放大器原理及引脚图

2）仪表放大器的选择

仪表放大器应具有如下性能要求：

(1) 低噪声。采用低噪声放大器件并采取有效的减小噪声措施，以免测量信号被淹没在噪声中。

(2) 高稳定性、低漂移，减小温度漂移和防止自激振荡等。

(3) 高抗干扰性能。放大器的前级最易受干扰，要尽量缩短导线影响，可采用调制的方法和妥善的屏蔽措施等。

(4) 高输入阻抗。由于传感器输出信号很微弱，要求放大器的输入尽可能对传感器影响较小。特别是当传感器输出阻抗很高时，更须要求放大器有高输入阻抗。

(5) 高共模抑制比。一方面是由于许多被测量本身是差模信号，另一方面是由于许多干扰为共模干扰，因此高共模抑制比有利于提高抗干扰性能。

(6) 高线性度。在较大量程内有良好的线性。

(7) 适宜的频率特性。为使放大后的信号不失真，要求它有宽频带。为抑制某些干扰，又要求它有合适的频带。

仪表放大器应在考虑以上性能要求后进行选择，当然在满足要求时还应考虑价格、生产厂商的信誉等问题。

2. 隔离放大器

1）隔离放大器的应用场合

隔离放大器的主要功能是在输入信号与输出信号之间提供优良的欧姆隔离，隔离放大器的一个重要特点是它们两个输入端是完全浮离(指既不接地，也不接机壳)的，所以它主要应用于下列场合：

(1) 测量放大叠加在高共模电压上的低电平信号，例如有关电力环境的测量。

(2) 需要高电压隔离和极低的漏电流，例如医疗用的病人监护仪器。

(3) 对电子仪器提供保护，防止高压对仪器产生故障和损坏。

(4) 必须是浮地连接的信号源，例如在低电平信号测量中避免地线环路和噪声的影响。

现在已有隔离集成运放产品出现，它不仅保持了通用集成运放的性能，而且输入公共端(信号接地端)与输出公共端(负载接地端)之间可以保持良好的绝缘。图 9-3 所示为隔离集成运放的符号和基本引线端。隔离集成运放的引线端与通用集成运放不同。反馈信号不能从输出端取出，而是由输入部分反馈端取出加在隔离集成运放的反相输入端。输入公共端为输入信号电位的接地端，而输出公共端实际上不仅是供电电源公共端，还是输出信号电平的公共端。

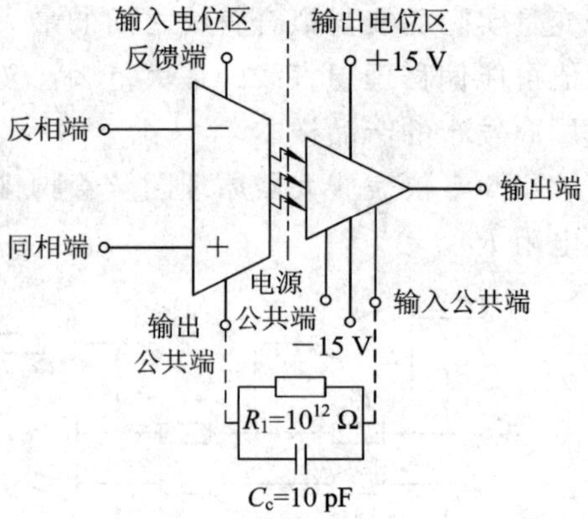

图 9-3 隔离放大器各引线符号

2) 隔离放大器的隔离指标

隔离放大器的技术指标有放大器的性能指标和隔离指标两类。放大器的性能指标与运算放大器或仪表放大器的指标类似。隔离指标一般有以下几项：

(1) 绝缘阻抗：指输入公共端与输出公共端之间的等效阻抗，即图 9-3 虚线所示的 R_1 与 C_c 的并联阻抗值。

(2) 绝缘电压范围：在保持隔离集成运放特性参数不超过允许值的情况下，输入公共端与输出公共端之间允许加的最大电压(包括脉冲电压)值。

(3) 绝缘电压抑制比：当输入级、隔离级的失调电压为零时，反相端的电压差与输出电压之比。

$$\text{IMRR} = 20\ \lg \frac{\text{输入与输出公共端电压差}}{\text{输出电压}}$$

式中，IMRR 为绝缘电压抑制比。

9.2 干扰抑制技术

自动检测系统在工作的过程中，有时可能会出现某些不正常的现象，这表明存在着来自外部和内部影响其正常工作的各种因素，尤其是当被测信号很微弱时，问题就更加突出。这些因素总称为“干扰”。干扰不但会造成测量误差，有的甚至还会引起系统紊乱，导致生产事故。因此，在自动检测系统的设计、制造、安装和使用中都必须充分注意干扰抑制问题。我们应首先了解干扰的种类和来源，以及形成干扰的途径，这样才能有针对性地采取有效措施消除干扰的影响。

9.2.1 干扰的来源

根据产生干扰的物理原因，干扰有如下几种来源：

1. 机械的干扰

机械的干扰是指由于机械振动或冲击，使传感器装置中的元件发生振动、变形，使连接导线发生位移，使指针发生抖动，这些都将影响其正常工作。声波的干扰类似于机械振动，从效果上看，也可以列入这一类中。对于机械的干扰主要是采用减振措施来解决，例如使用减振弹簧或减振橡皮垫等措施。

2. 热的干扰

在工作时传感器系统产生的热量所引起的温度波动和环境温度的变化等都会引起检测电路元器件参数发生变化，或产生附加的热电动势等，从而影响了传感器系统的正常工作。对于热的干扰，工程上通常采用热屏蔽、恒温措施、对称平衡结构和温度补偿元件等方法进行抑制。

3. 光的干扰

在传感器装置中，人们广泛使用着各种半导体器件，但是半导体材料在光线的作用下会激发出电子空穴对，使半导体元器件产生电势或引起阻值的变化，从而影响检测系统的正常工作。因此，半导体元器件应封装在不透光的壳体内，对于具有光敏作用的元件，尤其应注意光的屏蔽问题。

4. 湿度变化的影响

湿度增加会使元器件的绝缘电阻下降，漏电流增加，高值电阻的阻值下降，电介质的介电常数增加，吸潮的线圈骨架膨胀，等等。这样必然会影响传感器系统的正常工作，尤其是在南方潮湿地带、有船舶及锅炉等地方，更应注意密封防潮措施。例如，电气元件印制电路板的浸漆、环氧树脂封灌和硅橡胶封灌等均是强有力的防湿措施。

5. 化学的干扰

化学物品，如酸碱盐及腐蚀性气体等，会通过化学腐蚀作用损坏传感器装置，因此，良好的密封和注意清洁是十分必要的。

6. 电和磁的干扰

电和磁可以通过电路和磁路对传感器系统产生干扰作用，电场和磁场的变化也会在有关电路中感应出干扰电压，从而影响传感器系统的正常工作。这种电和磁的干扰对于传感器系统来说是最为普遍和影响最严重的干扰，因此，必须认真对待。

7. 射线辐射的干扰

射线会使气体电离、半导体激发电子-空穴对、金属逸出电子，等等，因而用于原子能、核装置等领域内的传感器系统，尤其要注意射线辐射对传感器系统的干扰。射线辐射的防护是一门专门技术，可参阅有关书籍。

9.2.2 信噪比和电磁兼容性

1. 信噪比

各种干扰在传感器系统的输出端往往反映为一些与检测量无关的电信号，这些无用的信号称为噪声。当噪声电压使检测电路元件无法正常工作时，该噪声电压称为干扰电压。噪声对检测装置的影响必须与有用信号共同分析才有意义。衡量噪声对有用信号的影响常用信噪比(S/N)来表示，它是指在信号通道中，有用信号功率 P_S与噪声功率 P_N之比，或有用信号电压 U_S与噪声电压 U_N之比。它表示噪声对有用信号影响的大小。信噪比常用对数形式来表示，单位是分贝(dB)，即

$$\frac{S}{N}=10\lg\frac{P_S}{P_N}=20\lg\frac{U_S}{U_N} \tag{9-1}$$

由上式可知，信噪比越大，表示噪声对测量结果的影响越小，在测量过程中应尽量提

高信噪比。

2. 电磁兼容性

随着科学技术、生产力的发展，高频、宽带、大功率的电气设备几乎遍布地球的所有角落，随之而来的电磁干扰也越来越严重地影响检测系统的正常工作。在前述干扰源中，电磁干扰是最普遍和最难解决的干扰因素。

对于检测系统来说，主要考虑在恶劣的电磁干扰环境中系统必须能正常工作，并能取得精度等级范围内的正确测量结果，即提高信噪比。为此在20世纪40年代人们提出了电磁兼容性的概念，但直到20世纪70年代人们才越来越强调对电子设备、检测控制系统的电磁兼容性问题。所谓电磁兼容，是指电子设备在规定的电磁干扰环境中能按照原设计要求而正常工作的能力，而且也不向处于同一环境中的其他设备释放超过允许范围的电磁干扰信号。通俗地说，电磁兼容是指电子系统在规定的电磁干扰环境中能正常工作的能力，而且还不允许产生超过规定的电磁干扰信号。

电磁干扰源可分为自然界干扰源和人为干扰源。自然界干扰源包括地球外层空间的宇宙射电噪声、太阳耀斑辐射噪声以及大气层的雷电噪声等。人为干扰源又可分为有意发射干扰源和无意发射干扰源。前者如广播、电视、通信雷达和导航等无线电设备，后者是各种工业、交通、医疗、家电、办公设备在完成自身任务的同时，附带产生的电磁能量辐射。检测系统的电磁干扰可以来自系统外部，也可以来自系统内部的元器件、电路、装置等。为了提高检测系统的电磁兼容性，必须了解电磁干扰的途径、防护措施以及抗电磁干扰的有关技术。

9.2.3 电磁干扰的途径

电磁干扰必须通过一定的途径侵入传感器装置才会对测量结果造成影响，因此有必要讨论电磁干扰的途径及作用方式，以便有效地切断这些途径，消除干扰。电磁干扰的途径有“路”和“场”两种形式。凡电磁噪声通过电路的形式作用于被干扰对象的，都属于“路”的干扰，如通过漏电流、共阻抗耦合等引入的干扰；凡电磁噪声通过电场、磁场的形式作用于被干扰对象的，都属于“场”的干扰，如通过分布电容、分布互感等引入的干扰。

1. 通过“路”的干扰

1）漏电流耦合形成的干扰

漏电流耦合形成的干扰是由于绝缘不良，由流经绝缘电阻的漏电流所引起的噪声干扰。漏电流耦合干扰经常发生在下列情况：

(1) 当用传感器测量较高的直流电压时。

(2) 在传感器附近有较高的直流电压源时。

(3) 在高输入阻抗的直流放大电路中。

2）传导耦合形成的干扰

噪声经导线耦合到电路中是最明显的干扰现象。当导线经过具有噪声的环境时，即拾取噪声，并经导线传送到电路而造成干扰。传导耦合的主要现象是噪声经电源线传到电路中来。通常，交流供电线路在生产现场的分布，实际上构成了一个吸收各种噪声的网络，噪声可十分方便地以电路传导的形式传到各处，并经过电源引线进入各种电子装置，造成干扰。实践证明，经电源线引入电子装置的干扰无论从广泛性还是严重性来说，都是十分明显的，但常常被人们所忽视。

3）共阻抗耦合形成的干扰

共阻抗耦合是由于两个电路共有阻抗，当一个电路中有电流流过时，通过共有阻抗便在另一个电路上产生干扰电压。例如，几个电路由同一个电源供电时，会通过电源内阻互相干扰，在放大器中，各放大级通过接地线电阻互相干扰。

2. 通过“场”的干扰

1）静电耦合形成的干扰

电场耦合实质上是电容性耦合，它是由于两个电路之间存在寄生电容，可使一个电路的电荷变化影响到另一个电路。当有几个噪声源同时经静电耦合干扰同一个接收电路时，只要是线性电路，就可以使用叠加原理分别对各噪声源干扰进行分析。

2）电磁耦合形成的干扰

电磁耦合又称互感耦合，它是在两个电路之间存在互感，一个电路的电流变化，通过磁交链会影响到另一个电路。例如，在传感器内部，线圈或变压器的漏磁是对邻近电路的一种很严重的干扰；在电子装置外部，当两根导线在较长一段区间平行架设时，也会产生电磁耦合干扰。

3）辐射电磁场耦合形成的干扰

辐射电磁场通常来源于大功率高频电气设备、广播发射台和电视发射台等。如果在辐射电磁场中放置一个导体，则在导体上产生正比于电场强度的感应电动势。输配电线路，特别是架空输配电线路都将在辐射电磁场中感应出干扰电动势，并通过供电线路侵入传感器，造成干扰。在大功率广播发射机附近的强电磁场中，传感器外壳或传感器内部尺寸较小的导体也能感应出较大的干扰电动势。例如，当中波广播发射的垂直极化波的强度为 100 mV/m 时，长度为 10 cm 的垂直导体可以产生 5 mV 的感应电动势。

9.2.4　抑制电磁干扰的基本措施

电磁干扰的形成必须同时具备三个要素，即干扰源、干扰途径以及对电磁噪声敏感性较高的接收电路——检测装置的前级电路。三者之间的关系如图 9-4 所示。

图 9-4　形成电磁干扰的三要素之间的联系

要想抑制电磁干扰，首先应对电磁干扰有全面而深入的了解，然后从形成电磁干扰的三要素出发，在三个方面采取措施。

1. 消除或抑制干扰源

消除干扰源是积极主动的措施，继电器、接触器和断路器等的电触点，在通断电时的电火花是较强的干扰源，可以采取触点消弧电容等。接插件接触不良，电路接头松脱、虚焊等也是造成干扰的原因，对于这类可以消除的干扰源要尽可能消除，对难于消除或不能消除的干扰源，例如，某些自然现象的干扰、邻近工厂的用电设备的干扰等，就必须采取防护措施来抑制干扰源。

2. 破坏干扰途径

(1) 对于以“路”的形式侵入的干扰，可以采取提高绝缘性能的办法来抑制漏电流干扰；采用隔离变压器、光电耦合器等切断地环路干扰途径，引用滤波器、扼流圈等技术，将干扰信号除去；改变接地形式以消除共阻抗耦合干扰等；对于数字信号可采用整形、限幅等信号处理方法切断干扰途径。

(2) 对于以“场”的形式侵入的干扰，一般是采取各种屏蔽措施。

3. 削弱接收电路对电磁干扰的敏感性

根据经验，高输入阻抗电路比低输入阻抗电路易受干扰；布局松散的电子装置比结构紧凑的电子装置更易受外来干扰；模拟电路比数字电路的抗干扰能力差。由此可见，电路设计、系统结构等都与干扰的形成有着密切关系。因此，系统布局应合理，且设计电路时应采用对电磁干扰敏感性差的电路。

以上三个方面的措施可用疾病的预防来比喻，即消灭病菌来源、阻止病菌传播和提高人体的抵抗能力。

9.2.5 抗电磁干扰技术(电磁兼容控制技术)

抑制干扰的基本措施中消除干扰源是最有效、最彻底的方法，但实际上不少干扰源是不可消除的，所以需要研究抗电磁干扰技术。抗电磁干扰技术有时又称为电磁兼容控制技术，下面介绍几种常用的、行之有效的抗电磁干扰技术，如屏蔽技术、接地技术、浮置技术、平衡电路、滤波技术和光电耦合技术等。

1. 屏蔽技术

利用金属材料制成容器，将需要防护的电路包含在其中，可以防止电场或磁场的耦合干扰，此种方法称为屏蔽。屏蔽可以分为静电屏蔽、电磁屏蔽和低频磁屏蔽等几种。

1) 静电屏蔽

根据电学原理，在静电场中，密闭的空心导体内部无电力线，亦即内部各点等电位。静电屏蔽就是利用这个原理，以铜或铝等导电性良好的金属为材料，制作封闭的金属容器，并与地线连接，把需要屏蔽的电路置于其中，使外部干扰电场的电力线不影响其内部的电路，反过来，内部电路产生的电力线也无法影响外电路。必须说明的是，作为静电屏蔽的容器壁上允许有较小的孔洞(作为引线孔)，它对屏蔽的影响不大。在电源变压器的一次侧和二次侧之间插入一个留有缝隙的导体，并将它接地，也属于静电屏蔽，可以防止两绕组间的静电耦合。

2) 电磁屏蔽

电磁屏蔽也是采用导电性能良好的金属材料作屏蔽罩，利用电涡流原理，使高频干扰电磁场在屏蔽金属内产生电涡流，消耗干扰磁场的能量，并利用涡流磁场抵消高频干扰磁场，从而使电磁屏蔽层内部的电路免受高频电磁场的影响。

若将电磁屏蔽层接地，则同时兼有静电屏蔽作用。通常使用的铜质网状屏蔽电缆就能同时起电磁屏蔽和静电屏蔽的作用。

3）低频磁屏蔽

在低频磁场中，电涡流作用不太明显，因此必须采用高导磁材料作屏蔽层，以便将低频干扰磁力线限制在磁阻很小的磁屏蔽层内部，使低频磁屏蔽层内部的电路免受低频磁场耦合干扰的影响。在干扰严重的地方常使用复合屏蔽电缆，其最外层是低磁导率、高饱和的铁磁材料，最里层是铜质电磁屏蔽层，以便一步步地消耗掉干扰磁场的能量。在工业中常用的办法是将屏蔽线穿在铁质蛇皮管或普通铁管内，以达到双重屏蔽的目的。

2. 接地技术

1）地线的种类

导线接地起源于强电技术，它的本意是接大地，主要着眼于安全。这种地线也称为“保护地线”。图 9-5 所示为电气设备接大地的示意图。对于组成仪器、通信、计算机等电子技术来说，“地线”多是指电信号的基准单位，也称为“公共参考端”，它除了作为各级电路的电流通道之外，还是保证电路工作稳定、抑制干扰的重要环节。它可以是接大地的，也可以是与大地隔绝的，例如飞机、卫星上的地线。因此，通常将仪器设备中的公共参考端称为信号地线。

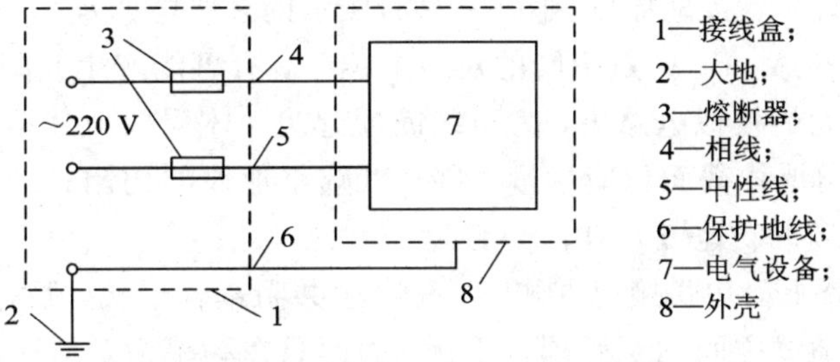

图 9-5　单相三线交流配电原理图

信号地线又可分为以下几种：

（1）模拟信号地线。它是模拟信号的零信号电位公共线，因为模拟信号有时较弱，易受干扰，所以对模拟信号地线的面积、走向、连接有较高的要求。

（2）数字信号地线。它是数字信号的零电平公共线。由于数字信号处于脉冲工作状态，动态脉冲电流在接地阻抗上产生的压降往往成为微弱模拟信号的干扰源，为了避免数字信号对模拟信号的干扰，两者的地线应分别设置为宜。

（3）信号源地线。传感器可看作是测量装置的信号源，通常传感器设在生产设备现场，而测量装置设在离现场有一定距离的控制室内，从测量装置的角度看，可以认为传感器的地线就是信号源地线，它必须与测量装置进行适当的连接才能提高整个检测系统的抗干扰能力。

（4）负载地线。负载的电流一般都较前级信号电流大得多，负载地线上的电流有可能干扰前级微弱的信号，因此，负载地线必须与其他地线分开，有时两者在电气上甚至是绝缘的，信号可通过磁耦合或光耦合来传输。

2）一点接地原则

对于上述四种地线一般应分别设置，在电位需要连通时，也必须仔细选择合适的点，在一个地方相连，这样才能消除各地线之间的干扰。

(1) 单级电路的一点接地原则。现以单级选择放大器为例来说明单级电路的一点接地原则。电路如图 9-6(a)所示，图中有 8 个线端要接地；如果只从原理图的要求进行接线，则这 8 个线端可接在接地母线上的任意点上，这几个点可能相距较远，不同点之间的电位差就有可能成为这级电路的干扰信号，因此应采取图 9-6(b)所示的一点接地方式。

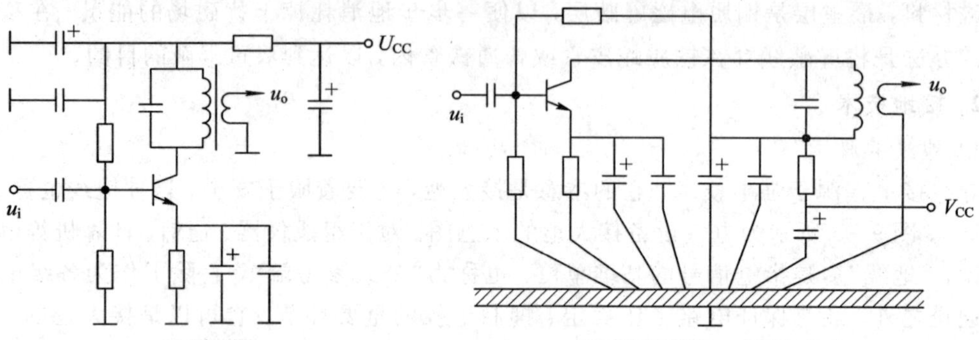

(a) 原理图　　(b) 实际采用的一点接地方式

图 9-6　单极电路的一点接地

(2) 多级电路的一点接地原则。图 9-7(a)所示的多级电路利用了一段公用地线，在这段公用地线上存在着 A、B、C 点不同的对地电位差，有可能产生共阻抗干扰。只有在数字电路或放大倍数不大的模拟电路中，为布线简便起见，才采取上述电路，但也应注意以下两个原则：一是公用地线截面积应尽量大些，以减小地线的内阻；二是应把最低电平的电路放在距离接地点最近的地方，即 A 点接地。

采用图 9-7(b)所示并联接地方式，不易产生共阻耦合干扰，但需要很多根地线，在高频时反而会引起各地线之间的互感耦合干扰，因此只在频率为 1 MHz 以下时才予采用。当频率较高时，应采取大面积的地线，这时允许多点接地，这是因为接地面积十分大，内阻很低，反而易产生级与级之间的共阻抗耦合。

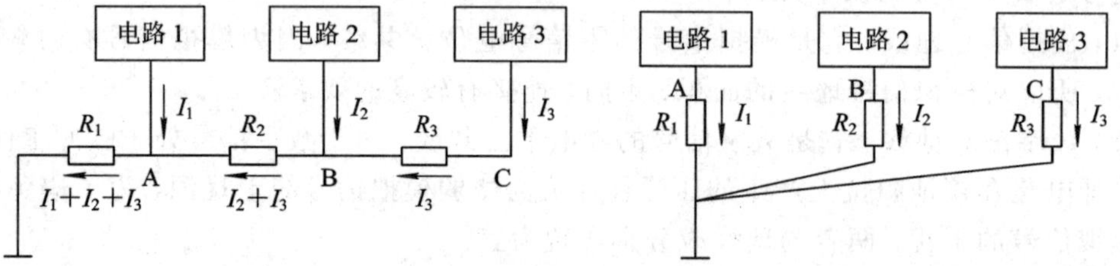

(a) 串联式　　(b) 并联式

图 9-7　多极电路的一点接地

(3) 传感器系统的一点接地原则。传感元件与测量装置构成了一个完整的传感器系统，两者之间可能相距甚远，所以这两个部分的接地点之间的电位一般是不相等的，有时电位差可能高达几伏甚至几十伏，这个电压称为大地电位差。若将传感元件、测量装置的零电位在两处分别接地，会有很大的电流流过信号传输线，在 Z_{i2} 上产生电压降，造成干扰，如图 9-8(a)所示。为避免这种现象，应采取图 9-8(b)所示的系统一点接地的方法，大地电位差只能通过分布电容 C_{i1}、C_{i2} 构成回路，干扰电流大为减小。若进一步采用屏蔽浮置的办法就能更好地克服大地电位差引起的干扰。

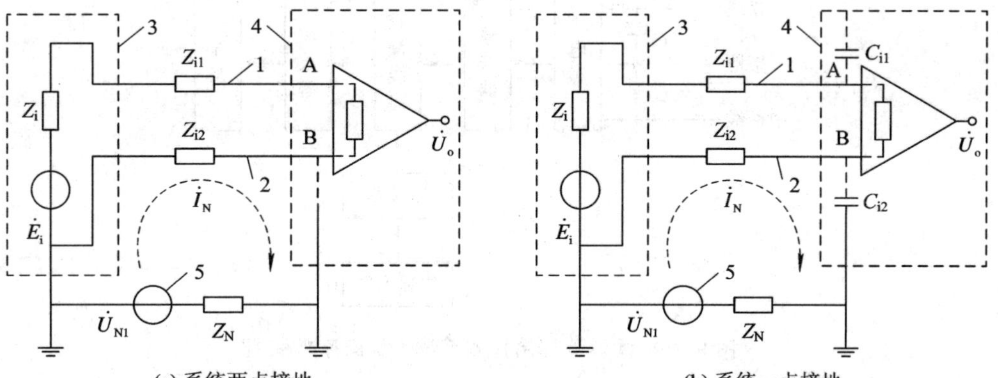

(a) 系统两点接地　(b) 系统一点接地

1、2—信号传输线；3—传感器外壳；4—测量系统外壳；5—大地电位差

图 9-8　传感器系统的接地

3. 浮置技术

浮置又称浮空、浮接，它指的是模拟输入信号放大器的公共线(即模拟信号地线)不接机壳或大地。对于被浮置的测量系统，测量电路与机壳或大地之间无直接联系。前面讲过，屏蔽接地的目的是将干扰电流从信号电路引开，即不让干扰电流流经导线，而是让干扰电流流经屏蔽层到大地。浮置与屏蔽接地相反，是阻断干扰电流的通路，检测系统被浮置后，明显地加大了系统信号放大器的公共线与大地(或外壳)之间的阻抗，因此浮置能大大减小共模干扰电流。

4. 平衡电路

平衡电路又称对称电路。它是指双线电路中的两根导线与连接到这两根导线的所在电路，对地或对其导线来说，电路结构对称，对应阻抗相等。例如，电桥电路和差分放大器等电路就属于平衡电路。采用平衡电路可以使对称电路结构获得的噪声相等，并可以在负载上自行抵消。

5. 滤波技术

滤波器是抑制噪声干扰的重要手段之一。所谓滤波技术，就是用电容和电感线圈或电容和电阻组成滤波器接在电源输出端、测量线路输入端、放大器输入端或测量桥路与放大器之间，以阻止干扰信号进入放大器，使干扰信号衰减。常用的是 RC 型、LC 型及双 T 型等形成的无源滤波器或有源滤波器。

使用滤波器一般要求将干扰衰减 100 以上，在满足此要求时，选用滤波器还应考虑：

(1) 检测电路的外接阻抗及放大器的输入阻抗；

(2) 滤波器的时间常数对自动检测系统性能的影响；

(3) 滤波器的频率特性(不同类型滤波器对不同频率的干扰的衰减倍率)；

(4) 滤波器体积、安装及制造工艺。

为防止无线电干扰，要尽量避免产生火花。这可通过开关或触头(如继电器)两端加灭弧装置(如并联电容)；在电源端加滤波电路，(电容 C 为 0.01 μF～0.1 μF 的瓷介电容)。图 9-9 所示为利用滤波器来抑制检测系统干扰的原理框图。

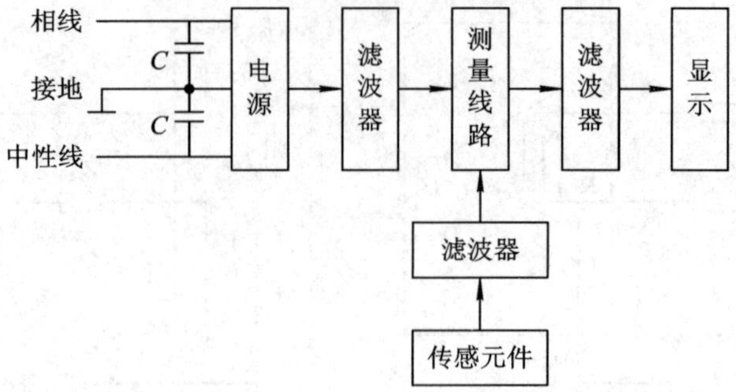

图 9-9 滤波器抑制检测系统干扰的原理框图

6. 光电耦合技术

光电耦合器是一种电→光→电耦合器件，它的输入是电流，输出也是电流，两者之间在电气上是绝缘的。目前，检测系统越来越多地采用光电耦合器来提高抗干扰能力。光电耦合器有如下特点：

(1) 输入、输出回路绝缘电阻高(大于 $10^{10}\ \Omega$)，耐压超过 1 kV；

(2) 因为光的传输是单向的，所以输出信号不会反馈影响输入端；

(3) 输入、输出回路完全是隔离的，能很好地解决不同电位、不同逻辑电路之间的隔离和传输的矛盾。

从上述几个特点可以看出，使用光电耦合器能比较彻底地切断大地电位差形成的环路电流。使用光电耦合器的另一种办法是先将前置放大器的输出电压进行 A/D 转换，然后通过光电耦合器用数字脉冲的形式，把代表模拟信号的数字量耦合到诸如计算机之类的数字处理系统去作数据处理，从而将模拟电路与数据处理电路隔离开来，有效地切断共模干扰的环路。在这种方式中，必须配置多路光电耦合器(视 A/D 转换器的位数而定)，由于光电耦合器工作在数字脉冲状态，所以可以采用廉价的光电耦合器件。

9.3 信号的调制与解调

9.3.1 信号调制的概念

传感器输出的信号，通常是一种频率不高的弱小信号，要进行放大后才能向下传输。从信号放大角度来看，直流信号(传感器传出的信号有许多是近似直流缓变信号)的放大比较困难。因此，需要把传感器输出的缓变信号先变成具有高频率的交流信号，再进行放大和传输，最后再还原成原来频率的信号(信号已被放大)，这个过程称为信号的调制和解调。

所谓调制，即利用信号来控制高频振荡的过程。也就是人为地产生一个高频信号(它由频率、幅值、相位三个参数而定)，使这个高频信号的三个参数中的一个随着需要传输的信号变化而变化。这样，原来变化缓慢的信号，就被这个受控制的高频振荡信号所代替，进行放大和传输，以期得到最好的放大和传输效果。

所谓解调，即从已被放大和传输的，且有原来信号信息的高频信号中，把原来信号取出的过程。调制的过程有三种：

（1）高频振荡的幅度受缓变信号控制时，称为调幅，以 AM 表示；

（2）高频振荡的频率受缓变信号控制时，称为调频，以 FM 表示；

（3）高频振荡的相位受缓变信号控制时，称为调相，以 PM 表示。

控制高频振荡的缓变信号称为调制信号；载送缓变信号的高频振荡信号称为载波；已被缓变信号调制的高频振荡称为调制波，调制波相应地有调幅波、调频波和调相波三种，常见的是调幅和调频两种，本节主要介绍调幅过程的原理。

9.3.2　电桥调幅的原理

由第 2 章可知，电桥的输出与输入关系通式为

$$u_o = K\Delta R u_i \tag{9-2}$$

式中，u_o 为输出电压；K 为接法系数，其中单臂桥接法 $K=\frac{1}{4R_0}$，半桥接法 $K=\frac{1}{2R_0}$，全桥接法 $K=\frac{1}{R_0}$；ΔR 为电桥输入；u_i 为电桥的激励电压。

当 $\Delta R=R(t)$，$u_i=U_m\cos(\omega t+\varphi)$时，

$$u_o = K\cdot R(t)U_m\cos(\omega t+\varphi) \tag{9-3}$$

由上式可知，电桥输出电压 u_o 的幅值随输入信号 $R(t)$的变化而变化，或者说，u_o 的幅值受 $R(t)$的控制。从信号调制角度来说，电桥激励电压 u_i 是调制过程的载波，电桥的输入 ΔR 是调制过程的调制信号，电桥的输出 u_o 是调制过程的调制波。因此，电桥就是一个调幅器，其原理和输出、输入的关系如图 9-10 所示。

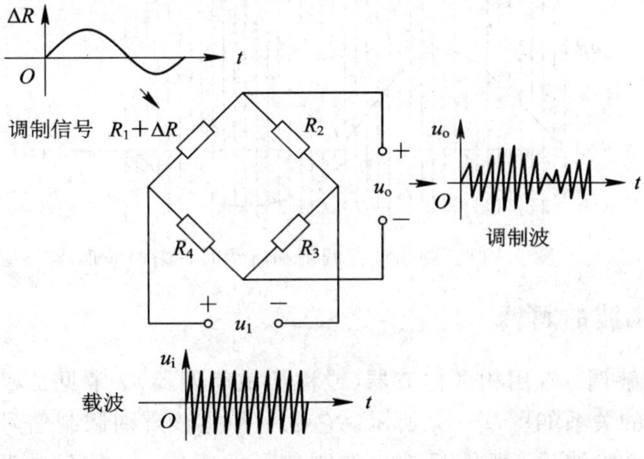

图 9-10　电桥调幅的输出、输入关系

调幅时，各瞬时的波形关系如图 9-11 中(a)、(b)、(c)所示。图中所示的调制波是载波随调制信号变化的结果。它的频率和载波相同，幅度随调制信号的变化而变化，波峰连线(称为包络线，图中未画出)的形状和调制信号的波形一致。包络线与调制信号的逼近程度表征了调制的精度。为了保证调制精度，一般须使载波的频率大于调制信号频率的 10 倍以上，常取 20 倍。

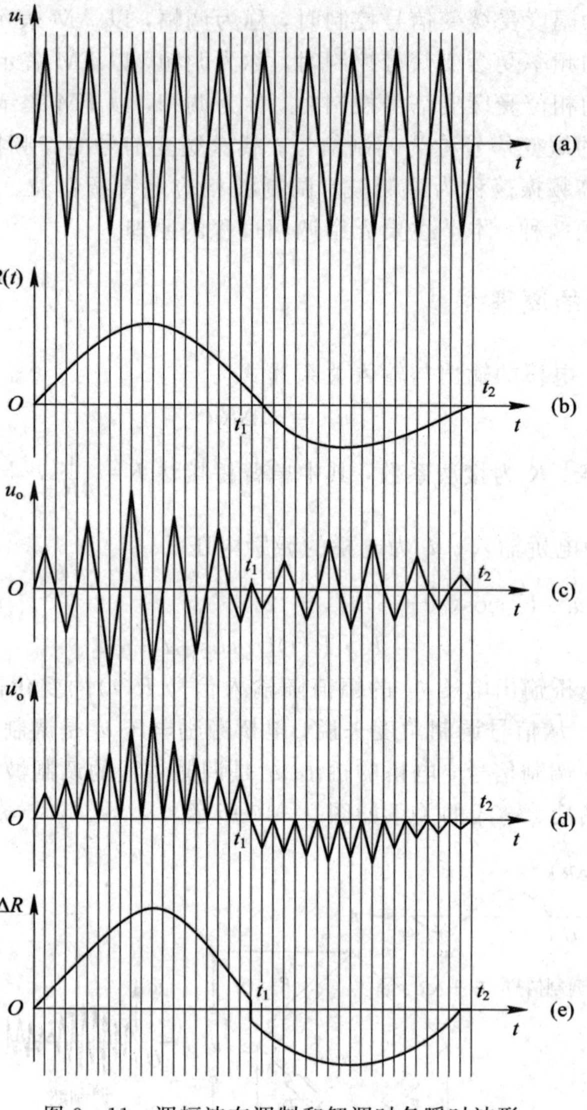

图 9-11　调幅波在调制和解调时各瞬时波形

9.3.3　电桥调幅波的解调

电桥调幅波的解调，常用相敏检波器(或称相敏解调器)。常见二极管相敏检波器的结构与其输出、输入的关系如图 9-12 所示。它是一种能够辨别调制信号极性(相位)的解调器。调幅波经过相敏检波后，既能反映出调制信号的幅值，又能反映调制信号的极性，它由 4 个特性相同的二极管 V_{D1}、V_{D2}、V_{D3}、V_{D4} 沿同一方向串联成一个回路。4 个端点分别接在变压器 A 和 B 的二次线圈上。变压器 A 的一次线圈中接入电桥调幅器输出的调幅波 u_o，变压器 B 的一次线圈中接入与电桥调幅器载波一样的参考电压 u_i，可作为辨别电桥输出的调幅波相位(极性)的标准。R_f 是解调器的负载电阻，解调器的输出电压从 R_f 上引出。

电桥输出的调幅波经相敏检波后，可以得到一随调制信号的幅值与相位的变化而变化的高频波，再通过低通滤波器，即可得到与信号一致的，但已放大了的信号，这样就达到了解调的目的。

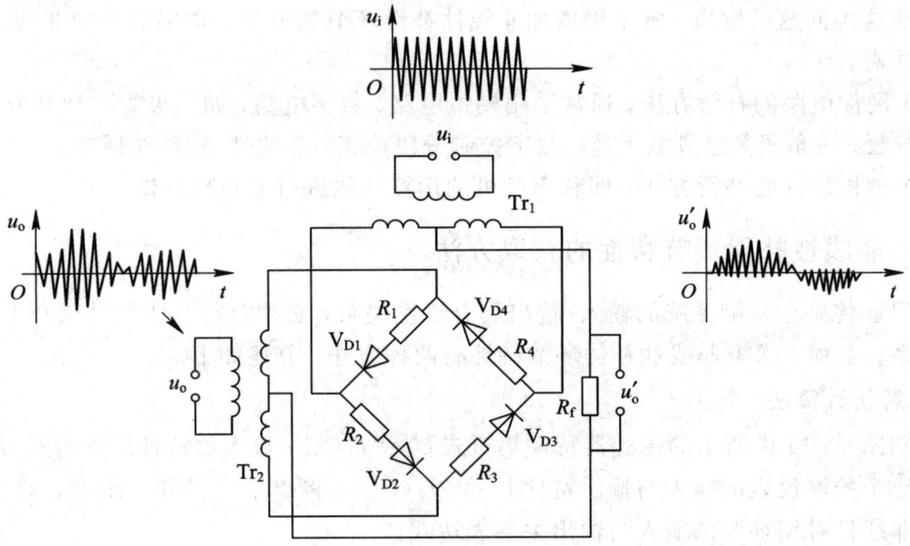

图 9-12　二极管相敏检波器的结构和输出、输入的关系

9.3.4　应用举例

Y6D-3 型动态应变仪是利用电桥调幅和相敏解调的典型例子。其调制过程中各环节的输出波形如图 9-13 所示。

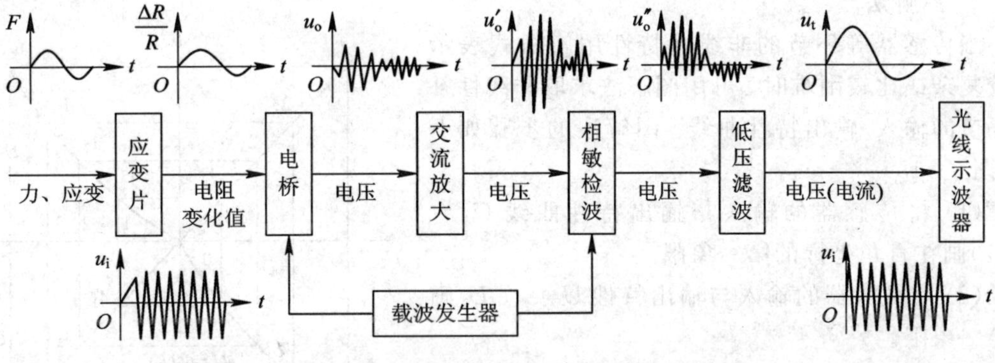

图 9-13　Y6D-3 型动态应变仪调制过程各环节的波形

图 9-13 中的电桥由载波发生器供给高频等幅电压 u_i(3 V、10 kHz)、被测参数(力、应变等)通过电阻应变片转换成电阻应变后，作为调制信号通过电桥对载波 u_i 进行调制。调制波 u_o 从电桥输出后，进入交流放大器进行放大，放大后的调制波由二极管相敏检波器进行解调，再通过低通滤波器将高频成分滤去而取得被测信号的模拟电压(电流)，最后，由光线示波器进行记录。

9.4　传感器的非线性补偿

在传感器和检测系统中，特别是传感器的输出量与被测物理量之间的关系，绝大部分是非线性的。造成非线性的原因主要有两个：一是许多传感器的转换原理非线性；二是采用的测量电路非线性。

对于这类问题的解决，常采用增加非线性补偿环节的方法。常用的增加非线性补偿环节的方法有：

(1) 硬件电路的补偿方法，通常采用模拟电路、数字电路，如二极管阵列开方器，各种对数、指数、三角函数运算放大器，数字控制分段校正、非线性 A/D 转换等。

(2) 微机软件的补偿方法，即利用微机的运算功能进行非线性补偿。

9.4.1 非线性补偿环节特性的获取方法

为保证传感与检测系统的输入/输出具有线性关系，必须获得非线性补偿环节的输入/输出关系。工程上求取非线性补偿环节特性有两种方法，分述如下。

1. 解析计算法

已知图 9-14 中所示的传感器特性解析式 $U_1=f_1(x)$，放大器特性的解析式 $U_2=GU_1$ 和要求整个检测仪表的输入与输出特性 $U_o=f_2(U_2)$。将以上三式联立求解，消去中间变量可得非线性补偿环节的输入与输出关系表达式。

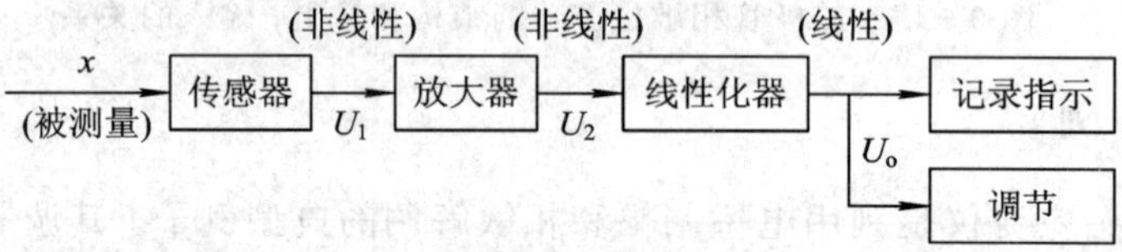

图 9-14 引入非线性补偿环节的检测系统示意图

2. 图解法

当传感器等环节的非线性特性用解析式表示比较复杂或比较困难时，可用图解法求取非线性补偿环节的输入/输出特性曲线。图解法的步骤如下(见图 9-15)：

(1) 将传感器的输入与输出特性曲线 $U_1=f_1(x)$画在直角坐标的第一象限。

(2) 将放大器的输入与输出特性 $U_2=GU_1$ 画在第二象限。

(3) 将整台测量仪表的线性特性画在第四象限。

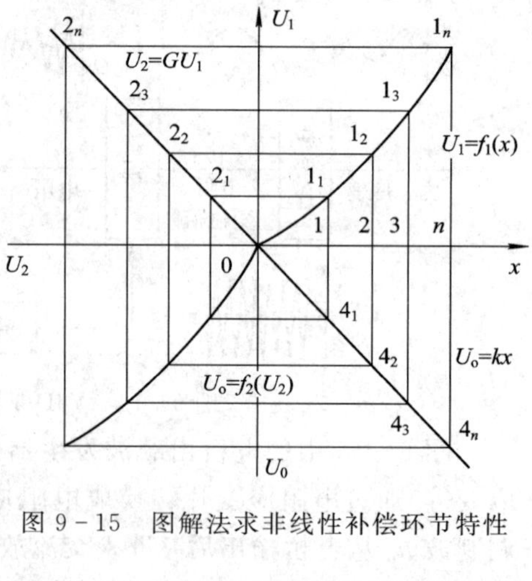

图 9-15 图解法求非线性补偿环节特性

(4) 将 x 轴分成 n 段，段数 n 由精度要求决定。由点 1，2，…，n 各作 x 轴垂线，分别与第一、四象限中特性曲线交于 1_1，1_2，1_3，…，1_n 及 4_1，4_2，4_3，…，4_n 各点。再以第一象限各点作 x 轴的平行线与第二象限中特性曲线交于 2_1，2_2，2_3，…，2_n 各点。

(5) 由第二象限各点作 x 轴垂线，再由第四象限各点作 x 轴平行线，两者在第三象限的交点连线即为校正曲线 $U_o=f_2(U_2)$。这也就是非线性补偿环节的非线性特性曲线。

9.4.2 非线性补偿环节的实现方法

1. 硬件电路的实现方法

目前最常用的是利用由二极管组成非线性电阻网络，配合运算放大器产生折线形式的输入/输出特性曲线。由于折线可以分段逼近任意曲线，从而可以得到非线性补偿环节所需要的特性曲线。

折线逼近法如图 9-16 所示，将非线性补偿环节所需要的特性曲线用若干个有限的线段来代替，然后根据各折点 x_i和各段折线的斜率 k_i来设计电路。

可以看出，转折点越多，折线越逼近曲线，精度也越高，但太多会因电路本身的误差而影响精度。图 9-17 所示是一个最简单的折点电路，其中 E 决定了转折点的偏置电压，二极管 V_D 作开关用，其转折电压为

$$U_1 = E + U_D \tag{9-4}$$

式中，U_D为二极管的正向压降。

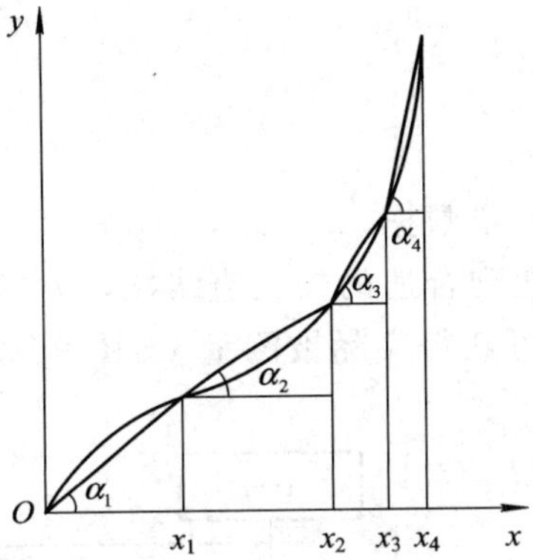

图 9-16　折线逼近法

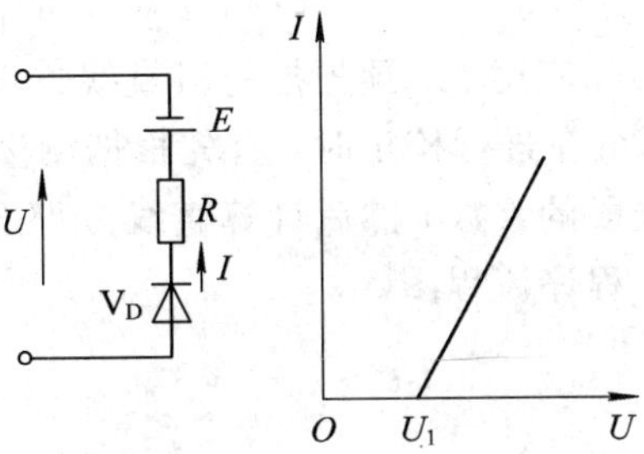

图 9-17　简单的折点电路

由式(9-4)可知，转折电压不仅与 E 有关，还与二极管的正向压降 U_D有关。

图 9-18 所示为精密折点单元电路，它是由理想二极管与基准电源 E 组成的。由图可知，当 U_i与 E 之和为正时，运算放大器的输出为负，V_{D2}导通，V_{D1}截止，电路输出为零。当 U_i与 E 之和为负时，V_{D1}导通，V_{D2}截止，电路组成一个反馈放大器，输出电压随 U_i的变化而改变，有

$$U_o = \frac{R_f}{R_1}U_i + \frac{R_f}{R_2}E \tag{9-5}$$

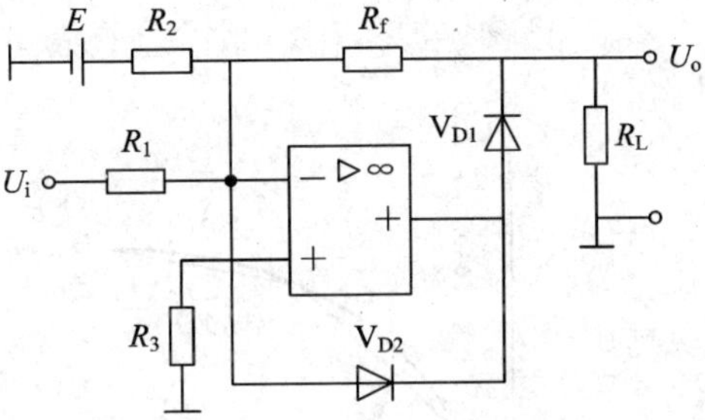

图 9-18　精密折点单元电路

在这种电路中，折点电压只取决于基准电压 E，避免了二极管正向电压 U_D的影响，在这种精密折点单元电路组成的线性化电路中，各折点的电压将是稳定的。

2. 微机软件的实现方法

采用硬件电路虽然可以补偿测量系统的非线性，但由于硬件电路复杂、调试困难、精度低、通用性差，很难达到理想效果。在有微机的智能化检测系统中，利用软件功能可方便地实现系统的非线性补偿，这种方法实现线性化的精度高、成本低、通用性强。线性化的软件处理经常采用的有线性插值法、二次曲线插值法、查表法。

1) 线性插值法

线性插值法就是先用实验测出传感器的输入/输出数据，利用一次函数进行插值，用

直线逼近传感器的特性曲线。假如传感器的特性曲线曲率大，可以将该曲线分段插值，用折线逼近整个曲线，这样可以按分段线性关系求出输入值所对应的输出值。图 9-19 是用三段直线逼近传感器等器件的非线性曲线。图中 y 是被测量，x 是测量数据。

由于每条直线段的两个端点坐标是已知的，例如图 9-19 中直线段 2 的两端点(x_1, y_1)和(x_2, y_2)是已知的，因此该直线段的斜率也可表示为

$$k_1 = \frac{y_2 - y_1}{x_2 - x_1} \tag{9-6}$$

该直线段上的各点满足方程式

$$y = y_1 + k_1(x_2 - x_1)$$

对于折线中任一直线段 i 可以得到

$$k_{i-1} = \frac{y_i - y_{i-1}}{x_i - x_{i-1}} \tag{9-7}$$

$$y = y_{i-1} + k_{i-1}(x_i - x_{i-1}) \tag{9-8}$$

在实际应用中，预先把每段直线方程的常数及测量数据，x_1，x_2，…，x_n存于内存储器中，计算机在进行校正时，首先根据测量值的大小找到合适的校正直线段，从存储器中取出该直线段的常数，然后计算直线方程式(9-8)就可获得实际被测量 y。图 9-20 是线性插值法的程序流程图。

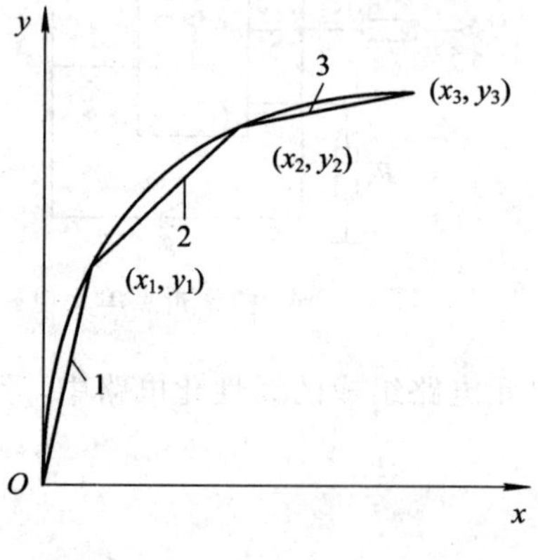

图 9-19　分段线性插值法

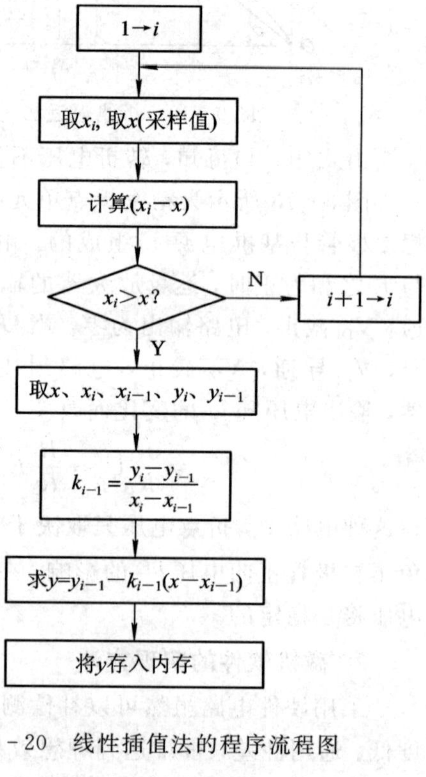

图 9-20　线性插值法的程序流程图

线性插值法的线性化精度由折线的段数决定，所分段数越多，精度越高，但数据所占内存越多。一般情况下，只要分段合理，就可获得良好的线性度和精度。

2) 二次曲线插值法

若传感器输入和输出之间的特性曲线斜率变化很大，采用线性插值法就会产生很大的

误差，此时可采用二次曲线插值法，就是用抛物线代替原来的曲线，这样代替的结果显然比线性插值法更精确。二次曲线插值法的分段插值如图 9-21 所示，图示曲线可划分为 a、b、c 三段，每段可用一个二次曲线方程来描述，即

$$\begin{cases} y = a_0 + a_1x + a_2x^2 & x \leqslant x_1 \\ y = b_0 + b_1x + b_2x^2 & x_1 < x \leqslant x_2 \\ y = c_0 + c_1x + c_2x^2 & x_2 < x \leqslant x_3 \end{cases} \tag{9-9}$$

在式(9-9)中，每段的系数 a_i、b_i、c_i 可通过下述办法获得，即在每段中找出任意三点，如图 9-21 中的 x_0、x_{01}、x_1，其对应的 y 值为 y_0、y_{01}、y_1，然后解联立方程

$$\begin{cases} y_0 = a_0 + a_1x_0 + a_2x_0^2 \\ y_{01} = b_0 + b_1x_{01} + b_2x_{01}^2 \\ y_1 = c_0 + c_1x_1 + c_2x_1^2 \end{cases} \tag{9-10}$$

即可求得系数 a_0、a_1、a_2，同理可求得 b_0、b_1、b_2，然后将这些系数 x_0、x_1、x_2、x_3 和等值预先存入相与的数据表中。图 9-22 为二次曲线插值法的计算程序流程图。

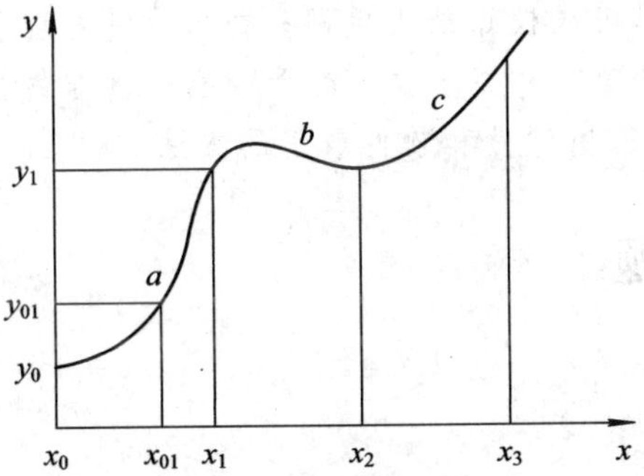

图 9-21　二次曲线插值法的分段插值

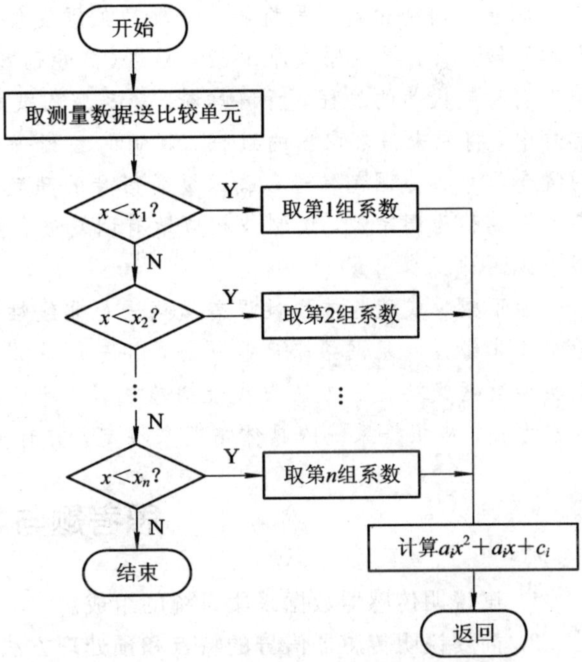

图 9-22　二次曲线插值法的计算程序流程图

3) *查表法*

通过计算或实验得到检测值和被测值的关系，然后按一定的规律把数据排成表格，存入内存单元。微处理器根据检测值大小通过查表从内存单元中读取被测值的大小。方法有顺序查表法和对分搜索法等。查表法一般适用于参数计算复杂、所用算法编程较繁并且占用 CPU 时间较长等情况。

本章小结

本章就信号处理技术、干扰抑制技术、信号的调制与解调和传感器的非线性补偿等自

动检测系统中的一些基本问题进行了介绍，目的是为了使读者了解传感器信号处理的一些基本方法和手段。

在传感器信号预处理前首先应进行数据采集，数据采集系统常由包括放大器、滤波器等在内的信号调理电路、多路模拟开关、采样/保持电路、A/D 转换器以及接口控制逻辑电路所组成。传感器信号预处理的主要目的是根据传感器输出信号的特点，采取不同的信号处理方法来抑制干扰信号，并对检测系统的非线性、零位误差和增益误差等进行补偿和修正，从而提高检测系统的测量精度和线性度。检测系统的信号处理是比较复杂的，信号的放大与隔离是比较重要的处理技术。

产生干扰的来源有机械振动或冲击、温度变化、光照、湿度变化、化学因素、电磁因素和射线辐射等，干扰源中电磁干扰是最普遍和最难解决的干扰因素。电磁干扰的途径有“路”和“场”两种形式。抑制电磁干扰可在三个方面采取措施：消除或抑制干扰源、破坏干扰途径和削弱接收电路对电磁干扰的敏感性。常用的抗电磁干扰技术为屏蔽技术、接地技术、浮置技术、平衡电路、滤波技术和光电耦合技术等。

信号的调制和解调是将传感器输出的缓变信号先变成具有高频率的交流信号，进行放大和传输，然后再还原成原来频率信号(信号已被放大)的过程。所谓调制，就是利用信号来控制高频振荡的过程。所谓解调，就是从已被放大和传输的，且有原来信号信息的高频信号中，将原来信号取出的过程。调制的过程分为调幅、调频和调相三种。控制高频振荡的缓变信号称为调制信号；载送缓变信号的高频振荡信号称为载波；已被缓变信号调制的高频振荡称为调制波，调制波相应地有调幅波、调频波和调相波三种，常见的是调幅波和调频波两种。

为了减少或消除非线性误差必须进行非线性补偿。硬件处理的常用方法是：利用二极管组成非线性电阻网络来产生折点，并与运算放大器组成校正放大电路；利用软件处理技术实现数据线性化的方法有线性插值法、二次曲线插值法和查表法。对于传感器的非线性补偿方法，应根据系统的具体情况来决定，有时也可采用硬件和软件兼用的方法。

思考题与习题

1. 试说明传感器数据采集系统的组成。
2. 简要说明传感器信号的特点和预处理方法。
3. 简要说明选择仪表放大器时应考虑的因素。
4. 干扰的来源有哪些？试简要说明。
5. 形成干扰有哪三要素？消除干扰应采取哪些措施？
6. 屏蔽有哪几种形式？各起什么作用？
7. 接地有哪几种形式？各起什么作用？
8. 简述传感器的非线性补偿有哪些比较常用的方法。

第 10 章　传感器的综合应用

10.1　传感器在家用电器中的应用

家用电器在电子电器产品市场中占据了相当大的一部分。许多简单的传感器和微系统产品，如温度传感器和液位传感器早已应用于家电领域，而新型的先进传感器正在以惊人的速度抢占市场，带有智能控制系统的现代传感器的运用成为区别不同产品和厂家的显著特点之一。越来越多的传感器和微系统广泛地应用于家用电器中，表 10－1 给出了目前家电传感器的使用实例。本节主要介绍几种在家用电器中所用的主要传感器。

表 10－1　家电传感器使用实例

家用电器	监控功能	目前所用传感器类型	家用电器	监控功能	目前所用传感器类型
洗衣机	温度 旋转 液位 质量 位置 失衡	NTC 转速计 压力传感器 电感传感器 簧片管 转速计、压力传感器	微波炉	温度 湿度	陶瓷传感器
			吹风机	气体 温度 湿度 气流	NTC 红外线热电偶
烘干机	温度 湿度	NTC 电导传感器	烤面包机	温度 温度(非接触)	红外线热电偶 双金属片开关、 加速度传感器
洗碗机	温度 咸度 洗涤剂量 喷射臂旋转 流量	NTC 簧片触点＋密度传感器 簧片触点 磁阻传感器 旋转式水表 压力传感器	熨斗	温度 湿度 位置移动	倾斜传感器、 加速度传感器
			真空吸尘器	气流 微粒 气体	陶瓷传感器
制冷机	温度	扩张毛细血管、Pt100	空气净化器	微粒	
			烤箱	温度	NTC

10.1.1　洗衣机中所用的传感器

一台洗衣机应包括的基本功能有搅动，进水、水位，温度控制，洗涤剂分配，水和泡沫监控。

1. 洗衣机中的位移传感器

根据测量技术分类，位移传感器可分为两大类。无论何时移动的待测物体与传感器有机械连接的，称之为接触式位移传感器。接触式位移传感器主要采用的物理原理有电感式、磁致伸缩式和电压式。如果被测物体与移动目标体无机械连接，后不允许连接，或受外力作用，此时就必须使用非接触式位移传感器。非接触式位移传感器采用的物理原理主要有激光三角测量式、电涡流式、电容式、照相成像系统和超声波。

洗衣机的滚筒经弹簧和阻尼器与外壳相连接。当加入负载进行洗涤和旋转时，滚筒相对于外壳运动。洗衣机中的位移传感器可检测滚筒的负重和不平衡。因此，该传感器必须既能检测静态位置，又能检测动态位移。为了满足用一个传感器系统既能测负载位置，又能测不平衡位移这两个要求，传感器必须在测量全过程中具有高动态分辨力，又必须在添加负载过程中解决滚筒轻微移动的高灵敏度。

1）电感测量原理

滚筒的位移是由一个磁性铁芯来测量的，铁芯在具有两个分离绕组的线圈里移动。测量过程是基于两绕组之间的电磁耦合原理，这意味着传感器的分辨力是极高的。随着线圈内铁芯进水量的变化，绕组中的感生电势也发生变化。使用电桥电路测出感生电势的变化实现了将铁芯位移量转换成线性电信号的过程。电感测量原理如图 10 - 1 所示。

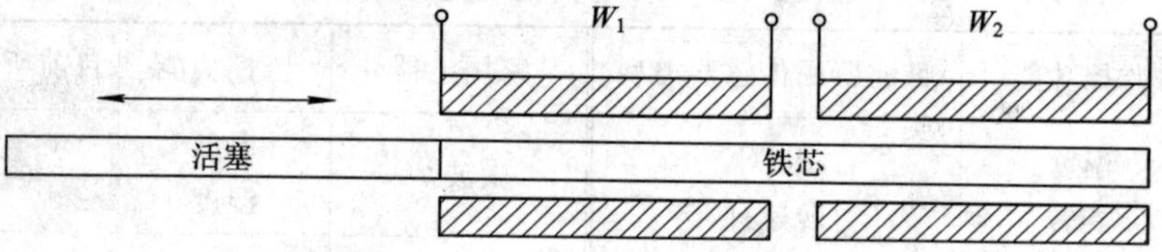

图 10 - 1　电感测量原理

为了降低洗涤和甩干时发出的噪声，Micro - Epsilon 和 SUSPA 联合开发出一种先进的弹簧-摩擦阻尼器传感器系统。在高速旋转过程中，滚筒的动力传递到阻尼器的联合弹簧上。在这个过程中摩擦衬里不会移动，这样，整个转动都很平稳且噪声很低。甩干所需的能量越小，这个驱动器就能做得越小，且成本越低。这种设计的特点包括：

(1) 传感器受到阻尼器外壳的保护，防止外界环境的影响。

(2) 和阻尼器安装在一起，简化了传感器的安装工序。

(3) 减少了安装的麻烦，降低了成本。

(4) 传感器支架将阻尼器牢牢固定到洗衣机外壳上。

(5) 电子连线通过一个工业标准接头集成到摩擦阻尼器中。

集成在阻尼器中的传感器的结构如图 10 - 2 所示。

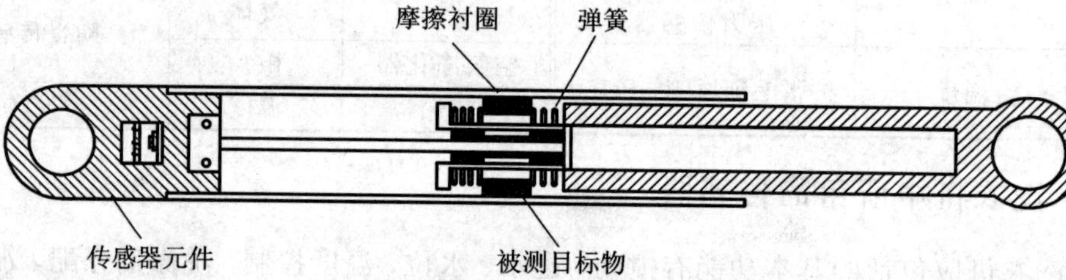

图 10 - 2　集成在阻尼器中的传感器的结构

2）感应电动势测量原理

这种传感器的主机是由带有两个节点的线圈和带有一个抽头的电极构成的，将一个铝制的测量环粘结到被测物体上。这种测量方法是基于电涡流原理，在铁芯和线圈之间的非导电层上形成一个电容电路，输出信号与被测物体的位置有关。感应电动势测量原理如图 10－3 所示。

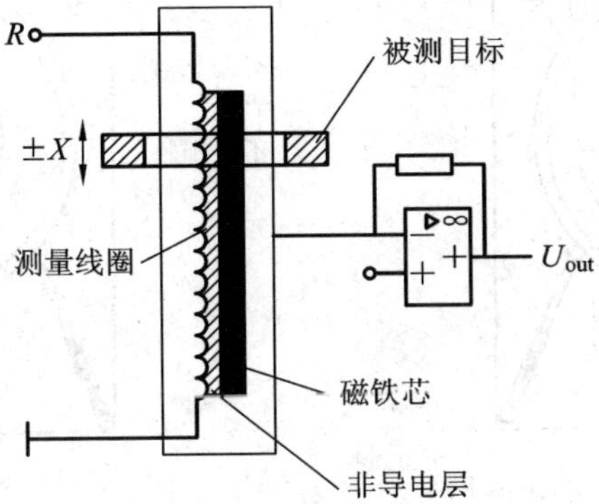

图 10－3　感应电动势测量原理

这种获专利的传感器原理允许传感器集成到紧凑的摩擦阻尼器中。相对于阻尼器内部有限的空间来说，这样能达到最大的测量范围。

2. 自动洗衣机中的加速度传感器

为了防止水资源的浪费，现代洗衣机甩干衣物的操作不仅是整个洗涤程序的最后一步，而且是在主洗涤和每遍漂洗之后也要进行的工序。在甩干过程中，用非常快的旋转速度将衣物中的水不断甩出，这样做是为了节省后续烘干过程的时间和所耗能量。因此，现代洗衣机的甩干操作在整个洗涤程序中越来越频繁，甩干中的旋转速度达到 1600 r/min～1800 r/min。如此高的旋转速度在衣物上产生了巨大的加速度，是重力加速度的 800 多倍，这相应地在洗衣机上也产生了巨大的作用力。

在大部分常见的家用洗衣机类型中，装有衣物的滚筒在盛有洗涤剂泡沫的容器中转动。泡沫容器通过弹簧固定在机壳内，为了减小振动，机壳的底部连接着振动吸收器，如图 10－4 所示，这个弹簧重物系统的临界谐振速率在 120 r/min～350 r/min 之间。在转动的滚筒中，不平衡的洗涤物不但会产生速度波动，而且合力和反作用力也会移动弹簧悬挂装置中的整个泡沫容器。在亚临界和超临界速度范围内，这样的移动说明滚筒中有不平衡衣物。

测量泡沫容器移动的最简单的方法是运用距离传感器，如上面的位移传感器。这些传感器的优点是能用来监测洗涤负载量，其缺点是价格昂贵。

随着汽车工业中传感器的发展，现在已经出现了廉价的加速度传感器。加速度传感器（如图 10－5 所示）基本上也是用于测量由不平衡物引起的泡沫容器偏移现象。但是，能用距离传感器测量静态洗涤物的重量，却不能用加速度传感器来测量。

为了能够在 100 r/min 左右的亚临界转速和 1600 r/min 左右的高速范围内测量不平衡物，传感器必须可以检测 0.6 m/s^2～160 m/s^2 的加速度值。这么大的测量范围对于许多传感器来说实现起来是个问题。此外，相对廉价的传感器元件也需要电子电路、外壳、电线和信号处理单元。这样，其成本还是等于甚至超过了上述的距离测量法。然而，非常经济的加速度测量方法是在洗衣机里装配带微处理器控制的高分辨力的模拟压力传感器。这些压力传感器既可作为独立的部件，也可以直接集成在洗衣机控制的PCB板上。它们采用差压原理，并通过泡沫容器下部的软管测量静压，以检测泡沫容器的水位，如图10-5所示。

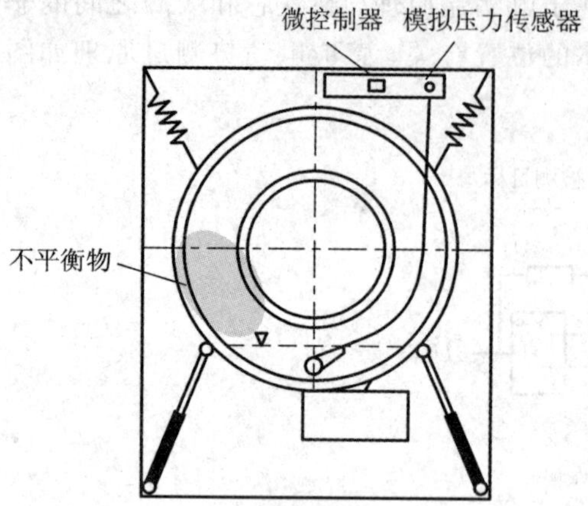

图10-4 不平衡洗涤物的自动洗衣机

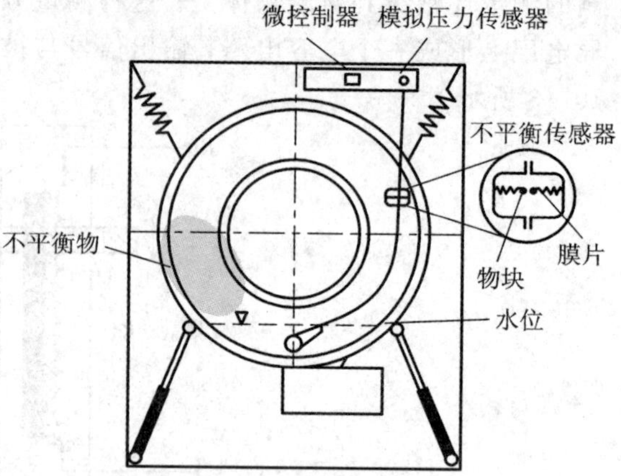

图10-5 带有液位传感器和附加不平衡洗涤物的自动洗衣机

在旋转过程中，泡沫抽吸泵一直开着，因此压力传感器此时不能检测到水位。一个固定泡沫容器的附加元件安装在压力传感器与泡沫容器之间的软管里，它能够从泡沫容器的动态移动中产生压力信号，该信号再经过压力传感器送入微处理器中进行计算。

该附加元件由带两个安装接点的盒体构成，这两个节点一个将软管连接到压力传感器上，另一个将软管连接到泡沫容器下部。元件的内部空间被一个弹性膜片分成两个E室，弹性膜片中间固定有一个重物，重物上的孔可以使两匣室中的空气相互交换。因为这个孔总能实现压力补偿，所以水位测量不受影响。

在旋转过程中，当泡沫容器移动时，由于重块的质量惯性，弹性膜片会产生一个压力信号。这样，在这种洗衣机里使用极其廉价且耐用的加速度传感器检测成为可能。

如果压力传感器能直接固定在泡沫容器上，就不需要附加元件，这样成本就会进一步降低。压力传感器通常是测量施加在一个给定表面上的压力。从这个特殊压力传感器的原理来看，需要有一个加速的物体，当加速时，这个物体能够产生一个附加力，引出加速度信号。下面举两个常见的例子。

如图10-6是压阻式硅压力传感器的剖面图。外界压力施加到传感器上面，而被测压力作用在底部。当有压力作用在硅压阻元件上时，膜片将会发生形变。压阻元件固定在膜片上，它根据膜片的形变来改变自身的电阻值。然后，由电桥电路产生一个与压力差成比例的电信号。

为了测量加速度，在膜片上附加一个物块以增大膜片质量。用这种方法，传感器既可以检测泡沫容器水位，又可以测量泡沫容器的加速度。

如图10-7给出了一种电容式压力传感器的剖面图。它的主要结构是一个金属壳体被导电膜片分成两个小室，导电膜片焊接在壳体上。其中一室固定有电极支架，电极被蒸镀在支架上，这些电极的电势经过引线从壳体传导到微处理控制器中。在电极支架的一侧钻通一个小孔，目的是使空气能透过去。为了测量差压，被测压力应施加到连接构件上。气室中作为参考压力一边的大气压增加，增加的压力将膜片朝着电极方向推动。由于膜片焊接在壳体上，因而很短地移动距离都会增加壳体与电极之间的电容，测量桥路将电容变化转换成电压信号，再被微处理器作为差压信号进行运算处理。

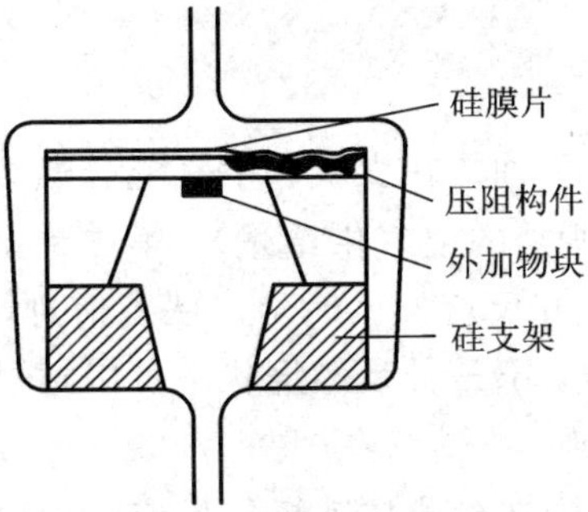

图 10－6　压阻式硅压力传感器

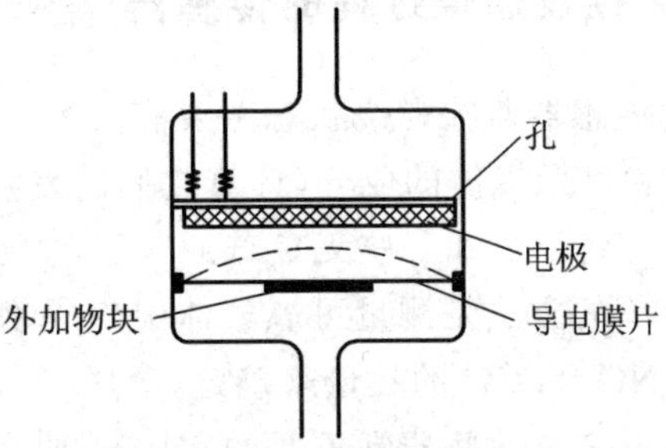

图 10－7　电容式压力传感器剖面图

膜片中央要安装物块，这个物块增加了膜片质量。如果加速度影响到传感器外壳，那么膜片和物块的惯性会引起膜片与外壳之间的相对运动。接着膜片与电极之间的距离会发生改变，这样也会引起有关电容的改变，因而这种传感器也可以测量加速度。这就意味着静态压力可以通过电容值来测量，而加速度则能调制电容的变化。

传感器的运用大大减轻了洗衣机中高的机械载荷，不必要改变洗衣机的设计，即可实现最佳旋转并延长使用寿命。简单且廉价的传感器可以作为一个洗衣机部件来使用，如模拟压力传感器。高效的微处理器在洗衣机中也已获得广泛应用。

3. 洗衣机中的水位测量

水位测量是利用压力测量原理实现的，其功能只是作为单纯的限位器。多数情况下都使用机电压力测量元件作为传感器，如图 10－8 左侧所示的大型器件。现代传感器引入了电子设备，使设备体积缩小。如图 10－8 中右下角展示了一个非常小的现代压力传感器。现代洗衣机都常使用带有模拟输出的传感器来工作，在这种洗衣机中可以设定任何期望达到的水位。

图 10－8　机电和电子压力测量元件

4. 洗衣机中的温度控制

洗衣机中的温度控制通常是依靠一种功能类似于温度限制器的毛细管温度调节装置来实现的。

如图 10－9 给出了毛细管温度调节器和 NTC 温度传感器的比较，右半部分是毛细管温度调节器，左半部分是常用的 NTC 温度传感器。显然，NTC 的模拟电信号更易于被电子控制系统处理。NTC 传感器的应用越来越广泛，尤其在现代化的欧洲洗衣机中，它一般都有自己的加热元件，有时也有附加的热水管。

图 10－9　毛细管温度调节器和 NTC 温度传感器

电子水位调节器有助于节约用水，而低的洗涤温度会节省能源，特别是利用质量好的洗涤剂时。随着多种酶的使用，即使低水温洗涤也会获得满意的效果。恒温洗涤是一种普遍发展的趋势，因此，温度控制在洗衣机设计中尤为重要。

10.1.2 控制燃烧过程的传感器

使用传感器监控燃烧状态主要有三种方法：第一种是在煤气和空气混合燃烧前测量温度、流速和可燃气体的成分(计算它们的发热量和所需的空气供给量)；第二种是监测可能的反应区，离子数和一些无负载原子团的数目能够在反应发生时给出状态信息，获取这一信息最简单的方法是测量可燃气体中生成物的数量；第三种是燃烧状态可以通过检测废气中 CO_2、NO_x 和 CO 的数量来确定。

表 10-2 是一些非常重要的实用原理，这些原理在检测住宅煤气供应的混合气体中的煤气时很有用。

表 10-2 检测混合物中某一气体的实用原理

实用原理	可检测的气体
电容变化	CO_2、NO_2
声学原理	两种气体的混合物
光学原理	CO_2、CO、CH_4、NO、NO_2、SO_2
热导测量	H_2、CH_4
热敏测量原理	可燃性气体
液体电解质电化电池	O_2、CO、NO、NO_2、SO_2、H_2 以及其他气体
固体电解质电化电池	
半导体	O_2、H_2、CO

1. 电容测量

电容测量是通过检测介电常数的变化来作为煤气浓度变化的结果。这些传感器大部分用来测量湿度，也可以用来检测 CO_2。这些系统的一个主要缺点是事实上它们是用使用寿命很短(少于 1 年)的有机聚合物制成的，这阻碍了它们在家用电器中的使用。

2. 光学原理

光学原理实际上是基于特殊气体可以在电磁辐射的不同波长范围内有区别地吸收光谱。目前广泛应用的“红外光谱光度计”就是利用某种气体以特殊的方式吸收红外线辐射。O_2 和 N_2 是不活跃的红外线分子，因此，空气或可燃气体中的其他化合物可以很容易地被检测出来。这一技术对单种化合物有很高的灵敏度，而且仅表现出很小的交叉敏感性。

光学方法特别适用于 CO 和 CO_2 浓度的选择性检测。在价格低廉的传感器中，一般用一个微型的电灯泡作为红外光源。发射的光线穿过被抽取的可燃气体进入一个吸收室，一个附加的干涉滤光片仅允许吸收目标气体的光谱通过。红外探测器可以测定光强度的减少量，然后将其转换为一个电信号。

一个用于检测 CO_2 的光学传感器如图 10－10 所示。

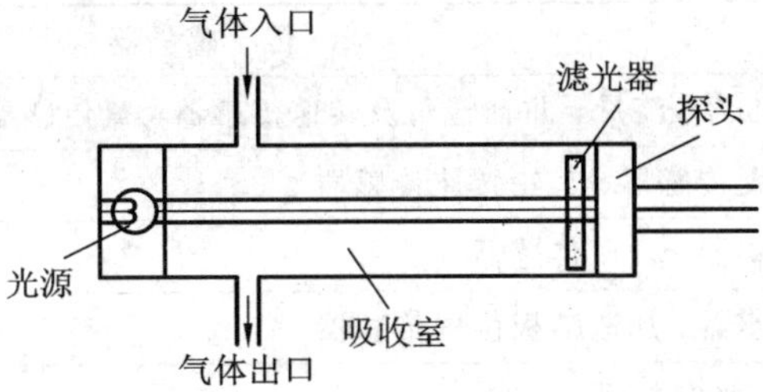

图 10－10　用于检测 CO_2 的光学传感器

3. 热导率测量

气体的另一个特性是其热导率，它可以以很少的花费来测定。在恒温、恒压情况下，热导率仅取决于气体的摩尔质量。

甲烷的热导率大约是天然气中其他可燃气体化合物热导率的 2 倍。利用这一结论测定甲烷热导率的传感器已被应用于内燃机，因为它们的性能主要取决于甲烷的热导率。

10.1.3　小型家电中的传感器

传感器在小家电中的应用和在大家电中的应用很类似，且有体积小、耗能低的特点，很多设备都是便携式。一些新的或者改进过的传感器应用于小家电的有：

（1）自动烘烤控制。例如，传感器与非接触式温度分散识别相结合。

（2）智能医学传感器用于护牙设备。

（3）设备中应用改进的紫外传感器作为防止对紫外线感光过敏的保护。

（4）距离传感器和压力传感器用于剃须刀中来时刻调整刀片。

（5）在吹风机中应用红外热电偶传感器进行非接触式温度测量，既可以防止伤害头发，又可以加速吹干头发。

（6）红外热电偶传感器可以应用在温度计中，利用红外辐射原理测量皮肤温度。这样能快速准确地测量出体温，并且使用起来简单、舒适。

（7）热电偶传感器可以用在烤面包过程中，它可以使烤制过程易于控制，更加可靠。

（8）加速度传感器应用在熨斗中，当熨斗在一个地方静止停顿的时间过长时，电源会自动切断保护。

10.2　传感器在汽车工业中的应用

汽车用传感器是用于汽车显示和电控系统的各种传感器的统称，它涉及很多的物理传感器和化学传感器。目前普通汽车装有几十只到近百只传感器，而高级豪华轿车大约使用 200～300 只传感器。汽车传感器的精度及可靠性对汽车非常重要，豪华轿车的各种先进功能都离不开它。所以有人说，目前汽车的竞争乃是车用传感器的竞争。汽车传感器大致有两类：一类是使司机了解汽车各部分状态的传感器；另一类是用于控制汽车运行状态的控制传感器。其主要的种类如表 10－3 所列。

表 10－3　汽车上用到的传感器

项　目	传　感　器
汽车发动机控制	温度、压力、流量、曲轴转角及转速传感器，氧传感器，爆燃传感器(爆震传感器)
防打滑的制动器	对地速度传感器、车轮转速传感器
液压转向位置	车速传感器、油压传感器
速度自动控制系统	车速传感器、加速踏板位置传感器
气胎、车距自控	雷达、气胎传感器
死角报警	超声波传感器、图像传感器
自动门锁系统	车速传感器
电子式驾驶	磁传感器、气流方向传感器
自动空调	室内温度传感器、吸气温度传感器、风量传感器、日照传感器
导向行驶系统	方向传感器、车速传感器、GPS 传感器
慢性行驶系统	方向传感器、行驶距离传感器
安全气囊系统	磁性传感器、水银开关传感器、偏心锤式传感器
电动转向系统	扭矩传感器、转角传感器
汽车安全装置	玻璃破裂传感器、振动传感器
各种液位装置	电容式传感器、浮筒式传感器、压电式传感器、热敏电阻式传感器
灯光控制装置	光敏器件传感器
车高及减振器控制	车辆高度传感器、振动传感器
电子自动恒速装置	节气门开度传感器、车速传感器
电动座椅	座椅调定位置传感器

本节主要对几种汽车常用传感器进行简要介绍。

10.2.1　曲轴转角及转速传感器

曲轴转角传感器又称曲轴位置传感器，它是控制点火时刻(点火提前角)确认曲轴位置不可缺少的信号源，其检测并输入发动机的微型计算机控制装置的信号包括活塞上止点及曲轴转角两种，同时也是供测量发动机转速的信号源。就曲轴位置传感器安装部位，有在曲轴前端、凸轮轴前端、飞轮上和分电器内几种。车辆不同，所采用的结构形式不完全一样。

如图 10－11 是美国 GM 公司的触发叶片结构的霍尔式曲轴转角传感器，安装在曲轴前端。在发动机曲轴皮带轮前端固装着内、外两个带触发叶片的信号轮，与曲轴一起旋转。外信号轮外缘上均匀分布着 18 个触发叶片和 18 个窗口，每个触发叶片和窗口的宽度为 10°弧长，用来产生 18 个信号。内信号轮外缘上设有 3 个触发叶片和 3 个窗口，3 个触发叶片的宽度不同，分别为 100°、90°和 110°弧长，3 个窗口的宽度也不相同，分别为 20°、30°和 10°弧

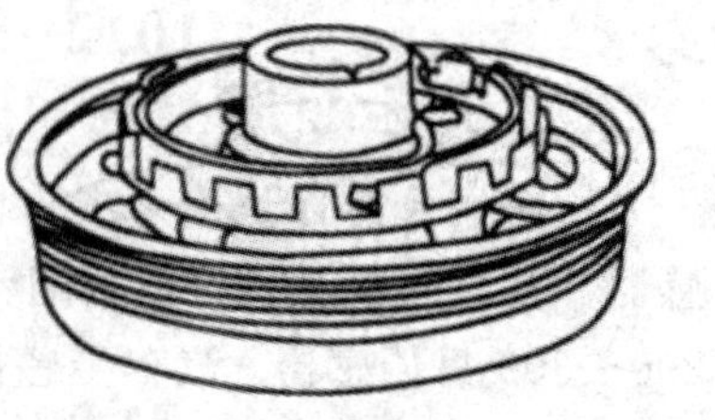

图 10－11　GM 公司的霍尔曲轴转角传感器

长(用来产生 3×基准信号)。由于内信号轮的安装位置关系，宽度为 100°弧长的触发叶片前沿位于 1 、4 缸上止点前 75°、90°弧长的触发叶片前沿在 6、3 缸上止点前 75°、110°弧长的触发叶片前沿在 5、2 缸上止点前 75°。

霍尔信号发生器由永久磁铁、导磁板和霍尔集成电路等组成，内、外信号轮侧面各设置一个霍尔信号发生器，信号转动时，每当叶片进入永久磁铁与霍尔元件之间的空气隙中时，霍尔集成电路中的磁场即被触发叶片所旁路(或称隔磁)，这时不产生霍尔电压，如图 10－12(a)所示；当触发叶片离开空气隙时，永久磁铁 3 的磁通便通过导磁板 5 穿过霍尔元件，这时产生霍尔电压，如图 10－12(b)所示。将霍尔元件间歇产生的霍尔电压信号经霍尔集成电路放大整形后，即向计算机控制装置输送电压脉冲信号。外信号轮每旋转一周产生 18 个脉冲信号，称为 18×信号。一个脉冲周期相当于曲轴旋转 20°转角的时间，CPU 再将一个脉冲周期均分为 20 等份，即可求得曲轴旋转一周所对应的时间。根据这一信号，CPU 用来控制点火时刻。18×信号的功能相当于光电式曲轴位置传感器产生信号的功能，内信号轮每旋转一周产生 3 个不同宽度的电压脉冲信号，称为 3×信号。脉冲周期均为 120°曲轴转角的时间，脉冲上升沿分别产生于 1、4 缸，3、6 缸和 2、5 缸上止点前 75°，作为 CPU 判别汽缸和计算点火时刻的基准信号。此信号相当于前述曲轴转角传感器产生的 120°信号。

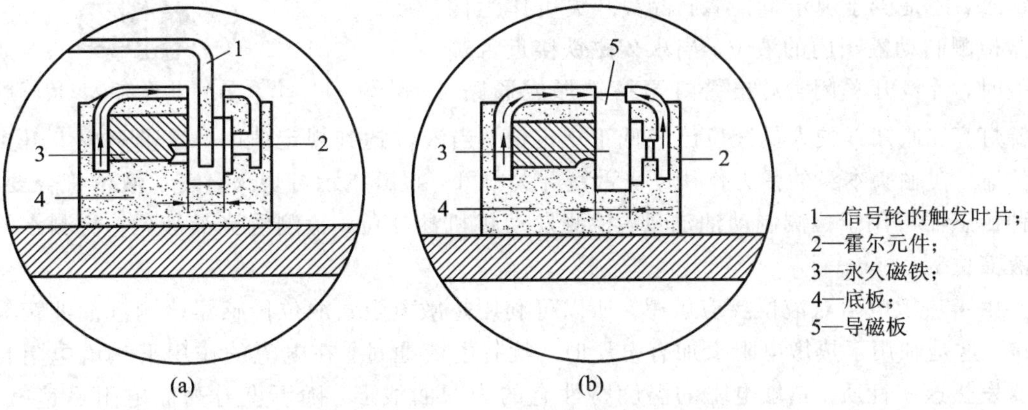

图 10－12　GM 公司的霍尔传感器工作原理

10.2.2　车速传感器

车速传感器用来测量汽车的行驶速度。车速传感器主要用于仪表盘的车速表显示及发动机变速、汽车加减速期间的空燃比等控制。汽车速度传感器可分为接触式和非接触式两大类。

如图 10－13 是舌簧开关型车速传感器，它的轴外圆周固装有永久磁铁块，由转速表软轴带动转动。该传感器实际上是测量汽车车轮的线速度。舌簧开关一般是由两个钢片臂(其中一个钢片是固定的，一个钢片是可动的)及触头组成的，开关是断开的，在永久磁铁 N 极和 S 极转到舌簧开头两端时，开关的两个臂末端(触头端)被磁化为和永久磁铁相近的 N 极

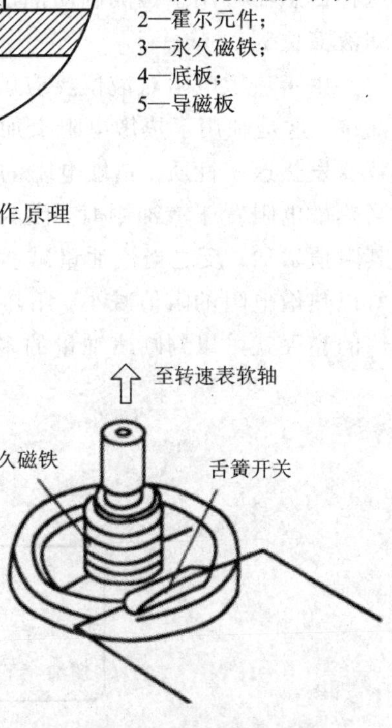

图 10－13　舌簧开关型车速传感器

和S极，产生吸力，开关闭合。在永久磁铁的一个极(如N极)转到开关中心时，这是开关两臂末端被磁化为相同的极性(N极)，则产生斥力，触头断开。软轴转一周开关接通与断开的次数由轴上的永久磁铁的块数决定。由开关信号即可算出汽车速度。

光电式车速传感器和光电式发动机曲轴转角传感器原理相同，都是通过转动轴带动光孔盘或遮光齿轮在光敏器件上获得和转动轴成正比的电脉冲信号。光孔盘由组合仪表中的软轴带动，软轴的转动速度和汽车车轮转速有一个固定的比例关系。信号脉冲经过处理后即可得出汽车的速度(即车轮的转动线速度)。

10.2.3　液位传感器

浮子舌簧开关式液位传感器的结构如图10－14所示，这种传感器是由树脂圆筒制成的轴和可沿轴上下移动的环状浮子组成的。圆筒状轴内装有易磁化的强磁性材料制成的触头(舌簧开关)。浮子内嵌有永久磁铁，舌簧开关的内部是一对很薄的金属触头，随浮子位置的不同两触头之间或者闭合，或者断开。由此可以判定出液量是多于规定量，还是少于规定量。浮子舌簧开关可作为传感器检测制动液箱内的液位。当永久磁铁接近舌簧开关时，舌簧开关闭合，报警灯至搭铁形成通路，报警灯亮，通知驾驶人员液位已经低于规定值。当液位达到规定值时，浮子至少上升到规定位置，在触头本身的弹力作用下，舌簧开关打开，报警指示灯熄灭，表示液位符合要求。这种传感器可用于检测制动油油量，检测发动机机油油位，检测洗涤液液位，检测水箱冷却液液位等。

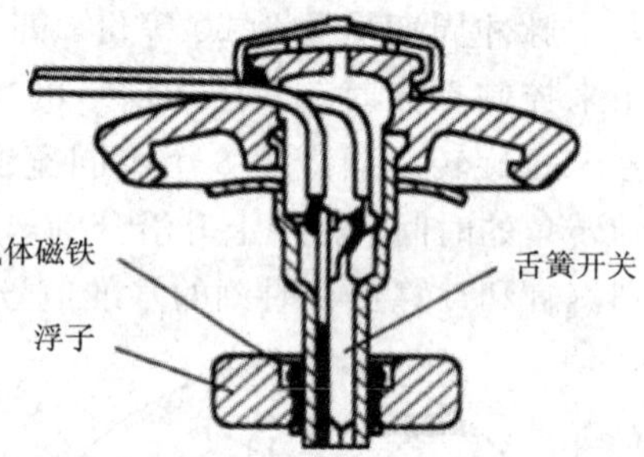

图10－14　浮子舌簧开关式液位传感器

由于热敏电阻对液位反应敏感，所以可利用热敏电阻式液位传感器检测汽油油箱等的油位，这是利用了热敏电阻上加有电压时，就有电流通过，在电流的作用下热敏电阻自身就要发热这一性质。热敏电阻的温度特性有的为双曲线形，随温度升高而电阻迅速减小。当热敏电阻置于汽油中时，因为其中的热量容易散出，所以热敏电阻的温度不会升高而使其阻值增加；反之当汽油量减少，热敏电阻暴露在空气中时，因为其上的热量难以散出，所以热敏电阻的阻值减小，用热敏电阻与指示灯等组成的电路如图10－15所示，通过指示灯的亮灭就可以判断汽油量的多少。

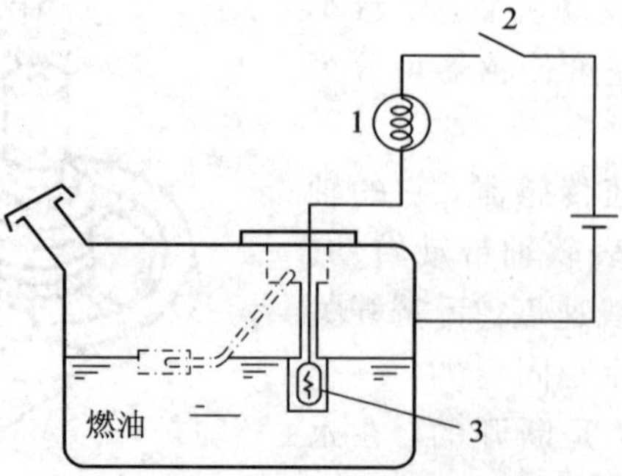

1—指示灯；
2—点火开关；
3—热敏电阻

图10－15　热敏电阻式燃油报警电路

电极式液位传感器的结构如图 10－16 所示，装在蓄电池盖子上的铅棒起电极的作用，相对蓄电池的正极为负极，相对蓄电池的负极为正极。当蓄电池液位符合规定要求时，铅棒浸在电解液中，铅棒上产生正向(相对蓄电池负极)电动势；当蓄电池液位低于规定要求时，铅棒没有浸在电解液中，其上没有电动势产生，报警灯亮，以通知驾驶员电解液不足。

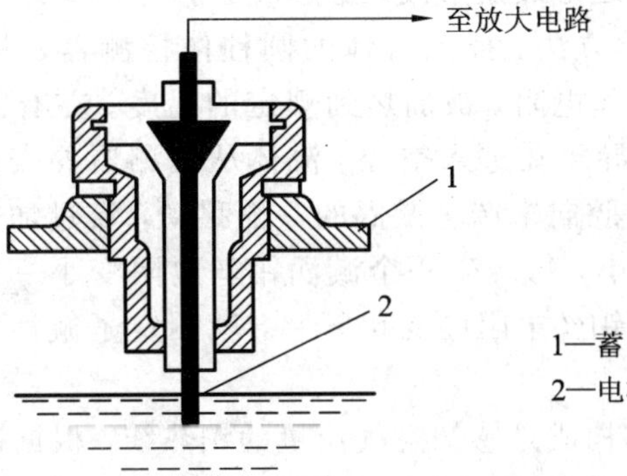

1—蓄电池壳；
2—电极(铅棒)

图 10－16　电极式液位传感器

10.2.4　空气流量传感器

随着车用发动机电子控制系统的发展，需要对发动机进气流量进行精确测量，以调节空燃比，从而保证发动机的动力性、经济性和排放指标最优。翼片式空气流量计为体积流量型，20 世纪 60～70 年代较为流行；卡门漩涡式空气流量计为体积流量型，多见于三菱和丰田汽车；热线式空气流量计为质量流量型，20 世纪 80 年代开发研制，现今已广泛应用；热膜片空气流量计为质量流量型，由美国通用汽车公司研制，大多应用在通用公司和日本五十铃公司生产的汽车上。卡门漩涡式空气流量计在其空气通道中设置一锥体状的发生器，在涡流发生器后部将会不断产生称之为卡门漩涡的涡流串，测出卡门漩涡的频率即可求出空气流量的大小。图 10－17(a) 为超声波检测方式的卡门漩涡式空气流量计的结构，图 10－17(b)为反光镜方式的卡门漩涡式空气流量计的结构。

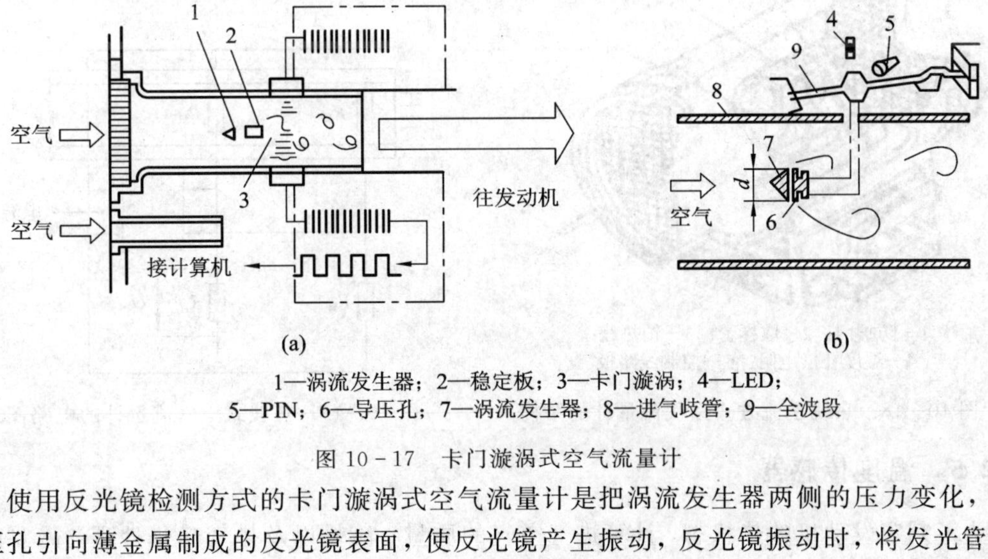

1—涡流发生器；2—稳定板；3—卡门漩涡；4—LED；
5—PIN；6—导压孔；7—涡流发生器；8—进气歧管；9—全波段

图 10－17　卡门漩涡式空气流量计

使用反光镜检测方式的卡门漩涡式空气流量计是把涡流发生器两侧的压力变化，通过导压孔引向薄金属制成的反光镜表面，使反光镜产生振动，反光镜振动时，将发光管投射的光反射给光敏管。对反光信号进行检测，即可求得漩涡的频率。使用超声波检测方式的卡门漩涡式空气流量计是利用卡门漩涡引起的空气密度变化进行测量的。在空气流动方向的垂直方向安装超声波信号发生器，在其对面安装超声波接收器。从信号发生器发出的超声波因受卡门漩涡造成的空气密度变化的影响，到达接收器时有的变早，有的变晚，可测出其相位差，利用放大器等使之形成矩形波，矩形波的脉冲频率即为卡门漩涡的频率。

检测漩涡的另一种是热学方法。插入流体的圆柱体检测器，其空腹波隔板分为两部分，在中心位置上有一根细铂丝电阻，被加热到规定的温度。在有漩涡的一侧流体流速较低，静压增加，一部分流体由导压孔进入空腔，流体从检测器外表面分离变慢，直到漩涡完全形成才离开。流体进入空腔向未产生漩涡的一侧移动，流过加热的铂丝会将它的热量带走，铂温度降低，电阻值减小，每产生一个漩涡铂丝电阻变小一次。显然铂丝的电阻变化是由漩涡引起的，只要检测铂丝电阻的变化频率，就测定了漩涡数，从而可以测定流体的流量。

热线式空气流量计的基本构成是感知空气流量的铂热线，根据进气温度进行修正的温度补偿电阻(冷线)和控制热线电流并产生输出信号的控制线路板，以及空气流量计的壳体。根据铂热线在壳体内安装的部位不同，可分为主流测量方式和旁通测量方式两种结构。如图 10－18 是采用主流方式的热线空气流量计的结构，取样管置于主空气通道中央，两端有金属防护网，防护网用卡箍固定在壳体上，取样管由两个塑料护套和一个热线支承环构成。热线为线径 70 μm 的铂丝，布置在支环内，其阻值随温度变化，是惠斯登电桥电路的一个臂 R_H，如图 10－19 所示。热线支撑环前端的塑料护套内安装一个铂薄膜电阻器，其电阻值随进气温度变化，成为温度补偿电阻，是惠斯登电桥电路的另一个臂 R_K。热线支撑环后端的塑料护套上粘结着一只精密电阻，也是惠斯登电桥的一个臂 R_A，该电阻上的电压即产生热线空气流量计的输出电压信号。惠斯登电桥还有一个臂 R_B 的电阻器装在控制线路板上面，该电阻器在最后调试试验中用激光修整，以便在预定的空气流量下调定空气流量计的输出特性。

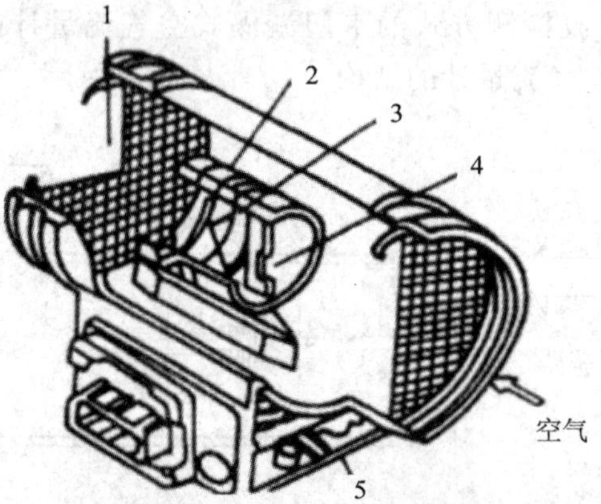

1—防护网；2—取样管；3—铂热线；
4—温度补偿电阻；5—控制线路板

图 10－18 热线主流方式空气流量计的结构

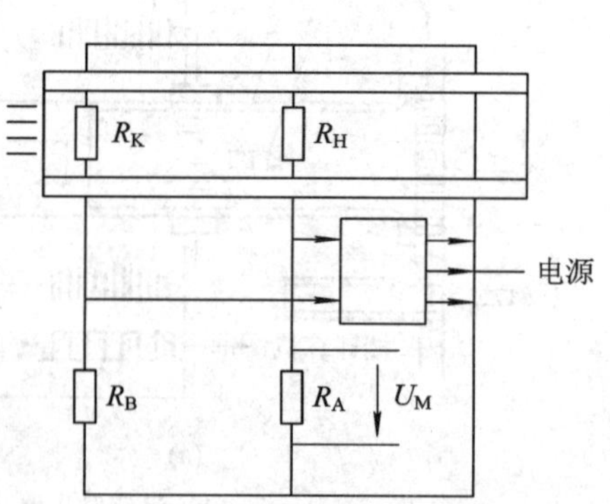

图 10－19 热线式空气流量计的电路图

10.2.5 温度传感器

为了判定发动机的热状态，计算进气空气的质量、流量以及排气净化处理，需要能够连续精确地测量冷却水温度、进气温度与排气温度的传感器。

温度传感器有绕线电阻式、热敏电阻式、扩散电阻式、半导体晶体管式、金属芯式和热电偶式等。应用较多的是绕线电阻式和热敏电阻式温度传感器。

10.2.6　汽车用压力传感器

汽车用压力传感器有多种用途(见表 10-4)。为了计算空气量和修正点火时刻，必须测定进气真空度。此外，要对大气压力的变化进行补偿，也需测定绝对压力。

表 10-4　汽车用压力传感器的用途

进气歧管压力测试	点火提前角控制、空燃比控制	悬挂油压	悬挂控制
大气压测量	空燃比修正	轮胎气压	轮胎气压检测
气缸内气压测量	爆振控制	制动阀油压	制动控制
变速器油压	变速器控制		

进气压力传感器的种类较多，按照信号产生原理可分为半导体压敏电阻式、电容式、膜盒传动的差动变压器式和表面弹性波式等，其中电容式和半导体压敏电阻式进气压力传感器在发动机电子控制系统中应用较为广泛。

(1) 半导体压敏电阻式进气压力传感器：利用的是半导体的压阻效应，因其具有尺寸小、精度高、成本低和响应性、再现性和抗振性均较好等优点得到了广泛的应用，其结构如图 10-20 所示。压力转换元件是利用半导体的压阻效应制成的硅膜片，硅膜片的一面是真空室，另一面可导入进气歧管压力。硅膜片为约 3 mm 的正方形，其中部经光刻腐蚀形成直径约 2 mm，厚约 50 μm 的薄膜，薄膜周围有 4 个应变电阻，以惠斯登电桥方式连接。由于薄膜一侧是真空室，因此薄膜的另一侧即进气歧管内绝对压力越高，硅膜片的变形越大，其应变与压力成正比，附着在薄膜上的应变电阻的阻值随应变成正比变化，这样就可以利用惠斯登电桥将硅膜片的变形变成电信号。因为输出的电信号很微弱，所以需用混合集成电路进行放大后输出。这样半导体压敏电阻式进气压力传感器输出的信号电压具有随进气歧管绝对压力的增大呈线性增大的特性。

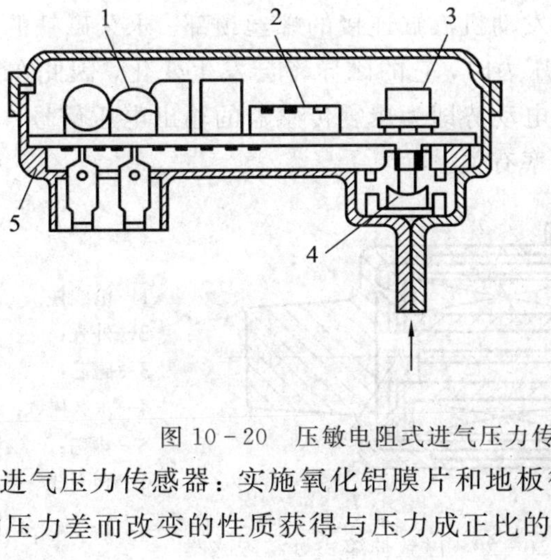

1—EMI过滤器；
2—混合集成电路；
3—压力转换开关；
4—滤消器；
5—外壳

图 10-20　压敏电阻式进气压力传感器

(2) 电容式进气压力传感器：实施氧化铝膜片和地板彼此靠近排列形成电容，利用电容随膜片上下的压力差而改变的性质获得与压力成正比的电容值信号，如图 10-21 所示。

在它受外力作用时，极板之间的间距发生变化，其电容随之变化，把电容传感器作为振荡器谐振回路的一部分，当进气压力使电容发生变化时，振荡器回路的谐振频率发生相应的变化，其输出信号的频率与进气歧管绝对压力成正比。其频率大约在 80 Hz～120 Hz 内变化，微型计算机控制装置根据信号的频率便可计算出进气歧管的绝对压力。

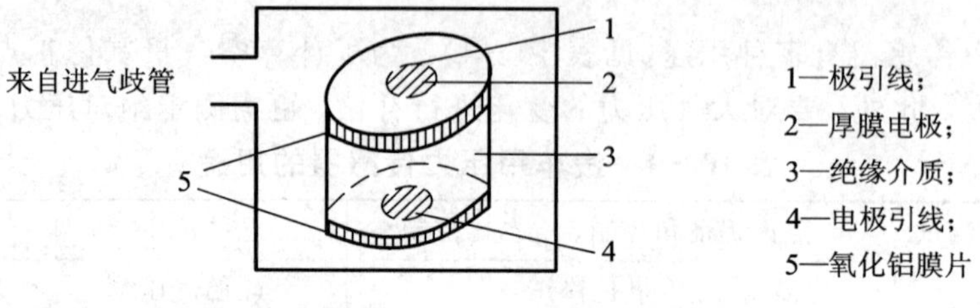

图 10－21 电容式压力传感器

10.2.7 爆燃传感器

为了提高汽油机的热效率，增大压缩比虽然行之有效，但是受到汽油辛烷值(抗爆性)的限制。对涡轮增压发动机来说，混合气由废弃涡轮增压进行压缩，故爆燃问题更加严重。因此，为了尽量不降低涡轮增压发动机的压缩比，采用了抗爆燃系统。发动机电子集中控制系统中已广泛采用了点火时刻闭环控制的方法，有效地抑制了发动机爆震现象的发生，爆震传感器是这一系统中必不可少的部件，它的功用是检测发动机有无爆震现象，并将信号送入发动机微型计算机控制装置。发动机爆振的检测方法有汽缸压力、发动机机体振动、燃烧噪声等。其中汽缸压力的检测法精度最佳，但存在着传感器的耐久性差和难以安装的问题。常用的检测法是发动机机体震动的方法，发动机机体震动检测爆震传感器有磁致伸缩式和压电式两种类型，压电式又分为共震型和非共震型的结构。

(1) 振动检测爆震传感器：安装在发动机上，旨在将发动机振动频率转换成电压信号，以检测爆震强度。当发动机发生设定的爆震强度时，爆震传感器输出最大的电压信号，用以表示发动机由于爆震而产生使机体异常振动的频率。应用最早的首推磁致伸缩式爆振传感器，如图 10－22 所示，高镍合金组成的磁芯外侧设有永久磁铁，在其周围缠绕着感应线圈，磁芯通过永久磁铁压放在和发动机汽缸连接的螺丝顶部。永久磁铁的磁动势可认为是不变的，磁铁由于气缸振动而受压力时，它的磁导率会发生变化，因此在线圈内便产生和气缸振动相关的感应电动势，此电动势即为爆震传感器的输出电压信号。输出电压信号的大小与发动机振动值大小及其频率有关。

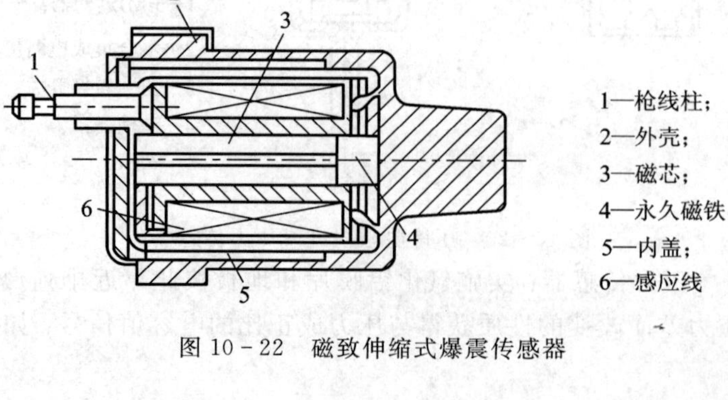

图 10－22 磁致伸缩式爆震传感器

(2) 非共振型压电式爆震传感器：是以接收加速度信号的形式来判别爆振是否产生。图 10－23 为非共振型压电式爆振传感器的结构，它由两个压电元件同极性相向对接，配重将加速度变换成作用于压电元件上的压力，所用的配重由一根螺丝固定在壳体上，输出电压由这个压电元件的中央取出，结构简单，制造时不需调整。压电元件是利用单晶和陶瓷多晶体的压电效应，或者利用掺硅压敏电阻等效应做成的。发动机振动时，安装在发动机缸体上的爆震传感器内部配重因受振动的影响而产生加速度，因此在压电元件上就会受到加速度惯性力的作用而产生电压信号。

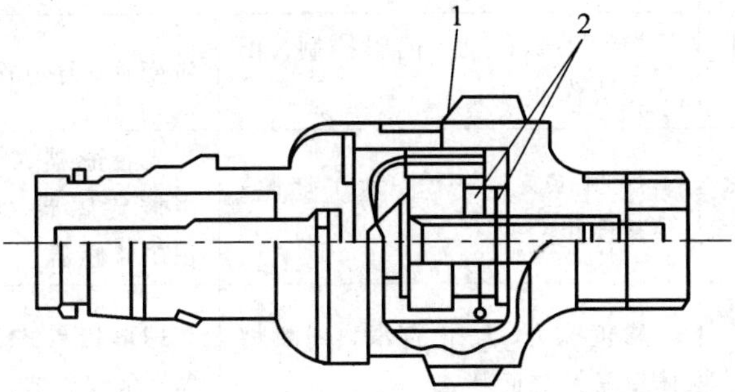

1—配重；
2—压电元件

图 10－23　非共振型压电式爆震传感器

10.3　传感器在机器人中的应用

机器人是由计算机控制的复杂机器，它具有类似人的肢体及感官功能，动作灵活，有一定的智能化，在工作中可以不依赖人的操纵。机器人传感器在机器人的控制中起了非常重要的作用。正因为有了传感器，机器人才具备了类似人的知觉功能和反应能力。

10.3.1　机器人传感器的分类

智能机器人的研究都是以人或动物作为模仿对象。人类通过五官，即视觉、听觉、嗅觉、味觉、触觉来接收外界信息并通过神经传递给大脑。大脑再对多种不同的信息进行加工、综合并作出适当的决策。但计算机、电子电路却只能处理电子信号，不能像人类那样直接从外界获取信息，而传感器却具有类似人类五官感觉的功能，它是将外界信息转换成电子信号的电子元器件。

表 10－5 列出了机器人传感器的分类及应用。

表 10－5　机器人传感器的分类及应用

类别	检测内容	应　用	传感器件
明暗度	是否有光，亮度多少	判断有无对象，并得到定量结果	光敏管、光电断续器
色觉	对象的色彩及浓度	利用颜色识别对象的场合	彩色摄影机、滤色器、彩色 CCD
位置觉	物体的位置、角度、距离	物体空间位置，判断物体移动	光敏阵列、CCD 等
形状觉	物体的外形	提取物体轮廓及固有特征，识别物体	光敏阵列、CCD 等

续表

类别	检测内容	应　用	传感器件
接触觉	与对象是否接触，接触的位置	决定对象位置，识别对象形态，控制速度，安全保障，异常停止，寻径	光电传感器、微动开关、薄膜接点、压敏高分子材料
压觉	对物体的压力、握力、压力分布	控制握力，识别握持物，测量物体弹性	压电元件、导电橡胶、压敏高分子材料
力觉	机器人有关部件(如手指)所受外力及转矩	控制手腕移动，伺服控制，正确完成作业	应变片、导电橡胶
接近觉	对象物是否接近，接近距离，对象面的倾斜	控制位置，寻径，安全保障，异常停止	光传感器、气压传感器、超声波传感器、电涡流传感器、霍尔传感器
滑觉	垂直握持面方向物体的位移，旋转重力引起的变形	修正握力，防止打滑，判断物体重量及表面状态	球形接点式、光电旋转传感器、角编码器、振动检测器

从表 10-5 中可以看出，机器人传感器与人类感觉有相似之处。但需要说明的是，一个机器人身上并不是使用了所有的传感器，有的机器人只用到其中一种或几种，如有的机器人突出触觉。有的机器人突出听觉等。

10.3.2　常用的机器人传感器

1. 听觉传感器

如图 10-24 所示，家用服务型智能机器人在为我们服务的时候，需要听懂主人的指令，并按照主人的指令完成预定的工作。给智能机器人安装“耳朵”是很有必要的。

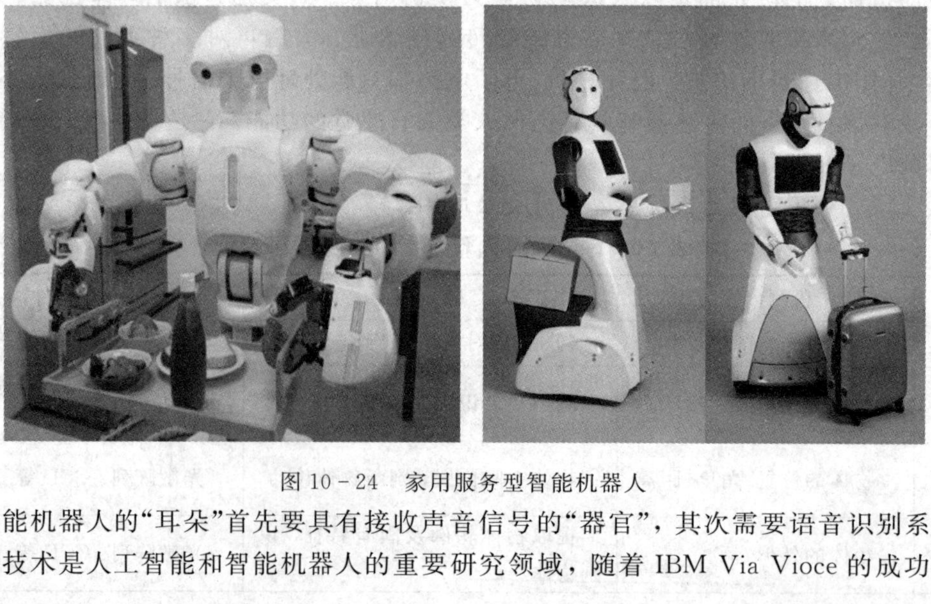

图 10-24　家用服务型智能机器人

智能机器人的“耳朵”首先要具有接收声音信号的“器官”，其次需要语音识别系统。语音识别技术是人工智能和智能机器人的重要研究领域，随着 IBM Via Vioce 的成功，一些基于该成果的识别产品相继问世。各种形式的声音传感器很多，也比较成熟，这里只简要介绍动圈式传声器和光纤声波传感器两种。

1）动圈式传声器

动圈式传声器的结构原理如图 10－25 所示。线圈贴于振膜上并悬于两磁极之间，声波通过空气使振膜振动，从而使线圈在两磁铁间运动。线圈切割磁力线，产生微弱的感应电流，该电流信号与声波的频率相同。较高档的话筒就采用了动圈式传声器。

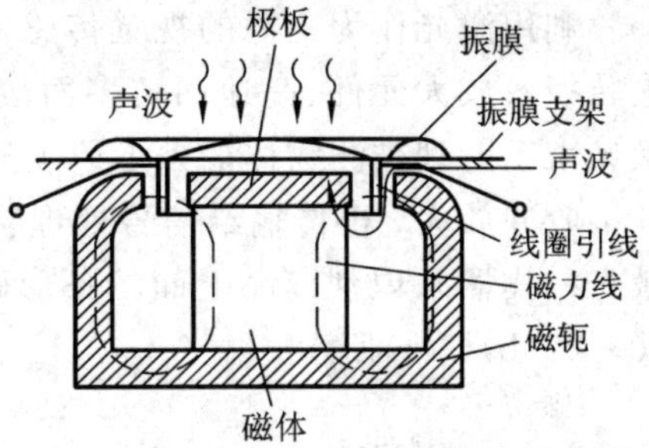

图 10－25　动圈式传声器的结构原理

2）光纤声波传感器

光纤声波传感器有两种类型，一种是利用光纤传输光的相位变化和利用传输光的传输损耗等特性制成的声波传感器；另一种是将光纤仅作为传输手段的声波传感器。双光纤干涉仪是典型的光纤声波传感器。

双光纤干涉仪如图 10－26 所示。它由两根单模光纤组成。分束镜将激光器发出的激光(ILD)分为两束，分别作为信号光 A 和参考光 B。信号光射入绕成螺旋状的作为敏感臂的光纤中，在声波的作用下，敏感臂中的激光束相位发生变化，而与另一路作参考臂光纤传出的激光束因相位不同而产生明暗相间的干涉条纹。光学相位检波器输出与被测声波成一定函数的输出电压 $U_{\Delta\phi}$。这种干涉型的光纤声波传感器能检测出 10^{-6} rad 的微小相位差，因此灵敏度很高。

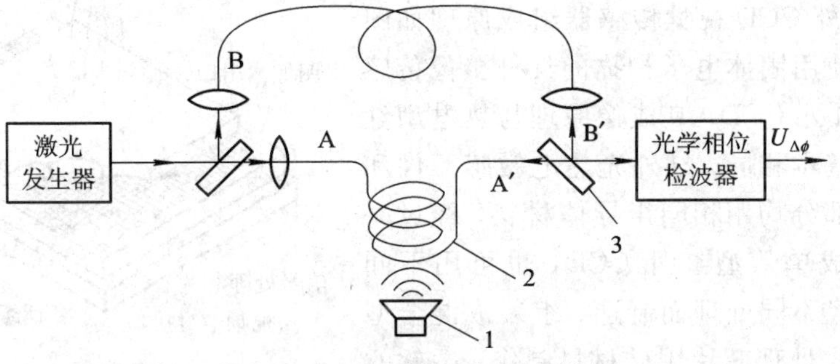

1—声源；2—光纤线圈；3—干涉镜

图 10－26　双光纤干涉仪

作为敏感臂的光纤绕成螺旋状，其目的是增大光与声波的作用距离。

2. 视觉传感器

对于最高智能的人类而言，我们要求能够“眼观六路，耳听八方”。同样，对于智能机器人，我们不仅需要他有一双能听话的耳朵，同时也需要他有一双能看清物体的眼睛。视觉传感器就可帮助机器人实现此功能。

视觉传感器是以光电变换为基础，利用光敏元件将光信号转换为电信号的传感器件。

激光视觉传感器、红外 CCD 视觉传感器和 CMOS 图像传感器可以作为机器人的视觉传感器，监控机器人的运行。

1）激光视觉传感器

激光束以恒定的速度扫描被测物体，由于激光方向性好、亮度高，因此光束在物体边缘形成强对比度的光强分布，经光电器件转换成脉冲电信号，脉冲宽度与被测尺寸成正比，从而实现了机器人对物体尺寸的非接触测量。

利用激光作为光源的视觉传感器，其原理如图 10－27(a) 所示。激光视觉传感器由光电转换及放大元件、高速回转多面棱镜、激光器等组成。随着棱镜的旋转，将激光器发出的激光束反射到被测物体的条形码上进行一维扫描，条形码反射的光束由光电转换及放大元件接收并放大，再传输给信号处理装置，从而对条形码进行识别。这种传感器不仅可用作激光扫描器来识别商品上面的条形码，也可用来检测被测物体表面的大小裂纹缺陷，如图 10－27(b)、(c)所示。

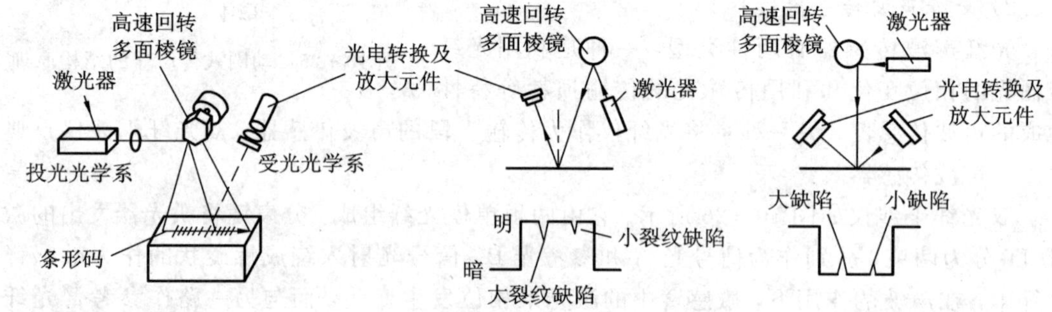

(a) 激光视觉传感器工作原理　　(b) 正反射光检测　　(c) 漫反射光检测

图 10－27　激光视觉传感器构成原理示意图

2) 红外 CCD 视觉传感器

混合型红外 CCD 视觉传感器组成原理如图 10－28 所示。使用固体电子扫描的红外摄像传感器，一般称为红外 CCD，其成像原理与热电型红外光成像原理基本相同。红外光热电敏感元件和固体电子扫描部分均用相同半导体材料，经过一系列处理而制成单片型红外 CCD，也可用不同的半导体材料经不同处理而制造、组装成混合型红外 CCD。信号处理芯片用硅材料制作，柔软的铟缓冲器可保证对温度变化和冲击的可靠性。

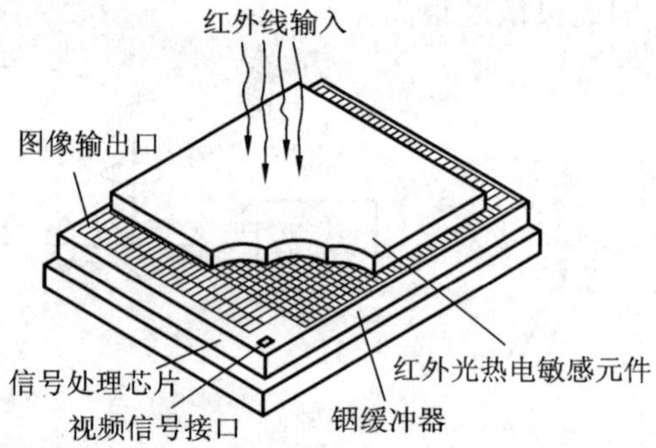

图 10－28　混合型红外 CCD 视觉传感器组成原理

3) CMOS 图像传感器

红外 CCD 视觉传感器和 CMOS 图像传感器在工作原理上没有本质的区别，主要区别是读取图像数据的方法。CMOS 图像传感器在每一个像素上采用有源像素传感器及几个晶体管，经光电转换后直接产生电压信号，以实现图像数据的读取，信号读取十分简单，还能同时处理各单元的图像信息，使 CMOS 器件能较 CCD 传感器更快地转换数据。

3. 触觉传感器

机器人的触觉可分为压觉、滑觉和接触觉等几种。

1) 压觉传感器

压觉传感器位于手指握持面上，用来检测机器人手指握持面上承受的压力大小和分布。图 10－29 所示为硅电容压觉传感器阵列结构剖面图。

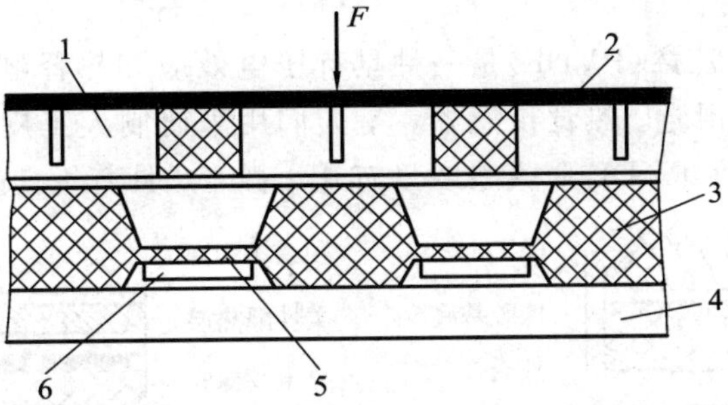

1—柔性垫片层；2—表皮层；3—硅片；4—衬底；5—SiO_2；6—电容极板

图 10-29　硅电容压觉传感器阵列结构剖面图

硅电容压觉传感器阵列由若干个电容器均匀地排列成一个简单的电容器阵列。

当用手指握持物体时，传感器受到外力的作用，作用力通过表皮层和垫片层传到电容极板上，从而引起电容 C_x 的变化，其变化量随作用力的大小而变，经转换电路输出电压反馈给计算机，与标准值比较后输出指令给执行机构，使手指保持适当握紧力。

2）滑觉传感器

机器人的手爪要抓住属性未知的物体，必须对物体作用最佳大小的握持力，以保证既能握住物体不产生滑动，而又不使被抓物滑落，还不至于因用力过大使物体变形而损坏。在手爪间安装滑觉传感器就能检测出手爪与物体接触面之间相对运动（滑动）的大小和方向。

光电式滑觉传感器只能感知一个方向的滑觉（称一维滑觉），若要感知二维滑觉，则可采用球形滑觉传感器，如图 10-30 所示。

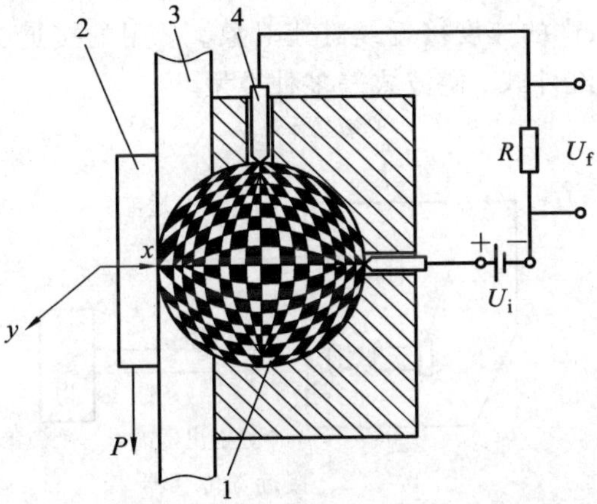

1—滑动球；2—被抓物；3—软衬；4—接触器

图 10-30　球形滑觉传感器

该传感器有一个可自由滚动的球，球的表面是用导体和绝缘体按一定规格布置的网格，在球表面安装有接触器。当球与被握持物体相接触时，如果物体滑动，将带动球随之滚动，接触器与球的导电区交替接触从而发出一系列的脉冲信号 U_f，脉冲信号的个数及频率与滑动的速度有关。球形滑觉传感器所测量的滑动不受滑动方向的限制，能检测全方位滑动。在这种滑觉传感器中，也可将两个接触器改用光电传感器来代替，滚球表面制成反光和不反光的网格，以提高可靠性，减少磨损。

3) PVDF 接触觉传感器

有机高分子聚二氟乙烯(PVDF)是一种具有压电效应和热释电效应的敏感材料，使用该材料可制成接触觉、滑觉、热觉传感器，是人们用来研制人工皮肤的主要材料，其结构剖面图如图10-31所示。PVDF 薄膜厚度只有几十微米，具有优良的柔性及压电特性。

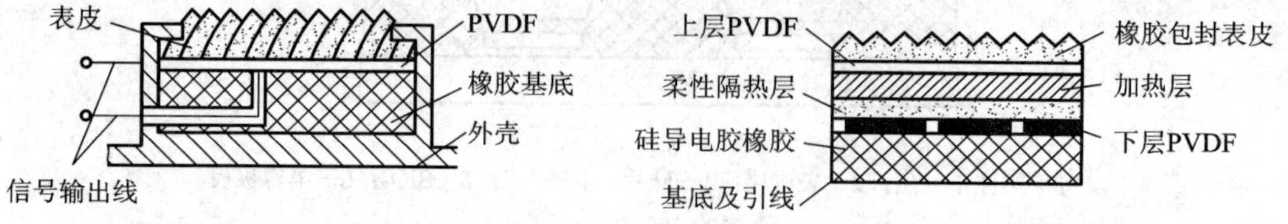

(a) 接触觉/滑觉传感器的人工皮肤　　(b) 接触觉/滑觉/热觉传感器的人工皮肤结构

图 10-31　人工皮肤结构剖面图

当机器人的手爪表面开始接触物体时，接触时的瞬时压力使 PVDF 因压电效应产生电荷，经电荷放大器产生脉冲信号，该脉冲信号就是接触觉信号。

当物体相对于手爪表面滑动时会引起 PVDF 表层的颤动，使 PVDF 产生交变信号，这个交变信号就是滑觉信号。

当手爪抓住物体时，由于物体与 PVDF 表层有温差存在，会产生热能的传递，PVDF 的热释电效应使 PVDF 极化而产生相应数量的电荷，从而有电压信号输出，这个信号就是热觉信号。

4. 接近觉传感器

接近觉传感器用于感知一定距离内的场景状况，所感应的距离范围一般为几毫米至几十毫米，也有的可达几米，如图 10-32 所示。接近觉为机器人的后续动作提供必要的信息，供机器人决定以什么样的速度接近或避让对象。常用的接近觉传感器有电磁式、光电式、电容式、超声波式、红外式、微波式等多种类型。

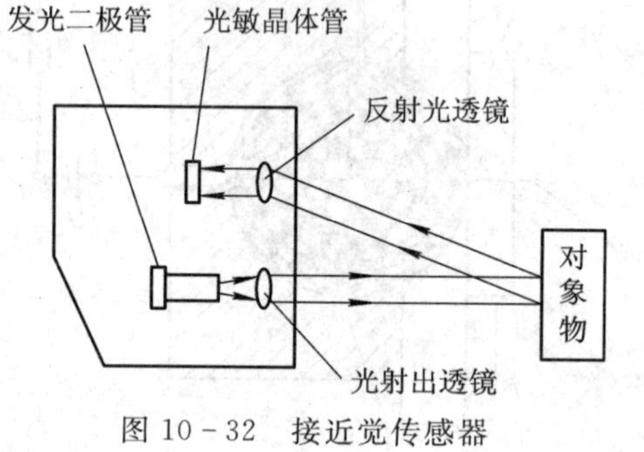

图 10-32　接近觉传感器

1) 电磁式接近觉传感器

常用的电磁式接近觉传感器有电涡流式传感器和霍尔式传感器。这类传感器用以感知近距离的、静止物体的接近情况。电涡流式对非金属材料的物体无法感知，霍尔式对非磁性材料的物体无法感知，选用时需根据具体情况而定。

2) 光电式接近觉传感器

光电式接近觉传感器采用发射-反射式原理，如图 10-33 所示。这种传感器适合于判断有无物体接近，而难于感知物体距离的数值。另外，物体表面的反射率等因素对传感器的灵敏度有较大影响。

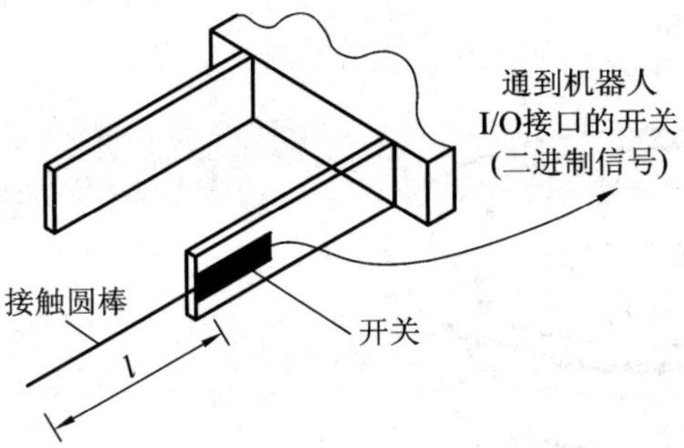

图 10-33 安装在机器人抓爪上的光电式接近觉传感器

3）*超声波式接近觉传感器*

超声波式接近觉传感器既可以用一个超声波换能器兼作发射和接收器件；也可以用两只超声波换能器，一只作为发射器，另一只作为接收器。超声波式接近觉传感器除了能感知物体有无外，还能感知物体的远近距离，距离 l 与声速 c、时间 t 的关系为

$$l=\frac{1}{2}ct$$

超声波式接近觉传感器最大的优点是不受环境因素的影响，也不受物体材料、表面特性等的限制，因此适用范围较大。

5. 力觉传感器

力觉是指机器人的指、肢和关节等运动中所受力的感知，主要包括腕力觉、关节力觉和支座力觉等，需要力或力矩传感器。

常用的机器人力传感器和力矩传感器有电阻应变式力传感器、压电式力传感器、电容式力传感器、电感式力传感器以及各种外力传感器等。力觉传感器的共同特点是，首先通过弹性敏感元件将被测力(或力矩)转换成某种位移量或变形量，然后通过各自的敏感介质把位移量转换成能够输出的电量。

电阻应变片式力、力矩传感器是目前使用最为广泛的机器人力觉传感器，其核心元件是电阻应变片。电阻应变片通常粘在被测的受力物体上，能够把被测受力物件产生的应变转换为电阻应变片的电阻变化。20 世纪 70 年代中期，美国斯坦福大学研制了六维力和力矩传感器，如图 10-34 所示。该传感器利用一段铝管巧妙地加工成串联的弹性梁，在梁上粘贴一对应变片，其中一片用于温度补偿。由图 10-34 可知，有 8 个具有 4 个取向的窄梁，其中 4 个的长轴在 z 方向用 P_{x+}、P_{y+}、P_{x-}、P_{y-} 表示，其余 4 个的轴垂直于 z 方向，用 Q_{x+}、Q_{y+}、Q_{x-}、Q_{y-} 表示。一对应变片由 R_1、R_2 表示并取向，使得由后者的中心通过前者中心的矢量沿 x、y 或 z 方向，例如，在梁 P_{x+} 和 P_{y-} 的应变片垂直于 y 方向。梁一端的顶部在应变片处有放大应变的作用，而弯曲转矩可忽略不计。

应变片可以由图 10-35 所示的电位计进行温度补偿。铝具有良好的导热性，环境温度的变化导致两个应变片的电阻变化几乎相同，从而使电路的输出不变。为了防止过载造成传感器的失效，传感器上设有过载保护针。该传感器的缺点是弹性梁的刚性差、加工困难。

力觉传感器的敏感元件除电阻应变片以外，还有压电材料、压阻材料、压磁材料等，这里就不一一赘述。

机器人常用的传感器还有位置传感器、速度传感器等，读者可自行查阅资料。

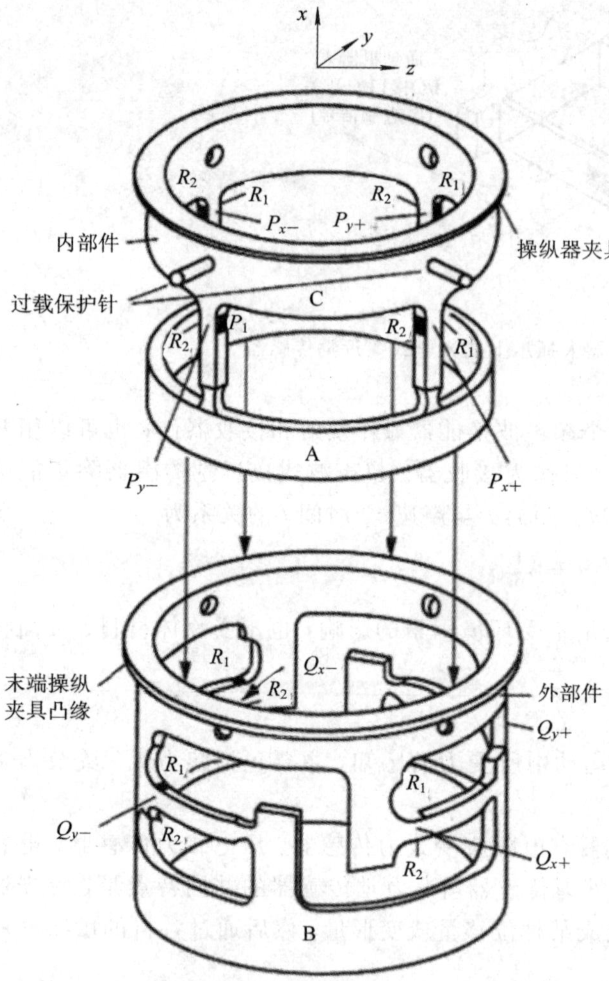

图 10－34　机器人用六维力和力矩传感器

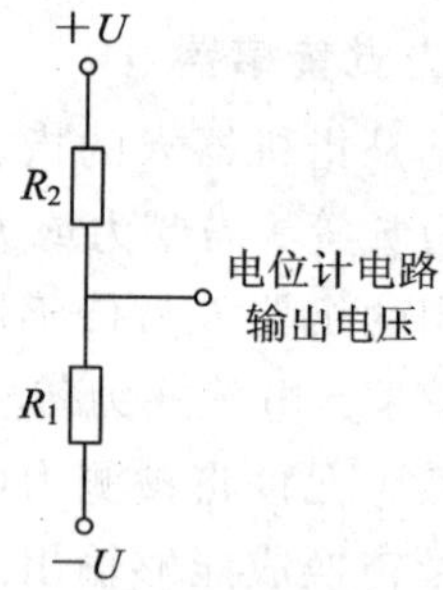

图 10－35　电位计温度补偿电路

10.3.3　机器人传感器的应用

研制机器人的最初目的是为了帮助人们摆脱繁重劳动、简单的重复劳动，以及代替人到有辐射等危险环境中进行作业。因此，机器人最早在汽车制造业和核工业领域得以应用。随着机器人技术的不断发展，工业领域的焊接、喷漆、搬运、装配、铸造等场合，已经开始大量使用机器人；另外，在军事、海洋探测、航天、医疗、农业、林业，甚至服务娱乐行业，也都开始使用机器人。

1. 弧焊机器人

弧焊机器人一般是由示教盒、控制盘、机器人本体及自动送丝装置、焊接电源等部分组成的，如图 10－36 所示。弧焊机器人可以在计算机的控制下实现连续轨迹控制和点位控制，还可以利用直线插补和圆弧插补功能焊接由直线及圆弧所组成的空间焊缝。弧焊机器人主要有熔化极焊接作业和非熔化极焊接作业两种类型，具有可长期进行焊接作业，保证焊接作业的高生产率、高质量和高稳定性等特点。随着技术的发展，弧焊机器人正向着智能化的方向发展。

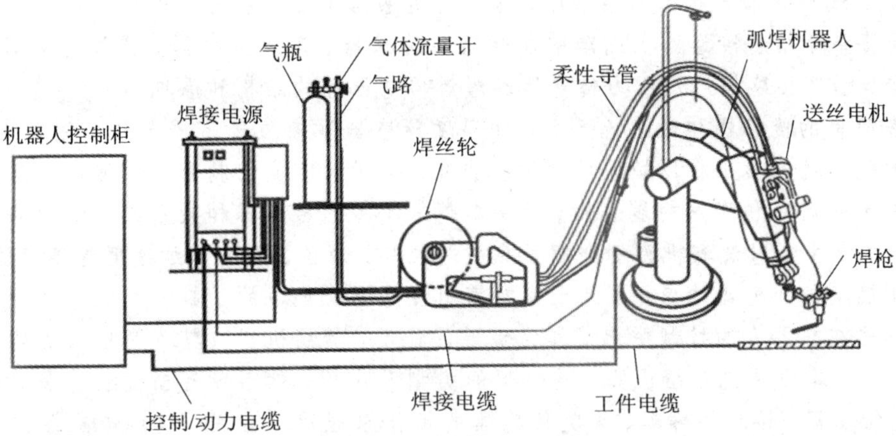

图 10－36　弧焊机器人

2. 喷漆机器人

喷漆机器人主要由机器人本体、计算机和相应的控制系统组成，液压驱动的喷漆机器人还包括液压油源，如油泵、油箱和电机等，如图 10－37 所示。喷漆机器人多采用 5 或 6 自由度关节式结构，手臂有较大的运动空间，并可做复杂的轨迹运动，其腕部一般有 2～3 个自由度，可灵活运动。较先进的喷漆机器人腕部采用柔性手腕，既可向各个方向弯曲，又可转动，其动作类似人的手腕，能方便地通过较小的孔伸入工件内部，喷涂其内表面。喷漆机器人一般采用液压驱动，具有动作速度快、防爆性能好等特点，可通过手把手示教或点位示数来实现示教。喷漆机器人广泛用于汽车、仪表、电器、搪瓷等工艺生产部门。

图 10－37　喷漆机器人应用于汽车喷漆

本 章 小 结

我们知道，汽车传感器的精度及可靠性对汽车来说非常重要，豪华轿车的各种先进功能都离不开它，目前汽车的竞争乃是车用传感器的竞争。汽车传感器大致有两类：一类是使司机了解汽车各部分状态的传感器；另一类传感器是用于控制汽车运行状态的控制传感器。本章简要介绍了传感器在汽车中曲轴转角传感器、车速传感器、液位传感器、空气流量传感器、温度传感器以及压力传感器和爆燃传感器等的结构和原理。

许多简单的传感器和微系统产品，如温度传感器和液位传感器早已应用于家电领域，而新型的先进传感器正在以惊人的速度抢占市场，带有智能控制系统的现代传感器的运用成为区别不同产品和厂家的显著特点之一。越来越多的传感器和微系统广泛地应用于家用电器中。本章主要以洗衣机为例介绍了相关的位移、液位、温度和加速度等传感器的应用，还有控制燃烧的传感器的应用，使大家对家用传感器有更多的了解。

传感器在机器人的控制中起了非常重要的作用，其使机器人具备类似人类的知觉功能和反应能力。本章首先介绍机器人传感器的类型及应用，然后阐述听觉传感器、视觉传感器、触觉传感器、接近传感器、力觉传感器的工作原理及其应用。这些传感器大大改善了机器人的工作状况，使其能更好地完成复杂的工作。由于外部传感器涉及学科较多，有些领域还在探索之中，随着外部传感器的进一步完善，机器人的功能将会越来越强大，会在众多领域为人类做出更大的贡献。

思考题与习题

1. 简要说明自动洗衣机是如何检测滚筒中不平衡衣物的？
2. 使用传感器监控燃烧状态主要有哪三种方法？
3. 简要说明在霍尔式曲轴转角传感器的工作原理。
4. 热敏电阻如何来测量汽车油箱里的汽油量？
5. 联系实际分析机器人应用于哪些领域，并说明其内有哪些传感器，工作原理是怎样的。
6. 何谓机器人的内部传感器与外部传感器？

第 11 章　工业传感器的综合实训

11.1　小车模型运动控制实训

一、实训目的

(1) 熟悉 S7-1200 PLC 轴工艺对象的使用。

(2) 掌握步进驱动器及传感器的使用。

(3) 掌握 Protel 软件的基本操作。

二、实训仪器与设备

(1) 智能传感实验台　　1 台

(2) 小车运动控制模型(滚轴丝杠或皮带启停)　　1 套

(3) 连接导线　　若干

三、实训原理

1. 设计要求

设计一个小车运动控制程序，实现滑台在左右限位之间自动往返运动。

2. 步进系统介绍

1) 步进驱动器

本小车运动控制模型使用深圳雷赛公司数字式步进电机驱动器 DM556，可以设置 200～51 200 内的任意细分以及额定电流内的任意电流值，即使在低细分的条件下，也能够达到高细分的效果，保证低中高速运行平稳。电流设定方便，可在 0.1 A～5.6 A 之间任意选择。脉冲响应频率最高可达 200 kHz，具有过压、欠压、短路等保护功能。控制信号接口说明见表 11-1、线号标识符说明见表 11-2、工作电流设定见表 11-3、细分设定见表 11-4。

表 11-1　控制信号接口说明

名　称	功　　能
PUL+(+5V)	脉冲控制信号：脉冲上升沿有效；PUL－高电平时 4 V～5 V，低电平时 0～0.5 V。为了可靠响应脉冲信号，脉冲宽度应大于 1.2 μs。若采用+12 V 或+24 V 需串电阻
PUL－(PUL)	
DIR+(+5V)	方向信号：高/低电平信号，为保证电机可靠换向，方向信号应先于脉冲信号至少 5 μs 建立。电机的初始运行方向与电机的接线有关，互换任一相绕组(如 A+、A－交换)可以改变电机初始运行的方向，DIR－高电平时 4 V～5 V，低电平时 0～0.5 V
DIR－(DIR)	

续表

名 称	功 能
ENA+(+5V)	使能信号：此输入信号用于使能或禁止。当 ENA+接+5 V、ENA−接低电平(或内部光耦导通)时，驱动器将切断电机各相的电流，使电机处于自由状态，此时步进脉冲不被响应。当不需使用此功能时，使能信号端悬空即可
ENA(− ENA)	

表 11-2 线号标识符说明

标识符	含 义	标识符	含 义
PULSE+	脉冲输入正	GND	电源负
PULSE−	脉冲输入负	VDC	电源正
DIR+	方向输入正	A+	电机 A 相线圈
DIR−	方向输入负	A−	
ENA+	使能信号输入+	B+	电机 B 相线圈
ENA−	使能信号输入−	B−	

表 11-3 工作电流设定说明(动态)

输出峰值电流	输出均值电流	SW1	SW2	SW3	电流自设定
Default		off	off	off	当 SW1、SW2、SW3 均设为 off 时，可以通过 DM-Series 软件设定为所需电流，最大值为 5.6 A，分辨率为 0.1 A；若不设置，则默认电流为 1.4 A
2.1A	1.5A	on	off	off	
2.7A	1.9A	off	on	off	
3.2A	2.3A	on	on	off	
3.8A	2.7A	off	off	on	
4.3A	3.1A	on	off	on	
4.9A	3.5A	off	on	on	
5.6A	4.0A	on	on	on	

表 11-4 细分设定说明

步数/转	SW5	SW6	SW7	SW8	
Default	on	on	on	on	当 SW5、SW6、SW7、SW8 都为 on 时，驱动器细分采用驱动器内部默认细分数：用户通过 PC 机软件 ProTuner 或 STU 调试器进行细分数设置，最小值为 1，分辨率为 1，最大值为 25 600
400	off	on	on	on	
800	on	off	on	on	
1600	off	off	on	on	
3200	on	on	off	on	
6400	off	on	off	on	
12 800	on	off	off	on	
25 600	off	off	off	on	

续表

步数/转	SW5	SW6	SW7	SW8	
1000	on	on	on	off	
2000	off	on	on	off	
4000	on	off	on	off	
5000	off	off	on	off	
8000	on	on	off	off	
10 000	off	on	off	off	
20 000	on	off	off	off	
25 000	off	off	off	off	

静态电流可用 SW4 拨码开关设定，off 表示静态电流设为动态电流的一半，on 表示静态电流与动态电流相同。一般将 SW4 设成 off，使得电机和驱动器的发热减少，可靠性提高。脉冲串停止后约 0.4 s 电流自动减至一半左右(实际值的 60%)，发热量理论上减至 36%。

DM556 驱动器采用差分式接口电路可适用差分信号，单端共阴、共阳等接口，内置高速光电耦合器，允许接收长线驱动器，集电极开路和 PNP 输出电路的信号。在环境恶劣的场合，推荐用长线驱动器电路，抗干扰能力较强。现在以集电极开路和 PNP 输出为例，输入信号接口电路示意图，如图 11－1 所示。

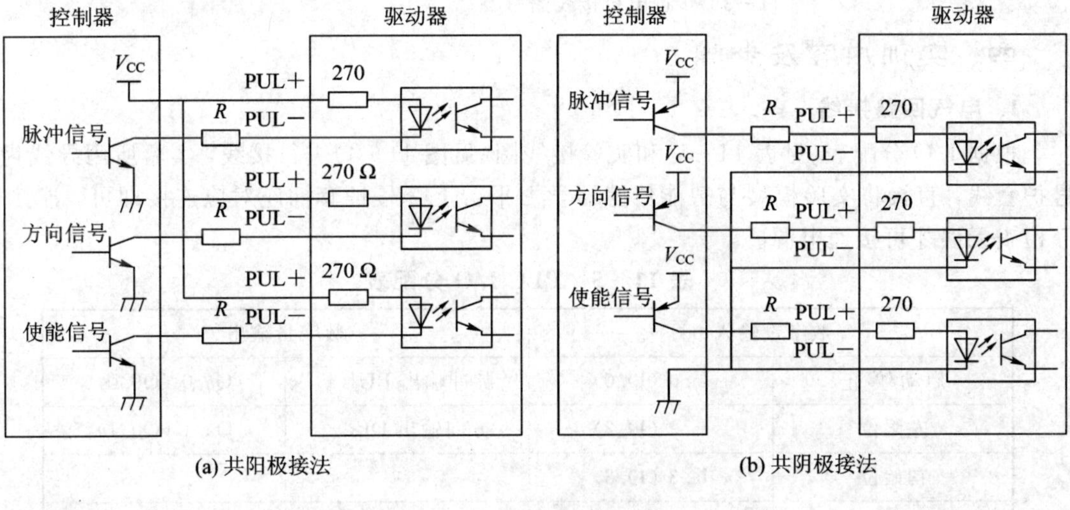

图 11－1　输入信号接口线路图

注意：当 V_{CC} 值为 5 V 时，R 短接。

当 V_{CC} 值为 12 V 时，R 为 1 kΩ 且功率≥0.25 W 电阻。

当 V_{CC} 值为 24 V 时，R 为 2 kΩ 且功率≥0.25 W 电阻。

本实验使用西门子 PLC 进行脉冲输出，其与 DM556 外部线路连接如图 11－2 所示，图示为共阳极接法。

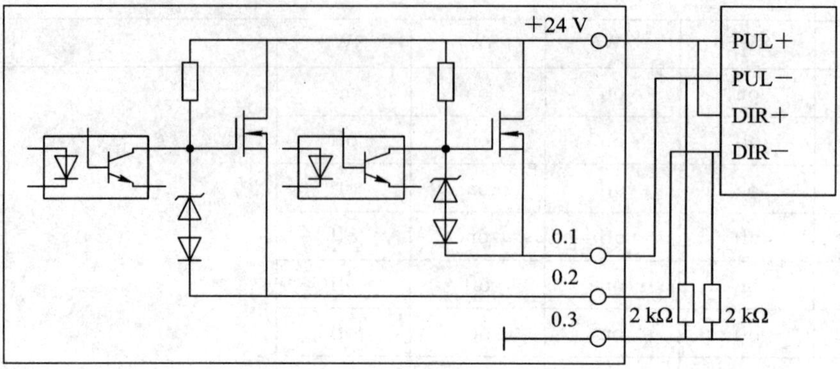

图 11-2　西门子 PLC 与 DM556 共阳极接法示意图

2）步进电机

模型使用深圳雷赛 57HS22 型两相步进电机，其与 DM556 驱动器的接线如图 11-3 所示。实验模型已将驱动器与电机进行了连接，所以进行实验时无需另行连接。

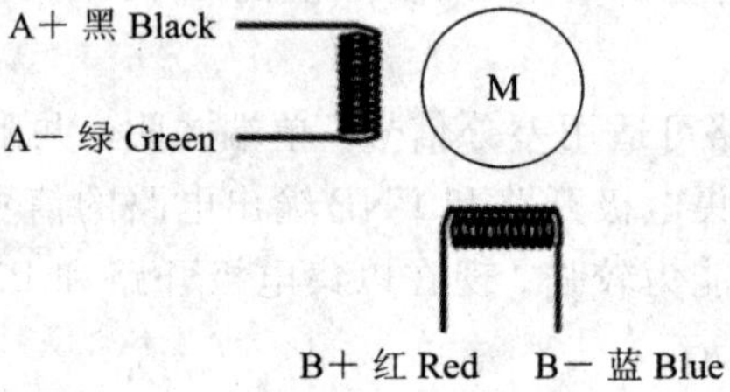

图 11-3　步进电机接线图

小车自动往返系统接线

四、实训内容及步骤

1. 电气回路接线

根据 I/O 分配表(见表 11-5)和实验接线图(见图 11-4)进行接线，实验所用导线为 2 号护套线，直接将实验模型与智能传感器学习平台上 2 号护套插座对应连接即可，连接后经检查无误才可接通电源。

表 11-5　PLC I/O 分配表

数字量输入		数字量输出	
启动/停止	Ia.0 (I0.0)	脉冲输出 PUL+	Qa.0 (Q0.0)
左限位	Ia.2 (I0.2)	方向输出 DIR+	Qa.1 (Q0.1)
初始位	Ia.3 (I0.3)		
右限位	Ia.4 (I0.4)		
回原点	Ia.5 (I0.5)		
左移	Ia.6 (I0.6)		
右移	Ia.7 (I0.7)		
复位	Ib.0 (I1.0)		

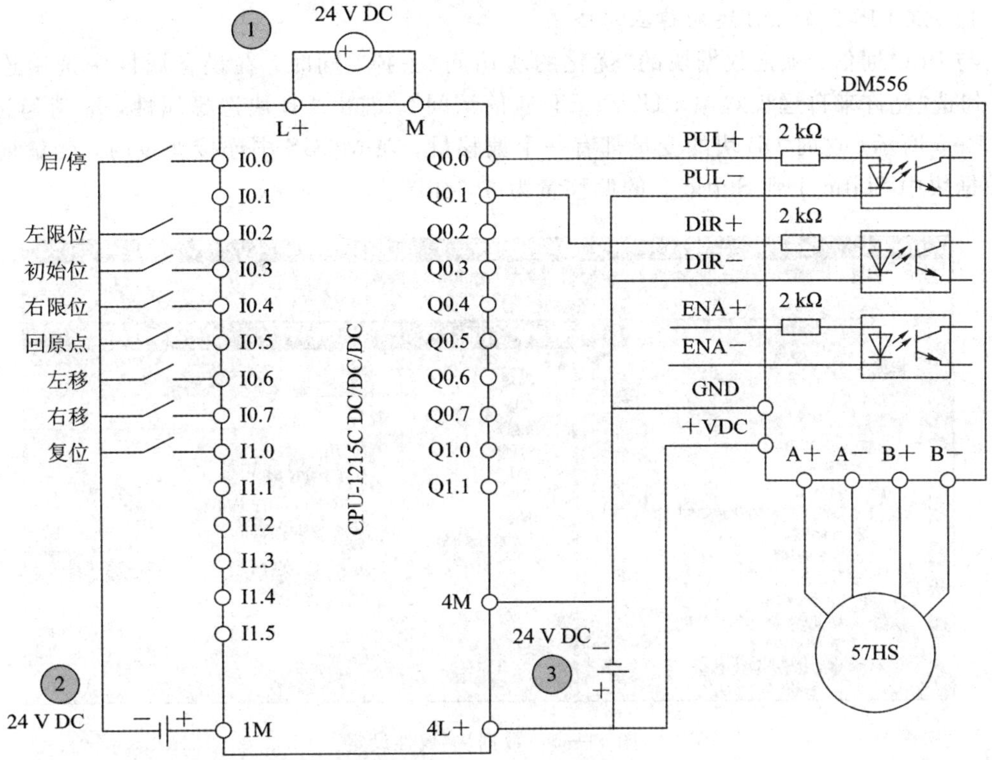

图 11-4　实验接线图

实验接线说明：

(1)“启/停”信号使用小车模型接口面板上按钮开关 1 常开触点；

(2)“左限位”信号使用安装于模型左侧的电容传感器，“右限位”信号使用安装于右侧的电容传感器，“初始位”信号使用安装于中间的电容传感器。电容传感器为三线制(红、蓝、黑)，红线接 24 V+，黑线接 GND，蓝色线为信号输出端。模型集成的电容式传感器，接通时输出低电平，非接通时输出高电平，所以需要 PLC 的 1M 端接 24V+，输入低电平有效。模型的移动滑块先置于“初始位”传感器和“右限位”传感器之间。

(3) 实验接线图中，24 V DC“①”已经在台体内部连接好，无需另接，只需将实验台体面板上 PLC 区域的开关切换至“ON”即可向 PLC 供电。24 V DC“②”使用实验台面板 PLC 区域的“传感器电源”，24 V DC“③”使用实验台面板 PLC 区域的“开关电源”。

接线时，注意正、负极不可接反。

2. 系统及模块上电

使用三极电源线将 220 V 交流电引到实验台，合上实验台面板上电源总开关(断路器)，实验台电源指示灯点亮，触摸屏得电点亮；闭合实验台面板上 PLC 电源开关(红色船型开关)，PLC 主机得电，运行/停止指示灯变绿。

3. 组态及程序的设计、下载、网络连接

将 PLC 程序及触摸屏组态程序分别下载到 CPU-1215C 和 MCGS 触摸屏。使用网线将触摸屏与 PLC 相连，实现通信。在设计触摸屏组态以及与 PLC 通信时，需注意以下细节：

1) 1200 PLC 的 DB 块的建立与查看

与 PLC 通信，须把数据块的“优化的块访问”去掉，同时，在设备属性中选中连接机制，勾选“允许来自远程对象 PUT/GET 通信访问”。右击 DB 块选择属性，取消勾选，如图 11－5 所示。这时 DB 块的变量都有一个偏移量。在 MCGS 中连接变量时，变量地址将以数据块中 Static_1 到 Static_5 的偏移量为准，如图 11－6 所示。

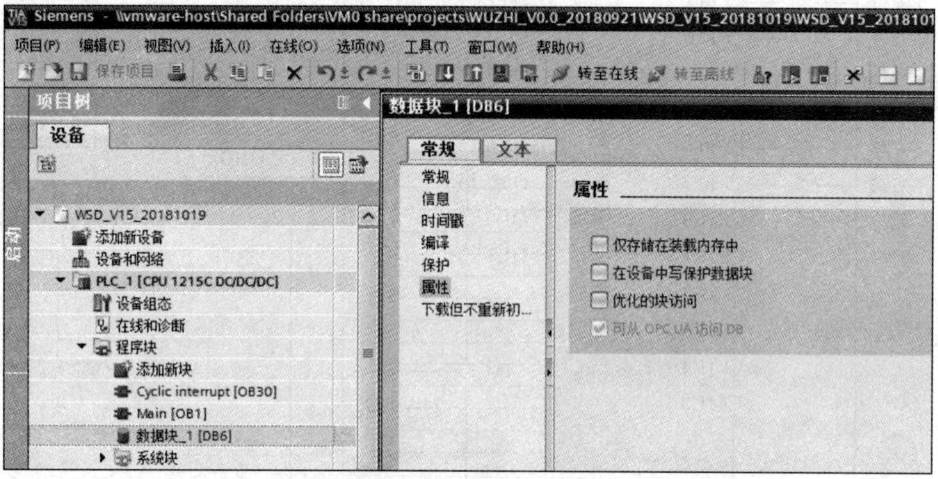

图 11－5　数据块_属性设定

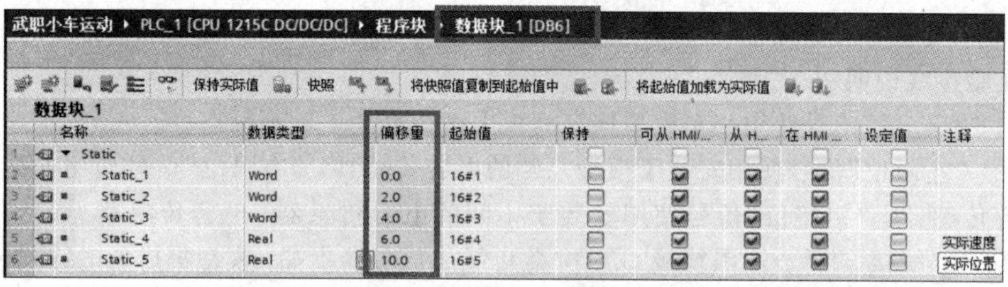

	名称	数据类型	偏移量	起始值	保持	可从 HMI/...	从 H...	在 HMI ...	设定值	注释
1	▼ Static									
2	Static_1	Word	0.0	16#1						
3	Static_2	Word	2.0	16#2						
4	Static_3	Word	4.0	16#3						
5	Static_4	Real	6.0	16#4						实际速度
6	Static_5	Real	10.0	16#5						实际位置

图 11－6　数据块各变量偏移量

2) MCGS 组态

(1) 图 11－7 所示为范例组态界面，实验人员可自行设计组态程序，以符合自身实验要求和使用习惯。组态设计的规范和说明请参考 MCGS 提供的“帮助”文档。

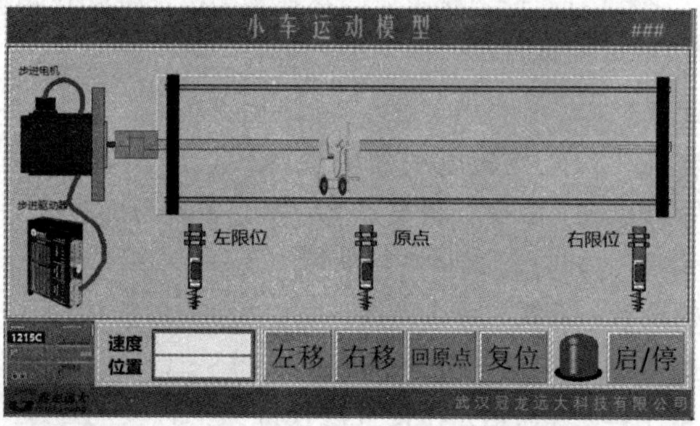

图 11－7　小车运动模型组态界面

(2) 在触摸屏上电瞬间，手指一直按击触摸屏的任意位置，出现 MCGS 的启动界面，在这里可以查看当前的 IP 地址，如图 11-8 所示。

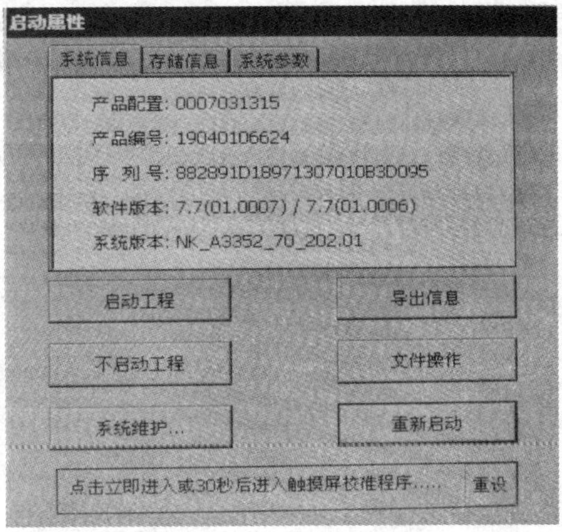

图 11-8　触摸屏 IP 地址

组态程序的下载有两种方法：一种是使用 USB 线(一端 USB-A 型公头，一端 USB-B 公头)；一种是使用以太网线。

(3) 正常启动屏幕后通过 USB 线与屏幕连接，单击“下载”出现下载界面，连接方式选择“USB 通信”，单击“连接运行”，再单击“通信测试”可以测试是否连接成功。连接成功后，点击“工程下载”按钮，下载完毕，再点击“启动运行”，或点击“触摸屏上启动运行工程”按钮。下载工程配置界面如图 11-9 所示。

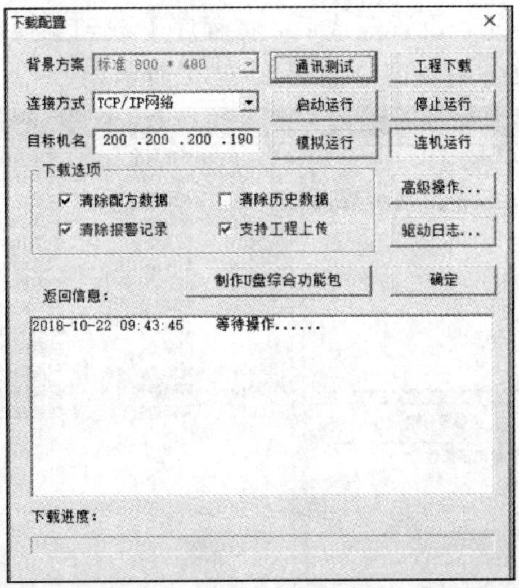

图 11-9　使用 USB 数据线下载工程配置界面

使用以太网线下载工程以及在与 PLC 通信时，应将 MCGS 的 IP 地址设为与 PLC 地址同一网段。

(4) 用网线与触摸屏连接，打开下载界面，通信方式选择“TCP/IP 网络”，目标机名填写上一个步骤查到的 IP 地址，自己电脑的 IP 也要和触摸屏同一网段(子网掩码相同，IP

地址前三位相同，最后一位不同)。单击“连机运行”，再单击“通信测试”，可以测试是否连接成功。

(5) 连接成功后，单击“高级操作”，可设置新的 IP 地址。单击“设置 IP 地址”，在里面填写和 PLC 一样网段的 IP 地址和相同的子网掩码，单击“确认”按钮。这时需要给触摸屏重新上电才能使新 IP 生效。

(6) 添加 Siemens_1200 设备：打开设备窗口，右击空白处可以打开“设备工具箱”，在工具箱中找到 Siemens_1200，双击“添加”。如果找不到，单击“设备工具箱”里的“设备管理”，找到 Siemens_1200 并安装，如图 11-10 所示。

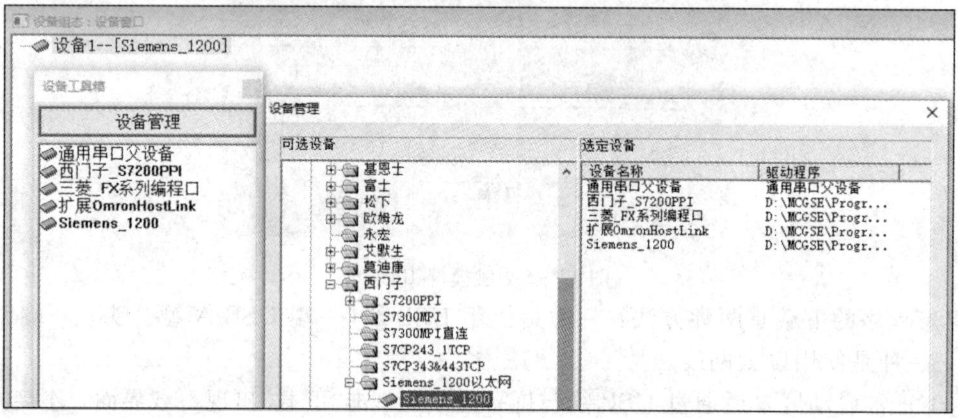

图 11-10　添加 Siemens_1200 设备

(7) 添加通信的通道：在 MCGS 软件中，把驱动程序“Siemens_1200”加入到设备窗口之后，双击打开“设备编辑窗口”，在该窗口的远端 IP 地址输入 S7-1200 的 IP 地址，本地 IP 地址输入触摸屏的 IP 地址。设置完成后，将程序下载到触摸屏。触摸屏与 S7-1200 PLC 用网线连接，实现通信。设备编辑窗口如图 11-11 所示。

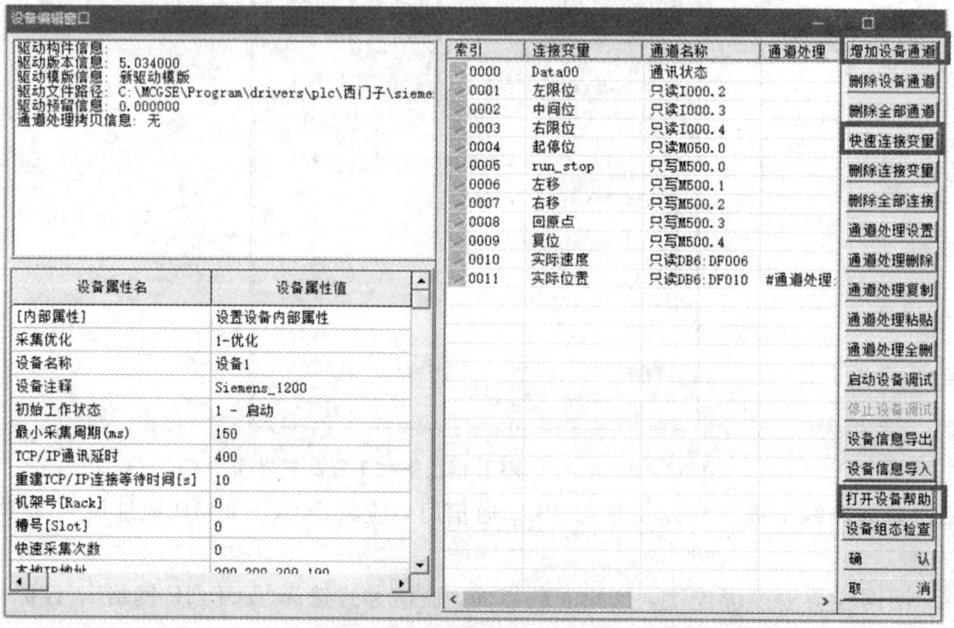

图 11-11　设备编辑窗口

(8) 单击“增加设备通道”，对于 DB 块的数据，通道类型选择“V 数据寄存器”，若 PORTAL V15 中设定的 DB 块的标号为 6，见 Static_5 的偏移量为 10。数据类型选择“32 位浮点数”，通道地址为“6. 10”(6 表示 DB 编号，10 代表偏移量)。变量 Static_5 对应的通道设置如图 11－12 所示。

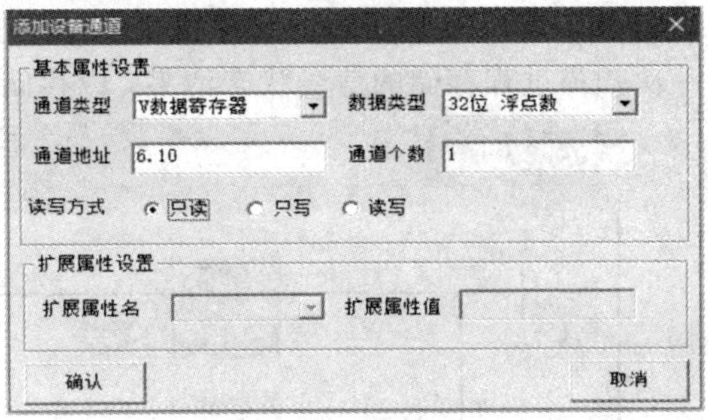

图 11－12　变量 Static_5 对应的通道设置

4. 启动运行并观察实验

单击一次启停按钮，轴使能；再次单击，取消轴使能。轴使能后，单击左移、右移可使滑块左移或右移，当滑块处于原点和右限位中间某一位置时，单击“回原点”，滑块将向左移动寻找原点开关，并最终将滑块右端定位在原点开关侧。实时速度和实际位置显示在数显框中。组态中小车模型随实际模型滑块的移动而移动。

5. 停止实验

再次按下“启动/停止”按钮，模型停止运行；依次关闭 PLC 电源开关和电源总开关；拆除实验导线和网线。

五、参考程序

下面对程序范例进行说明。

小车自动往返系统调试

(1) 图 11－13 所示为启停控制程序段 1 和程序段 2。在程序段 1 中，I0. 0 或 M500. 0 触发上升沿时计数器开始计数，当计数值大于等于 2 时，复位计数器；程序段 2 中，当计数值等于 1 时，启停标志位置位。

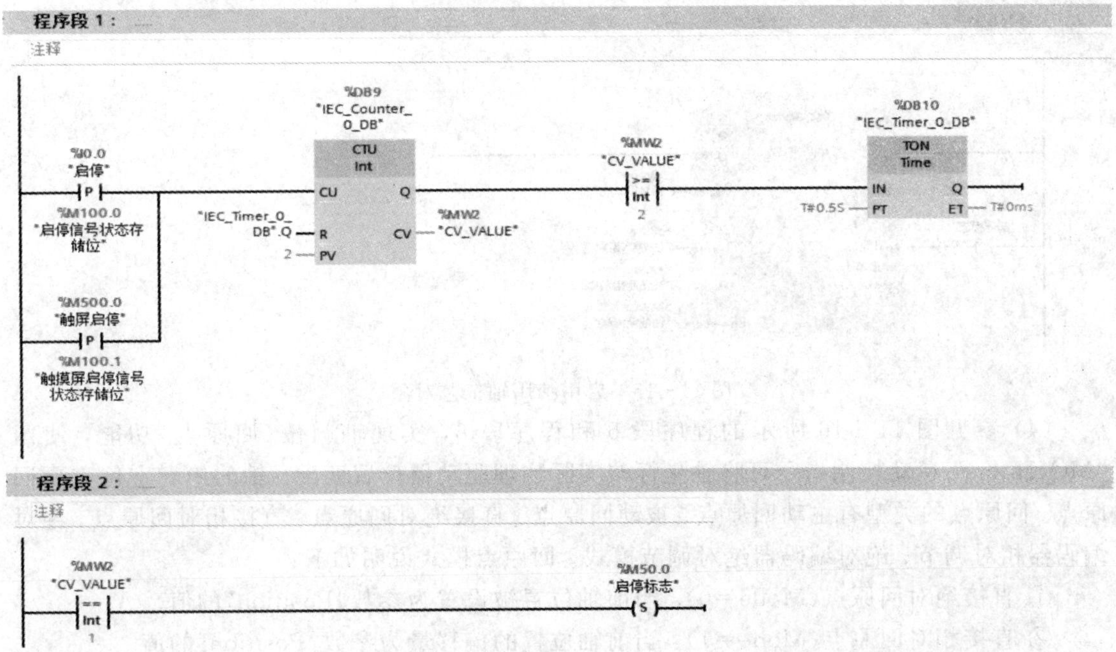

图 11－13　启停控制程序段 1 和程序段 2

(2) 图 11-14 所示的程序段 3 中，当计数值不等于 1 时，将启停标志位复位，并把上一次扫描过程存储的信号状态清零，以存储本次扫描的信号状态。

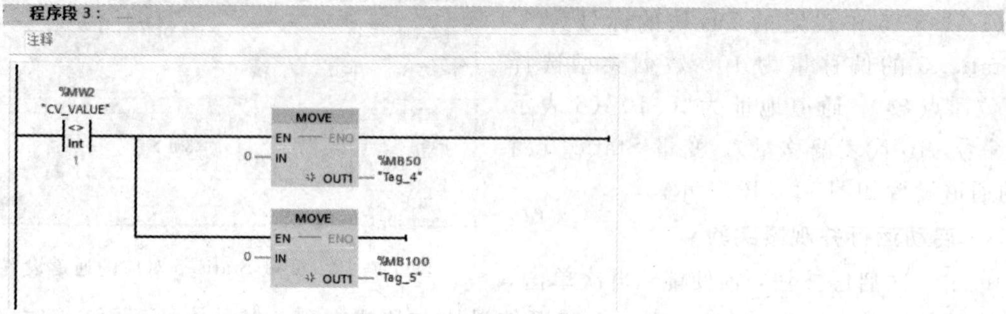

图 11-14　启停控制程序段 3

(3) 参见图 11-15 所示的程序段 4，启用禁用轴工艺对象，当启停标志位 M50.0 置位时，轴工艺对象将启用；当 M50.0 复位时，根据组态的"StopMode"值，中断当前所有作业，停止并禁用轴。

① 停止模式 StopMode 的值为 0：为紧急停止模式，按照轴工艺对象参数中的"急停"速度停止轴。轴在变为静止状态后被禁用。

② 停止模式 StopMode 的值为 1：为立即停止模式，PLC 将根据基于频率的减速度停止脉冲输出。输出频率≥100 Hz 时，减速度持续最长 30 ms；输出频率<100 Hz 时，减速度为 30 ms；输出频率为 2 Hz 时，减速度持续最长 1.5 s。

③ 停止模式 StopMode 的值为 2：为带有加速度变化率控制的紧急停止。如果禁用轴的请求处于待决状态，则轴将以组态的急停减速度进行制动；如果激活了加速度变化率控制，则会将已组态的加速度变化率考虑在内。轴在变为静止状态后被禁用。

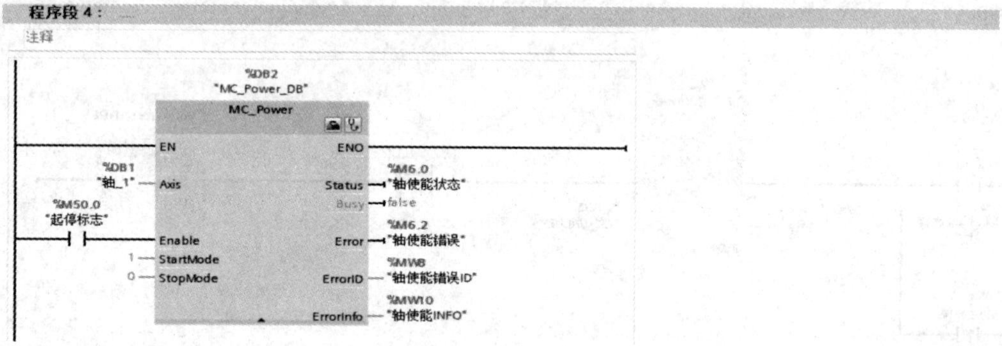

图 11-15　启用禁用轴工艺对象

(4) 参见图 11-16 所示的程序段 5 和程序段 6，实现轴归位(回原点)功能，使用"MC_Home" 运动控制指令可将轴坐标与实际物理驱动器位置匹配。轴的绝对定位需要回原点。回原点的类型有主动回原点、被动回原点、直接绝对回原点、直接相对回原点、绝对编码器相对调节、绝对编码器绝对调节模式。回原点模式说明如下：

① 直接绝对回原点(Mode=0)：当前轴位置被设置为参数"Position"的值。

② 直接相对回原点(Mode=1)：当前轴位置的偏移量为参数"Position"的值。

③ 被动回原点(Mode=2)：在被动回原点期间，指令 MC_Home 不会执行任何回原点

运动。用户必须通过其他运动控制指令来执行该步骤所需的行进运动。检测到参考点开关时，轴将回到原点。

④ 主动回原点(Mode＝3)：自动执行回原点步骤。本范例程序使用主动回原点模式。

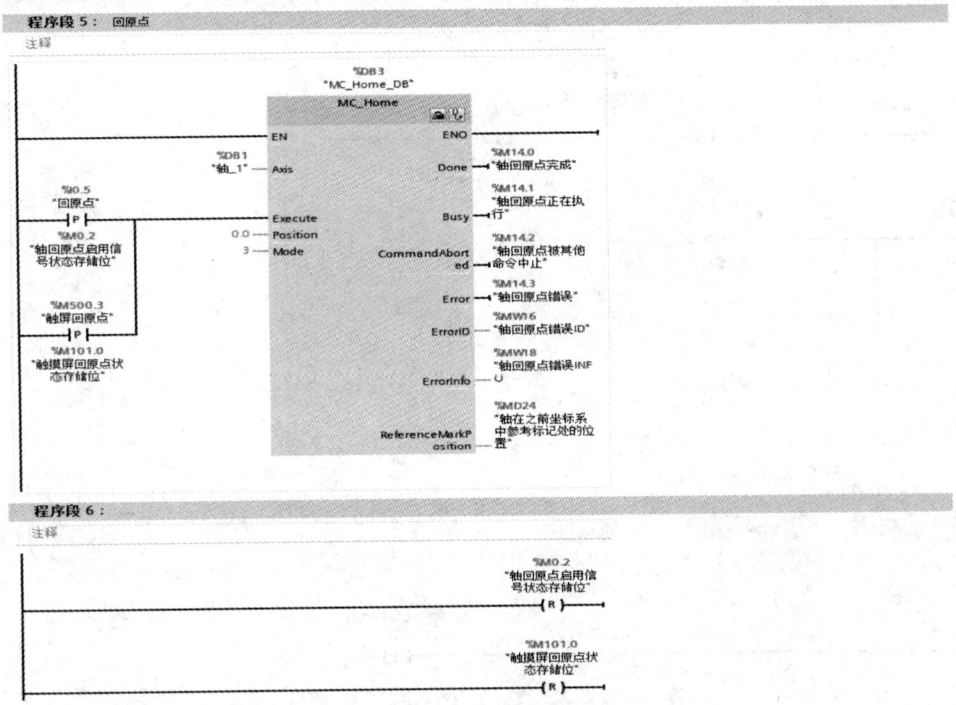

图 11－16　轴归位指令

(5) 参见图 11－17 所示的程序段 7，通过运动控制指令“MC_MoveJog”，在点动模式下以指定的速度连续移动轴。可以使用该运动控制指令进行测试和调试。

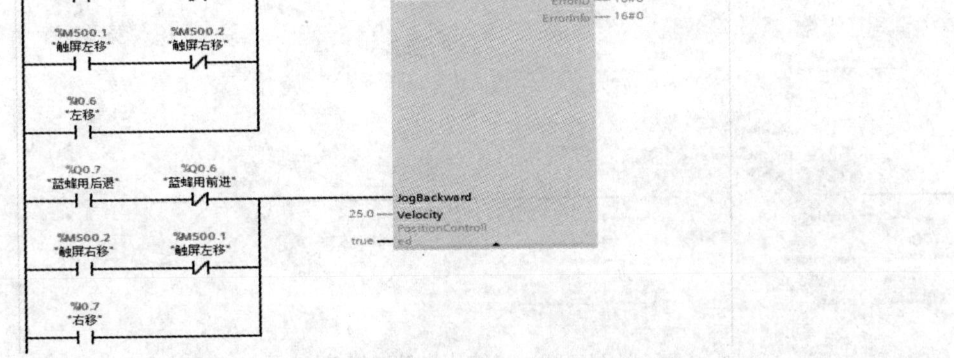

图 11－17　点动模式下移动轴指令

(6) 参见图 11 - 18 所示的程序段 8 和程序段 9，轴复位指令“MC_Reset”可用于确认“伴随轴停止出现的运行错误”和“组态错误”，并重新启动轴工艺对象。

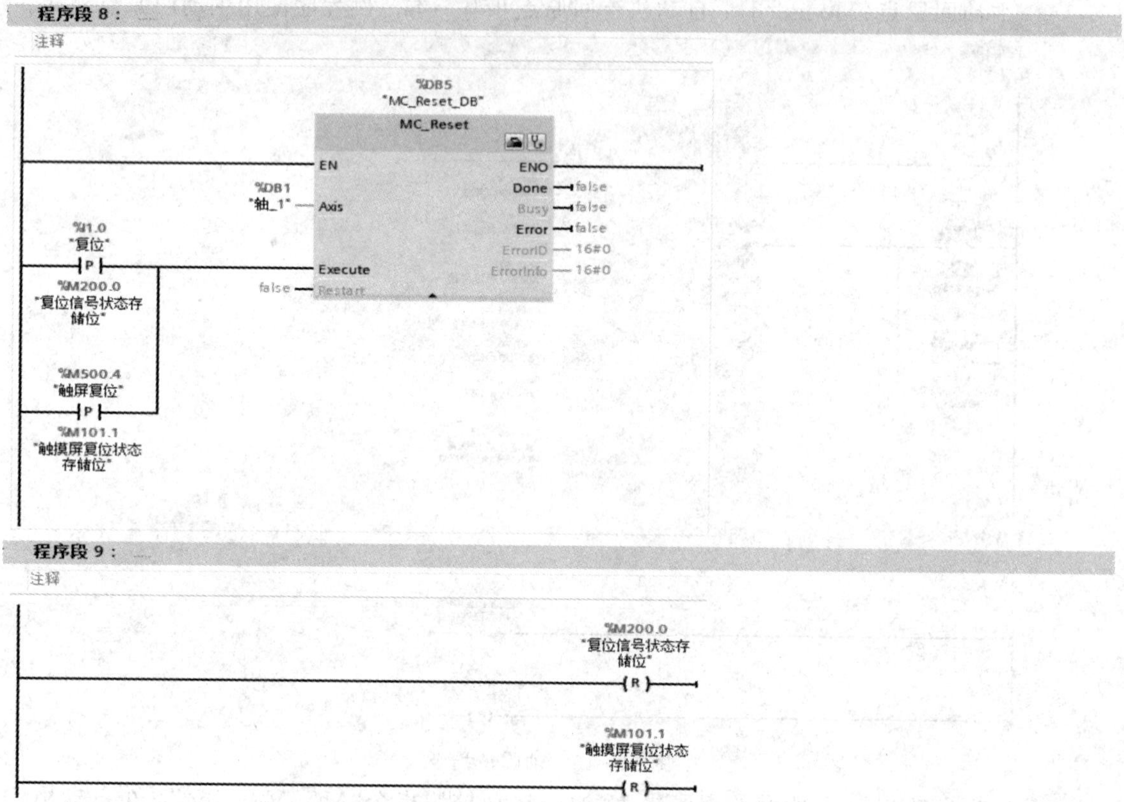

图 11 - 18 轴复位指令

(7) 如图 11 - 19 和图 11 - 20 所示，“MC_ReadParam”运动控制指令可连续读取轴的运动数据和状态消息。可以读取的运动数据和状态消息：轴的位置设定值、速度设定值和实际值、轴距目标位置的当前距离、目标位置、实际位置、当前跟随误差、驱动器状态、编码器状态、状态位、错误位。图 11 - 19 所示的程序段 10 将轴速度值存储到 DB6 数据块寄存器 Static_4 中，图 11 - 20 所示的程序段 11 将轴位置值存储到 DB6 数据块寄存器 Static_5 中。

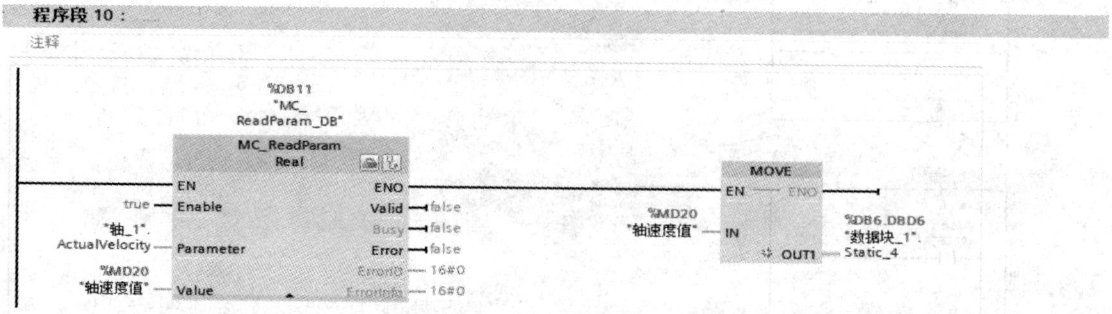

图 11 - 19 连续读取轴速度值

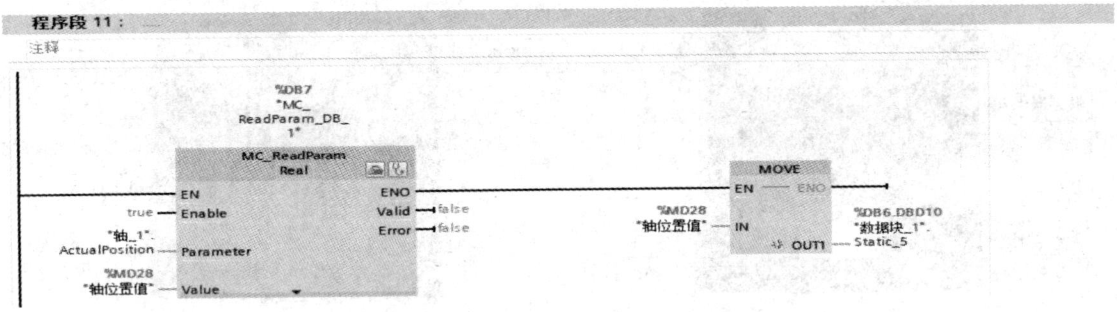

图 11－20　连续读取轴位置值

11.2　温湿度监控报警系统

一、实训目的

(1) 熟悉温度、湿度传感器的参数和性能。

(2) 熟悉温湿度控制原理。

(3) 熟练掌握运用温湿度控制仪控制模型的方法。

(4) 熟练掌握 PLC 各种指令的编程方法。

(5) 熟练掌握程序调试的步骤和方法。

(6) 掌握构建实际 PLC 控制系统的能力。

二、实训仪器与设备

(1) 智能传感实验台	1 台
(2) 温湿度控制模型	1 套
(3) 安全连接导线	若干
(4) 专用航空插头连接电缆	1 根
(5) 专用 220V 电源插头线	1 根

三、实训原理

温湿度控制模型包含丰富的硬件资源，根据机电、自动化、过程控制、自动控制等相关教学大纲的要求进行设计。通过对水塔水位的循环控制，使得学生能熟悉系统中各关键功能部件的功能、性能及应用，同时熟悉不同的控制方法。

本模型的对象与控制模块相互独立，教学实验时通过专用航空插头线连接以传递控制信号，通过专用电源插头线将实验台体 220 V 的交流电源引入控制模块。

控制对象集成了温湿度传感器、加湿器、加热器及调压模块、仪表专用温湿度传感器，对象采用不锈钢与透明有机玻璃材料，确保了稳固的结构和观察实验现象的便利性。实验时不仅可以通过温湿度控制仪进行控制，也可以通过相关接口端子实现 PLC 控制。

控制对象前视图和俯视图分别见图 11－21 和图 11－22。

图 11-21　控制对象前视图

图 11-22　控制对象上视图

两个风扇的主要用作排湿，也可作为降温用，其中风扇 1 吸气，风扇 2 排气，可以加快对象的换气速度。

控制模块集成温湿度控制仪表、模式转换开关、风扇控制继电器、保险丝管、仪表电源开关，信号及控制电源输入/输出接口。

当模式开关切换至仪表控制模式时，风扇和加热器由仪表控制，仪表输出 220 V 直接加载到加热器加热，此时不经过调压器调压；当模式开关切换至 PLC 控制时，仪表供电电源被切断，温湿度信号经面板接口端子引入 PLC 输入端，PLC 模拟输出端输出模拟电压作为调压器的控制电压，调压器输出电压控制加热器，实现温度的 PID 调节控制。

四、实训内容及步骤

1. 电气回路接线

理解实验原理及控制要求，正确连接导线。模块电源通过专用 220 V 电源插头线引入模块面板的 L/N 接口，如图 11-23 所示为控制模块面板示意图。

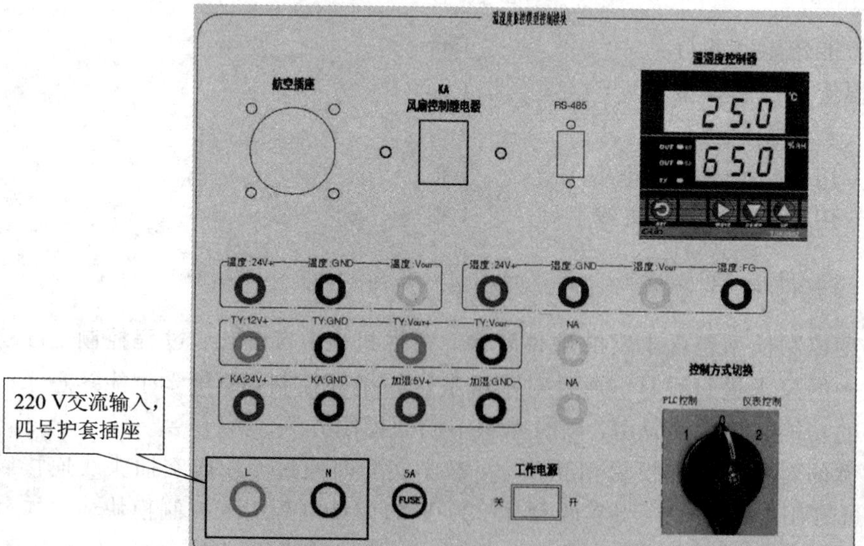

图 11-23　控制模块面板示意图

(1) 在仪表控制模式时，需连接航空插座电缆和专用电源电缆以及 5 V 直流电源。

（2）在 PLC 控制模式时，需连接航空插座电缆、专用电源电缆以及 5 V 直流电源，再使用二号护套线连接实验台面板上 PLC 接口端子与控制模块面板上接口端子，参考控制接线表 11－5 和图 11－24 所示的西门子 CPU 1215C 接线图。

表 11－5　控制接线表

仪表控制模式	
电源插头线：红＋——L	实验台：5 V_+——加湿：5 V_+
电源插头线：蓝＋——N	实验台：GND——加湿：GND
PLC 控制模式	
电源插头线：红＋——L	温度：V_{out}——PLC：AI0
电源插头线：蓝＋——N	湿度：V_{out}——PLC：AI1
实验台：5 V_+——湿：5 V_+	TY：GND——PLC：2M
实验台：GND——加湿：GND	TY：GND——TY：V_{out-}
PLC：L_+——温度：24 V_+	PLC：AQ0——TY：V_{out+}
温度：24 V_+——湿度：24 V_+	实验台：24 V_+——PLC：$4L_+$
PLC：MPLC:3M	实验台：24 V GND—— KA：GND
PLC：M——温度：GND	PLC：Qa. 0——KA：24 V_+
温度：GND——湿度：GND	

温湿度监控报警系统接线

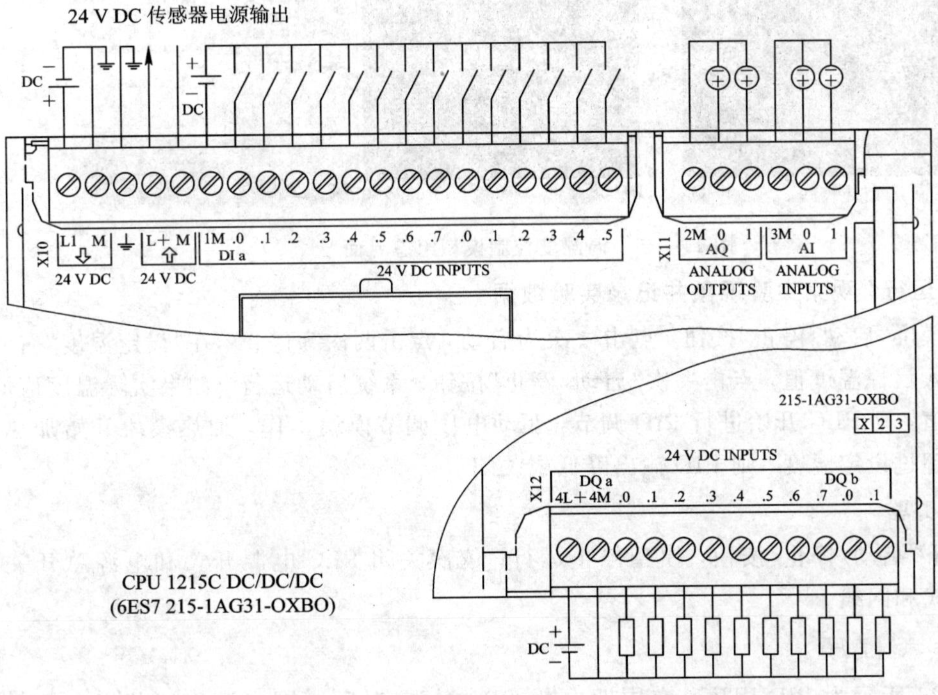

图 11－24　CPU 1215C DC/DC/DC PLC 接线图

2. 控制模式的选择

选择仪表控制模式时，须在仪表面板上设定仪表相关参数。下面主要讲述 PLC 控制模式的相关内容。仪表控制请参阅仪表相关使用手册进行参数设置和温湿度控制。

控制方式切换开关逆时针方向扭动，选定 PLC 控制模式。确认线路接线无误，即可接通工作电源开关。

3. 组态及程序设计、下载、网络连接

组态及程序设计、下载、网络连接从左到右三个网口分别对应：触摸屏、PLC-P1 口、PLC-P2 口。

S7 - 1200 PLC 的 DB 块的建立，PLC 程序下载，MCGS 组态界面的操作、下载、配置，添加 Siemens_1200 设备，添加通信的通道等内容，请参考“小车模型运动控制实训”相关内容。

温湿度控制模型组态界面如图 11 - 25 所示，本实验使用北京昆仑通态人机界面，组态界面集成启动/停止按钮、设定温度输入框、实际温度显示输出、实际湿度显示输出、PID 输出显示、温度曲线显示等功能。

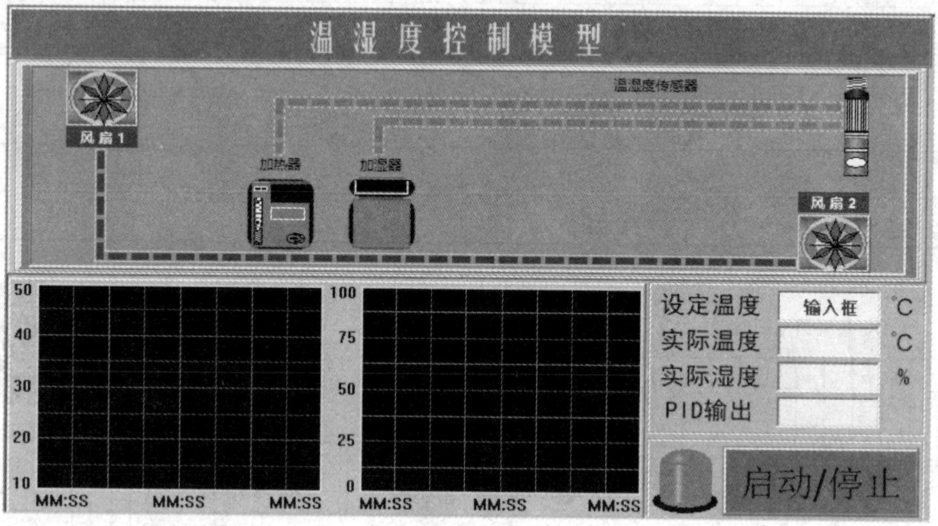

图 11 - 25 温湿度控制模型组态界面

4. 启动运行，观察实验现象并记录实验数据

点击触摸屏“启动/停止”按钮，点击一次为启动，点击两次为停止。在“设定温度”右面的输入框输入目标温度值，点击一次“启动/停止”按钮，系统启动运行。如果实际温度值低于设定温度值，则 PLC 开始进行 PID 调节，驱动电压调节模块工作，加热模块开始加热；若实际温度超过设定温度，则 PID 输出降低或关闭。

5. 停止实验

再次按下“启动/停止”按钮，模型停止运行；依次关闭 PLC 电源开关和电源总开关；拆除实验导线和网线。

五、参考程序

图 11 - 26 所示为 PID 程序：在周期中断 OB 的恒定时间范围内调用工艺指令 PID_Compact。

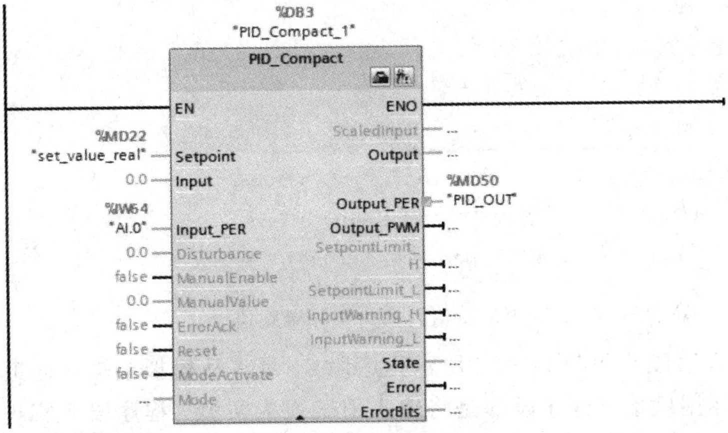

图 11 - 26　PID 程序

温湿度监控报警系统调试

以下为主程序说明。

(1) 图 11 - 27 所示的程序段 1 中，将触摸屏上设置的温度设定值(存入 Static_3 中)移动到指定变量中，并增加 0.3℃作为温度上限值。实验时可根据需要自行修改温度上限值。

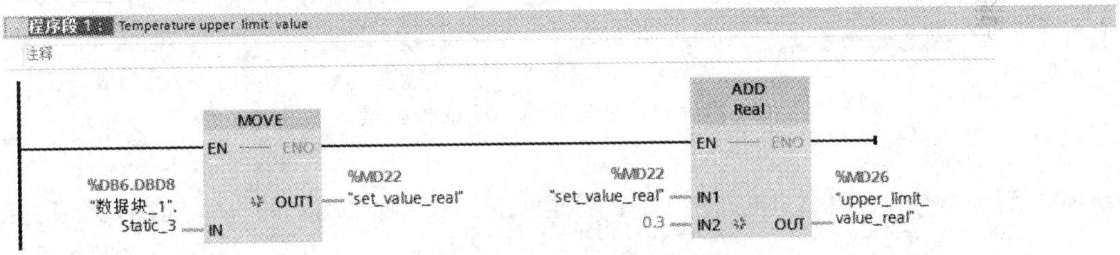

图 11 - 27　设定温度值上限值

(2) 图 11 - 28 所示的程序段 2 中，将触摸屏上设置的温度设定值减少 0.2℃作为温度下限值。

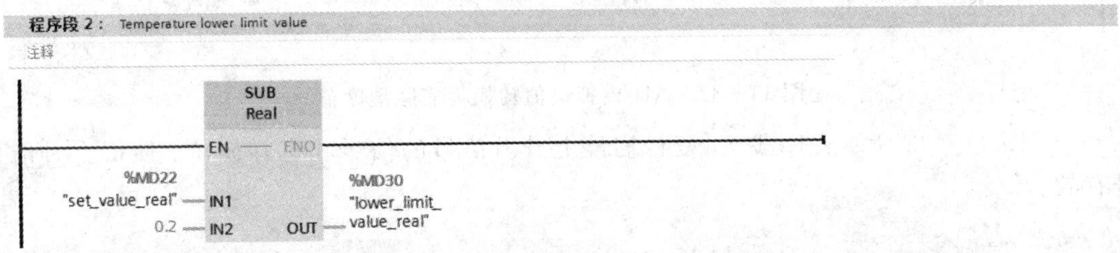

图 11 - 28　设定温度值下限值

(3) 图 11 - 29 所示程序段 3 和图 11 - 30 所示程序段 4，将从模拟量输入通道 AI0 采集的模拟量值转换为实际温度值。其中，程序段 3 是将采集的整型值转换为双整型再转换成实型；程序段 4 是对该实型值进行数学处理，换算成实际温度值并存储到 DB6 数据块中。

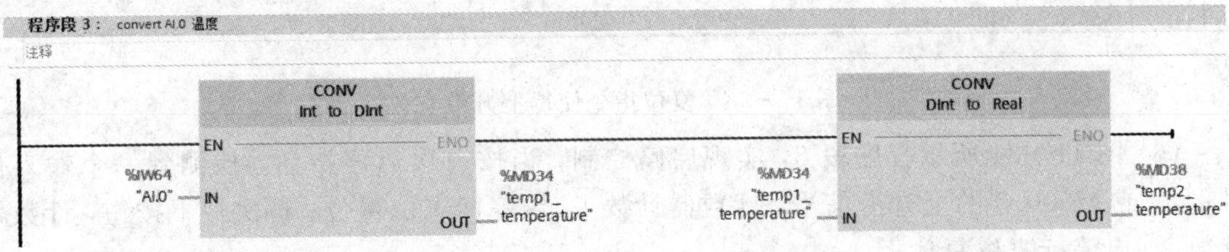

图 11 - 29　采集通道 AI0 的模拟量

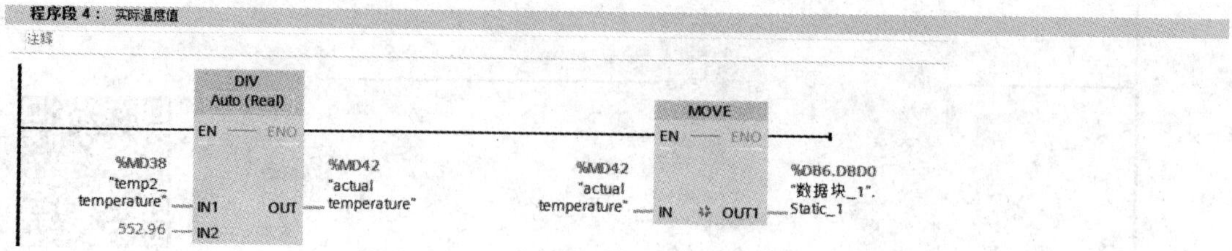

图 11－30　AI0 模拟量值转换为实际温度值

(4) 图 11－31 所示程序段 5 和图 11－32 所示程序段 6，是将从模拟量输入通道 AI1 采集的模拟量值转换为实际湿度值。程序段 5 是将输入值转换为实型，程序段 6 实现了实际湿度值的变换。

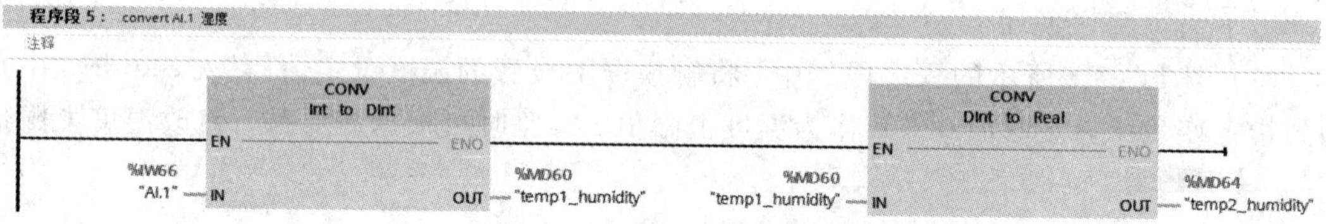

图 11－31　采集通道 AI1 的模拟量

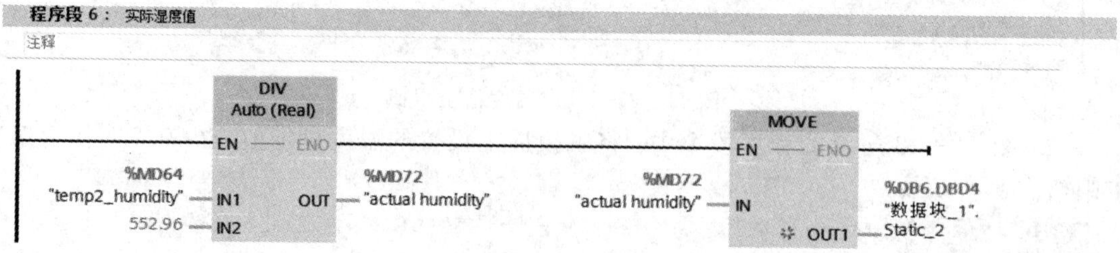

图 11－32　AI1 模拟量值转换为实际湿度值

(5) 图 11－33 所示程序段 7，复位启停上升沿信号的信号状态存储位，使得上升沿信号有效。

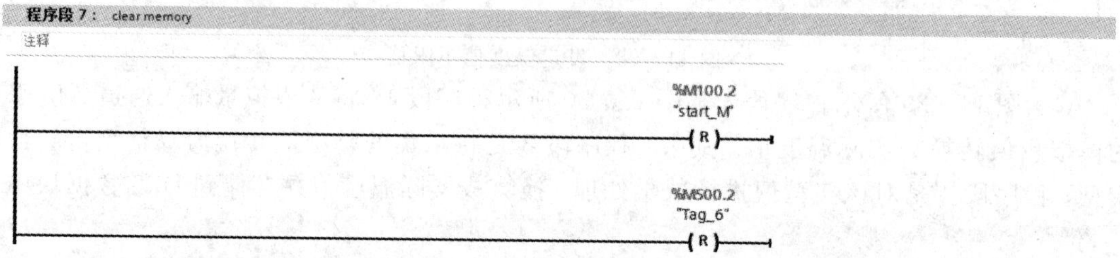

图 11－33　复位指令使得上升沿有效

(6) 图 11－34 所示程序段 8，实现启停控制，当按一次启停按钮，检测到一个输入信号 I1.0 或 M500.0 的上升沿信号，计数器计数 1，启停标志位置位；再次按下按钮，计数器计数 2，启停标志位复位。

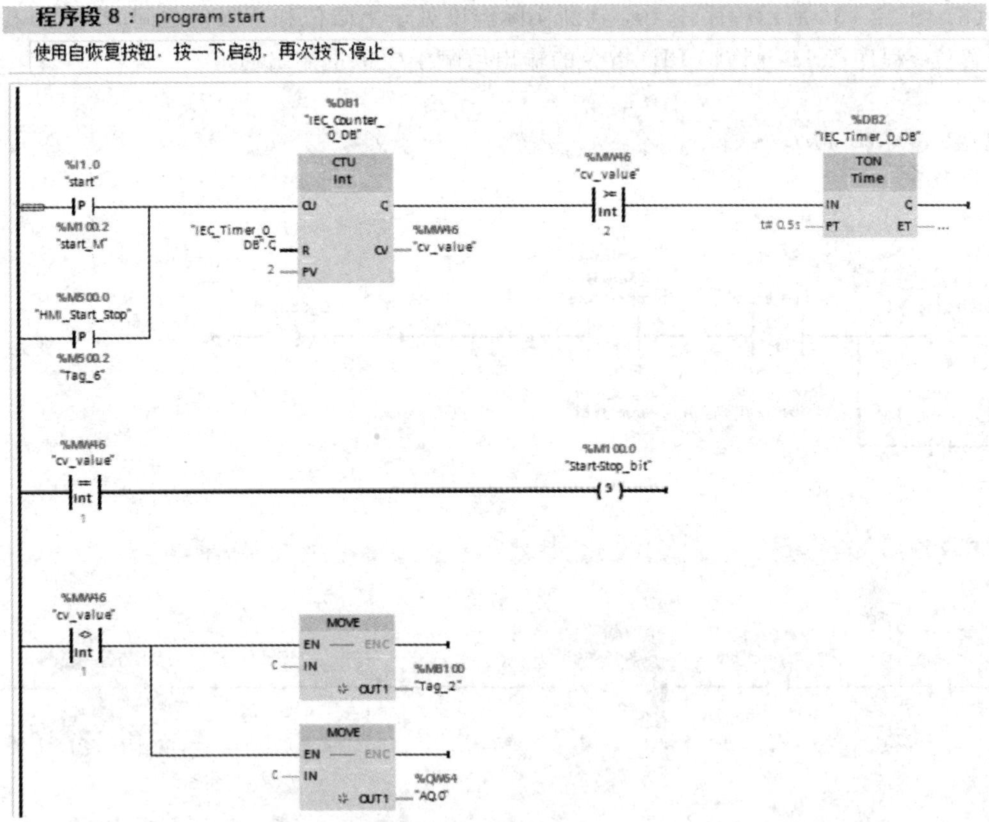

图 11－34　启停控制指令

(7) 图 11－35 所示程序段 9，判断实际温度超出上限值时，模拟量输出置零；实际温度低于下限值时，模拟量输出最大，同时模拟量输出值传送到数据块 DB6 的变量 Static_4 中，供触摸屏显示用。

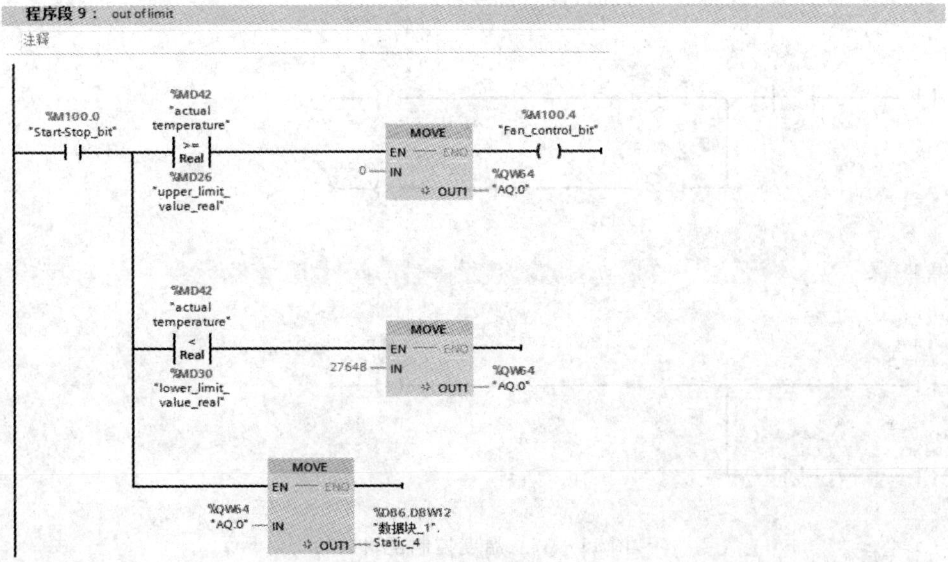

图 11－35　温度控制逻辑(一)

(8) 图 11－36 所示程序段 10，判断实际温度处于上限值和下限值之间时，PID 控制标志位置位；程序段 11 允许将 PID 指令的输出值赋予模拟量输出通道。

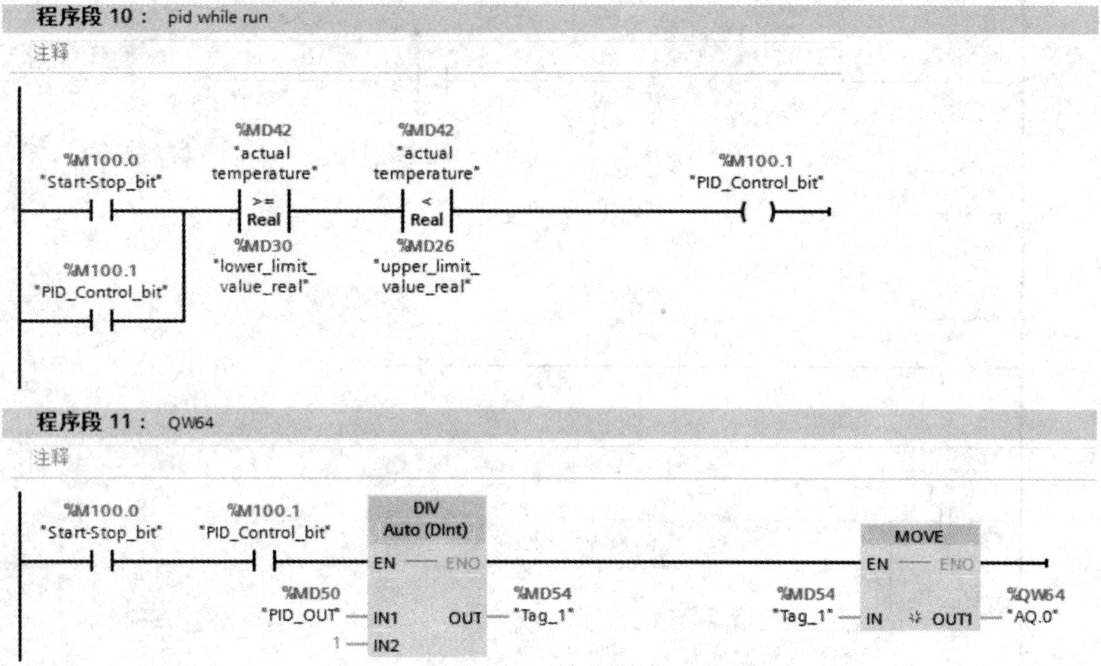

图 11－36　温度控制逻辑(二)

(9) 图 11－37 所示程序段 12 和程序段 13，判断实际湿度大于 35℃时启动排风扇。

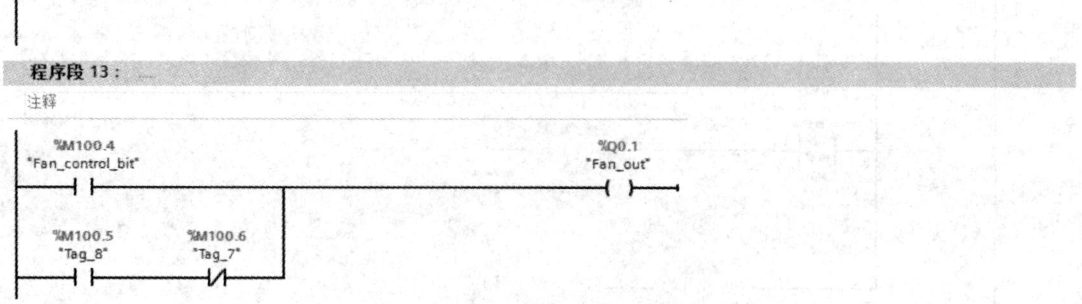

图 11－37　温度控制逻辑(三)

11.3　水塔水位模型控制系统

一、实训目的

(1) 熟悉液位传感器的参数性能。

(2) 熟悉水塔水位的运行原理。

(3) 熟练掌握运用液位差计控制模型的方法。

(4) 熟练掌握 PLC 各种指令的编程方法。

(5) 熟练掌握程序调试的步骤和方法。

(6) 掌握构建实际 PLC 控制系统的能力。

二、实训仪器与设备

(1) 智能传感实验台	1 台
(2) 水塔水位模型	1 套
(3) 连接导线	若干

三、实训原理

1. 控制对象

图 11-38 所示模型主要包含水箱、液位计、液位差计、有机玻璃水塔、电磁阀、水泵等部件。

水塔水位模型根据机电、自动化、过程控制、自动控制等相关教学大纲的要求进行设计。通过对水塔水位的循环控制练习，使得学生能熟悉系统中各关键功能部件的功能、性能及应用，同时熟悉不同的控制方法。

本水塔水位模型将对象与控制模块集成为一体，方便教学实验。

水箱内部有纵隔，将水箱分割成独立的两个容器。水箱底部设置管路，有排水管路和水箱连通管路，水箱连通管路通过电磁阀将两个水箱连通，其作用是：根据实验需要，控制电磁阀的通断，以模拟一个水箱向另一个水箱注水的情境。

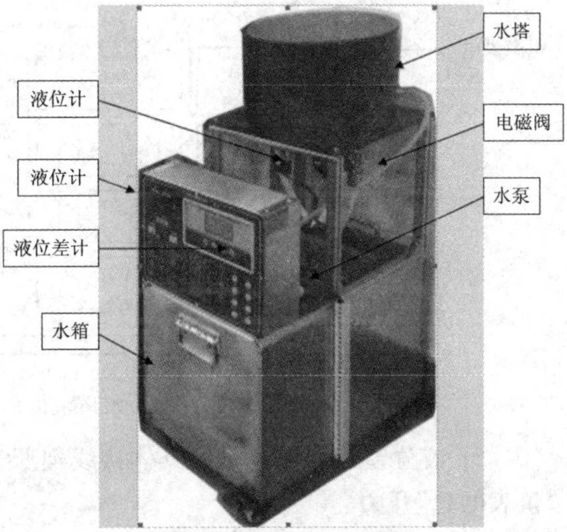

图 11-38　水塔水位模型

水塔底部安装有液位计、球阀排水回路、电磁阀排水回路。水塔排水时，水流经过水箱上方盖板的不锈钢网进入水箱，具体进入哪个水箱，根据实际需求选定。改变水管朝向即可改变水流落点，从而选择注入的水箱。

控制箱集成了电位差计、中间继电器、开关、保险等硬件资源，实验时可以通过液位差计进行水塔水位控制，也可以通过相关接口端子实现 PLC 的水位控制。

水泵为两用微型泵，抽水管通过水箱盖板上的圆孔置入水箱，根据实验需要置入水箱一或水箱二。出水管接入水塔侧壁的宝塔接头。

2. 水位控制要求

给定水塔水位的目标值，设置水位的上限值和下限值。当水塔水位低于下限值时，水泵得电工作，开始向水塔注水；当水塔水位到达上限值时，水泵停转。打开水箱出水球阀，水塔水位降低，低于下限值时，水泵开始抽水，如此循环往复。教学中可根据现有资源扩展设计其他实验内容。

四、实训内容及步骤

1. 电气回路接线

(1) 理解实验原理及控制要求，正确连接导线。通过安全护套线将 24 V 直流电源从实验台面板上引入模块，如图 11－39 所示为控制模块面板示意图。

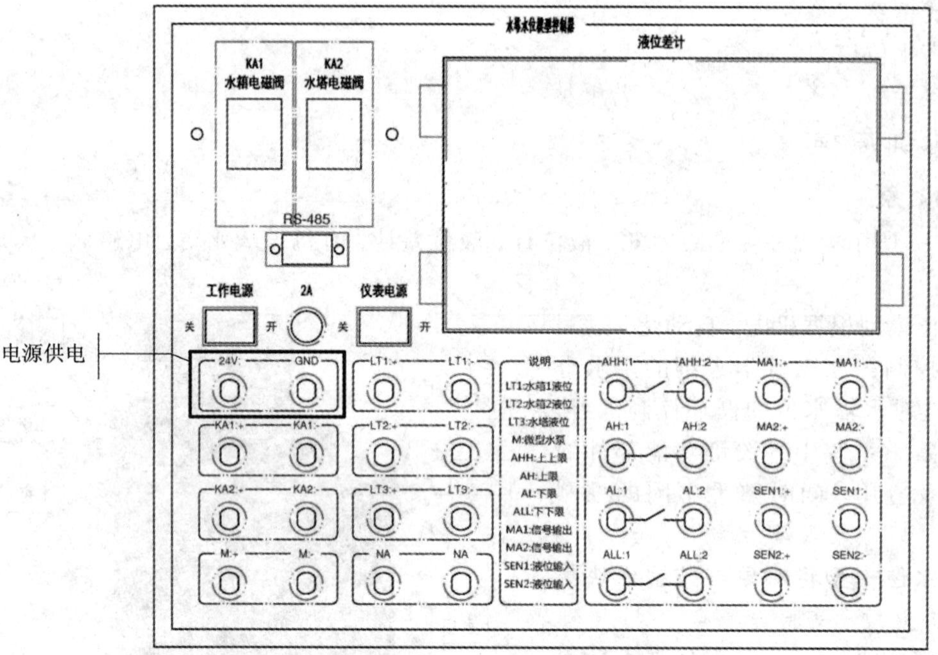

水塔水位模型控制系统接线

图 11－39 水塔水位模型控制面板

(2) 液位差计控制模式。具体接线遵照表 11－6 所示。工作电源接通后，还需要接通“仪表电源”开关。

表 11－6 使用仪表控制时的接线表

序号	起始端——终到端	序号	起始端——终到端
1	LT3：+——SEN1：+	5	KA2：-——GND
2	LT3：-——SEN1：-	6	AH：1——AL：1
3	24 V：+——AH：1	7	AL：2——M：+
4	AH：2——KA2：+	8	M：-——KA2：-

PLC 控制模式。使用 PLC 控制时其详细接线见表 11-7。

表 11-7　使用 PLC 控制时的接线表

序号	起始端——终到端
1	传感台开关电源：24 V_+——面板：24 V
2	传感台开关电源：GND——面板：GND
3	PLC：AI0——面板：$LT3_+$
4	PLC：3M——面板：$LT3_-$
5	传感台传感器电源：M——PLC：3M
6	传感台传感器电源：M——PLC：1M
7	PLC：L_+——传感台：K1－1
8	传感台：K1－2——PLC：I1.0
9	实验台：24 V_+——PLC：$4L_+$
10	实验台：24 V GND——面板：KA_{2-}
11	面板：KA_{2-}——面板：M_-
12	PLC：Q0.2——面板：M_+
13	PLC：Q0.4——面板：KA_{2+}

模型中液位传感器、微型水泵、电磁阀的信号线、电源线，经过控制模块盒底部的穿线孔引入控制面板上相应的接口插座(面板左下角区域)；将液位差计接线端子引到面板右下角区域的接口插座上。

系统运行时，通过控制中间继电器 KA1、KA2 常开触点的通断来控制电磁阀的动作，以免在 PLC 控制模式下，回路电流过大损坏 PLC 输出端子。RS-485 插头接 3、8 引脚。

2. 组态及程序设计、下载及网络连接

S7-1200 PLC 的 DB 块的建立，MCGS 组态界面的操作、下载、配置，添加 Siemens_1200 设备，添加通信的通道(见图 11-40)等内容，请参考“小车模型运动控制实训”相关内容。组态界面见图 11-41。

3. 运行及关闭

以下范例针对 PLC 控制模式，关于液位差计控制模式请参考“液位差计使用说明书”。打开实验台面板上的电源总开关，确认接线无误后，打开水塔水位模型控制模块面板上“工作电源”开关，并关闭“仪表电源”开关。

在触摸屏控制界面上，在“设定水位”输入框中输入设定值，按压一次“启动/停止”按钮，系统启动运行，若此时实际水位低于目标水位，则水泵启动并将水箱中的水送到水塔中，直到液位达到设定值。运行中，控制界面上同时显示实时运行状态。

当需要结束实验时，再次按压“启动/停止”按钮，关闭“工作电源”开关和实验台电源总开关，拆除实验导线并清空水箱和水塔中的水。

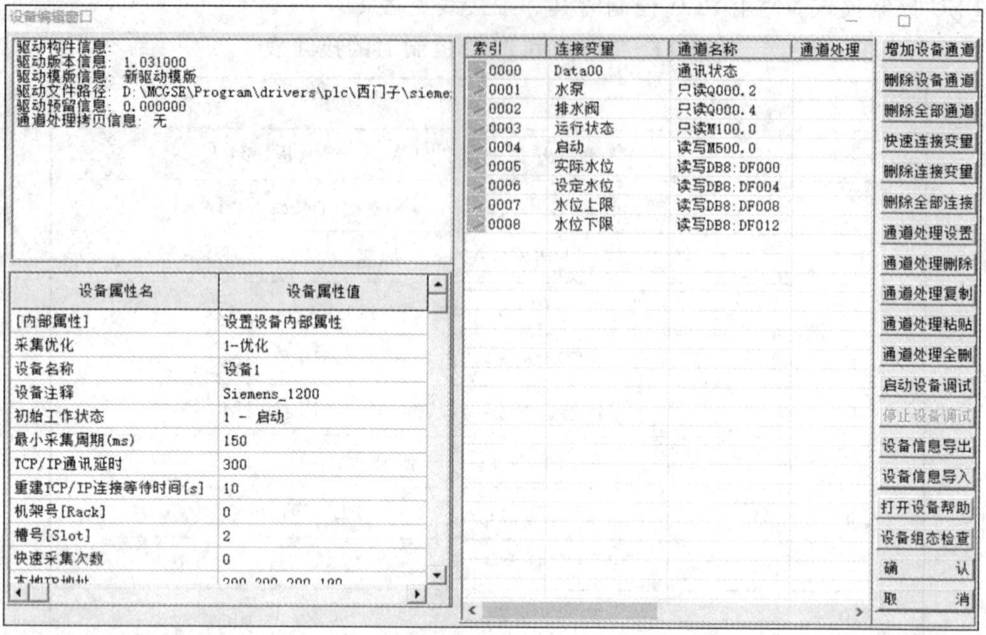

图 11-40 设备编辑窗口建立通道连接

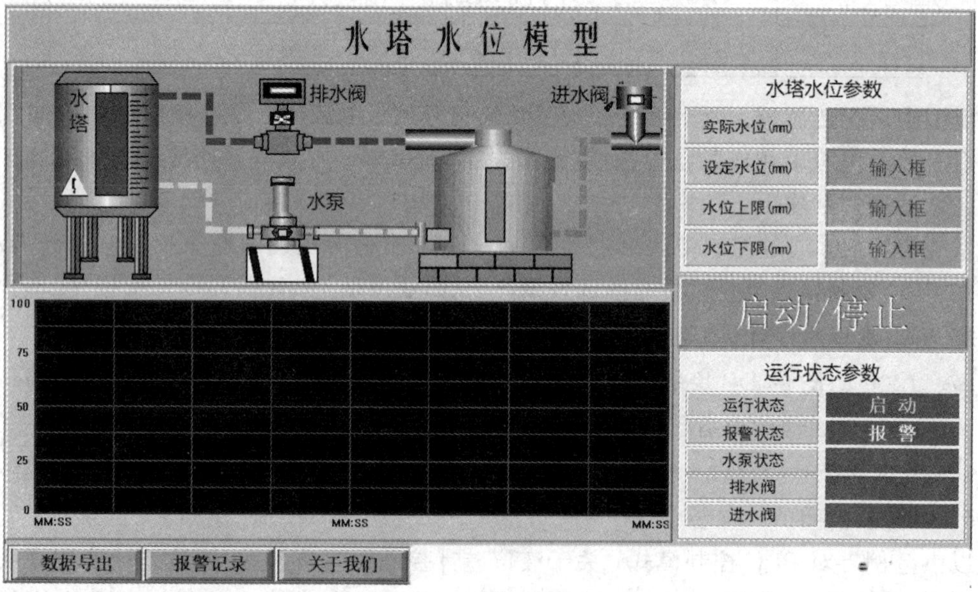

图 11-41 水塔水位控制组态界面

五、参考程序

(1) 在图 11-42 所示的程序段 1 和程序段 2 中，PLC 模拟量通道 AI.0 采集水塔液位传感器信号，换算为工程值，并将数据移动到数据块_2 的 Static_1 变量中，以备触摸屏与 PLC 通信调用。

水塔水位模型控制系统调试

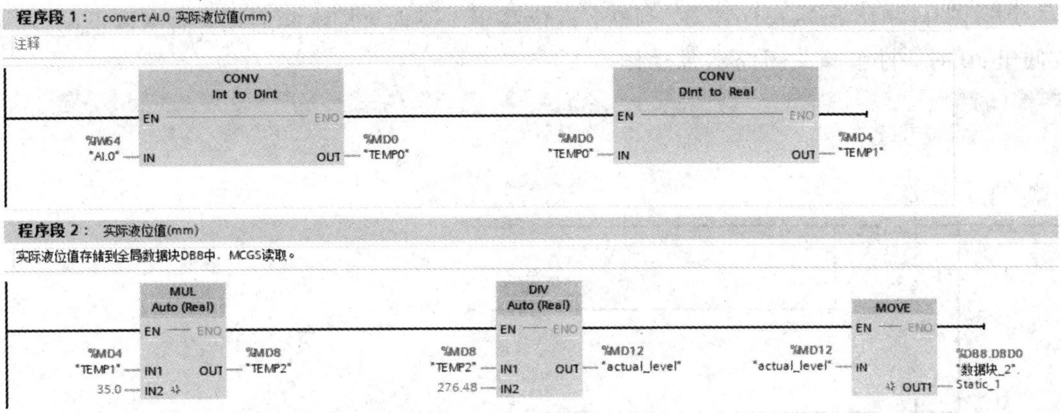

图 11-42　实际液位采集处理

(2) 图 11-43 所示程序段 3，清除启动/停止按钮上升沿信号的信号状态存储位的数据，使得上升沿有效。

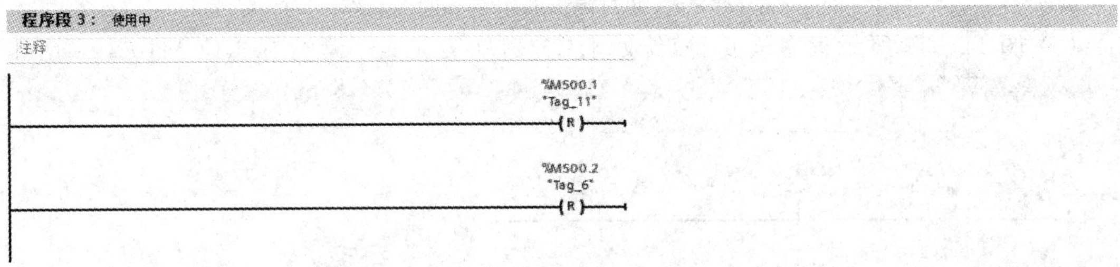

图 11-43　清除信号状态存储位

(3) 图 11-44 所示程序段 4，计数器对 I1.0 或 M500.0 的上升沿信号进行计数，当值为 1 时，启停标志位 M100.0 置位，系统开始运行。计数值为其他值时，启停标志位复位，系统停止运行。

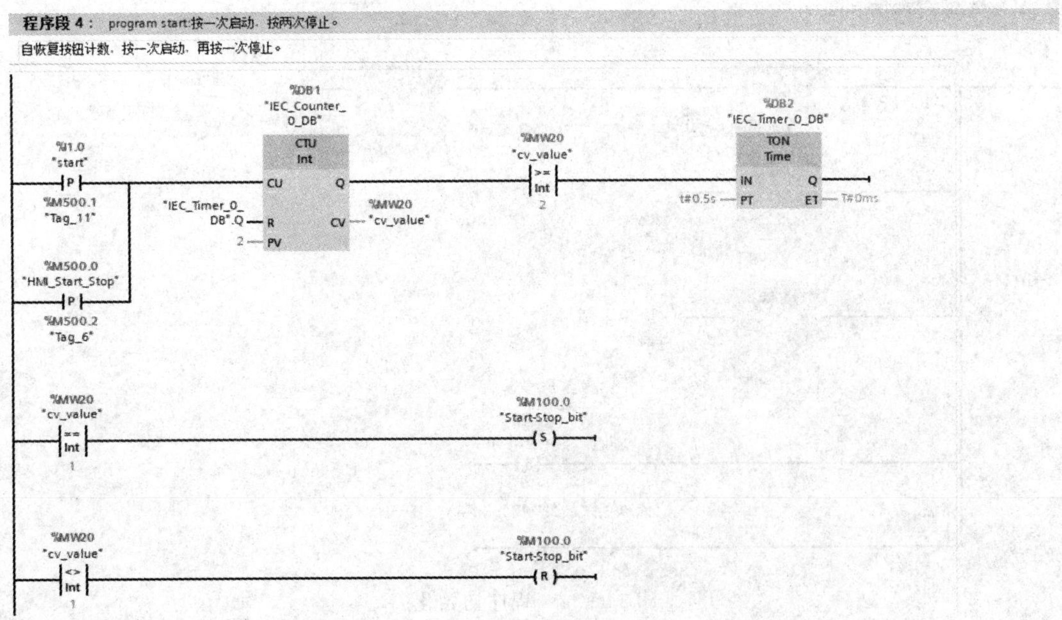

图 11-44　启停控制

(4) 图 11-45 所示程序段 5，判断：液位高于 180 时，排水阀启动，而水泵不动作；液位低于 20 时，排水阀关闭而水泵动作。

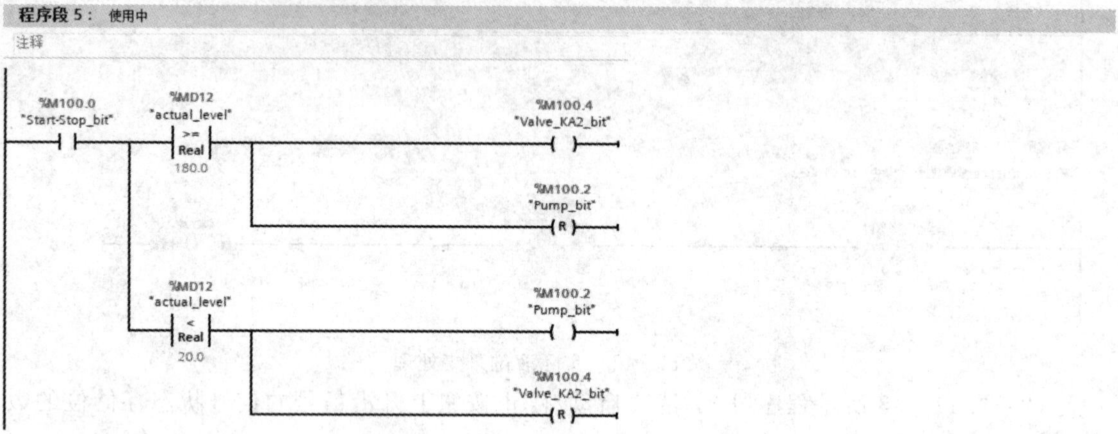

图 11-45 超过限值时水泵和阀的动作

(5) 图 11-46 所示程序段 6，液位处于 20～180 之间时，运行标志位 M100.1 置位。

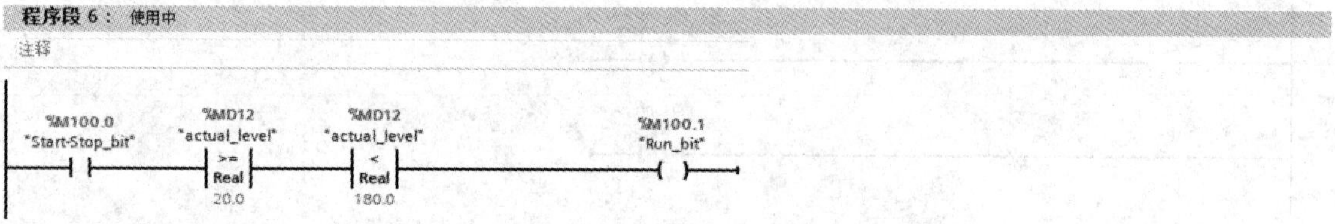

图 11-46 指定范围内的控制(一)

(6) 图 11-47 所示程序段 7，程序首次上电运行时进行初始化，设定初始设定值，初始上下限值，运行标志位复位。

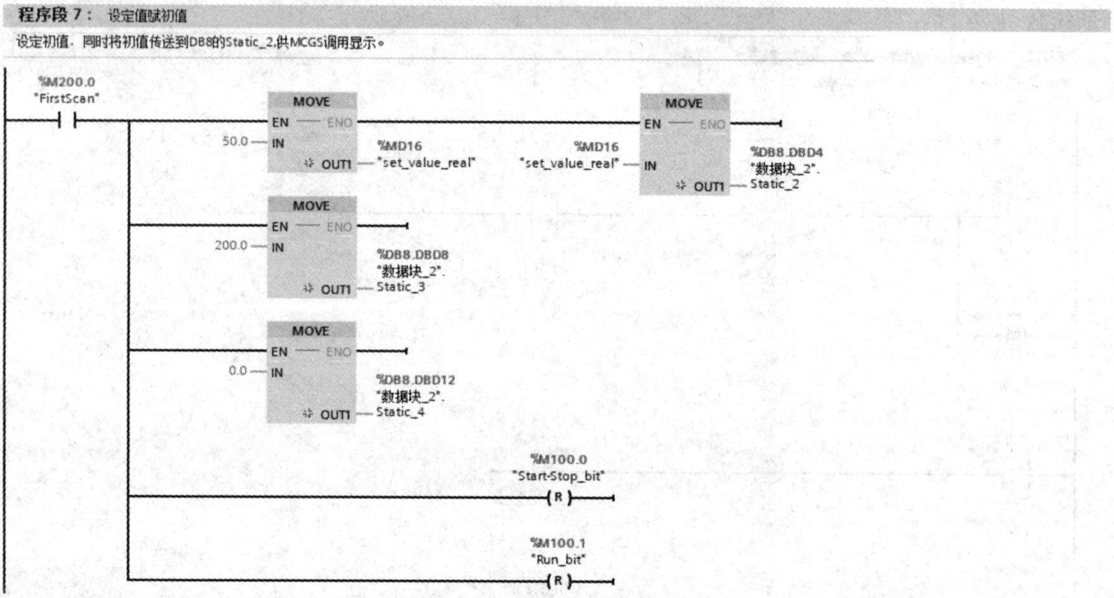

图 11-47 程序初始化

(7) 图 11－48 所示程序段 8，通过触摸屏设置目标值，该值储存在数据块_2 的变量 Static_2 中，同时将其传送到实型变量 MD16 中。

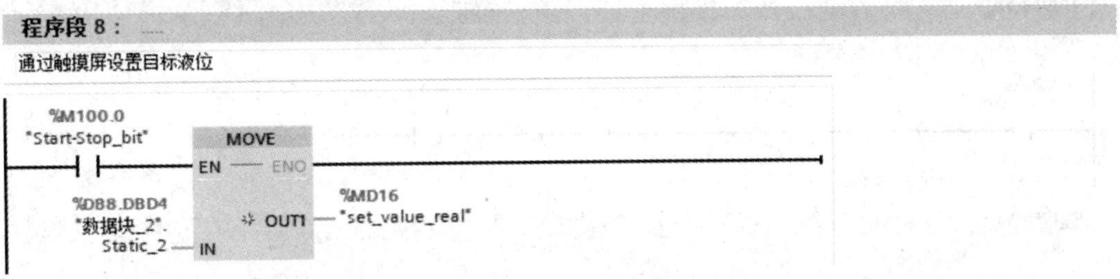

图 11－48　触摸屏设置目标液位

(8) 图 11－49 所示程序段 9，当前实际液位值与液位下限值、液位上限值、液位设定值进行比较，处于不同液位水平时，水泵或排水阀将做不同响应；实际液位处于下限值与设定值之间时，排水阀关闭，水泵启动；实际液位高于设定值时，水泵停转；实际液位处于设定值与上限之间时，排水阀打开，水泵停转，且当液位回落至设定值时，排水阀关闭。

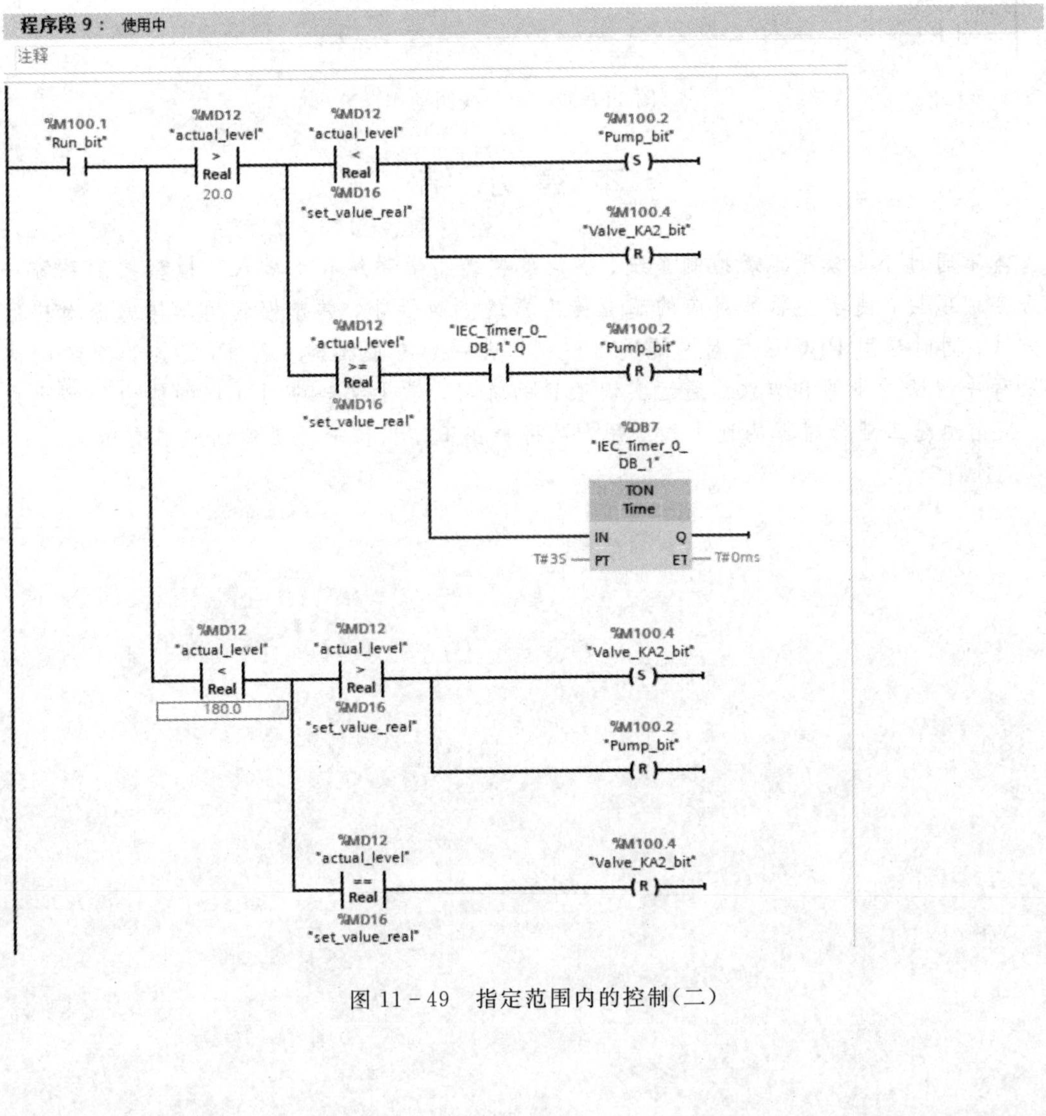

图 11－49　指定范围内的控制（二）

(9) 图 11－50 所示程序段 10、11、12，当泵阀的标志位置位时，相应线圈动作(水泵、继电器 1、继电器 2)，驱动外部硬件实现供水、排水、连通等动作。

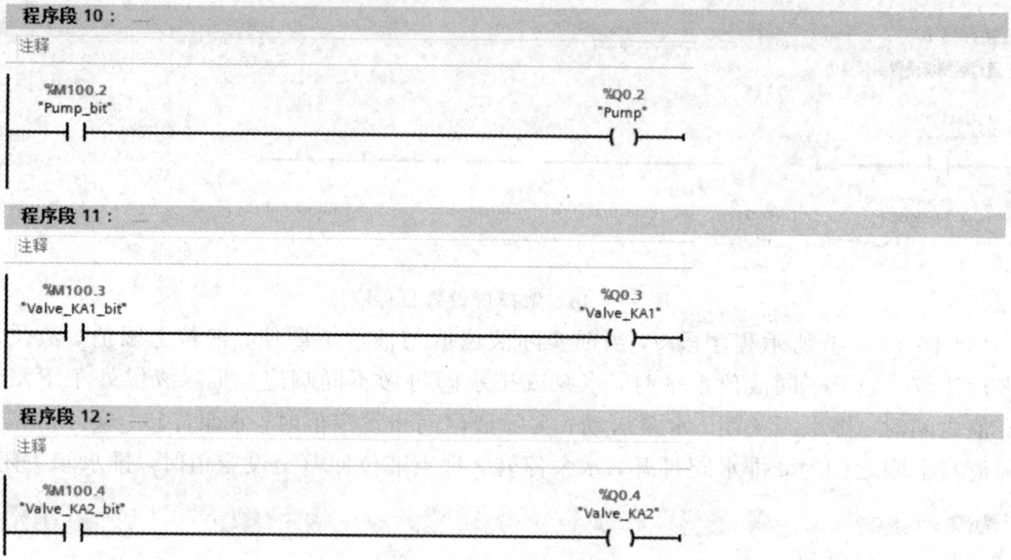

图 11－50　控制线圈动作

本章小结

本章通过小车模型运动控制系统、温湿度监控报警系统和水塔水位模型控制系统三个综合实训项目，使学生熟悉对应的工业传感器的参数性能，并掌握运用其传感器对应的控制方法；同时应用 PLC 编程对系统进行控制，进一步掌握构建实际 PLC 控制系统的能力以及程序调试的步骤和方法。通过实训项目的练习，学生综合应用知识的能力得到大力提升，提前熟悉工业传感器的选型和应用，对将来在工作岗位处理类似问题很有帮助。

第 12 章　单元实训指导

12.1　液体点滴速度监控装置

静脉输液是护理专业的一项常用给药治疗技术。设计并制作一个控制装置，如图 12-1 所示。基本要求如下：

（1）在滴斗处能检测点滴速度，并制作一个数显装置，能动态显示点滴速度（滴/min）。

（2）通过改变 h_2 控制点滴速度，也可以通过控制输液软管夹头的松紧等其他方式来控制点滴速度。点滴速度可用键盘来设定。

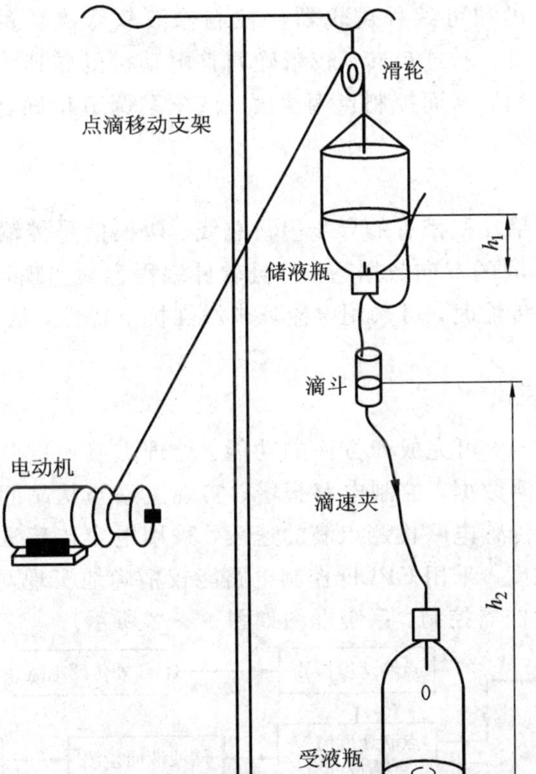

图 12-1　液体点滴速度监测与控制装置示意图

本系统以 89C51 单片机为核心，主要由红外光电传感滴速检测模块、点滴速度控制模块、电容传感液位检测模块构成液体点滴速度监控系统。采用红外光电传感器和电容传感器配合单片机及可编程逻辑器件，使得速度测量和控制精度更高；主从站间采用总线结构和串行通信方式，两根信号传输线即可完成主从站间的双向通信，系统稳定可靠。

1. 方案设计

1）点滴速度检测模块

点滴速度检测模块采用红外光电传感器测量点滴速度。当液滴滴下时，红外光电传感器发射的光透过液滴后强度发生变化，光电接收管接收强度变化的光信号后输出变化的电压信号，此电压信号经放大、整形后被转化为TTL电平信号，送给单片机计数来测量点滴速度。该传感器具有体积小、灵敏度高、线性好等特点，其外围电路简单，性能稳定可靠。

2）储液液面检测模块

储液液面检测模块采用电容传感器检测液位。在储液瓶的瓶身正对着贴两块金属薄片作为传感电容，储液液面下降，电容两极间的介电常数减小，传感电容的电容值随之减小，再经过电容/电压(C/U)变换器转换为电压值，这时的输出电压上升。当储液液面降到警戒线时，转换电压高于回差比较器阈值电压，比较器翻转输出开关信号。C/U 变换电路具有优良的线性度、较高的变换灵敏度与抗干扰性能。

3）点滴速度控制模块

经比较，采用单片机和可编程逻辑器件控制输液软管夹头的松紧来控制点滴速度。CPLD控制模块控制电机正转或反转，较精确调整电动机的转速，然后通过变速箱带动偏心轮压紧或放松输液软管，从而控制点滴速度。该方案调节精确，稳定性强且驱动电路简单可靠。

4）主从机通信

经比较，采用一般单片机都有的异步串行总线。两根信号传输线加一条公共地线即可实现主站与256个从站间的双向数据通信，且软件编程容易实现，通信协议可根据需要灵活定义。当需要远距离传输时，可采用电流环来增强抗干扰性，从而大大延长通信距离。

2. 系统原理

1）总体设计

主从机均采用89C51，可完成四方面的功能：处理点滴速度测量信号，动态显示点滴速度；处理储液液面检测数据，控制电路报警；实现主站与从站间的通信；实现声光报警与语音提示。使用红外传感电路检测点滴的速度，采用电容传感法检测液位，这两种检测方法都具有较高的灵敏度。采用CPLD控制电路能较精确地实现对点滴速度的控制，各种功能状态可通过红外遥控器控制。系统框图如图12-2所示。

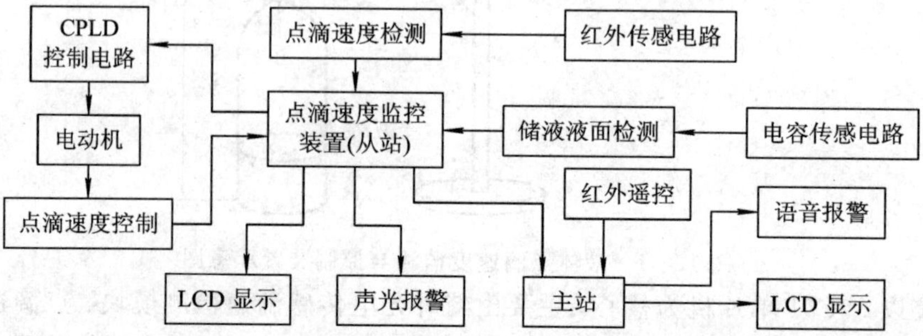

图12-2　系统总体设计框图

2）点滴速度检测电路

点滴速度检测电路采用红外光电传感器测量点滴速度，所用光电检测器的型号是 ST－178 红外发射接收对管，电路原理如图 12－3 所示。把红外发射和接收管正对着固定在滴斗两侧，当液滴滴下时，红外发射器发出的光信号透过液滴时接收端光功率发生变化，光电接收管将变化的光信号转化为变化的电信号，由于电信号非常微弱，应放大到一定幅度且通过积分电路消除干扰，再经比较器整形得到与点滴同频的方波，用单片机测量其周期即可计算出点滴的速度。

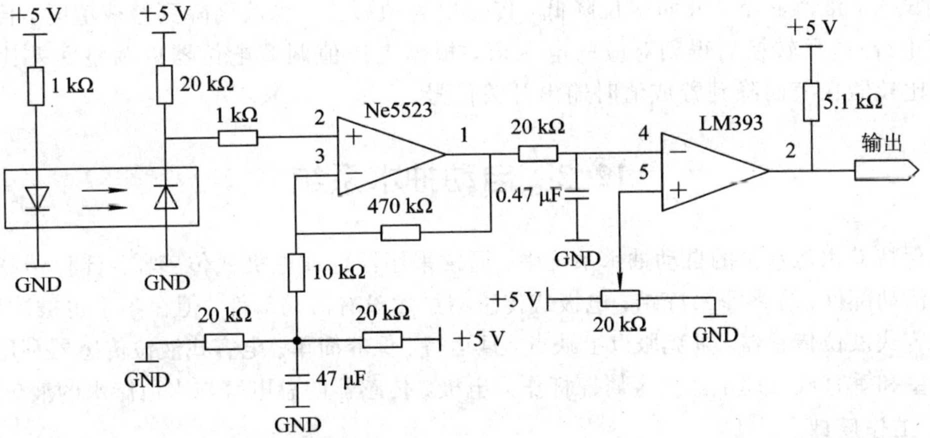

图 12－3　点滴速度检测电路

3）储液液面检测电路

利用灵敏度较高的电容/电压变换电路可实现储液液面的检测，电路原理图如图 12－4 所示。

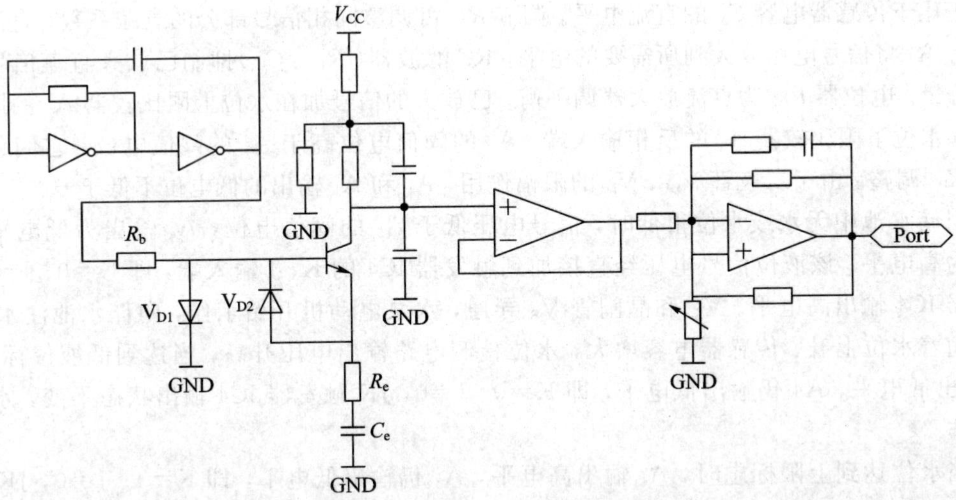

图 12－4　储液液面检测电路

利用储液液面检测电路储液瓶的瓶身贴两块金属薄片作为传感电容 C_e，储液液面下降，电容两极间的介电常数减小，电容值随之减小，经过电容/电压变换器后输出电压上升。当储液液面降到警戒线时，测量所得电容值约为 43 pF，调整回差比较器阈值使其低于电容/电压变换器输出的电压值，比较器翻转输出开关信号，CPU 检测到此信号后立即发出报警信号给主站，主站再发出相应的语音进行报警。

3. 系统调试

1）点滴速度检测及控制电路的调试

用秒表人工测量点滴速度，与预先设定的点滴速度比较，若误差在指定范围外，则用反复实验的方法修改软件算法所设置的参数，从而控制液滴的流速。

2）储液液面检测电路的调试

调试时，液滴滴下，液面水位降低，传感电容值减小，当液面降到警戒值时，传感电容数值经电容/电压转换后得到对应的电压值，根据电压值调节电位器以调整回差比较器阈值，使比较器在液面降到警戒值时输出开关信号。

12.2 自动抽水系统

在保持储水池水位的自动抽水系统中，通常采用浮标或电极式传感器。浮标传感器的缺点是有活动部件，在冬季易冻结；电极式传感器虽然没有活动部件，但在冬季也被冰块覆盖。利用电容式液位传感器，可克服以上缺点，且运行、保养简单。电容式液位传感器利用储水池的金属壁和垂直放入储水池的金属探杆作为电极，传感器的总电容与水池储水的液位有关。

1. 工作原理

自动抽水站系统的原理电路如图 12－5 所示。电容传感器 C_X 与 R_7、R_8 和 R_{P1} 组成交流测量电桥。IC1.1 和 IC1.2 构成振荡器，经 IC1.3 放大、IC2.1 和 IC2.2 组成的 RS 触发器整形，再经晶体管 V_{T1} 和 V_{T2} 电流放大，为电桥提供交流电源。测量桥输出的信号加在由比较器 IC3.1、IC3.2 和运算放大器 A_1 构成的同步检波器上，检波器将交流信号的幅度变化转换成正比于传感器电容 C_X 的直流电平。调节 R_{P2} 可调整同相信号部分的衰减系数。直流放大器 A_2、A_3 将信号电压放大到所需要的电平。RC 滤波器（R_{18}、C_5）抑制已放大直流信号中的交流分量。电位器 R_{P3} 为直流放大器调平衡。已放大的信号加在水位上限比较器 A_4 的同相输入端和水位下限比较器 A_5 的反相输入端。A_4 的阈值电位高于 A_5 的阈值电位，它们分别由 R_{P4}、R_{P5} 调整。由于二极管 V_{D1}、V_{D2} 的限幅作用，A_4 和 A_5 输出的低电位不低于－0.7 V。

当储水池中无水或水位很低时，信号电压低于 A_5 的阈值电位，A_4 输出为低电平，A_5 输出为高电平。该液位信号电压经直接加到触发器 IC4 的 K、J 输入端，即 K＝0、J＝1，JK 触发器 IC4 输出高电平。V_{T3} 和晶闸管 V_S 导通，水泵电动机开始工作，向储水池注水。

随着水位上升、传感器电容增大，水位检测电路输出电压升高，当达到低液位标志时，A_5 输出低电平，A4 仍输出低电平，即 K＝0、J＝0，JK 触发器 IC4 输出状态不变，水泵继续工作。

当水位达到上限标志时，A_4 输出高电平，A_5 仍输出低电平，即 K＝1、J＝0，JK 触发器 IC4 输出转换到低电平，V_{T3} 截止，V_S 关断，水泵断电停止工作。

在水消耗过程中，水位变低，A_4 输出为低电平，触发器 IC4 的 K＝0、J＝0，IC4 的输出状态不变。直至水位下降到低位标志时，触发器 IC4 的 K＝0、J＝1，IC4 输出高电平，重新接通水泵电源。

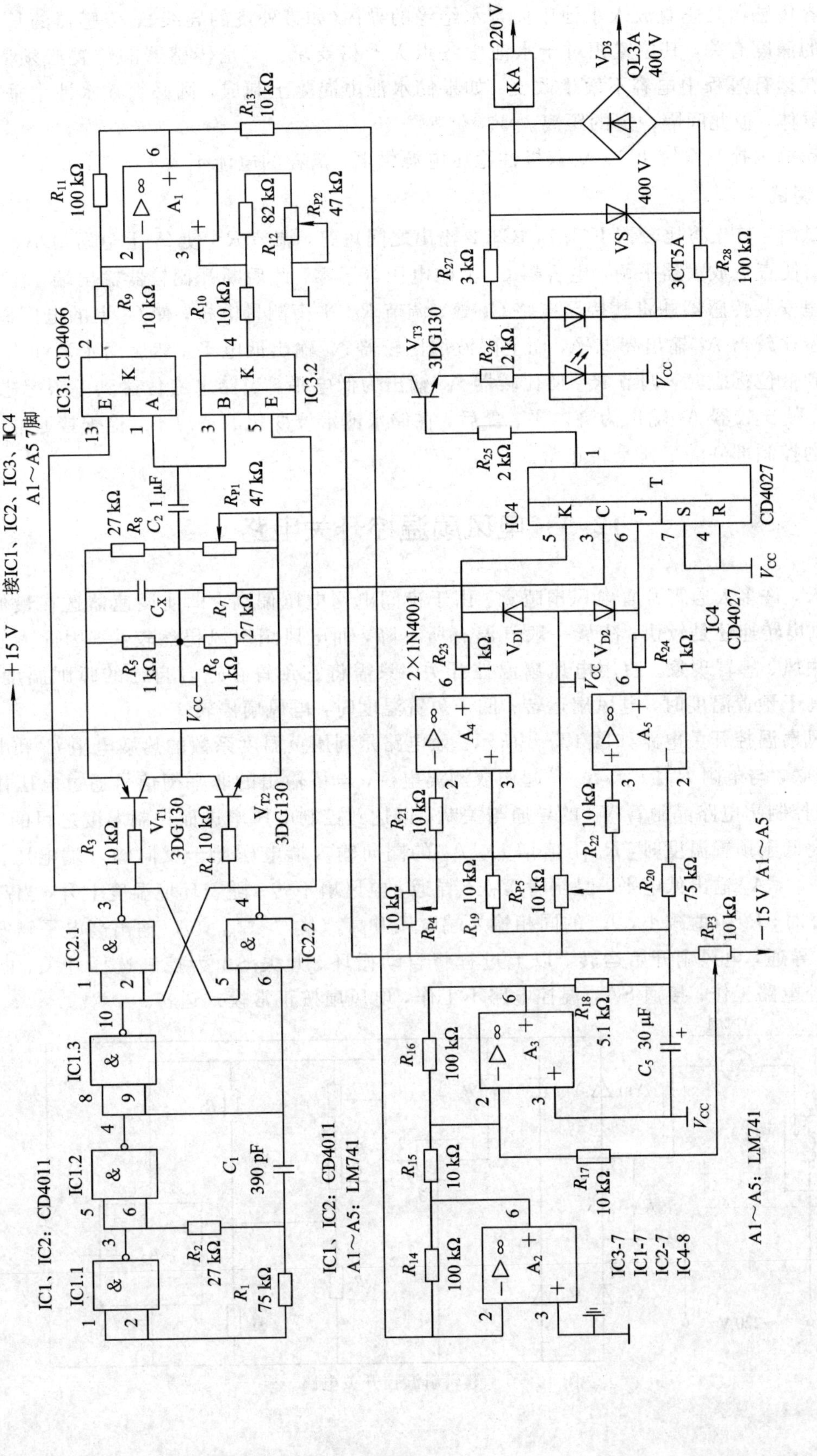

图 12-5　电容式液位传感器制作的自动抽水系统电路

电容传感器是垂直放入水池中而与水绝缘的导体(如带外皮的导线)，传感器的长度与储水池的深度有关，其位置相对于水池中各点无严格要求。但是传感器的位置必须固定，以保证在运行过程中电容不发生改变。如果储水池由混凝土制成，则必须在水池中垂直放入两个导体，彼此间隔一定的距离。

自动抽水控制系统由 15 V 双极性稳压电源供电，消耗的电流不大于 2×100 mA。

2. 调试

调试时，首先将比较器 IC3.1、IC3.2 输出之间短路，调节 R_{P2} 使 C_5 上电压最小，然后调节 R_{P3} 使直流放大器平衡，电容器 C_5 上的电压等于零。此后断开比较器输出端。在空的储水池里安装传感器并将其接至电路 C_X 处。调节 R_{P1} 平衡测量电桥，使 C_5 上的电压最小。此时液位比较器 A_5 输出高电平，而上限液位比较器 A_4 输出低电平。然后向水池注水，当水位达到低位标志时，调节 R_{P5} 使比较器 A_5 输出为低电平。当储水液位达到上限标志时，调节 R_{P4} 使比较器 A_4 输出为高电平。最后，在储水池水位变化的情况下，检查接通继电器和水泵的控制部件的工作是否正常。

12.3 电风扇温控开关电路

夏天，许多人通宵开着电风扇睡觉。由于夜间电网电压偏高，即使调速器选在最低挡位，电风扇转速还是较快；凌晨一般气温有所下降，而电风扇扇风仍然较快，因此人们经常发生中风、感冒现象。使用电风扇温控开关，只需将它预置在适合自己的睡眠温度上，当气温高于预置温度时，电风扇运转；低于预置温度时，电风扇停转。

电风扇温控开关电路如图 12-6 所示。该电路是利用负温度系数的热敏电阻 R_t 和电位器 R_P 串联，与电阻 R_2、R_3、R_4 一起构成测温电桥，电桥输出的非平衡信号通过电压比较器 A_2 来控制主电路晶闸管 V_T 的导通与关断，以达到控制电风扇进而控制温度之目的。当环境温度低于预置温度时，R_t 阻值增大，A_2 的同向输入端电压低于反向输入端电压，即 $U_{R2} < U_{R4}$，A_2 输出低电平，晶闸管 V_T 不导通，电风扇不转。随着环境温度上升，当高于预置温度时，R_t 阻值减小，A_2 的同相输入端电压升高，$U_{R2} > U_{R4}$，A_2 输出高电平触发晶闸管 V_T 导通，电风扇开始运转。以上过程将自动循环。开关 SA 为控制选择开关，断开 SA，温控电路工作；接通 SA，温控电路不工作，电风扇按正常模式运转。

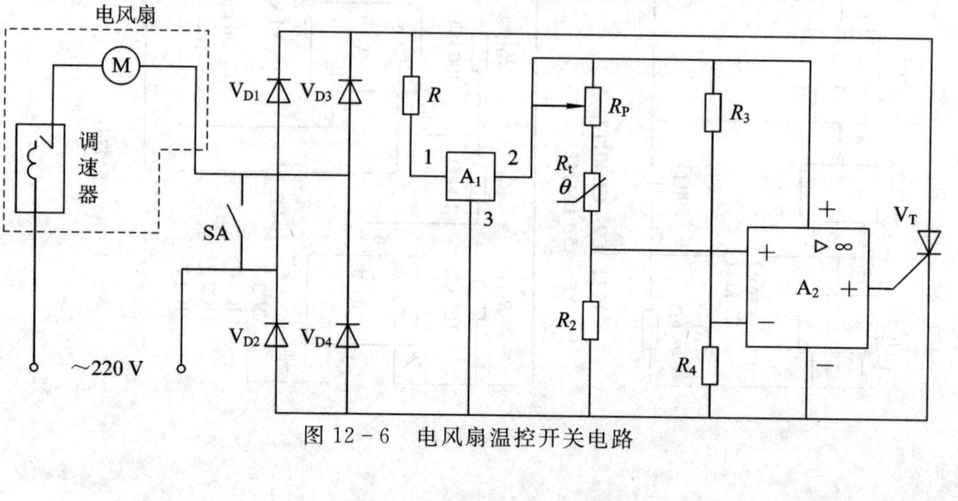

图 12-6　电风扇温控开关电路

为电桥和比较器提供的直流工作电压由降压电阻 R 和电源集成块 A1 组成。桥臂 R_2、R_3、R_4 阻值固定且相等，桥臂 R_1 是个动态阻值，由电位器 R_P 和负温度系数的热敏电阻 R_t 组成。

R_P 为温度预置元件，调节 R_P 可将温度预置在某一温度状态。实际上可将夜间不用电风扇即可睡眠的温度作为预置温度，在 R_P 旋钮上标记出电风扇停转时的位置，经过一段时间体验，如果感到预置温度不太合适，可对预置位置再作适当修正。R_t 在电路板上的位置比较重要，要使 R_t 周围的气体与环境气体能充分对流，R_t 则可真实地感受到环境温度。

电路的元器件选择如下：

(1) 整流元件 V_{D1}～V_{D4} 选用 1N4007 硅二极管或用一只 1A400V 的全桥。

(2) 降压电阻 R 选用 5 W、15 kΩ，R_2～R_4 及 R_t 选用 0.5 W、1.5 kΩ，R_P 选用 0.5 W、1 kΩ。

(3) A1 选用 7812 集成稳压电路，A2 选用 LM324 运算放大器。

(4) V_T 选用 1 A、400 V 单向晶闸管。

(5) SA 选用一般按钮开关。

(6) 其他元件如图所标。

12.4　简易数字式血压计

现在常用的水银柱式血压计测量麻烦，误差大，速度慢。这里介绍的数字式血压计使用方便，测量速度快，并具有足够的精度，分辨率为 0.1 kPa，而且所用的元件少，体积小，造价较便宜，调试也简单。简易数字式血压计电路如图 12-9(a)所示。

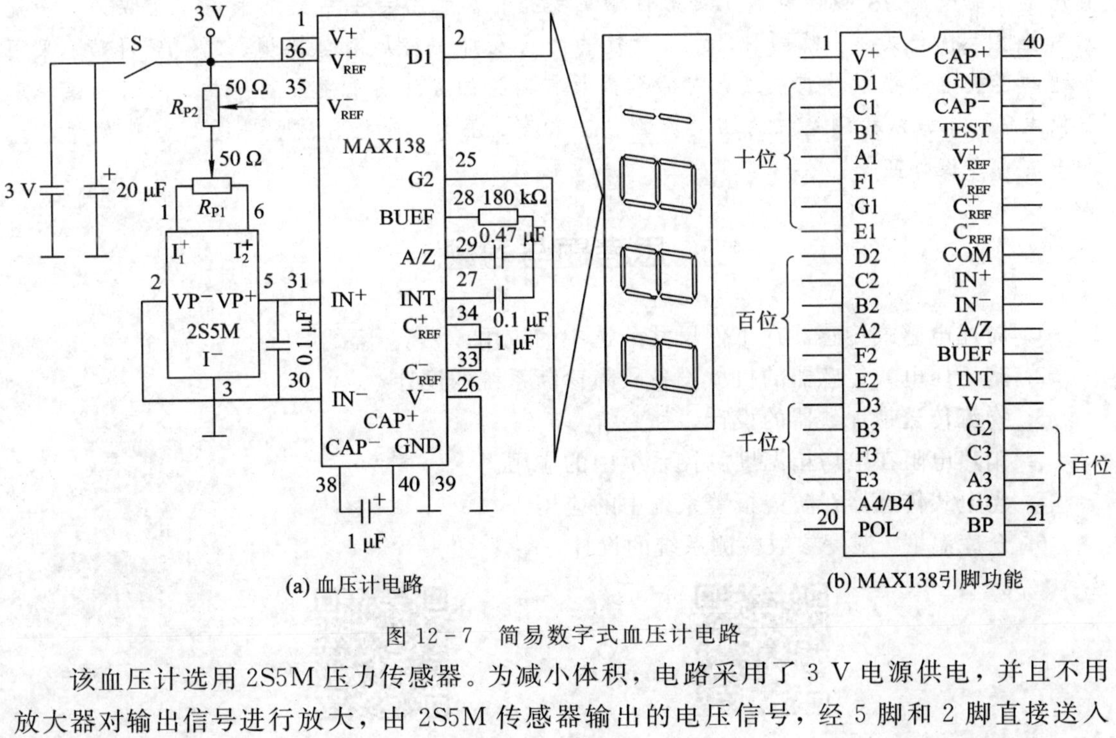

(a) 血压计电路　　(b) MAX138引脚功能

图 12-7　简易数字式血压计电路

该血压计选用 2S5M 压力传感器。为减小体积，电路采用了 3 V 电源供电，并且不用放大器对输出信号进行放大，由 2S5M 传感器输出的电压信号，经 5 脚和 2 脚直接送入 A/D 转换器。

A/D 转换器选用 MAX138 型，其最大优点是电源电压适应范围宽，在电压 2.5 V～7 V 条件下，均能正常工作，而且只需用单电源即可工作，因此在 MAX138 内部设有负电源转换电路。

电路采用发光二极管作为数码显示，MAX138 可直接用来驱动发光二极管发光，共显示 4 位 S 字，显示数据的选定单位为 kPa，所以小数点设在第二位数上，千位数字将不显示。所以，该血压计的分辨率为 0.1 kPa，在对人体血压测量时，完全可满足需要。

考虑到 2S5M 为半导体压力传感器，一致性较差，所以电路中使 2S5M 的 1 脚、6 脚具有偏移电压调整的功能，可以十分简单地进行零点调试。由于 2S5M 存在约 10 mV 的初始偏移电压，所以采用 R_{P1} 作零点调整。在压力为零时，调整电位器 R_{P1}，使其显示为 0.00，数字读数定标显示的调试，可用一个已知的标准压力来进行。例如，用 30 kPa 压力加在传感器上，调节电位器 R_{P2}，使数字显示为 30.00 (kPa)即可。

A/D 转换器 MAX138 的引脚功能如图 12-9(b)所示，读者可根据需要进行具体接线。

本章小结

自动检测系统的特性随环境温度而变化，因此该系统在设计、制造过程中可采取一系列具体的技术措施，以抵消或削弱环境温度变化对测试系统特性的影响。通常采用并联式温度补偿方法和反馈式温度补偿方法等技术措施。智能传感器指传感器和微型计算机组成的新一代的自动检测系统，它具有测量精度高、功能强和自动化的特点，智能传感器需要正确选择单片机。所谓可靠性，是指在规定工作条件和工作时间内，自动检测系统保持原有技术性能的能力，概率寿命是可靠性的重要指标。干扰会在测量结果中产生误差，干扰分为差模干扰与共模干扰两种。外来干扰的防止及抑制有屏蔽与接地、“保护”屏蔽、采用合适的连接电缆线以及滤波法；内部干扰及其消除的方法有采用隔离措施、采用隔离变压器供电等。本章从检测系统的四大参数——温度、压力、液位和流量出发，分别列举了生活中的 4 个设计实例。

思考题与习题

1. 简述电感式传感器在工件尺寸分选中的应用。
2. 基于压电式传感器的机械设备故障诊断系统的设计。
3. 物流传送带计数器的设计。
4. 铂热电阻在电烤箱温度测控系统中的应用。
5. 光电式传感器在防盗报警系统中的应用。
6. 仓库温度、湿度参数检测系统的设计。

习题库

重点、难点、学习指导

附录

附录 1　几种常用传感器性能比较

传感器类型	典型示值范围	特点及对环境的要求	应用场合与领域
电位器	500 mm 以下 或 360°以下	结构简单，输出信号大，测量电器简单，摩擦力大，需要较大的输入能量，动态响应差，应置于无腐蚀性气体的环境中	直线和角位移测量
应变片	200 με 以下	体积小，价格低廉，精度高，频率特性较好，输出信号小，测量电路复杂，易损坏	力、应力、应变、小位移、振动、速度、加速度及扭矩测量
自　感 互　感	0.001 mm～ 20 mm	结构简单，分辨率高，输出电压高，体积大。动态响应较差，需要较大的激励功率，易受环境振动的影响	小位移、液体及气体的压力测量、振动测量
电涡流	100 mm 以下	体积小，灵敏度高，非接触式，安装使用方便，频响好，应用领域宽广，测量结果标定复杂，需远离不属被测量的金属物	小位移、振动、加速度、振幅、转速、表面温度及状态测量、无损探伤
电　容	0.001 mm～ 0.5 mm	体积小，动态响应好，能在恶劣条件下工作，需要的激励源功率小，测量电路复杂，对湿度影响较敏感，需要良好屏蔽	小位移、气体及液体压力测量、与介电常数有关的参数，如含水量、湿度、液位测量
压　电	0.5 mm 以下	体积小，高频响应好，属于发电传感器，测量电路简单，受潮后易产生漏电	振动、加速度、速度、位移测量
光　电	视应用 情况而定	非接触式测量，动态响应好，精度高，应用范围广，易受外界杂光干扰，需要防光护罩	光亮度、温度、转速、位移、振动、透明度测量，或其他特殊领域的应用
霍 尔	5 mm 以下	体积小，灵敏度高，线性好，动态响应好，非接触式，测量电路简单，应用范围广，易受外界磁场、温度变化的干扰	磁场强度、角度、位移、振动、转速、压力测量，或其他特殊场合应用
热电偶	－200℃～ 1300℃	体积小，精度高，安装方便，属发电型传感器，测量电路简单，冷端补偿复杂	测温
超声波	视应用情况而定	灵敏度高，动态响应好，非接触式，应用范围广，测量电路复杂，测量结果标定复杂	距离、速度、位移、流量、流速、厚度、液位、物位测量及无损探伤
光　栅	(0.001～1× 10)mm	测 S 结果易数字化，精度高，受温度影响小，成本高，不耐冲击，易受油污及灰尘影响，应有遮光、防尘的防护罩	大位移、静动态测量，多用于自动化机床
磁　栅	(0.001～ 1× 10) mm	测量结果易数字化，精度高，受温度影响小，录磁方便，成本高，易受外界磁场影响，需要磁屏蔽	大位移、静动态测量，多用于自动化机床
感应 同步器	0.005 mm 至几米	测量结果易数字化，精度较高，受温度影响小，对环境要求低，易产生较大误差	大位移、静动态测量，多用于自动化机床

附录 2　工业热电阻分度表

工作端温度/℃	电阻值/Ω		工作端温度/℃	电阻值/Ω	
	Cu50	Pt100		Cu50	Pt100
−200		18.52	160		161.05
−190		22.83	170		164.77
−180		27.10	180		168.48
−170		31.34	190		172.17
−160		35.54	200		175.86
−150		39.72	210		179.53
−140		43.88	220		183.19
−130		48.00	230		186.84
−120		52.11	240		190.10
−110		56.19	250		194.10
−100		60.26	260		197.71
−90		64.30	270		197.71
−80		68.33	280		201.31
−70		72.33	290		204.90
−60		76.33	300		208.48
−50	39.24	80.31	310		215.61
−40	41.40	84.27	320		219.15
−30	43.56	88.22	330		222.68
−20	45.71	92.16	340		226.21
−10	47.85	96.09	350		229.72
0	50.00	100.00	360		233.21
10	52.14	103.90	370		236.70
20	54.29	107.79	380		240.18
30	56.43	111.67	390		243.64
40	58.57	115.54	400		247.09
50	60.70	119.40	410		250.53
60	62.84	123.24	420		253.96
70	64.98	127.08	430		257.38
80	67.12	129.90	440		260.78
90	69.26	134.71	450		264.18
100	71.40	138.51	460		267.56
110	73.54	142.29	470		270.93
120	75.69	146.07	480		274.29
130	77.83	149.83	490		277.64
140	79.98	153.58	500		280.98
150	82.13	157.33	510		284.30

续表

工作端温度/℃	电阻值/Ω		工作端温度/℃	电阻值/Ω	
	Cu50	Pt100		Cu50	Pt100
520		287.62	690		342.18
530		290.92	700		345.28
540		294.21	710		348.38
550		297.49	720		351.46
560		300.75	730		354.53
570		304.01	740		357.59
580		307.25	750		360.64
590		310.49	760		363.67
600		313.71	770		366.70
610		316.92	780		369.71
620		320.12	790		372.71
630		323.30	800		375.70
640		326.48	810		378.68
650		329.64	820		381.65
660		332.79	830		384.60
670		335.93	840		387.55
680		339.06	850		390.84

附录 3　镍铬-镍硅(镍铝)K 型热电偶分度表

(自由端温度 0℃)

工作端温度/℃	热动势/mV	工作端温度/℃	热动势/mV	工作端温度/℃	热动势/mV
−270	−6.458	40	1.612	350	14.293
−260	−6.441	50	2.023	360	14.713
−250	−6.404	60	2.436	370	15.133
−240	−6.344	70	2.851	380	15.554
−230	−6.262	80	3.267	390	15.975
−220	−6.158	90	3.682	400	16.397
−210	−6.035	100	4.096	410	16.820
−200	−5.891	110	4.509	420	17.243
−190	−5.730	120	4.920	430	17.667
−180	−5.550	130	5.328	440	18.091
−170	−5.354	140	5.735	450	18.516
−160	−5.141	150	6.138	460	18.941
−150	−4.913	160	6.540	470	19.366
−140	−4.669	170	6.941	480	19.792
−130	−4.411	180	7.340	490	20.218
−120	−4.138	190	7.739	500	20.644
−110	−3.852	200	8.138	510	21.071
−100	−3.554	210	8.539	520	21.497
−90	−3.243	220	8.940	530	21.924
−80	−2.920	230	9.343	540	22.350
−70	−2.587	240	9.747	550	22.776
−60	−2.243	250	10.154	560	23.203
−50	−1.889	260	10.561	570	23.629
−40	−1.527	270	10.971	580	24.055
−30	−1.156	280	11.382	590	24.480
−20	−0.778	290	11.795	600	24.905
−10	−0.392	300	12.209	610	25.330
0	0	310	12.624	620	25.755
10	0.397	320	13.040	630	26.179
20	0.798	330	13.457	640	26.603
30	1.203	340	13.874	650	27.025

续表

工作端温度/℃	热动势/mV	工作端温度/℃	热动势/mV	工作端温度/℃	热动势/mV
660	27.447	900	37.326	1140	46.623
670	27.869	910	37.725	1150	46.995
680	28.289	920	38.124	1160	47.367
690	28.710	930	38.522	1170	47.737
700	29.129	940	38.918	1180	48.105
710	29.548	950	39.314	1190	48.473
720	29.965	960	39.708	1200	48.838
730	30.382	970	40.101	1210	49.202
740	30.798	980	40.494	1220	49.565
750	31.213	990	40.885	1230	49.926
760	31.628	1000	41.276	1240	50.286
770	32.041	1010	41.665	1250	50.644
780	32.453	1020	42.053	1260	51.000
790	32.865	1030	42.440	1270	51.355
800	33.275	1040	42.826	1280	51.708
810	33.685	1050	43.211	1290	52.060
820	34.093	1060	43.595	1300	52.410
830	34.501	1070	43.978	1310	52.759
840	34.908	1080	44.359	1320	53.106
850	35.313	1090	44.740	1330	53.451
860	35.718	1100	45.119	1340	53.795
870	36.121	1110	45.497	1350	54.138
880	36.524	1120	45.873	1360	54.479
890	36.925	1130	46.249	1370	54.819

附录 4 铂铑$_{10}$-铂热电偶分度表

(自由端温度 0℃)

IPTS—68/℃	热电动势/μV										IPTS—68/℃
	0	−1	−2	−3	−4	−5	−6	−7	−8	−9	
−50	−236										−50
−40	−194	−199	−203	−207	−211		−220	−224	−228	−232	−40
−30	−150	−155	−159	−164	−168	−173	−177	−181	−186	−190	−30
−20	−103	−108	−112	−117	−122	−127	−132	−136	−141	−145	−20
−10	−53	−58	−63	−68	−73	−78	−83	−88	−93	−98	−10
0	0	−5	−11	−16	−21	−27	−32.	−37	−42	−48	0

IPTS—68/℃	热电动势/μV										IPTS—68/℃
	0	1	2	3	4	5	6	7	8	9	
0	0	5	11	16	22	27	33	38	44	50	0
10	55	61	67	72	78	84	90	95	101	107	10
20	113	119	125	131	137	142	148	154	161	167	20
30	173	179	185	191	197	203	210	216	222	228	30
40	235	241	247	254	260	266	273	279	286	292	40
50	299	305	312	318	325	331	338	345	351	358	50
60	365	371	378	385	391	398	405	412	419	425	60
70	432	439	446	453	460	467	474	481	488	495	70
80	502	509	516	523	530	537	544	551	558	566	80
90	573	580	587	594	602	609	616	623	631	638	90
100	645	653	660	667	675	682	690	697	704	712	100
110	719	727	734	742	749	757	764	772	780	787	110
120	795	802	810	818	825	833	841	848	856	864	120
130	872	879	887	895	903	910	918	926	934	942	130
140	950	957	965	973	981	989	997	1005	1013	1021	140
150	1029	1037	1045	1053	1061	1069	1077	1085	1 093	1 101	150
160	1109	1117	1125	1133	1141	1149	1158	1166	1174	1182	160
170	1190	1198	1207	1215	1223	1231	1240	1248	1256	1264	170
180	1273	1281	1289	1207	1306	1314	1322	1331	1339	1347	180
190	1356	1364	1373	1381	1389	1398	1406	1415	1423	1432	190
200	1440	1448	1457	1465	1474	1482	1491	1499	1508	1516	200

续表一

IPTS—68/℃	热电动势/μV										IPTS—68/℃
	0	1	2	3	4	5	6	7	8	9	
210	1525	1534	1542	1551	1559	1568	1576	1585	1594	1602	210
220	1611	1620	1628	1637	1645	1654	1663	1671	1680	1689	220
230	1698	1706	1715	1724	1732	1741	1750	1759	1767	1776	230
240	1785	1794	1802	1811	1820	1829	1838	1846	1855	1864	240
250	1873	1882	1891	1899	1908	1917	1926	1935	1944	1953	250
260	1962	1971	1979	1988	1997	2006	2015	2024	2033	2042	260
270	2051	2060	2069	2078	2087	2095	2105	2114	2123	2132	270
280	2141	2150	2159	2168	2177	2186	2195	2204	2213	2222	280
290	2232	2241	2250	2259	2268	2277	2286	2295	2304	2314	290
300	2323	2332	2341	2350	2359	2368	2378	2387	2396	2405	300
310	2414	2424	2433	2442	2451	2460	2470	2479	2488	2497	310
320	2506	2516	2525	2534	2543	2553	2562	2571	2581	2590	320
330	2599	2608	2618	2627	2636	2646	2655	2664	2674	2683	330
340	2692	2702	2711	2720	2730	2739	2748	2758	2767	2776	340
350	2786	2795	2805	2814	2823	2833	2842	2852	2861	2870	350
360	2880	2889	2899	2908	2917	2927	2936	2946	2955	2965	360
370	2974	2984	2993	3003	3012	3022	3031	3041	3050	3059	370
380	3069	3078	3088	3097	3107	3117	3126	3136	3145	3155	380
390	3164	3174	3183	3193	3202	3212	3221	3231	3241	3250	390
400	3260	3269	3279	3288	3298	3308	3317	3327	3336	3346	400
410	3356	3365	3375	3384	3394	3404	3413	3423	3433	3442	410
420	3452	3462	3471	3481	3491	3500	3510	3520	3529	3539	420
430	3549	3558	3568	3578	3587	3597	3607	3616	3626	3636	430
440	3645	3655	3665	3675	3684	3694	3704	3714	3723	3733	440
450	3743	3752	3762	3772	3782	3791	3801	3811	3821	3831	450
460	3840	3850	3860	3870	3879	3889	3899	3909	3919	3928	460
470	3938	3948	3958	3968	3977	3987	3997	4007	4017	4027	470
480	4036	4046	4056	4066	4076	4086	4095	4105	4115	4125	480
490	4135	4145	4155	4164	4174	4184	4194	4204	4214	4224	490
500	4234	4243	4253	4263	4273	4283	4293	4303	4313	4323	500

续表二

IPTS—68/℃	热电动势/μV										IPTS—68/℃
	0	1	2	3	4	5	6	7	8	9	
510	4333	4343	4352	4362	4372	4382	4392	4402	4412	4422	510
520	4432	4442	4452	4462	4472	4482	4492	4502	4512	4522	520
530	4532	4542	4552	4562	4572	4582	4592	4602	4612	4622	530
540	4632	4642	4652	4662	4672	4682	4692	4702	4712	4722	540
550	4732	4742	4752	4762	4772	4782	4792	4802	4812	4822	550
560	4832	4842	4852	4862	4873	4883	4893	4903	4913	4923	560
570	4933	4943	4953	4963	4973	4984	4994	5004	5014	5024	570
580	5034	5044	5054	5065	5075	5085	5095	5105	5115	5125	580
590	5136	5146	5156	5166	5176	5186	5197	5207	5217	5227	590
600	5237	5247	5258	5268	5278	5288	5298	5309	5319	5329	600
610	5339	5350	5360	5370	5380	5391	5401	5411	5421	5431	610
620	5442	5452	5462	5473	5483	5493	5503	5514	5524	5534	620
630	5544	5555	5565	5575	5586	5596	5606	5617	5627	5637	630
640	5648	5658	5668	5679	5689	5700	5710	5720	5731	5741	640
650	5751	5762	5772	5782	5793	5803	5814	5824	5834	5845	650
660	5855	5866	5876	5887	5897	5907	5918	5928	5939	5949	660
670	5960	5970	5980	5991	6001	6012	6022	6033	6043	6054	670
680	6064	6075	6085	6096	6106	6117	6127	6138	6148	6159	680
690	6169	6180	6190	6201	6211	6222	6232	6243	6253	6264	690
700	6274	6285	6295	6306	6316	6327	6338	6348	6359	6369	700
710	6380	6390	6401	6412	6422	6433	6443	6454	6465	6475	710
720	6486	6496	6507	6518	6528	6539	6549	6560	6571	6581	720
730	6592	6603	6613	6624	6635	6645	6656	6667	6677	6688	730
740	5699	6709	6720	6731	6741	6752	6763	6773	6784	6795	740
750	6805	6816	6827	6838	6848	6859	6870	6880	6891	6902	750
760	6913	6923	6934	6945	6956	6966	6977	6988	6999	7009	760
770	7020	7031	7042	7053	7063	7074	7085	7095	7107	7117	770
780	7128	7139	7150	7161	7171	7182	7193	7204	7215	7225	780
790	7236	7247	7258	7269	7280	7291	7301	7312	7323	7334	790
800	7345	7356	7367	7377	7388	7399	7401	7421	7432	7443	800

续表三

IPTS—68/℃	热电动势/μV										IPTS—68/℃
	0	1	2	3	4	5	6	7	8	9	
810	7454	7465	7476	7486	7497	7508	7519	7530	7541	7552	810
820	7563	7574	7585	7596	7607	7618	7629	7640	7651	7661	820
830	7672	7683	7694	7705	7716	7727	7738	7749	7760	7771	830
840	7782	7793	7804	7815	7826	7837	7848	7859	7870	7881	840
850	7892	7904	7915	7926	7937	7948	7959	7970	7981	7992	850
860	8003	8014	8025	8036	8047	8058	8069	8081	8092	8103	860
870	8114	8125	8136	8147	8158	8169	8180	8192	8203	8214	870
880	8225	8236	8247	8258	8270	8281	8292	8303	8314	8325	880
890	8336	8348	8359	8370	8381	8392	8404	8415	8426	8437	890
900	8448	8460	8471	8482	8493	8504	8516	8527	8538	8549	900
910	8560	8572	8583	8594	8605	8617	8628	8639	8650	8662	910
920	8673	8684	8695	8707	8718	8729	8741	8752	8763	8774	920
930	8786	8797	8808	8820	8831	8842	8854	8865	8876	8888	930
940	8899	8910	8922	8933	8944	8956	8967	8978	8990	9001	940
950	9012	9024	9035	9047	9058	9069	9081	9092	9103	9115	950
960	9126	9138	9149	9160	9172	9183	9195	9206	9217	9229	960
970	9240	9252	9263	9275	9286	9298	9309	9320	9332	9343	970
980	9355	9366	9378	9389	9401	9412	9424	9435	9447	9458	980
990	9470	9481	9493	9504	9516	9527	9539	9550	9562	9573	990
1000	9585	9596	9608	9619	9631	9642	9654	9665	9677	9689	1000
1010	9700	9712	9723	9735	9746	9758	9770	9781	9793	9804	1010
1020	9816	9828	9839	9851	9862	9874	9886	9897	9909	9920	1020
1030	9932	9944	9955	9967	9979	9990	10 002	10 013	10 025	10 037	1030
1040	10 048	10 060	10072	10083	10095	10107	10118	10130	10 142	10 154	1040
1050	10 165	10 177	10 189	10 200	10 212	10 224	10 235	10 247	10 259	10 271	1050
1060	10 282	10 294	10 306	10 318	10 329	10 341	10 353	10 364	10 376	10 388	1060
1070	10 400	10411	10 423	10 435	10 447	10 459	10 470	10 482	10 494	10 506	1070
1080	10 517	10 529	10 541	10 553	10 565	10 576	10 588	10 600	10 612	10 624	1080
1090	10 635	10 647	10 659	10 671	10 683	10 694	10 706	10 718	10 730	10 742	1090
1100	10 754	10 765	10 777	10 789	10 801	10 813	10 825	10 836	10848	10 860	1100

续表四

IPTS—68/℃	热电动势/μV										IPTS—68/℃
	0	1	2	3	4	5	6	7	8	9	
1110	10 872	10 884	10 896	10 908	10 919	10 931	10 943	10 955	10 967	10 979	1110
1120	10 991	11 003	11 014	11 026	11 038	11 050	11 062	11 074	11 086	11 098	1120
1130	11 110	11 121	11 133	11 145	11 157	11 169	11 181	11 193	11 205	11 217	1130
1140	11 229	11 241	11 252	11 264	11 276	11 288	11 300	11 312	11 324	11 336	1140
1150	11 348	11 360	11 372	11 384	11 396	11 408	11 420	11 432	11 443	11 455	1150
1160	11 467	11 479	11 491	11 503	11 515	11 527	11 539	11 551	11 563	11 575	1160
1170	11 587	11 599	11 611	11 623	11 635	11 647	11 659	11 671	11 683	11 695	1170
1180	11 707	11 719	11 731	11 743	11 755	11 767	11 779	11 791	11 803	11 815	1 180
1190	11 827	11 839	11 851	11 863	11 875	11 887	11 899	11 911	11 923	11 935	1 190
1200	11 947	11 959	11 971	11 983	11 995	12 007	12 019	12 031	12 043	12 055	1 200
1210	12 067	12 079	12 091	12 103	12 116	12 128	12 140	12 152	12 164	12 176	1 210
1220	12 188	12 200	12 212	12 224	12 236	12 248	12 260	12 272	12 284	12 296	1220
1230	12 308	12 320	12 332	12 345	12 357	12 369	13 381	12 393	12 405	12 417	1230
1240	12 429	12 441	12 453	12 465	12 477	12 489	12 501	12 514	12 526	12 538	1240
1250	12 550	12 562	12 574	12 586	12 598	12 610	12 622	12 634	12 647	12 659	1250
1260	12 671	12 683	12 695	12 707	12 719	12 731	12 743	12 755	12 767	12 780	1260
1270	12 792	12 804	12 816	12 828	12 840	12 852	12 864	12 876	12 888	12 901	1270
1280	12 913	12 925	12 937	12 949	12 961	12 973	12 985	12 997	13 010	13 022	1280
1290	13 034	13 046	13 058	13 070	13 082	13 094	13 107	13 119	13 131	13 143	1290
1300	13 155	13 167	13 179	13 191	13 203	13 216	13 228	13 240	13 252	13 264	1300
1310	13 276	13 288	13 300	13 313	13 325	13 337	13 349	13 361	13 373	13 385	1310
1320	13 397	13 410	13 422	13 434	13 446	13 458	13 470	13 482	13 495	13 507	1320
1330	13 519	13 531	13 543	13 555	13 567	13 579	13 592	13 604	13 616	13 628	1330
1340	13 640	13 652	13 664	13 677	13 689	13 701	13 713	13 725	13 737	13 479	1340
1350	13 761	13 774	13 786	13 798	13 810	13 822	13 834	13 846	13 859	13 871	1350
1360	13 883	13 895	13 907	13 919	13 931	13 943	13 956	13 968	13 980	13 992	1360
1370	14 004	14 016	14 028	14 040	14 053	14 065	14 077	14 089	14 101	14 113	1370
1380	14 125	14 138	14 150	14 162	14 174	14 186	14 198	14 210	14 222	14 235	1380
1390	14 247	14 259	14 271	14 283	14 295	14 307	14 319	14 332	14 344	14 356	1390
1400	14 368	14 380	14 392	14 404	14 416	14 429	14 441	14 453	14 465	14 477	1400

续表五

IPTS—68/℃	热电动势/μV										IPTS—68/℃
	0	1	2	3	4	5	6	7	8	9	
1410	14 480	14 501	14 513	14 526	14 538	14 550	14 562	14 574	14 586	14 598	1410
1420	14 610	14 622	14 635	14 647	14 650	14 671	14 683	14 695	14 707	14 719	1420
1430	14 731	14 744	14 756	14 768	14 780	14 792	14 804	14 816	14 828	14 840	1430
1440	14 852	14 865	14 877	14 889	14 901	14 913	14 925	14 937	14 949	14 961	1440
1450	14 973	14 985	14 998	15 010	15 022	15 034	15 046	15 058	15 070	15 082	1450
1460	15 094	15 106	15 118	15 130	15 143	15 155	15 167	15 179	15 191	15 203	1460
1470	15 215	15 227	15 239	15 251	15 263	15 275	15 287	15 299	15 311	15 324	1470
1480	15 336	15 348	15 360	15 372	15 384	15 396	15 408	15 240	15 432	15 444	1480
1490	15 456	15 468	15 480	15 492	15 504	15 516	15 528	15 540	15 552	15 564	1490
1500	15 576	15 589	15 601	15 613	15 625	15 637	15 649	15 661	15 673	15 685	1500
1510	15 697	15 709	15 721	15 733	15 745	15 757	15 769	15 781	15 853	15 805	1510
1520	15 817	15 829	15 841	15 833	15 865	15 877	15 889	15 901	15 913	15 925	1520
1530	15 937	15 949	15 961	15 973	15 985	15 997	16 009	16 021	16 033	16 045	1530
1540	16 057	16 069	16 080	16 092	16 104	16 116	16 128	16 140	16 152	16 164	1540

参考文献

[1] 柳桂国. 传感器与自动检测技术[M]. 北京：电子工业出版社，2011.
[2] 王煌东. 传感器应用电路400例[M]. 北京：中国电力出版社，2008.
[3] 吴旗. 传感器与自动检测技术[M]. 北京：电子工业出版社，2006.
[4] 石伟平. 实践导向职业教育课程研究：技术学范式[M]. 上海：上海教育出版社，2005.
[5] 阎李春华. 职业技术教育自动化类课程教学法[M]. 北京：国防工业出版社，2008.
[6] 胡向东，刘京诚，余成波，等. 传感器与检测技术[M]. 北京：机械工业出版社，2009.
[8] 王晓敏，王志敏. 传感器检测技术及应用[M]. 北京：北京大学出版社，2011.
[9] 卿太全，梁渊，郭明琼，等. 传感器应用电路集萃[M]. 北京：中国电力出版社，2008.
[10] 陈黎敏. 传感器技术及其应用[M]. 北京：机械工业出版社，2009.
[11] 贺良华. 现代检测技术[M]. 武汉：华中科技大学出版社，2008.
[12] 李瑜芳. 传感器原理及其应用[M]. 成都：电子科技大学出版社，2008.
[13] 孙余凯，吴鸣山，项绮明，等. 传感技术基础与技能实训教程[M]. 北京：电子工业出版社，2006.
[14] 吴建平. 传感器原理及应用[M]. 北京：机械工业出版社，2009.
[15] 马西秦. 自动检测技术[M]. 北京：机械工业出版社，2007.
[16] 陈圣林，侯成晶. 传感器技术及其应用电路[M]. 北京：中国电力出版社，2009.
[17] 徐科军. 传感器与检测技术[M]. 北京：电子工业出版社，2008.
[18] 周征，李建民，杨建平. 传感器原理与检测技术[M]. 北京：清华大学出版社，2007.
[19] 于彤. 传感器原理及应用(项目式教学)[M]. 北京：机械工业出版社，2008.
[20] 胡向东，徐洋，冯志宇，等. 智能检测技术与系统[M]. 北京：高等教育出版社，2008.
[21] 松井邦彦. 传感器实用电路设计与制作[M]. 梁瑞林，译. 北京：科学出版社，2005.
[22] 蔡夕忠. 传感器应用技能训练[M]. 北京：高等教育出版社，2006.
[23] 方彦荤，程继红. 检测技术与系统[M]. 北京：中国电力出版社，2006.
[24] 李邓化，彭书华，许晓飞. 智能检测技术及仪器[M]. 北京：科学出版社，2007.
[25] Nikolay V Kirianaki，等. 智能传感群数据采集与信号处理[M]. 北京：化学工业出版社，2006.
[26] 梁森，欧阳三泰，王侃夫. 自动检测技术及应用[M]. 北京：机械工业出版社，2008.